国家出版基金项目
NATIONAL PUBLICATION FOUNDATION

中国煤矿建井技术与管理

建井工程施工组织与管理

主　编　王文顺

副主编　刘　刚　石晓波

中国矿业大学出版社

·徐州·

内 容 提 要

本书是国家出版基金项目"中国煤矿建井技术与管理"丛书之一，重点介绍了建井工程施工组织与管理的相关基础知识、理论和技能。全书分为五个章节，涵盖了矿井工程项目管理概况、施工准备、矿井建设工程施工方案、建井期间施工组织与管理以及综合案例：建井工程施工管理实践。本书中包含了较多的实际工程案例，在帮助读者提高理论基础的同时，为从事矿山建设与管理工作的工程技术人员提供参考。

本书是矿井建设与管理领域实用且可靠的工具书。

图书在版编目(CIP)数据

建井工程施工组织与管理/王文顺主编．—徐州：中国矿业大学出版社，2023.12

ISBN 978-7-5646-6122-9

Ⅰ．①建… Ⅱ．①王… Ⅲ．①矿井—工程施工 Ⅳ．①TD262

中国国家版本馆CIP数据核字(2023)第251043号

书　　名　建井工程施工组织与管理

主　　编　王文顺

责任编辑　杨　洋　侯　明

责任校对　张海平

出版发行　中国矿业大学出版社有限责任公司

（江苏省徐州市解放南路　邮编 221008）

营销热线　(0516)83885370　83884103

出版服务　(0516)83995789　83884920

网　　址　http://www.cumtp.com　**E-mail**：cumtpvip@cumtp.com

印　　刷　江苏苏中印刷有限公司

开　　本　787 mm×1092 mm　1/16　**印张** 20.75　**字数** 530千字

版次印次　2023年12月第1版　2023年12月第1次印刷

定　　价　200.00元

（图书出现印装质量问题，本社负责调换）

前　言

近年来，矿山工程建设领域新技术、新设备不断涌现，施工技术标准和规范化水平不断提高，原有的一些技术、设备逐步被更新与淘汰；另外，我国深井建设一直处于世界领先水平，取得了一大批具有自主知识产权的重大成果。为了适应这种变化，并推广近年来在矿井建设实践中形成、积累和完善的经验，向施工人员提供实用、可靠、先进的技术资料，中国矿业大学出版社组织相关高校和大型矿山施工企业，对建井技术与管理经验进行了全面的总结与梳理，编纂了本书在内的“中国煤矿建井技术与管理”丛书。

建井工程是大型综合性建设项目，是一个庞大的系统工程，建井工程具有投资大、周期长、地质和水文条件多变、组织关系复杂等特点，复杂和不确定性的环境条件经常给矿山带来重大安全问题，造成事故甚至灾害。为此，本书结合工程实际就建井工程组织及管理的相关内容展开叙述，以便为相关工程技术与管理人员提供参考。

本书在分析总结建井工程项目特点的基础上，首先从基本建设程序、建井工程项目组织等方面分析介绍了建井工程的施工准备工作；其次从矿井项目施工顺序和优化、井巷施工作业方式、井巷过特殊地层的施工方案、井筒延深方案等方面，分析总结了矿井建设工程施工方案；然后结合建井工程的特点和相关规范，分别从采购管理、进度管理、质量管理、费用管理、现场安全管理、施工技术管理、设备和材料管理、环境保护管理、工程建设监理、管理软件应用等方面，重点介绍了建井期间的施工组织与管理；最后，利用收集到的6个综合案例，结合建井工程现场管理实践，加强对建井工程相关知识的回顾与应用。通过本书的阅读，我们期待读者在熟悉建井工程的特点和难点的基础上，逐步掌握建井工程施工组织与管理的基本要求和基本方法，更好地服务于矿山及建井工程的施工组织与管理。

鉴于编者水平所限，加之时间较紧，书中难免有不妥之处，敬请广大读者批评、指正，以待进一步完善。

编　者

2023年3月

目　录

第一章　建井工程项目管理概况

第一节　建井工程项目的概念和内容

一、矿井工程专业涉及的内容

（一）矿井工程专业范围

矿井工程专业涉及所有矿山行业的建造工作，包括煤炭、冶金、建筑材料、化工、有色金属、铀矿、黄金等行业的井工和露天矿山及相应的选矿厂的建造工程。

（二）矿井工程的建造内容

矿井工程通常由矿建、土建和安装三大类工程组成。矿建工程包括井工或露天矿山的建设工作；土建工程指矿区地面的矿山工业广场与生活区的房屋建筑与工业厂房（包括选矿厂房）建筑工程；安装工程包括为采矿及采矿生产过程中的通风、排水、提升运输、供电等各种机电设备安装以及针对不同选矿方法所用的选矿设备的安装等内容。矿井工程也涉及矿区的公路、铁路与桥梁、场地等建（构）筑物的建设工程。

二、矿井工程项目组成

工程项目组成的合理和统一的划分对评价和控制项目的成本、进度、质量等方面的工作是必不可少的。矿井工程项目可划分为单项工程、单位工程、分部工程和分项工程。

（一）单项工程

单项工程是建设项目的组成部分。一般是指具有独立的设计文件，建成后可以独立发挥生产能力或效益的工程，如矿区内矿井、选矿厂，机械厂的各生产车间；非工业性项目一般是指能发挥设计规定主要效益的各个独立工程，如宿舍、办公楼等。

（二）单位工程和子单位工程

单位工程一般是指不能独立发挥生产能力或效益，但是具有独立施工条件的工程，是单项工程的组成部分。通常按照单项工程中不同性质的工程内容，可独立组织施工、单独编制工程预算的部分划分为若干个单位工程。如矿井单项工程分为立井井筒、斜井井筒和平硐、巷道、硐室、通风安全设施、井下铺轨等六类单位工程；机械厂单项工程有车间厂房建筑、车间设备安装；非工业性建筑一般将单栋房屋作为一个单位工程（包含水、电、暖、卫等）；设备安装工程，是指凡具有独立安装基础和单独安装条件的主体设备，以单台设备的主机作为一个单位工程。

跨年度施工的井筒、巷道等单位工程，可以按照施工年度划分为子单位工程，子单位工程与单位工程的地位是相同的。

（三）分部工程和子分部工程

按工程的主要部位划分，分部工程和子分部工程是单位工程的组成部分；分部、分项工程不能独立发挥生产能力，没有独立施工条件；但可以独立进行工程价款的结算。如立井井筒工程的分部工程为井颈、井身、壁座、井窝、钻井井筒、沉井井筒、冻结、混凝土帷幕等。组成房屋工程的分部工程有基础、墙体、屋面等；按照工种不同划分为土方、钢筋混凝土、装饰等分部工程。

对于支护形式不同的井筒井身、巷道主体等分部工程，可按照支护形式划分为子分部工程；对于支护形式相同的井筒井身、巷道主体等分部工程，可按照月验收区段划分为子分部工程。

（四）分项工程

分项工程主要是按工序和工种划分，是分部工程的组成部分。分项工程也没有独立发挥生产能力和独立施工的条件；可以独立进行工程价款的结算；一般常根据施工的规格形状、材料或施工方法，分为若干个可用同一计量单位统计工作量和计价的不同分项工程。如井身工程的分项工程为掘进、模板、钢筋、混凝土支护、锚杆支护、预应力锚索支护、喷射混凝土支护、钢筋网喷射混凝土支护、钢纤维喷射混凝土支护、预制混凝土支护、料石支护等。墙体工程的分项工程有基础、内墙、外墙等分项工程。

第二节　建井工程项目的特点

一、矿产资源的属性

赋存条件决定了资源开发的可行性及其规模、地点、范围等重要决策问题。

《中华人民共和国矿产资源法》（以下简称《矿采资源法》）规定，矿产资源属于国家所有。矿产资源的开发（勘察和开采），必须符合国家矿产资源管理等有关法律条款规定和国家关于资源开发的政策，必须依法申请，经批准获得探矿权、采矿权，并按规定办理登记，纳入国家规划，获得开采和勘探许可。

二、矿产资源的赋存特点

资源勘探是进行矿山建设设计、实施矿山工程项目和矿产资源开采的前提条件。《矿产资源法》规定，供矿山建设设计使用的勘查报告，必须经国务院或省级矿产储量审批机构审查批准；必须有经批准的勘探报告。地层地质条件也是决定矿山建设工程的技术方案、技术措施的选用、工程经济技术指标的重要内容，甚至是决定工程安全性和可行性等问题。

三、矿井工程项目管理特点

（一）矿井工程的综合性

矿井工程是大型综合性建设项目，是一个庞大的系统，矿井工程具有投资大、周期长、组织关系复杂的特点。一个矿山工程的延误，对国家而言可能会影响整个国民经济计划的部署；企业将增加额外的资金投入、延误项目效益回收，造成经济效益的重大损失；项目的延滞还将增加额外的工程维护费用，所以项目对工程的连续性、顺序性的要求也比较高。

（二）矿井工程的施工条件

目前地层的地质和水文条件还难以准确描述；地质勘察水平不能全部满足生产、施工所需的详尽且具有足够精度的地质资料。因此矿山开发和生产会有许多可变因素。在矿山项目建设中，不仅需要对这种情况有充分的估计和应对措施，还要充分利用管理、技术、经济和法律知识与经验，充分做好预案，避免产生损失。

复杂和不确定性环境条件经常给矿山带来重大安全问题，造成事故和灾害。因此，考虑对这些重大突发事故的风险防范和必要的应急措施是实施矿山工程不可忽视的内容。矿山工程项目的管理人员必须十分重视安全管理和环境保护工作。

（三）矿井工程的生产系统

矿井工程是一个复杂的综合性工程，包括进入地下的生产系统以及联系地下的地面系统。地下矿山施工，必须经过通道（井筒、平硐、斜井等）向地下一步步进行，作业范围、顺序、方向、速度都受到一定约束。因此，选定施工方案与确定工期密切相关。一条关键线路上的巷道施工质量、速度或者调整，会对整个工程产生重要影响。

地下生产系统决定了地面生产系统的布局，同样影响施工布局。一个完整的矿井工程项目关系井巷工程，土建工程以及采矿、选矿设备等大型生产和施工设备的安装工程。因此，矿井工程项目除通常的各个环节之间关系的协调外，还要考虑井上、下工程的空间关系和工程间的制约关系，以及矿（建）、土（建）、安（装）工程之间的平衡关系。

（四）矿井工程与矿业生产的联系

矿井工程建设与采矿生产有更密切的联系。例如，项目的施工内容、形式以及设备的利用与采矿生产作业有许多相似之处，矿山工程的施工往往可以利用部分永久生产设施来完成；矿井工程开拓所获得的地质资料是生产期间更可靠的依据，应按规定移交给生产；建设单位往往会利用建设过程来培训生产人员，这也常被列入施工企业移交生产的一项内容。

（五）矿井工程项目管理的重要内容

矿井工程项目管理的主要内容包括合同管理、目标控制、组织协调、风险管理、信息管理、环境保护、施工项目现场管理、施工安全管理等。其中特别要强调的是：

1. 合同管理和目标控制

根据矿井工程项目的性质和条件的不同，其合同应具有更高的政策性，需要约定的内容以及所涉及的变化和处理方法更多，更要灵活，执行合同的要求可能更严格和更高。

2. 组织协调

组织协调是项目管理的重要内容。矿井工程项目实施往往有多个单位参与，各个不同性质的项目之间，以及参与单位之间的关系衔接、调整和处理是管理工作的重要环节。

3. 风险管理

由于矿井工程项目存在更多的不确定性，影响因素多，因此风险管理是矿井工程项目管理者必须要重视的一项内容。减小或转化风险的可能损失，是矿井工程项目管理值得研究的重要课题。

4. 施工安全管理

矿井工程的安全管理是项目管理的重点内容，主要包括：遵循的国家相关法律内容（矿山安全法、爆破器材管理条例、各种矿山安全规程等），对矿山容易出现的安全事故控制与管理（运输、冒顶、爆破、电气、突水、瓦斯、岩爆等）及管理制度的实施等。

第二章　施工准备

第一节　基本建设程序

煤矿建设从资源勘探开始，到确定建设项目、可行性研究、编制设计文件、制订基本建设计划、施工直至项目建成和竣工验收形成生产能力，其建设总期限称为矿井建设周期。在建设各个阶段有一个国家规定的先后程序，称为基本建设程序。

煤矿建设项目的基本建设程序主要包括：

(1) 取得采矿权（地质勘探和审核备案、资源储量核实和审核备案、开发利用方案审查、办理矿区划界证明文件及采矿许可证）；

(2) 煤矿建设项目立项、核准；

(3) 委托编制建设项目可行性研究报告并评审备案；

(4) 委托编制建设项目安全预评价报告并评审备案；

(5) 委托编制建设项目环境影响评估报告并评审备案；

(6) 委托编制建设项目水土保持方案并评审备案；

(7) 委托编制建设项目初步设计并评审备案；

(8) 委托编制建设项目安全设施设计（安全专篇）并评审备案；

(9) 建设项目工程施工招投标（施工单位资质、安全资格，人员上岗资格、合同书、安全管理协议等）；

(10) 委托建设项目施工监理（监理单位资质、人员上岗资格、合同书等）；

(11) 委托建设项目质量监督、认证；

(12) 建设项目开工申请；

(13) 建设项目开工及单项工程试运转、验收；

(14) 建设项目工程竣工；

(15) 建设项目联合试运转请示报告及批复文件（包括联合试运转方案）；

(16) 建设项目试生产 1～6 个月，最长不得超过 1 年。超过 1 年时，办理延期试生产批复文件；

(17) 编制建设项目联合试运转（试生产）报告；

(18) 委托编制安全验收评价报告并评审备案；

(19) 单项验收（安全设施、环保设施、水保工程、消防设施、爆炸材料库、档案管理、防雷接地等）申请及获得通过的验收报告；

(20) 煤矿建设项目竣工验收申请文件（向煤炭工业管理部门），申请材料包括：申请验收文件（一式三份）和建设项目联合试运转报告（一式三份）；

(21) 煤矿建设项目勘察验收通知(煤炭工业管理部门)及勘察验收报告(勘察验收机构);

(22) 煤矿建设项目竣工验收批复文件(竣工验收通知);

(23) 煤矿建设项目竣工验收(煤炭工业管理部门组织)及竣工验收意见书;

(24) 办理煤矿建设项目《安全生产许可证》《煤炭生产许可证》及有关合法生产手续;

(25) 煤矿建设项目投入正式生产。

根据国家有关规定,我国矿山建设的基本程序的主要内容如下:

一、资源勘探

资源勘探是煤炭工业基本建设的首要工作,采用各种勘探手段,查清矿区的范围、煤的储量、煤质、瓦斯等级、煤层赋存条件、结构、地质构造、工程地质条件及水文地质条件,并对煤田的开采价值做出评价。

经批准的普查地质报告可以作为煤炭工业基本建设长远规划的编制依据;详查地质报告可作为矿区总体设计的依据;精查地质报告可作为煤炭初步设计的依据。

二、提出项目建议书

项目建议书是投资前对项目建设的基本设想,主要从项目建设的必要性、可能性来分析,同时初步提出项目建设的可行性。项目建议书包括以下主要内容:

(1) 建设项目提出的必要性和依据;

(2) 产品方案、拟建规模、建设地点的初步设想;

(3) 资源情况、建设条件、协作关系;

(4) 投资估算和资金筹措设想;

(5) 项目的进度安排;

(6) 产品的去向和用户;

(7) 经济效益、社会效益和环境效益的初步估计。

三、可行性研究

煤炭建设项目可行性研究主要包括矿区建设项目可行性研究和矿井建设项目可行性研究。矿井可行性研究的主要内容包括:井田概况和建设条件;井田开拓和开采;矿井主要设备;地面各类设施;建井工期;技术经济分析与项目经济技术评价等。

四、编制设计文件

设计文件是安排建设项目、组织施工的依据。设计文件分为矿区总体设计和单项工程设计两类,单项工程设计按建设项目的大小及技术复杂程度,可分为两阶段设计或三阶段设计。一般项目采用两阶段设计,技术复杂或采用新工艺、新设备的项目,可采用包括初步设计、技术设计和施工图设计的三阶段设计。目前在煤矿建设中一般取消技术设计阶段。

矿井初步设计的重要目的是确定建设项目的设计能力、场地选择、矿井开拓布置、主要工艺流程等重要的技术经济问题。施工图设计是在初步设计或技术设计的基础上,将设计的工程形象化,施工图设计是按单位工程编制的,是指导施工的依据。施工图设计一般包括:矿井总平面图(开拓系统、巷道布置、采区布置等),房屋和构筑物的平面图、剖面图,设备安装图,道路、管道、线路施工图以及施工图预算等。

五、制订基本建设计划

建设项目必须具有经过批准的初步设计和总概算,方可列入基本建设计划。由于煤矿建设项目的建设周期比较长,因此项目建设要根据批准的总概算、施工组织设计及长远规划的要求,合理地安排分年度投资计划。

六、建设准备

建设准备工作主要包括:征地拆迁、材料设备订货、"四通一平",以及进一步进行工程、水文地质勘探,落实建筑材料的供应、组织施工招标等。

七、组织施工

施工是基本建设程序中的一个重要环节,是落实计划和设计的实践过程。工程施工要遵循合理的施工顺序,处理好矿建、地面建筑、机电安装三类工程之间的衔接,狠抓关键工程的施工,确保工程按期高质量完成。

八、生产准备

生产准备是指在工程即将建成前的一段时间,为确保工程建成后尽快投入生产而进行的一系列准备工作,包括建立生产组织机构、人员配备、生产原材料及工器具等的供应、对外协调等内容。

九、竣工验收和交付使用

竣工验收是指建设项目在环保、消防、安全、工业卫生等方面达到设计标准,经验收合格,试运转正常,且井下、地面生产系统形成,按移交标准确定的工程已全部建成,并经质量认证后,才可办理竣工验收。

十、后评估

建设项目竣工验收若干年后,为全面总结该项目从决策、实施到生产经营各个时期的成功或失败的经验和教训,找出失误的原因,明确责任,提出解决办法,弥补建设与生产的缺陷,需要进行建设项目的后评估工作,其主要内容包括:前期工作评价、建设实施评价和投资效益评价。

第二节 施工准备

一、施工准备工作内容

(一) 技术准备

1. 施工要求与检查施工条件

(1) 根据合同和招标文件、设计文件以及国家政策、规程、规定等内容,掌握项目的具体工程内容、施工技术与方法要求、工期与质量要求等内容。

(2) 检查设计的技术要求是否合理可行,是否符合当地施工条件和施工能力;设计中所需要的材料资源是否可以解决;施工机械、技术水平是否能达到设计要求;对设计的合理化建议。

2. 会审施工图纸

(1) 内容

图纸工作的内容包括:确定拟建工程在总平面图上的坐标位置及其正确性;检查地质(工程地质与水文地质)图纸是否满足施工要求,掌握相关地质资料主要内容及对工程影响的主要地质问题,检查基础设计与实际地质条件的一致性;掌握有关建筑、结构和设备安装图纸的要求和各细部之间的关系,要求提供的图纸完整、齐全,审查图纸的几何尺寸、标高以及结构之间相互关系等是否满足施工要求及相互吻合。

(2) 程序

会审施工图纸包括自审阶段、会审阶段和现场签证三个阶段。

① 设计图样的会审工作一般由建设单位主持,由设计单位和施工单位参加,三方进行设计图样的会审。设计单位说明拟建工程的设计意图和一些设计技术说明;施工单位根据自审记录以及对设计意图的了解,提出对设计图样的疑问和建议。最后形成由建设单位正式行文的“图纸会审纪要”,作为与设计文件同时使用的技术文件和指导施工的依据,同时是建设单位与施工单位进行工程结算的依据。

② 设计图纸的现场签证工作是指施工过程中,发现施工的条件与设计图纸的条件不符,或者因为其他原因需要对设计图纸进行修改时,遵守技术核定和设计变更的签证制度,进行图纸的施工现场签证。施工现场的图纸修改、技术核定和设计变更资料,都要归入拟建工程施工档案,作为指导施工、竣工验收和工程结算的依据。

③ 研究与编制项目的各项施工组织设计和施工预算。

④ 完成施工图纸工作,做好图纸供应工作。

⑤ 进行技术交底和技术培训工作。

(二) 工程准备

1. 现场勘察和施测

现场勘察的内容可以有自然条件和经济技术条件两个方面。现场勘察还应结合、核对相关资料,掌握现场的地理环境和自然条件、实际土质与水文条件;调查地区的水、电、交通、运输条件以及物资、材料的供应能力;调查施工区域的生活设施与生活服务的能力与水平,以及动迁情况;按测量要求设置永久性经纬坐标桩和水准基桩,进行现场施测和对拟建的建(构)筑物定位。

2. 施工现场准备

做好施工场地的控制网测量施测工作。根据现场条件,设置场区永久性经纬坐标位置、水准基点和建立场区工程测量控制网。

平整工业广场,清除障碍物。完成“三通一平”(水、电、路通及场地平整)工作,并做到污水排放沟渠通畅。

遇地质资料不清或需要进一步了解地质条件的情况时,应做好施工现场的补充勘探工作,保证基础工程施工的顺利进行和消除隐患。

提出设备、机具、材料进场计划，并组织施工机具进场、组装和保养工作，对所有施工机具都应在开工之前进行检查和试运转；做好建筑材料、构(配)件和制品进场和储存堆放。

完成开工前必要的临设工程(工棚、材料库)和必要的生活福利设施(休息室、食堂等)。

完成施工需用的各种工业设施，包括做好施工场地围护和环境保护；完成必要的生活福利设施；完成井筒开工的工程准备。

其他准备，包括混凝土配合比试验，新工艺、新技术的试验，雨期或冬季施工的准备等。

(三) 物资准备

以施工组织设计和施工图预算为依据，编制材料、设备供应计划。

制订施工机械需要量计划。

施工准备阶段的具体物资准备内容主要是各种工程建设初期一定阶段内的材料与设备，以及施工用的机具、设备和材料，包括井筒开工需要的设备和施工准备及矿井开工需要的钢材，木材，水泥，土产材料，二、三类物资等的供应。

落实货源的供应渠道，组织按时到货。各种物资一般应有 3 个月需用量的储备。要求做到既保证施工的需要，又要避免积压浪费。

(四) 劳动力的准备

按各施工阶段的需要，编制施工劳动力需求计划。

做好劳力队伍的组织工作。建立劳动组织，并根据施工准备期和正式开工后各工程进展的需要情况组织人员进场。开工前做好调配和基本培训工作。要在基本完成施工准备工作后再上主要施工队伍，避免一哄而上，造成窝工。

做好技术交底工作。施工组织设计和技术交底的时间在单位工程或分部(项)工程开工前及时进行，以保证施工人员明了施工组织设计的意图和要求，并按施工组织设计要求施工和作业。

建立和健全现场施工以及劳动组织的各项管理制度。

(五) 协作协调工作

施工准备期内的一些施工和生活条件(如供水、供电、通信、交通运输、土产材料来源、生活物资供应、土地征购及拆迁障碍物等)需要地方政府、农业和其他工业部门的配合才能顺利实现。因此，争取外部支援，搞好对外协作是施工准备期的一项重要工作。

做好分包工作，对需要分包的工程内容，要完成分包的所有前期准备工作，包括选择分包商和合同签订、图纸供应、现场准备等，不影响分包商及时开工。

及时填写开工申请报告，并上报主管部门，待批准后即能立即开工。

二、施工准备计划编制

矿井工程施工准备阶段主要工程计划包括资源供应计划、施工图供应计划等。

(一) 资源供应计划编制

资源供应计划主要指劳力需要量计划、主要材料、设备供应计划、施工机械需要量计划等方面。

1. 劳动力需要量计划

劳动力需要量计划，主要用于调配劳动力，安排生活福利设施。

2. 主要材料、设备供应计划

材料需要量计划，主要为组织备料，确定仓库、堆场面积，组织运输之用，以满足施工组织计划中各施工过程所需的材料供应量。安装的设备虽然数量相对少，但是占用资金额大，如需要存放，则占用的面积一般也较大。因此在安排供应计划中，除应考虑工程进度外，还应留有足够的设备检查验收的时间，进口设备另外要考虑入关、运输等时间余量。

3. 施工机械需要量计划

根据采用的施工方案和安排的施工进度来确定和调配施工机械的类型、数量、进场时间。对于机械设备的进场时间，应该考虑设备安装和调试所需的时间。

（二）施工图供应计划编制

施工图供应计划在施工准备阶段编制矿井施工组织设计时进行编制，其编制依据是经过批准的矿井初步设计文件，设计单位提交的工程施工图台账，经批准的工程施工组织设计等。

施工图供应计划由施工单位提出施工图需要供图的清单、时间、份数，并统一上报建设单位，由建设单位负责汇总和编制。为保证施工图供应满足施工需要，并留有充分的施工准备时间，重要施工图应提前一年，一般施工图要提前3～6个月，以便有充分的时间进行施工图会审和编制施工组织设计，保证工程施工的顺利进行。

三、施工准备工作实施方法

（一）统筹规划、明确分工、加强协作

矿山工程由两个以上的施工单位共同施工时，其全面施工准备工作一般由总承包单位负责组织进行，且通常由矿建工程施工单位主持规划，组织土建、设备安装单位共同进行。矿井建设的矿建、地面建筑、设备安装三类工程的施工准备工作，分别由承担该类工程的施工单位分别组织进行，并用网络技术，合理安排各项准备工作的顺序和进度。

（二）采取“四结合”方法，保证准备工作的质量和进度

（1）设计与施工相结合。设计部门要及时提供施工准备工作需要的施工图、资料、数据，保证各项准备工作顺利进行，避免因设计造成延误和不必要的返工。

（2）室内准备与室外准备相结合。室内准备工作主要包括熟悉施工图、审核图纸、编制施工组织设计与施工预算。室外准备工作主要包括建设项目施工区的自然条件、技术经济条件调查，为室内准备工作提供资料和数据。在进行室内准备工作的同时，凡是有条件的室外准备工作应尽快开工。

（3）主体工程与配套工程相结合。负责主体工程的部门在明确施工任务的同时，应及时将配套工程以及材料运输、水电等尽早落实，为主体工程的尽早开工创造条件。

（4）整体工程准备与施工队伍落实相结合。整体工程施工准备工程量大，施工条件复杂，工种多，因此，整体工程施工准备工作能否顺利进行，与施工队伍落实和工种落实密切相关，积极做好施工准备期劳动力调配尤其重要。

（三）建立施工准备工作责任制，使各项准备工作层层落实

（1）工程项目技术负责人负责组织有关部门编制和审查各时期的施工准备工作计划，督促检查各项准备工作的进度与质量，协调和处理各项准备工作之间的关系和发生的问题。

（2）施工管理部门要对施工准备工作加强管理，负责制订各阶段工作计划，组织各有关

部门共同研究、规划、实施和检查，及时填写开工报告申请开工。

(3) 技术管理部门应协助施工单位和有关部门解决施工准备工作中出现的各种技术问题，制定和审查各项技术方案和施工安全措施，组织会审施工图。

(4) 计划管理部门负责将施工准备工作纳入施工计划，实行计划管理，加强综合平衡，检查和调度施工准备工作进度，督促按计划工期完成各项准备工作。

(5) 供应部门及时做好材料、设备、机具的保质、保量供应。

(6) 劳动工资部门按时调配施工队伍、劳动力。

(7) 机电管理部门按时调配、检修施工设备，并与电力部门办理供电协议，及早接通电源。

(8) 财务部门准备和筹集施工准备期各阶段需要的资金。

(四) 建立施工准备工作检查制度及开工报告制度

(1) 在编制计划和安排施工任务时，必须留有一定的施工准备工作时间，明确准备工作完成的标准和时间，在检查计划完成情况时，也要检查准备工作进行情况。

(2) 每个单项工程或单位工程开工前，必须由项目负责人组织有关部门对各项准备工作进行检查，当各项准备工作完成后，方准提出开工报告，经施工单位上级主管部门批准后才能纳入施工计划和组织施工。

(五) 尽量利用永久建筑和永久设施

为了缩短施工准备时间，节约临时工程费用，施工期间需要的房屋建筑和设施，应尽量利用永久建筑和设施。利用永久建筑、设备和设施，应贯彻技术经济的合理性，尽量利用结构特征、技术性能能满足施工需要的永久工程，以及使用寿命长、不影响投产后正常使用的设备。

永久建筑、设施、设备的利用，必须征得建设单位同意，在施工合同中注明，并要求建设单位在施工图、设备供应及计划安排上，为利用永久建筑、设施、设备创造必要的条件。

四、建井工程项目施工地面总平面布置原则

施工总平面布置所解决的是施工场地的空间组织问题，是根据施工的特点和条件，将所有临时性、永久性建筑物的平面位置及其高程合理地布置在施工场地上的技术过程。施工总平面布置的主导思想应充分体现施工组织设计的主要方案和原则，并根据目标工程的内容，通过其设计位置和空间组合关系，具体落实为完成这些目标所采用的各种手段之间的顺畅关系。

矿山施工总平面布置包括地面和井下两种。井下施工总平面图的内容包括关键线路工程及贯通地点、投产或达产时的开拓工程范围、年度进度及管线布置等。

地面施工总平面布置要求主要包括：

(一) 地面施工总平面布置的设计依据

1. 工程项目的相关设计图纸

相关设计图纸包括工程项目的总平面布置图、设备布置图、管线布置图。对于矿井工程，应有工业广场总平面布置图、矿区地形图、工业广场土方平整设计图等。

2. 相关资料

相关资料包括临时建筑表(工程名称、结构形式、建筑面积及其外形尺寸、修建时间安排等)、工程材料及其供应(需量)计划、加工与堆放规划、运输要求等;永久建筑(包括管线、道路等)利用计划,地面工程施工进度计划与施工方案、施工组织设计,施工设备配备资料,工业场地的工程地质资料等。

(二) 施工总平面布置原则和总平面布置图

1. 布置原则

(1) 不影响永久性建筑物的施工

合理确定临时建筑物和永久建筑物的关系,临时建筑物不能占用永久建筑物的位置,避免以后大量拆移;临时建筑物标高尽可能按永久广场标高施工。

(2) 有利于施工

临时设施的布置有利于施工,应与施工顺序和施工方法相适应。施工器材设备的堆放尽量靠近使用地点,使搬运距离最短,避免多次倒运。

(3) 方便运输

临时设施的布置应保证运输方便,并尽量利用地形上的有利条件,有利于降低运输费用。要减少各种器材在工地内部的运输距离和转运次数;内部运输线路尽量不与交通干线交叉,主要运输线路和人流线路尽可能避免交叉,避免运输线路之间及其与人流线路的相互干扰。

广场窄轨铁路、场内公路布置,应满足需要并方便施工。窄轨铁路应以主、副井为中心,能直接通到材料场、坑木场、机修厂、水泥厂、混凝土搅拌站、排矸场等。

(4) 卫生与安全要求

临时建筑物宜分区布置,工业性建筑物与非生产建筑物应分开布置;关系密切的辅助性建筑宜集中布置,以便于管理和减少非生产性开支。主要临时工业建筑围绕井口布置。

有利于防火安全,符合卫生要求。各种建筑物布置要符合矿山安全规程有关规定。要考虑火药库、油脂库、加油站与一般建筑物的最小距离要求。工地房屋的间距符合防火规程要求,危险品仓库布置在偏僻地方。

临时建筑物应布置在洪水位以上的高程,生活区安排在卫生条件良好的地点,避免遭受污水、废水、粉尘的影响等。

(5) 合理规划

充分利用已有的建筑物,提前修建永久性建筑物为施工服务,修建临时建筑物时尽量用装配式结构材料,以便多次周转使用。

合理使用场地。如多用坡地,少占良田,为此,总体布置尽量紧凑,但也不要过分拥挤。

2. 施工总平面图

施工总平面图是施工组织设计的重要组成部分。

施工总平面布置设计图比例尺通常与永久工业广场总平面设计图一致。一般施工总平面布置图为 1∶2 000～1∶5 000,单位工程施工平面图为 1∶500～1∶1 000。

可以用不同颜色标注永久建筑物的施工年(月)进度。

(三) 工业广场主要施工设施布置要求

工业广场主要施工设施布置要求参见表 2-1。

表 2-1　工业广场主要设施布置要求

施工设施名称	布置要求
提升机(房)	不影响永久提升、运输和永久建筑施工，满足提升方位及与永久提升方位关系的要求，适应井筒、巷道施工及在井底车场施工时便于临时罐笼及永久井架的安装。临时提升机房的位置还与提升机的规格、数量、井架高度、提升条件等有关。立井临时提升机房的位置因主、副井而异，且与其在不同建井期间承担的任务有关。斜井临时提升机的提升方向，应与永久提升方向一致，通常在永久提升机房的前方
空气压缩机房	宜布置在井口附近且不超过 50 m，但不宜靠近提升机房
变电所	应毗邻电源，靠近负荷中心，并尽量布置在靠近公路、避开人流、空气较清洁的地方
机修车间	宜布置在离广场中心较远，材料堆集场地和动力车间附近，要便于运输；避开生活区，靠近下风方向。车间之间应符合工艺流程要求
锅炉房	尽量靠近主要用户，应设于广场下风方向，远离清洁要求较高的车间、建筑，方便运输，留有煤场和废渣堆积场地
混凝土搅拌机房	宜布置在井口附近，尽量利用地形地势条件并留有足够的场地，以利于运输和材料堆积，注意供水、供电等要求。尽量采用集中搅拌站的形式，避免经常搬移
排矸场	充分利用矸石填平广场和低洼地段，并尽量利用永久性排矸设施。矸石场应在下风位置，且布有运输线路，范围应满足工程需要
油脂库、炸药库	油脂库和炸药库分别应满足防火及爆破安全距离的要求。油脂库应有良好的隔热通风条件，炸药库应尽量利用地势的天然屏障，设在偏僻的区域

第三节　建井工程项目组织

一、建井施工项目组织的设计

施工项目管理组织机构与企业管理组织机构是局部与整体的关系。项目组织机构设置的目的是进一步充分发挥项目管理功能，提高项目整体管理效率，以达到项目管理的最终目标。因此，企业在推行项目管理中合理设置项目管理组织机构是一个至关重要的问题。高效率的组织体系和组织机构的建立是施工项目管理成功的组织保证。

（一）组织的概念

“组织”有两种含义：第一种含义是作为名词出现的，指组织机构。组织机构是按一定领导体制、部门设置、层次划分、职责分工、规章制度和信息系统等构成的有机整体，是社会人的结合形式，可以完成一定的任务，并为此处理人和人、人和事、人和物的关系。第二种含义是作为动词出现的，指组织行为(活动)，即通过一定权力和影响力，为达到一定目标，对所需资源进行合理配置，处理人和人、人和事、人和物关系的行为(活动)。管理职能是通过两种含义的有机结合而产生和起作用的。

施工项目管理组织是指为进行施工项目管理、实现组织职能而进行组织系统的设计与建立、组织运行和组织调整。组织系统的设计与建立，是指经过筹划、设计，建成一个可以完成施工项目管理任务的组织机构，建立必要的规章制度，划分并明确岗位、层次、部门的责任和权力，建立和形成管理信息系统及责任分担系统，并通过一定岗位和部门内人员的规范化的活动和信息流通实现组织目标。

（二）组织的职能

组织职能是项目管理的基本职能之一，其目的是通过合理设计和职权关系结构使各方面的工作协同一致。项目管理的组织职能包括以下五个方面：

1．组织设计

组织设计包括选定一个合理的组织系统，划分各部门的权限和职责，确立各种基本的规章制度。主要有生产指挥系统组织设计、职能部门组织设计等。

2．组织联系

组织联系是指规定组织机构中各部门的相互关系，明确信息流通和信息反馈的渠道，以及它们之间的协调原则和方法。

3．组织运行

组织运行是指按分担的责任完成各自的工作，规定各组织体的工作顺序和业务管理活动的运行过程。组织运行要抓好三个关键性问题：一是人员配置；二是业务交圈；三是信息反馈。

4．组织行为

组织行为是指应用行为科学、社会学及社会心理学原理来研究、理解和影响组织中人们的行为、言语、组织过程、管理风格以及组织变更等。

5．组织调整

组织调整是指根据工作的需要和环境的变化，分析原有的项目组织系统的缺陷、适应性和效率性，对原组织系统进行调整和重新组合，包括组织形式的变化、人员的变动、规章制度的修订或废止、责任系统的调整以及信息流通系统的调整等。

（三）施工项目管理组织机构的作用

1．组织机构是施工项目管理的组织保证

项目经理在启动项目实施之前要做组织准备，建立一个能完成管理任务、令项目经理指挥灵便、运转自如、效率很高的项目组织机构——项目经理部，其目的是提供进行施工项目管理的组织保证。一个好的组织机构，可以有效地完成施工项目管理目标，有效地应付环境的变化，有效地供给组织成员生理、心理和社会需要，形成组织力，使组织系统正常运转，产生集体思想和集体意识，完成项目管理任务。

2．形成一定的权力系统以便进行集中统一指挥

权力由法定和拥戴产生。法定来自授权，拥戴来自信赖。法定和拥戴都会产生权力和组织力。组织机构的建立，首先以法定的形式产生权力。权力是工作的需要，是管理地位形成的前提，是组织活动的反映。没有组织机构，便没有权力，也没有权力的运用。权力取决于组织机构内部是否团结一致，越团结，组织就越有权力，越有组织力，所以施工项目组织机构的建立要伴随着授权，以便权力的使用能够实现施工项目管理的目标。所以在规章制度中须将施工项目管理组织的权力阐述明白，固定下来。

3．形成责任制和信息沟通体系

责任制是施工项目组织中的核心问题。没有责任也就不称其为项目管理机构，也就不

存在项目管理。一个项目组织能否有效运转，取决于是否有健全的岗位责任制。施工项目组织的每个成员都应肩负一定责任，责任是项目组织对每个成员规定的一部分管理活动和生产活动的具体内容。

信息沟通是组织力形成的重要前提。信息产生的根源在组织活动之中，下级（下层）以报告的形式或其他形式向上级（上层）传递信息；同级不同部门之间为了相互协作而横向传递信息。越是高层领导，越要深入下层获得信息，有了足够的信息之后才能进行有效决策。

由上述内容可以看出组织机构非常重要，在项目管理中是一个焦点。一个项目经理建立了理想有效的组织系统，那么他的项目管理就成功了一半。各国项目管理专家一直普遍重视项目组织。据国际项目管理协会统计，各国项目管理专家的论文有 1/3 是关于项目组织的。我国建筑业体制的改革及推行、施工项目管理的研究等，说到底就是组织问题。

二、施工项目管理组织机构的设置原则

（一）目的性原则

施工项目组织机构设置的根本目的是为了产生组织功能，实现施工项目管理的总目标。从这一根本目标出发，就会因目标设事、因事设机构定编制，按编制设岗位定人员，以职责定制度授权力。

（二）精干高效原则

施工项目组织机构的人员设置，以能完成施工项目所要求的工作任务（事）为原则，尽量简化机构，精干高效。人员配置要从严控制二三线人员，力求一专多能，一人多职。同时增加项目管理班子人员的知识量，着眼于使用和学习锻炼相结合，以提高人员素质。

（三）管理跨度和分层统一原则

管理跨度也称为管理幅度，是指一个主管人员直接管理的下属人员数量。跨度大，管理人员的接触关系增加，处理人与人之间关系的数量随之增大。跨度（N）与工作接触关系数（C）的关系式是有名的邱格纳斯公式，C 是 N 的几何级数，例如当 $N=10$ 时，$C=5\ 210$。故跨度太大时，领导者及下属常会出现应接不暇之烦。组织机构设计时，必须使管理跨度适当。然而跨度又与分层有关。不难理解，层次多，跨度小；层次少，跨度就大。这就要根据领导者的能力和施工项目的大小进行权衡。美国管理学家戴尔曾调查 41 家大企业，管理跨度的中位数是 6～7 人。对施工项目管理层来说，管理跨度更应尽量小，以集中精力于施工管理。在鲁布格工程中，项目经理下属 33 人，分成了所长、课长、系长、工长四个层次，项目经理的跨度是 5。项目经理在组建组织机构时，必须认真设计切实可行的跨度和层次，画出机构系统图，以便讨论、修正、按设计组建。

（四）业务系统化管理原则

由于施工项目是一个开放的系统，由众多子系统组成，各子系统之间，子系统内部各单位工程之间，不同组织、工种、工序之间，存在着大量结合部，这就要求项目组织必须是一个完整的组织结构系统，恰当分层和设置部门，以便在结合部上能形成一个相互制约、相互联系的有机整体，防止职能分工、权限划分和信息沟通相互矛盾或重叠。要求在设计组织机构时以业务工作系统化原则作为指导，周密考虑层间关系、分层与跨度关系、部门划分、授权范围、人员配备及信息沟通等；使组织机构成为一个严密的、封闭的组织系统，能够为完成项目

管理总目标而合理分工及协作。

（五）弹性和流动性原则

建设工程项目的单件性、阶段性、露天性和流动性是施工项目生产活动的主要特点，必然带来生产对象数量、质量、地点的变化，以及资源配置的品种和数量变化。于是要求管理工作和组织机构随之进行调整，以使组织机构适应施工任务的变化。因此，要按照弹性和流动性原则建立组织机构，不能一成不变。要准备调整人员及部门设置，以适应工程任务变化对管理机构流动性的要求。

（六）项目组织与企业组织一体化原则

项目组织是企业组织的有机组成部分，企业是它的母体，归根结底，项目组织是由企业组建的。从管理来看，企业是项目管理的外部环境，项目管理的人员全部来自企业，项目管理组织解体后，其人员仍回到企业。即使进行组织机构调整，人员也是进出于企业人才市场的。施工项目的组织形式与企业的组织形式有关，不能离开企业的组织形式去谈项目的组织形式。

三、施工项目管理组织结构的形式

组织形式也称为组织结构的类型，是指一个组织以什么样的结构方式去处理层次、跨度、部门设置和上下级关系。施工项目组织的形式与企业的组织形式是不可分割的。加强施工项目管理就必须进行企业管理体制和内部配套改革。施工项目的组织形式有以下几种：

（一）工作队式项目组织

1. 特征

（1）项目经理在企业内部招聘或抽调职能人员组成管理机构（工作队），由项目经理指挥，独立性强。

（2）项目管理班子成员在工程建设期间与原所在部门断绝领导与被领导关系。原单位负责人员负责业务指导及考察，但不能随意干预其工作或调回人员。

（3）项目管理组织与项目同寿命。项目结束后机构撤销，所有人员仍回到原所在部门和岗位。

2. 适用范围

这是按照对象原则组织的项目管理机构，可独立完成任务，相当于一个“实体”。企业职能部门处于服从地位，只提供一些服务。这种项目组织类型适用于大型项目、工期要求紧迫的项目、要求多工种多部门密切配合的项目。因此，它要求项目经理素质要高，指挥能力要强，有快速组织队伍及善于指挥来自各方人员的能力。

3. 优点

（1）项目经理从职能部门抽调或招聘一批专家，他们在项目管理中配合，协同工作，可以取长补短，有利于培养一专多能的人才并充分发挥其作用。

（2）各专业人才集中在现场办公，减少了扯皮和等待时间，办事效率高，解决问题快。

（3）项目经理权力集中，运权的干扰少，故决策及时，指挥灵便。

（4）由于减少了项目与职能部门的结合部，项目与企业的结合部关系弱化，故易协调关系，减少了行政干预，使项目经理的工作易开展。

(5) 不打乱企业的原建制，传统的直线职能制组织仍可保留。

4. 缺点

(1) 各类人员来自不同部门，具有不同的专业背景，互相不熟悉，难免配合不力。

(2) 各类人员在同一时期内所担负的管理工作任务可能有很大差别，因此很容易产生忙闲不均，可能导致人员浪费。特别是稀缺专业人才，难以在企业内调剂使用。

(3) 职工长期离开原单位，即离开了自己熟悉的环境和工作配合对象，容易影响其积极性的发挥，而且由于环境变化，容易产生临时观点和不满情绪。

(4) 职能部门的优势无法发挥作用。由于同一部门人员分散，交流困难，也难以进行有效培养、指导，削弱了职能部门的作用。当人才紧缺而同时有多个项目需要按这个形式组织时，或者对管理效率有很高要求时，不宜采用这种项目组织类型。

(二) 部门控制式项目组织

1. 特征

部门控制式项目组织是按照职能原则建立的项目组织。它并不打乱企业现行的建制，把项目委托给企业某一专业部门或委托给某一施工队，由被委托的部门(施工队)领导，在本单位选人组合负责实施项目组织，项目终止后恢复原职。

2. 适用范围

部门控制式项目组织一般适用于小型的、专业性较强、不需涉及众多部门的施工项目。

3. 优点

(1) 人才作用发挥较充分。这是因为由熟人组合办熟悉的事，人事关系容易协调。

(2) 从接受任务到组织运转启动，时间短。

(3) 职责明确、职能专一、关系简单。

(4) 项目经理无须专门训练便容易进入状态。

4. 缺点

(1) 不能适应大型项目管理需要(而真正需要施工项目管理的工程正是大型项目)。

(2) 不利于对计划体系下的组织体制(固定建制)进行调整。

(3) 不利于精简机构。

(三) 矩阵制项目组织

1. 特征

(1) 项目组织机构与职能部门的结合部同职能部门数相同。多个项目与职能部门的结合部呈矩阵状。

(2) 把职能原则和对象原则结合起来，既能发挥职能部门的纵向优势，又能发挥项目组织的横向优势。

(3) 专业职能部门是永久性的，项目组织是临时性的。职能部门负责人对参与项目组织的人员有组织调配、业务指导和管理考察的权力。项目经理将参与项目组织的职能人员在横向上有效地组织在一起，为实现项目目标协同工作。

(4) 矩阵中的每个成员或部门，接受原部门负责人和项目经理的双重领导。但部门的控制力大于项目的控制力。部门负责人有权根据不同项目的需要和忙闲程度，在项目之间调配本部门人员。一个专业人员可能同时为几个项目服务,特殊人才可充分发挥作用,免得人才在一个项目中闲置又在另一个项目中短缺,大幅度提高人才利用率。

(5)项目经理对“借”到本项目经理部的成员,有权控制和使用。当感到人力不足或某些成员不得力时,他可以向职能部门求援或要求调换,辞退回原部门。

(6)项目经理部的工作有多个职能部门支持,项目经理没有人员包袱,但是要求在水平方向和垂直方向有良好的信息沟通及良好的协调配合,对整个企业组织、项目组织的管理水平和组织渠道畅通提出了较高的要求。

2. 适用范围

(1)适用于同时承担多个需要进行项目管理工程的企业。在这种情况下,各项目对专业技术人才和管理人员都有需求,加在一起数量较大。采用矩阵制组织可以充分利用有限的人才对多个项目进行管理,特别有利于发挥稀有人才的作用。

(2)适用于大型、复杂的施工项目。因为大型、复杂的施工项目要求多部门、多技术、多工种配合实施,在不同阶段,对不同人员有不同数量和搭配各异的需求。显然,部门控制式机构难以满足这种项目要求;混合工作队式组织又因为人员固定而难以调配。人员使用固化,不能满足多个项目管理的人才需求。

3. 优点

(1)它兼有部门控制式和工作队式两种组织的优点,即解决了传统模式中企业组织和项目组织相互矛盾的情况,把职能原则与对象原则融为一体,获得了企业长期例行性管理和项目一次性管理的一致性。

(2)能以尽可能少的人力,实现多个项目管理的高效率。理由是通过职能部门的协调,一些项目中的闲置人才可以及时转移到需要这些人才的项目中去,防止人才短缺,项目组织因此具有弹性和应变能力。

(3)有利于人才的全面培养。可以使具有不同知识背景的人才在合作中相互取长补短,在实践中拓宽知识面;发挥了纵向的专业优势,可以使人才成长有深厚的专业训练基础。

4. 缺点

(1)由于人员来自职能部门且仍受职能部门控制,故凝聚在项目上的力量减弱,往往使项目组织的作用发挥受到影响。

(2)管理人员如果身兼多职地管理多个项目,便往往难以确定管理项目的优先顺序,有时难免顾此失彼。

(3)双重领导。项目组织中的成员既要接受项目经理的领导,又要接受企业中原职能部门的领导。在这种情况下,如果双方领导意见和目标不一致乃至有矛盾时,当事人便无所适从。要防止这一问题产生,必须加强项目经理和部门负责人之间的沟通,还要有严格的规章制度和详细的计划,使工作人员尽可能明确在不同时间内应当干什么工作。

(4)矩阵制组织对企业管理水平、项目管理水平、领导者的素质、组织机构的办事效率、信息沟通渠道的畅通,均有较高要求,因此要精于组织,分层授权,疏通渠道,理顺关系。由于矩阵制组织的复杂性和结合部多,造成信息沟通量膨胀和沟通渠道复杂化,致使信息梗阻和失真。于是,协调组织内部的关系时必须有强有力的组织措施和协调办法。为此,层次、职责、权限要明确划分。有意见分歧难以统一时,企业领导要出面及时协调。

(四) 事业部制项目组织

1. 特征

(1) 企业成立事业部,事业部对企业来说是职能部门,对外享有相对独立的经营权,可以是一个独立单位。事业部可以按地区设置,也可以按工程类型或经营内容设置。事业部能较迅速适应环境变化,提高企业的应变能力,调动部门积极性。当企业向大型化、智能化发展并实行作业层和经营管理层分离时,事业部制项目组织是一种很受欢迎的选择,既可以加强经营战略管理,又可以加强项目管理。

(2) 在事业部(一般为其中的工程部或开发部,对外工程公司是海外部)下面设置项目经理部。项目经理由事业部选派,一般对事业部负责,有的可以直接对业主负责,由其授权程度决定。

2. 适用范围

事业部制项目组织适用于大型经营性企业的工程承包,特别适用于远离公司本部的工程承包。需要注意的是,一个地区只有一个项目,没有后续工程时,不宜设立地区事业部,即它适用于在一个地区内有长期市场或一个企业有多种专业化施工力量时采用。在此情况下,事业部与地区市场同寿命。地区没有项目时,该事业部应予撤销。

3. 优点

事业部制项目组织有利于延伸企业的经营职能,扩大企业的经营业务范围,便于开拓企业的业务领域,还有利于迅速适应环境变化以加强项目管理。

4. 缺点

按事业部制建立项目组织,企业对项目经理部的约束力减弱,协调指导的机会减少,故有时造成企业结构松散,必须加强制度约束,加大企业的综合协调能力。

四、组建项目部的程序

(一) 组建项目组织机构的基本内容

(1) 提供拟派项目班子成员的有关资料,中型及以上工程项目的项目班子情况要上报局(公司)批准。

(2) 项目经理的任命。

(3) 项目班子的组建。

(4) 项目部《项目管理目标责任书》的签订。

(5) 项目人员职责分工文件的制定等。

(二) 组建项目经理部的基本程序

(1) 工程部门牵头拟定《项目管理目标责任状》──→征求质量、安全、技术、材料、机械、经营、财务、行政、人事、党群部门的意见──→提交主管领导审阅。

(2) 行政部门负责办理项目印章和准备必要的办公用品。新进入的施工地区,要先行完成办理出省施工的手续、工商登记手续、税务登记等工作。

(3) 人力资源部负责项目经理部的组建和项目班子的选配,并经工程部会签、局(公司)领导审批。必要时,项目经理可提出人员培训要求,由项目经理和劳动人力资源部共同组织培训。

(4) 经营部门准备《工程承包合同》的全面交底,包括当时投标的有关文件、分部分项工程量计算书、合同谈判的技术方案、合约项目划分和分工界限等。

(5) 局(公司)党群部门负责项目经理部党组织建立的准备工作。

(三) 项目管理层的建立

(1) 项目管理层是项目经理部的骨干力量,项目管理层包括:项目经理、项目副经理、技术负责人、财务负责人、项目党群负责人、综合办公室主任、技术负责人、质安负责人、材料负责人、秘书、成本负责人、预算负责人、工长等。有两个以上单位工程或区域施工的大型、特大型工程项目可设主工长。

(2) 项目管理层的成员必须具备相应的素质,先由项目经理会同人力资源部门提出初步人选,并征求局(公司)业务部门负责人的意见。

(3) 项目经理部党群负责人和技术负责人根据工作需要可以授予项目副经理职位。

(4) 项目经理部成立后,项目成员必须按规定与上级业务部门保持联系,及时传递有关信息。

(5) 项目经理部确定的人员由局(公司)人力资源部根据项目的情况陆续调遣。

(四)《项目管理目标责任书》的签订和合同交底

局(公司)工程部可以召集有关部门及项目成员,召开项目经理部成立会议,由局(公司)与项目经理签订《项目管理目标责任书》。进行工程承包合同交底,讨论决定施工准备及工程施工的有关情况。

(五) 建立工作联系

项目经理要组织项目管理人员进入正常工作状态。建立合理的组织机构,明确工作目标和职责分工,尽快形成组织机构文件。

文件包括:机构设置、职责分工、工作目标、联系方式、人员名册及有关的通信地址、电话、传真及电子邮箱。

(1) 组织机构及职责文件要在工程施工之前送达业主、监理、主要的分包商和局(公司)人力资源部门、工程管理部门、质安部门等,以及各项目班子成员。

(2) 当机构变动或人员调整时,要及时将变动的信息发至以上各单位和部门。

五、项目经理及项目班子的配备和管理规定

(一) 对项目经理和项目技术负责人专业技术职称的要求

(1) 特大型工程的项目经理,应具有高级职称,曾主持过特大型或大型工程项目的施工,业绩好;特殊情况下,中级职称者也可以聘任,但应具有 8 年以上的施工管理经历,业绩好,并应配备高级工程师或工程师任技术负责人。

(2) 大型工程项目经理,应具有中级以上职称,5 年以上施工管理经历,曾主持过大、中型工程项目的施工,业绩好,需配备高级工程师或工程师任项目技术负责人。

(3) 中型工程项目经理,应具有中级或助理级职称,3 年以上施工管理经历,业绩好,需配备工程师任项目技术负责人。

(4) 小型项目的项目经理应具有助理级以上职称,2 年以上施工管理经历,可配备助理工程师任技术负责人。

（5）项目经理和项目班子的其他成员必须经过专业培训，取得中建总公司或政府行业主管部门颁发的专业管理人员上岗证书。

（二）对项目部经理和项目部班子的考核

对项目经理和项目班子的考核由局（公司）工程部门牵头，其他有关部门配合；考核项目经理的依据是：

（1）项目成本分析材料；

（2）项目文明施工（现场标准化管理）资料；

（3）业主、监理等对项目的评价；

（4）项目工作人员、分包人员、劳务人员对项目经理的评价；

（5）项目竣工后的审计资料。

由人力资源部门建立项目经理的业绩考核档案；对项目经理和项目班子的考核可以定期或不定期地进行。

（三）项目经理和项目班子的任用

（1）项目经理和项目班子实行竞争上岗制。局（公司）直属项目的经理和班子的其他成员，可以在项目经理部组建之前，选择3～5人或3～5套班子参与竞争上岗，分别提出个人或班子的计划和目标，由人力资源部门牵头，工程部门配合，择优提出聘任意见，报局（公司）聘任；局（公司）直营单位或区域公司（分公司）管理的大中型以上工程的项目经理和项目班子，由局（公司）直营单位或区域公司（分公司）提出推荐报告，经局（公司）工程、人力资源部门审核后报局长（经理）批准聘任；局（公司）直营单位或区域（分公司）管辖的小型项目的项目经理及项目班子成员的聘任，由各单位组织实施。

（2）项目经理和项目班子的解聘按程序办理。

（3）项目经理部解体后，项目经理和班子的其他成员回原派出单位报到，接受新的委派或轮岗、培训。

（四）项目经理和项目班子的待遇

项目经理和项目班子的成员享有工资、奖金、兑现奖和嘉奖。

（1）工资：按项目经理和项目班子成员本人的岗位及技能工资标准。

（2）奖金：按局或公司核定的奖金分配标准和批准的月度奖金额度。

（3）兑现奖：按《项目管理目标责任状》的规定办理。

（4）嘉奖：按项目管辖权限，分别由局（公司）或区域公司（分公司）的局长（经理）决定。

（五）项目经理和项目班子成员的处罚

（1）项目经理和项目班子成员不能完成项目承包责任状中的指标时，可根据《项目管理目标责任状》的规定给予相应的处罚。

（2）项目经理或项目班子成员在任职期间玩忽职守，违法乱纪，造成重大损失和不良社会影响者，将由任免单位给予党纪、政纪、法纪处理。

（3）项目经理或项目班子成员在任职期间发生严重安全事故的，除追究有关责任外，将取消或降低其项目经理资质，情节严重者将追究其法律责任。

（4）根据不同的情况可以扣减项目经理和班子成员的兑现奖和承包抵押金。

六、项目部组织机构的规定

（一）项目部的班子设置

（1）项目经理1人，主持经理部全面工作。

（2）项目副经理（项目技术负责人）1人，在项目经理的领导下，主持项目施工生产、技术、质量、安全等方面工作。

（3）项目副经理（项目党群负责人）1人，在经理领导下，主持项目行政、后勤、党务、保卫等工作。

（4）大型项目或特殊项目，可根据需要增设安装、装饰项目副经理，下设专业工长和业务部门。

（二）项目部的部门设置

（1）工程部：包括计划员、工长、技术员、翻译员、测量员、试验员，主管项目的计划、施工技术、电脑信息化和施工管理方面的各项业务工作。特大型以上项目，工程、技术部门可分别设立。

（2）财经部：包括成本员、预算员、会计员，主管项目的合同、预算报价、签证索赔、工程成本、工程款回收、项目财务经营方面的各项业务工作。

（3）材料设备部：包括材料员、机械员，主管项目的工程材料、施工设备的使用、维修、保养、核算及周转材料等物资供应管理方面的各项业务工作。

（4）质安部：项目质量、安全机构负责人，可以称为质量代表和安全代表。大型以上项目可分设质量、安全代表。中型以下项目，设立质安代表。

（5）项目综合办公室：负责项目的企划、保卫消防、社会公关、公文资料、行政事务、综合协调等方面的工作。

（6）大型以上项目，可视需要临时设立安装部和装饰部。

（7）项目经理各部门负责人，既对项目经理负责，同时对上一级业务主管部门负责。受上级业务部门的监督、指导和考核。

（三）项目部岗位的设置

项目部一般设以下管理岗位：

① 项目经理；

② 项目副经理；

③ 项目技术负责人；

④ 项目党群负责人；

⑤ 主工长；

⑥ 施工工长；

⑦ 计划统计员；

⑧ 机械设备管理员；

⑨ 材料员；

⑩ 预算员；

⑪ 安全代表（安全员）；

⑫ 质量代表(质检员);

⑬ 成本员;

⑭ 秘书(含档案管理员);

⑮ 试验员;

⑯ 劳资员;

⑰ 测量员。

七、项目经理的基本要求及责任、权限、利益

项目经理是施工企业的宝贵资源,是高层次复合型人才。在当前国内国际建筑市场竞争趋于白热化的形势下,企业拥有一批高素质的项目经理人才,将在市场竞争中占有很大优势。要当好施工企业项目经理,必须在项目经理自身素质、项目部内部控制、项目部外部协调三个方面狠下功夫,在增强自身综合素质的基础上加强项目部内部控制和外部协调。在实施项目管理的全过程中要始终“以人为本”,因为人是管理活动中最积极的因素,组织由人构成,目标靠人实施,项目经理必须能利用激励约束机制充分调动项目部全体人员的积极性,提高管理效率及效果。

项目部内部应该有明确的分工与授权,项目经理应对成员进行明确的交底与培训,使每位成员都知道自己的岗位有什么责任,该做什么,如何做,需要什么资源,追求什么结果。

项目部内应充满民主与合作精神,通过项目经理分解目标、提出要求和限制完成任务的时间,群策群力找方法、共推进,鼓励每个人都为项目贡献最大的力量,把工作做得更好。项目部组成人员应相对稳定,成员之间应有足够的默契与凝聚力。

1. 项目经理的基本要求

项目经理是一个项目的领头人,是决定项目实施效果的决定者,因此项目经理需要采取参与、指导和顾问式的领导方式和管理方式。项目经理分解目标、提出要求和限制完成任务的时间,而不能采取等级制的、独断性的指示,应听取组织成员决定完成任务的意见和措施。

(1) 素质要求

① 具有良好的职业道德。

a. 为人正直,公平公正,言行一致,敢于承担责任;

b. 对工作充满持续的热情,任劳任怨,尽忠职守,能时刻竭尽全力履行自己的职责。

(2) 具有开拓创新精神和良好的服务意识。

① 事业心强,乐于开拓业务,敢于使项目达到多方共赢的同时追求更好的业绩;

② 在保证公司利益的前提下,了解自身处于服务业,尽力为各方提供满意的服务;

③ 具有团队合作精神。

a. 善于沟通,能够激发团队的积极性,带领项目部向既定的总目标与整体利益奋斗;

b. 能公开、公平、公正地处理团队内部冲突,维护工程项目相关者的利益;

c. 自觉维护公司利益,保守项目商业机密。

(3) 能力要求

① 具有项目管理需要的技术、管理、经济、法律法规知识,及与工程规模要求相符的经验与业绩。

a. 具有对实施过程中的突发事件与风险有良好的统筹能力、判断能力、思维能力、果断应变能力；

b. 具有优秀的统筹能力，具有前瞻性和全局观；

c. 具有与项目相关的专业知识与管理经验。

② 具有良好的处理人际关系的能力。

a. 项目经理主要靠影响力和说服力，而不是靠权力和命令去领导他人；

b. 在处理关系的过程中，应充分利用合同与组织赋予的权力运行组织；

c. 在项目中充当激励者、统筹者、组织者，扮演教练和冲突裁决人的角色。

③ 具有较强的组织管理能力。

a. 项目经理必须知人善用，敢于授权；

b. 协调好各方关系，善于人际交往；

c. 与企业各部门有较好的人际关系，能够很好地与外界交往；

d. 工作具有计划性，能有效地使项目按预期进度推进；

e. 善于管理矛盾与解决冲突；

f. 具有较强的语言表达能力，谈判技巧与说服力；

g. 具有资料统筹能力，能把握影响验收结算的细节要素。

2. 项目经理的责任、权限、利益与奖励

(1) 项目经理的责任

项目经理应该按照公司的项目管理实施细则，对项目进行整体管理，完成公司制定的运营目标，对最终运营结果(包括安全、质量、利润及公司声誉)负责。

① 组织项目部，分配成员的分工；

② 为项目部保证资源的供给；

③ 部署现场的生产工作，保证项目进度符合公司要求；

④ 落实合同，预防风险，保证进度款收取到位；

⑤ 推进与项目相关各方的关系，解决生产过程中的各种冲突与矛盾；

⑥ 收集工程资料，准备结算资料，参与工程竣工验收；

⑦ 接受审计，处理项目经理部解体的善后工作；

⑧ 配合企业进行项目的检查、鉴定和评奖申报工作。

(2) 项目经理的权限

项目经理应该具有下列权限：

① 参与项目投标和合同签订；

② 组建现场项目部；

③ 主持现场项目部的工作；

④ 决定授权范围内的项目资金的投入和使用；

⑤ 向材设部落实工料供应计划；

⑥ 参与选择物资供应企业和具有相应施工能力(资质)的专业分包企业和劳务分包队伍，制定分包单价及支付条款(指公司没有指导价的新工序)；

⑦ 在授权范围内协调和处理与项目有关的内部与外部关系；

⑧ 核实施工班组的结算工程量，审批施工班组及分包企业的请款要求；

⑨ 履行企业法定代表人授予的其他权力。

(3) 项目经理的利益与奖励

① 获得工资和项目分阶段奖励;

② 项目完成后,按照自营项目任务单中确定的自营提成条款,经财务部审计后给予收益或经济处罚;

③ 获得评优表彰、记功等精神奖励。

第三章 矿井建设工程施工方案

第一节 概 述

通常一个矿井建设项目包括矿建工程、土建工程和设备安装工程三大方面，涉及地面和地下两大工程内容，建设工程的环境条件差、施工条件复杂，安全要求高，必须合理安排矿建、土建和安装三大工程的施工顺序和施工方案，对缩短建井工期和发挥投资效益具有重要意义。

施工顺序和施工方案确定的原则：

① 结合矿井实际，以高速度、高质量、少投入、快投产为目标；

② 以设计为依据，尽可能缩短关键线路及建井工期，以最快的速度完成立井井筒、斜井或平硐工程，为尽早全面展开巷道工程与设备安装工程创造条件；

③ 充分利用空间和时间，组织多头作业、平行作业、交叉作业和不间断施工；

④ 充分利用永久建筑物、构筑物和永久设备或设施凿井；

⑤ 考虑环保要求，追求综合经济效益。

一、矿井建设工程的主要内容及施工顺序的安排

(一) 矿井建设工程的主要内容

矿建工程主要包括立井井筒或斜井井筒(平硐)、井底车场、硐室及运输大巷、采区车场和采区上山或下山、采煤工作面的轨道巷、胶带巷及开切眼等工程。土建工程主要集中在地面工业广场，主要包括井塔或井架、提升机房及井口房、输送机栈桥、筒仓、食堂、澡堂、宿舍、办公楼、压风机房、通风机房、机修厂与仓库、地面变电所、选煤厂以及厂区外的铁路专用线等工程。地面工业广场和井下均有机电设备安装工程，主要包括提升、供电、通风、压风、排水、煤流运输系统、材料和矸石运输系统等设备、综采设施的安装与调试工作等。

为完成矿井项目建设，有时必须设置部分临时性的土建工程和安装工程，如临时提升运输系统、通风系统、供电和压风系统、临时性的施工用房等。临时性的矿建工程常见的有短路贯通巷、临时车场绕道、临时水仓、临时泵房和变电所、临时通风巷、临时躲避硐室、临时错车硐室以及临时矸石仓、临时溜煤眼等。这些临时性设施和工程，有些在设计图纸和文件中并没有体现，需要施工单位根据建设工程需要自行设计和施工，其费用和工期需要在投标文件中有所体现。

（二）矿井建设工程施工顺序的安排

1. 矿井建设工程项目的总体安排

在矿井建设工程施工顺序的安排上，总是使机电设备安装与土建工程跟随矿建工程的进展，同时考虑土建与安装工程自身内容的特点来安排；而矿建工程和土建工程又要为安装工程准备好必要的施工条件。因此，矿建工程往往成为整个矿井工程项目的关键线路，而安装工程和土建工程除了在施工初期，为保证矿建工程的施工条件工作比较紧张之外，大量的内容需要在矿建工程完成之后集中在后期完成。所以，一个矿井建设工程必须考虑相互之间的牵连关系，除保证整个工程项目的关键线路不间断施工外，还应注意彼此间的影响，既要避免机电安装和土建工程抢占矿建工程的工期，又要防止矿建工程拖后，影响安装、土建工程最后的完成而造成工期延迟。

矿山井巷工程受井下空间限制是其施工顺序安排的最大的特点，也是区别于其他地面工程的最大的特点。井巷工程施工总体安排要根据具体情况具体对待，如水患比较大的矿井总体安排时就应尽可能首先安排排水、供电系统工程施工，而瓦斯隐患比较严重的矿井，就应尽可能安排通风系统工程和瓦斯抽采系统工程先行施工，以尽快形成完善的通风系统，煤巷掘进任务重的矿井宜尽早形成煤流运输系统等。

矿建、土建、安装三类工程的平衡协调是需要重点解决的内容，要保证工期互不影响，考虑整个建井过程中的劳动力、资金以及工程内容、场地等方面的整体平衡，做到资金效率高、劳动力平衡、项目进程均衡、工期有保障。

2. 矿井建设工程项目施工顺序的安排要点

在矿井建设期间，必须做好“四个排队”和“六个协调”。“四个排队”：井巷、土建和机电设备安装工程的总排队；设备排队（包括提出设备到货的具体要求，以及到货日期的可能误差）；年度计划与季度计划排队；多工序的排队。为了使“四个排队”切实可行，必须做到“六个协调”：设计图纸到达日期必须与施工的需要相协调；设备到达现场日期必须与安装工程的需要协调；材料供应必须与工程进度协调；各工种的交替时间必须相互协调；投资拨款与工程需要协调；劳动力的培训与调配必须与工程进度协调。

对在时间上与矿建工程不牵连且不影响最终工期的内容，如场区铁路及铁路装运站、仓库、机修厂等的施工，可以作为非关键线路上的补充内容，分批、分期，结合投资进度、劳动力、设备、材料的平衡进行安排。

土建和机电安装工程安排的重点应为与井巷工程配合关系密切的主要工程，如井塔、钢井架、井口房、绞车房、联合建筑、地面变电所、井筒装备、提升绞车等。对于影响矿建工程进展和与关键线路工程内容有牵连的内容，则应使其在相应的矿建工程施工前完成。如凿井井架或永久井架的安装、主井临时罐笼提升系统与副井永久提升系统的交替衔接等，属于保证矿井施工必须要具备（提升运输）的条件，就必须尽快完成。

对于可以利用的永久设备、设施，应尽早建设和安装。如井下水泵房和相应的管线工程、井下变电所，可以早建早利用，或者避免修建临时工程。高瓦斯矿井的瓦斯抽采工程以及全风压通风系统宜提早安排，以利于煤巷施工。

机电安装工程除应注意以上特点外，还应考虑工程初期非标设备比较多，加工的环节相对多，控制相对困难，应留有足够的时间，一般至少提前6个月准备。地面生产系统的设备安装可以与井下的内容错开，一般先完成地面内容，等井下硐室施工完成，集中进行井下的安装(采区安装)。但是最终安装工程的完成时间不能过晚,必须留有足够的单机和联合试运转以及试车时间,以备在试运转和试车阶段有时间解决所暴露的问题。

在工程接续安排过程中,应尽可能把劳动力进场和离场的安排相对平稳过渡,不能出现因工程间断施工队伍离场再进场的现象,确保总工期前提下避免窝工、待工。

随着采掘系统的简化及采掘设备的大型化、现代化和智能化,机电设备安装工程将占据越来越多的施工时间,也可能成为关键线路上的工程。所有这些问题都应结合具体情况,根据工序关系以及相互间的约束条件,应按施工准备期和井巷工程施工期分别编制三类工程综合网络图,对一些紧密相连的三类工程系统还应分别编制局部工程网络图,以便科学地组织施工。

二、矿井建设施工方案

矿建工程包括井筒、井底车场巷道及硐室、主要石门、运输大巷及采区巷道等全部工程,其中部分工程构成了全矿井延续距离最长和施工需时最长的工程项目,这些项目在总进度计划网络中称为关键线路工程。如井筒⟶井底车场重车线⟶主要石门⟶运输大巷⟶采区车场⟶采区上山或下山与风井贯通巷道⟶首采区两巷工程与开切眼等,关键线路上工程项目的施工工期决定了矿井的建设工期。因此,关键线路上工程项目施工方案的选择尤其重要。

根据矿井开拓方式,矿井建设施工方案有单向掘进施工方案和对头掘进施工方案两种。

(一)单向掘进施工方案

自工业广场井筒开始,向首采区的首采面单方向顺序掘进关键线路上的工程,即当井筒掘进到底后,由井底车场水平通过车场巷道、石门、主要运输巷道直至采区上山及首采面的轨道巷和运输巷,这种施工方案称为单向掘进方案。如图 3-1 所示,由于主、副井或主、副、风三个井筒在同一工业广场且深度相近,向首采面的开拓掘进工程只能从井底车场开始,单方向向首采面掘进。

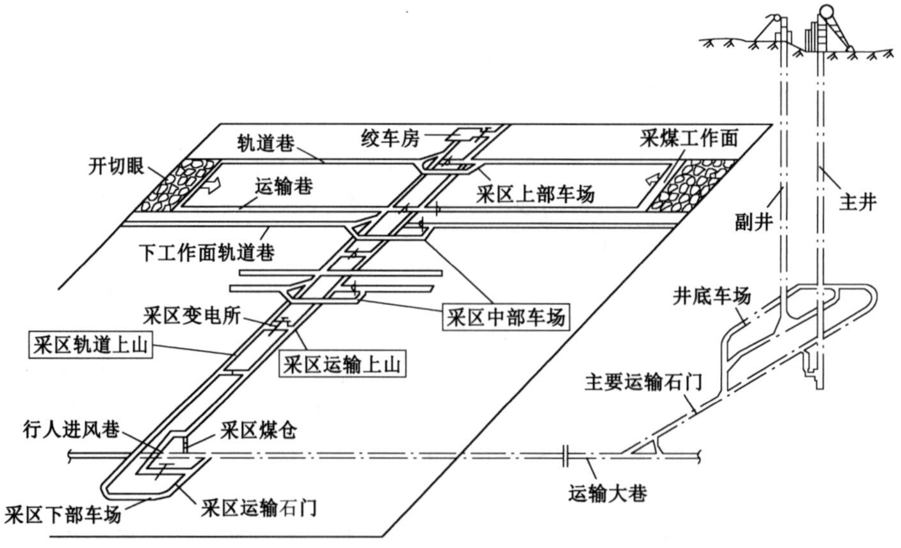

图 3-1　矿井单向掘进方案

其优点是：建井初期投资少，需要劳动力及施工设备少；采区巷道容易维护，费用较省；对测量技术的要求相对较低；建井施工组织管理工作比较简单。其缺点是：建井工期较长，通风距离长、管理工作比较复杂，安全施工条件较差。

该方案主要适用于：开采深度不大、井巷工程量小、采用前进式开拓、受施工条件限制、施工力量不足的中小型矿井。

（二）对头掘进施工方案

由工业广场的主、副井井筒和两翼或边界风井同时对头掘进，即双向或多向掘进关键线路上的井巷工程的施工方案，称为对头掘进方案，如图 3-2 所示。由于有边界风井及回风大巷等工程，除了从工业广场主、副井井底车场方向向首采面掘进外，还可以从风井井底、回风大巷向首采面方向掘进，形成对头掘进方案。

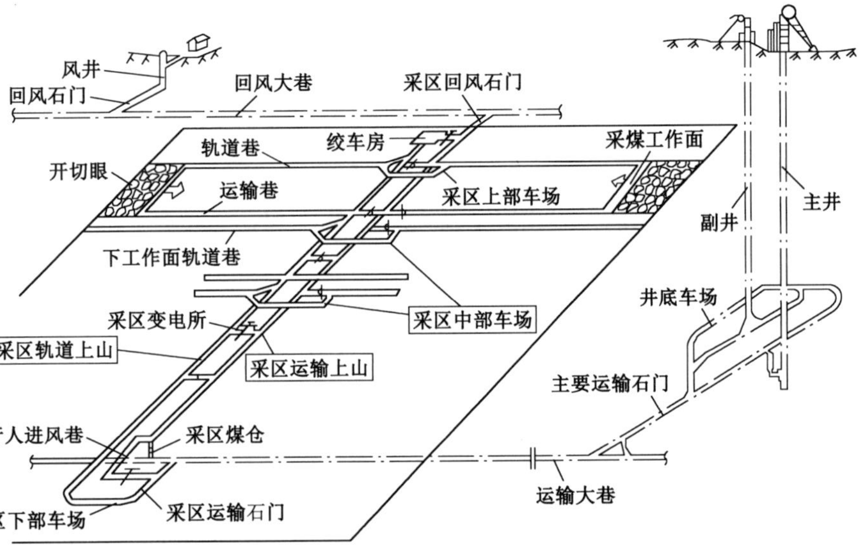

图 3-2　矿井对头掘进方案

需要注意的是，只有形成全风压通风系统和双回路永久供电系统后，才能开掘首采面的煤层巷道，因此对头掘进方案必须首先实现主、副井与风井井筒的贯通并形成全风压通风系统。

其主要优点：采用对角式或边界式通风的矿井，利用风井提前开拓采区巷道，可以缩短建井工期，提前移交生产，节约投资；主、副井与风井提前贯通，形成独立完整的通风系统，通风问题易解决，特别是对瓦斯矿井的安全生产十分有利；同时增加了安全出口，为安全生产创造了条件；增强了提升能力，可以缓和后期收尾工程施工与拆除施工设备的矛盾；采区开拓时人员、材料设备的运输都很方便。

对头掘进方案的缺点：增加了施工设备和临时工程费，需要的劳动力较多；采区巷道的维护费较多；施工组织与管理工作比较复杂，对测量技术的要求比较高。

根据经验，当井筒深度超过 600 m 且有较厚的冲积层时，井筒工期一般超过 2 a，若贯通距离在 4 000 m 以上时，贯通距离则需 3～5 a。若将采区施工安排在贯通之后，必将拖延建井工期，这显然与辅助系统、配套工程不适应。为此，一些大型矿井设计专用的进风井和回风井，一个井筒改装箕斗，另一个井筒改装罐笼，形成提升运输系统，利用 2 个风井形成全风压通风负责采区施工。

三、矿井工程施工阶段(期)的概念

(一) 施工准备期与建井工期

矿井从完成建设用地的征购工作，施工人员进场，开始场内施工准备工作之日起，至项目正式开工为止称为施工准备期。在施工准备期内，立井要做好锁口，立好凿井井架或直接采用永久井架凿井，并安装好天轮平台、卸矸台及凿井吊盘；斜井与平硐要完成井口(硐口)明槽掘砌。当井筒需要采用特殊施工方法通过表土层或含水岩层时，其相应准备工作也要在施工准备期完成。

从项目正式开工之日起到按照设计规定完成全部矿井建设工程，并经过试生产、试运转后正式竣工并交付生产所经历的时间为矿井竣工工期或建井工期。

矿井施工准备工期与矿井建井工期之和构成矿井建设总工期(或称为建井总工期)。

施工准备期所有工作的重点是保证关键线路上的井筒、斜井或平硐顺利按期开工，其他井筒、斜井或平硐依次开工，并保证建井初期现场人员的工作和生活条件。在矿井建井工期内，必须保证矿井建设项目的关键线路工程不间断施工，保证建井总工期目标的实现。

(二) 建井工期的阶段划分

一般矿井建井工期又划分为一期、二期和三期工程。

矿井一期工程以井筒工程为代表，其期限为井筒及毗邻硐室掘砌工期与主、副井短路贯通工期和临时改绞工期之和。

矿井二期工程主要以巷道工程为代表。主、副井施工区的二期工程，主要指井底车场巷道及各类硐室、主要运输巷道、铺轨和管线工程等。风井施工区的二期工程，主要指由风井安排施工的巷道等相关工程。

矿井三期工程主要指采区巷道及相关硐室工程。三期工程基本以煤巷为主，一般煤巷工程量比较大，施工速度较快，施工难点是运输、通风及防治煤尘与瓦斯等。

矿井建设二、三期工程的特点：工程量大、涉及面广、工作战线长；矿建工程难度大、收尾工程复杂；交替改装，三类工程立体交叉、平行作业等，使施工组织复杂；地质条件和设计工作在施工前如考虑不周，问题开始暴露，给施工带来困难；物资供应任务繁重而分散。因此，应妥善、切实安排，确保矿井建设关键线路不间断施工。

四、矿山地面工程的施工安排和永久设施利用

在施工准备期初期，临时性建筑物与施工设备安装总是更为急迫，必须先行建设和施工。但是，当永久建筑物、设备或设施同时用来服务于矿井建设施工时，也就成为需要先行修建的内容。在施工准备后期和一期工程期间，一些为改善生产、生活条件，保证安全施工和关键线路不间断施工的永久建筑物、构筑物、设备和设施安装工程也将陆续展开，为二期工程创造有利条件。

提前利用永久建筑物、设备或设施是矿井建设重要经验，除了可以减小临时建筑物占地面积，简化工业广场总平面布置外，还可以节约矿井建设投资和临时工程所用的器材，减少

临时工程施工及拆除时间和由临时工程向永久工程过渡的时间,缩短建井总工期。由于减少了建井后期的建筑安装工程及其收尾工作量,使后期三大工程排队的复杂性与相互干扰减少,为均衡生产创造了条件。与此同时,可改善生产与建井人员的生活条件,也使这些设施提前发挥了效益和作用。

（一）建井期可利用的永久设备与设施

(1) 建井期可利用的场外工程有场外公路,供水,排水,通信,6 kV 以上输、变电工程和排矸场等。根据投资进度和工程安排,这些场外工程有的在施工准备前期已经完成,有的在建井后期才安排开工,可以分批次利用。

(2) 建井前期可利用的场内工程有宿舍、办公室、食堂、俱乐部、油脂库、材料库、木材加工房、机修厂、压风机房等。中、后期还可以利用办公楼、浴室、矿灯房、变电所、锅炉房等。

永久办公楼、食堂、澡堂和职工宿舍的提前利用,对改善煤矿形象、提高工人工作和生活品质有重要意义,同时对新工人的招录也有宣传和吸引效应。

(3) 可利用的永久构筑物包括上下水管道、水塔或蓄水池、围墙大门、井塔(或井架)、场内照明、动力线网等。

煤矿副井一般多采用箱形钢结构井架,井筒到底后又希望它迅速改装成永久提升系统以服务于建井二期和三期工程施工,所以利用永久井架及永久提升机进行施工,是可行且有效的措施。

(4) 可利用的永久设备有地面的输、变电设备,压风机,提升机,井下供电设备,主排水设备及井下提升机等。

这些设备或设施,有些涉及施工安全、有些关系施工效率和效益,对安全施工、节约投资和提高投资效益具有重要意义。这些永久设备或设施,一般在二期工程和三期工程建设中均可以利用。

（二）利用永久建筑物应注意的问题

(1) 所有利用的这些永久建筑和设施,都需要设计工作尽量配合,提前给出施工图,建设单位提前安排基建计划,施工单位提前做好施工准备。一般情况下,准备利用的建(构)筑物,都要安排在矿井建设施工准备期内或稍后建成,供建井使用。

(2) 利用永久建(构)筑物与设备,必然增加了建井准备期间的工程量,因此必须对此进行合理安排。例如在可利用的永久建筑物中,单身宿舍应尽早安排施工,其余宿舍、办公室、食堂、俱乐部及辅助厂房可分期分批进行施工。

(3) 永久建(构)筑物的设计没有考虑建井时期的需要,因此,应对建井期间的结构受力性能、结构特征进行校核,必要时还应考虑对其进行加强与改造。为不损坏永久建(构)筑物及设备,施工单位应尽量提前与建设单位、设计单位联系,做到统筹考虑,兼顾二者。

(4) 施工单位在利用永久设施时,应对永久设施做好维护、保养工作,避免非正常磨损;应制定有效的管理制度,并与建设单位签订合理的租赁合同。

(5) 永久建(构)筑物特别是井口附近建筑物的施工顺序安排应充分考虑矿建施工所需场地空间,尽量避免交叉作业,将冲突降低到最低点。

(6) 为了明确建设单位和施工方在利用永久建筑物、设备和设施所连带的经济利益关系,矿业工程概算指标要求“凿井措施工程费指标”项目的编制,应考虑利用永久工程的情况。施工方使用属于凿井措施工程费范围内的永久工程和设备,原则上无偿使用。建设单位应统筹安排,尽量提供给施工单位使用,如提升机房和提升机、井上下变电所及其相关设施、永久井架以及“五通一平”工程等。

为了保证可利用的永久工程能在开工前部分或全部建成,所需的施工图、器材、设备要提前供应,土建及安装施工人员要提前进场。永久建筑物和设备的结构特征、技术性能与施工的需要不尽一致时,要采取临时加固、改造措施,要防止永久结构或永久设备的超负荷运行,造成损失。同时要避免永久设备的低负荷运行,以免造成浪费。

第二节　矿井项目施工顺序和优化

一、矿井项目施工顺序安排和优化的总体原则

矿井项目施工顺序的安排和优化总体上应遵循以下原则:

(1) 施工准备期应围绕关键线路上的井筒开工,完成“五通一平”工作,安装好井筒开工所需的“两台三盘”,解决职工生活的“两堂一所”,以及井筒开凿必备的其他准备工作。

(2) 从井筒施工进入二期工程、三期工程后,要保证矿井建设关键线路工程的不间断施工。

(3) 涉及矿井施工或生产安全的相关工程应尽可能提前安排施工,如供电系统、排水系统、防治水系统、通风系统、瓦斯抽排系统相关工程等。井筒开凿到底后,应当先施工永久排水和永久供电工程,并在进入采区施工前完成。永久排水工程完成前,在井底附近必须设置临时排水系统。

(4) 涉及解决瓶颈资源的相关工程应尽可能提前安排,包括尽快完成井底环形车场以增大运输能力,尽快形成矿井通风系统以满足采区巷道掘进通风要求,尽快完成永久提升系统以满足提升能力的需求,尽快安排采区运输大巷的施工以利于增加工作面等。

(5) 施工顺序的安排过程中还需要充分考虑人力资源的平衡安排,确保施工队伍进出场的平稳过渡,避免出现窝工或待工等现象。

二、矿建工程施工顺序

(一) 井筒开工顺序

井筒开工顺序确定的原则:技术可行、经济合理、施工方便、准备充分和缩短工期。同时要考虑各井筒的井口准备情况、各井筒平面位置相对关系、所穿过地层的工程地质及水文地质条件、井筒施工方案、井筒深度、施工工期、井筒担负的井下巷道工程量、井筒永久装备情况、井筒转入平巷时的施工方案、施工装备情况、施工队伍的技术力量及施工管理水平等因素。

主井、副井、风井开工顺序有以下几种。

(1) 主井、副井、风井顺序开工

其适用条件:主井比副井深且施工条件复杂,主井箕斗装载硐室与井筒同时施工,采区贯通工程量和采区掘进工程量均比较少,井筒穿过地层比较复杂需由一个井筒先行施工探明地质情况。

可选择的时间间隔为：

① 主井先开工，间隔3个月副井开工，再间隔3个月风井开工，主要考虑箕斗装载硐室同时施工需要占用的主井井筒工期。

② 主井先开工，间隔1个月副井开工，再间隔3～6个月风井开工，主要考虑副井采用永久井架凿井和主、副井错开冻结高峰期的情况。

该开工顺序的优点：由于主井断面较小，可先行探明地质条件，给副井施工提供经验；同时，由于主井较深或与箕斗装载硐室同时施工，便于与副井同时到底后短路贯通；处于非关键线路上的风井井筒，开工时间可适当推迟，以不影响井巷工程总进度计划或建井总工期为原则。

该开工顺序的缺点：主井到底后与副井贯通施工比较困难，贯通的临时工程较多。

(2) 主、副井同时开工，风井滞后开工

其适用条件：主、副井深度基本相同，主井箕斗装载硐室预留后与井筒顺序施工，井筒穿过的地质条件较好，主、副井到底时间相当，主、副井施工方案相同(但主、副井同为冻结法凿井时，一般应间隔开工)，工业广场准备条件具备，采区贯通工程量较小。

与风井错开的开工间隔时间一般根据采区贯通工程量和风井深度确定。一般可选主、副井同时开工后1～6个月风井再开工。

其优点：主、副井井筒能同时到底并及时贯通，贯通临时工程少，贯通的辅助设施较简单。其缺点：准备工作紧张，采用特殊法凿井时，设备投入量较大，不便协调施工和设备的平衡使用。

(3) 副、主、风井顺序开工

其适用条件：副井比主井深，井筒穿过地层条件比较明确，副井施工比较复杂，主井相对简单，马头门工程量大，占井筒工期比例比较大；采区工程量较小，井巷贯通工程量不大。

可选的开工间隔为：副井先开工，1～3个月后主井开工，再过2～6个月风井开工。

其优点：副井先开工，转入井底车场施工比较方便，短路贯通工程量较小。其缺点：副井先开工，在井筒地层条件较复杂时，大断面井筒先行施工难度比较大。

(4) 风、主、副井或风、副、主井顺序开工

其适用条件：采区工程量较大，井巷贯通工程量较大，风井较深，工业广场准备不充分，而矿井建设工期又较紧迫。

位于关键线路上的风井井筒，可以先于主、副井开工，具体施工顺序可根据井巷工程施工排队计划进行安排。主、副井的开工顺序，与上述方案(1)、(3)考虑的条件相同。

其优点：可以充分利用风井进行巷道掘进和贯通，采区准备比较快。其缺点：当只有一个风井，不能构成通风系统时，风井施工井下巷道独头掘进通风距离长，生产条件差、安全性不高。

(5) 风、主(副)井同时开工，副(主)井滞后开工

其适用条件：主、副井开工顺序考虑井筒深度、施工难易程度、毗邻硐室的施工方案等而定。由于风井位于关键线路上，需要先开工。适用于采区工程量较大，矿井贯通工程量大、工期长等情况。

这样有利于矿井贯通并降低工业广场准备工作的紧张程度。

(6) 风井先开工，主、副井滞后同时开工

其适用条件：采区工程量较大，井巷贯通工程量较大，矿井建设工期紧迫，主、副井施工准备程度相当、施工条件比较相近。当矿井设计有两个风井，风井到底后又便于贯通形成通风、供电、排水系统和提升运输系统时，风井先开工能较好地解决贯通问题，并能缩短关键线路的工期。

其优点：采区准备较快，贯通工期较短，有利于缩短矿井建设工期。其缺点：采区巷道开拓较早时维护工作相对复杂。

根据我国多年来的建井实践，采用箕斗装载硐室与主井井筒同时施工，主、副井交错开工的施工顺序比较普遍。主、副井错开施工的时间主要考虑箕斗装载硐室的工程量、2 个井筒的冻结高峰期错开等因素，根据最优网络计划而定，一般为 1～4 个月。具体错开时间要保证主、副井同时到底，以利于主、副井贯通和主井及时改装临时罐笼提升，为井底车场巷道快速施工创造条件。

（二）有井筒相连硐室的施工安排

主井箕斗装载硐室和副井马头门硐室是直接与主、副井筒相连的两个主要硐室，其施工方法与一般硐室相同，但是由于与立井井筒相连，必须考虑与井筒施工的关系及对凿井设备的充分利用。

1. 箕斗装载硐室的施工顺序

箕斗装载硐室断面大，结构复杂，施工中有大量的预留孔和预埋件，工程质量要求高，施工技术难度大。根据箕斗装载硐室与井筒施工的先后关系，施工方法可概括为两类：与井筒同时施工和与井筒顺序施工。

(1) 箕斗装载硐室与主井井筒同时施工

当井筒掘至硐室上方 5 m 左右处停止掘进，将上段井壁砌好，再继续下掘井筒至硐室位置。若围岩比较稳定，则井筒工作面与硐室工作面错开一荐炮的高度或者 1.5～2.0 m，同时自上而下施工。箕斗装载硐室分层下行的施工顺序如图 3-3 所示。

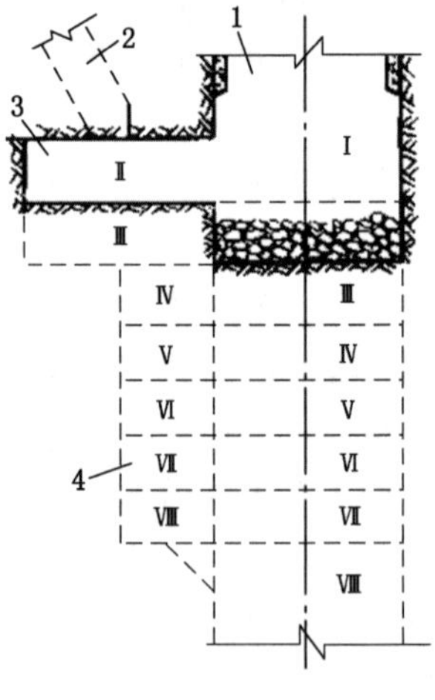

1—井筒；2—煤仓；3—上室；4—下室。

图 3-3　硐室与井筒同时施工

若围岩稳定性较差，硐室各分层可与井筒交替施工。硐室爆破矸石扒放到井筒中装提出井。井筒和硐室逐层下掘，待整个硐室全部掘完后再进行二次支护，由下向上立模板、绑扎钢筋，先墙后拱连同井壁整体浇筑。掘进时采用锚喷网进行初次支护，及时封闭围岩。箕斗装载硐室和该段井筒施工完成后再继续向下开凿井筒。

由于主井一般位于关键线路上，这种方案的缺点是箕斗装载硐室施工占用井筒工期较长，拖延了井筒到底时间，延长了建井工期。优点是避免了高空作业，安全和施工质量均容易保障，效率高，节省了大量的提升系统二次改造、吊挂的工期和费用，主井永久系统形成时间可提前。

(2) 箕斗装载硐室与主井井筒顺序施工

先将井筒施工到底，然后再施工箕斗装载硐室。具体安排如下：在主井井筒到底后，立即组织主井和副井短路贯通；主井提升改装成临时罐笼，担负井底车场施工的提升任务；待副井井筒永久提升系统开始运转之后，随之拆除主井临时罐笼，再进行箕斗装载硐室的施工，硐室可与主井井塔工程平行施工。

当井筒掘砌到硐室位置时，除硐口范围预留外，其他井筒部分全部砌筑。预留硐口部位根据围岩情况喷射混凝土或锚喷进行临时支护封闭。

箕斗装载硐室施工时，由于凿井设备大部分已经拆除，需在井底车场或辅助水平重新布置施工硐室用的提绞等设施，在井筒中重新安置保护盘、封口盘、吊盘和天轮平台，准备工作量大，施工时将硐室掘出的矸石全部放到井底。硐室完工后，集中将井底存矸清除。

顺序施工的优点：箕斗装载硐室施工不占用主井井筒工期，成为非关键线路上的工作，可使二期工程施工时间提前，能有效地缩短矿井建井总工期。

顺序施工的缺点：后期箕斗装载硐室施工时需要进行提升系统二次改造，硐室施工属高空作业，安全和施工质量的管理难度大，主井永久提升系统形成时间滞后。由于矸石全部落入井底，给后期清底工作增加困难。由于是高空作业，必须采取防坠的安全措施。

因此，选择箕斗装载硐室的施工顺序时，应综合考虑施工工期、质量、安全管理和综合费用四个因素，结合硐室围岩和地质条件，考虑矿井建设整体施工组织，优化施工顺序和施工方案。

2. 副井井筒与车场连接处(马头门)

马头门施工一般安排在凿井阶段与井筒同时进行，有些情况下也可以与井筒顺序施工。

(1) 马头门与井筒同时施工

马头门与井筒相连接，断面大，受施工条件限制，多采用自上而下分层施工，如图 3-4 所示，图中的数字表示施工顺序。当井筒掘进到马头门上方 5 m 左右处，停止掘进，将上段井壁砌好。随后井筒继续下掘，同时将马头门掘出，也可以将井筒掘到底或掘至马头门下方的混凝土壁圈处，由下而上砌筑井壁至马头门底板标高处，再逐段施工马头门。

当岩层松软、破碎时，两侧马头门应分别施工；在中等以上稳定岩层中，两侧马头门可同时施工，采用锚喷网作为临时支护。为了加快马头门的施工速度，可与井筒同时自上而下分层施工，如图 3-5 所示，图中的数字表示施工顺序。

马头门与井筒同时施工的特点：可以充分利用凿井设备和设施，使准备、辅助工作大大简化；支护的整体性好，工程质量易得到保证。该方法不足之处是马头门施工占用井筒施工工期，致使井筒到底时间推迟。

(2) 马头门与井筒顺序施工

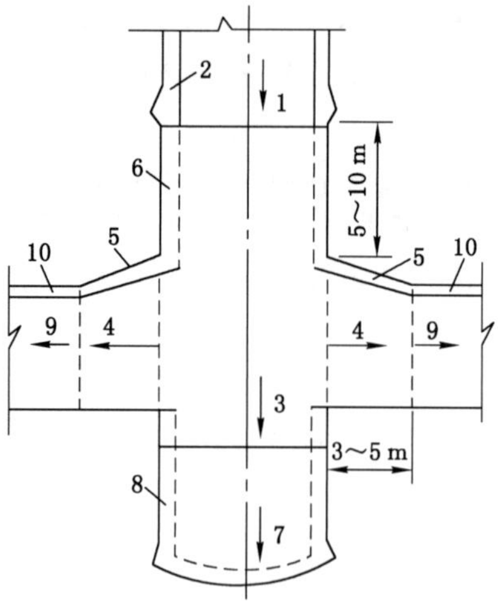

图 3-4　马头门的施工顺序

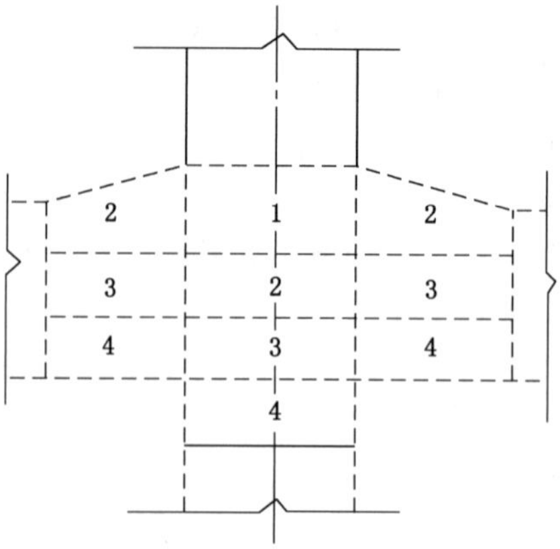

图 3-5　马头门与井筒同时施工下行分层施工法

先掘砌完整个井筒，再返上来施工马头门。即当井筒掘砌到马头门位置处时，预留马头门硐口不砌，暂时将硐口用喷射混凝土临时支护封闭起来，待井筒掘砌到设计深度后，再返上来施工马头门。为了方便施工，可以在马头门底板下方搭设一个临时固定盘作为掘砌工作台，也可以直接利用凿井吊盘作为掘砌工作台。

顺序施工的优点：马头门施工不占用井筒施工工期，使井筒可提前到底。后期的马头门施工，也可能与其他工程平行进行。

然后，由于井壁和马头门支护不是一次连续整体浇筑，因而施工马头门时应特别注意工程质量。当采用临时固定盘施工时，盘的安、拆费工费料，后期清除井底的存矸也需要花费时间。

经验表明，采用先主井、后副井开工的顺序，并且主、副井井筒一次到底、预留箕斗装载硐室，然后箕斗装载硐室采用平行交叉施工的方案，对缩短建井总工期比较有利，但需综合考虑安全管理、质量保证和费用投入等因素。

其他硐室、巷道与井筒相交部位 3～5 m 宜一并与井筒同时施工，与井筒砌筑成整体。

（三）井巷过渡期工作安排

当井筒掘到井底之后，为了及时转入井底车场及巷道施工，必须对井上下掘进井筒所用的设备和施工组织等加以改组，以适应巷道施工的需要。将井筒施工转入井底车场巷道施工的时期称为“井巷过渡期”。井巷过渡期在时间上并不长，一般为 1～3 个月。

井巷过渡期需要完成的工作内容包括：主、副井短路贯通；服务于井筒掘进用的提升、通风、排水和压气设备的改装；井下运输、供水及供电系统的建立；劳动组织的变换；等等。

加速井巷过渡期设备的改装工作，是保证二期工程顺利开工和缩短建井总工期的关键。

1. 主、副井短路贯通

工业广场有多个井筒时，应安排两个井筒先行贯通。考虑到风井的位置和二、三期工程的建设需要，一般采用主、副井短路贯通。

主、副井井筒施工到井底车场水平后，应首先进行短路贯通，以便为提升、通风、排水等设施的迅速改装创造条件。设计单位所提供的井底车场施工图中一般不考虑短路贯通问题，施工单位为了创造短路，常在主、副井之间掘临时贯通巷道。图 3-6 中虚线为常见的短路贯通临时巷道。

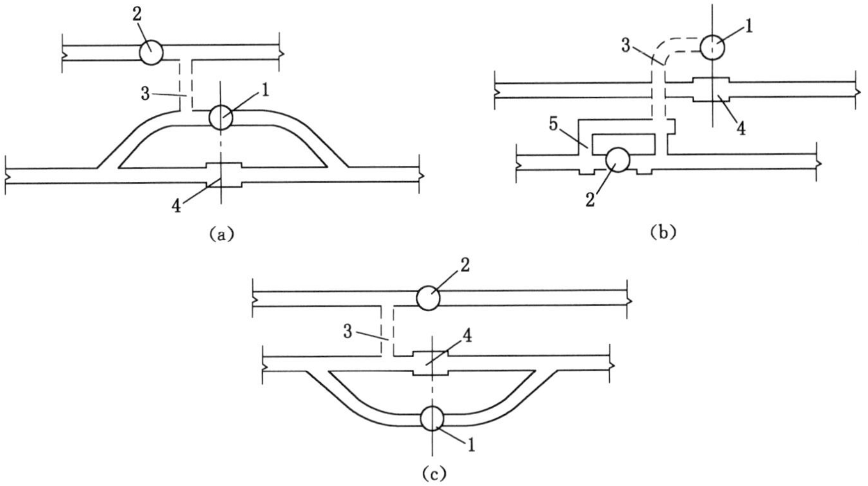

1—主井；2—副井；3—临时贯通巷道；4—翻笼或卸载硐室；5—等候室。

图 3-6　几种短路贯通形式

选择临时贯通巷道时，应考虑的原则：主、副井之间的贯通距离最短，弯曲最少，便于车场施工初期两井之间的运输调车；巷道位置要根据主井临时改装时的提升方位和二期工程重车出车方向而定；应充分利用矿井设计的辅助硐室和巷道，开掘临时巷道时应考虑其在今后生产期间的充分利用，以减少施工费用；临时贯通巷道与永久巷道或硐室之间应留有足够的安全岩柱。

近年来井底车场设计中已考虑了临时贯通的要求，贯通用的巷道，生产期间作为人行通道、医疗室或工具保管室等。主、副井对头短路贯通根据工程量一般需要半个月。

2. 提升设施的改装

由立井掘进过渡到井底车场及开拓巷道时，提升矸石量、下送材料设备及人员上下激增，需要的提升能力一般为井筒掘进时期的 3～4 倍。另外，转入平巷施工时采用矿车运输，难以与吊桶提升相匹配。因此，主、副井两个井筒到底贯通后应有一个井筒形成临时罐笼提升系统，以增大提升能力，然后进行另一个井筒的永久装备工作。

改装的原则：保证过渡期短，使井底车场及主要巷道能顺利地早日开工；使主、副井井筒永久装备工作和提升设施改装相互衔接；改装后的提升系统应能保证井底车场及巷道施工的需求。

提升设施改装常用的方式有以下两种：

(1) 主井-副井的改装顺序

为尽快形成副井井筒的永久提升、排水和供电等能力，通常是主井进行临时罐笼提升系统改装，简称临时改绞。

主、副井同时到底后，主井与副井首先短路贯通，然后主井改装为临时罐笼。在主井改装期间，暂用 V 形矿车通过溜槽向副井吊桶内翻矸。因为凿井设备选型和布置时已考虑提升改装需要，改装工作只要半个月左右即可完成。一旦主井临时罐笼正常运转且可以担负井下施工提升任务后，副井凿井系统即停下来，进行永久设施安装，包括替换永久井架(或井塔)、安装永久提升机、装备井筒、挂罐笼、试运转等，并一次建成井口房。采用钢结构井架时，此阶段需时半年左右；采用井塔和多绳摩擦轮提升机，一般需时 1 a 左右。等副井安装完毕能担负井下施工任务时，主井再拆去临时罐笼等临时设施，进行永久设施安装。其中副井系统投入使用的时间最迟应在主、副井与边界风井贯通前。

这种改装方案的特点：随着主、副井提升的交替转换，提升能力不断增强，副井吊桶提升为井下施工服务的时间很短，待主井换用临时罐笼后，基本上可以满足井底车场施工的需要。到井底车场施工全面展开，井下机电安装已经开始，需要更大的提升能力时，副井永久提升系统已交付使用。因此，一般情况下我国多数矿井的施工都选用这种提升改装方案。另外，为了给主井提前改装临时罐笼创造条件，主井开工时间一般应比副井早 1～4 个月。具体错开时间视箕斗装载硐室工程量、错开冻结高峰期等确定，以保证主、副井同时到底。

(2) 副井-主井的改装顺序

为了使改装工作简化，主、副井贯通后，首先把副井停下来进行永久提升系统安装，一次完成。在副井安装的这段时间内，井底车场施工的提升任务暂由主井吊桶提升来维持。待副井安装完毕运转正常后，主井再停下来进行永久提升设备安装。

这个方案的最大不足之处是吊桶提升为车场施工服务的时间过长，尽管可以在井底设临时卸矸台，但是提升能力仍受限制，大型设备下放不方便，人员上下也不安全。因此，只有当主井原来使用两套单钩提升或一套双钩提升而具有较大提升能力时，才可以考虑采用这种方案。

当井下运输大巷布置在煤层中时，为了提高建井期间的提升能力，目前已有临时箕斗提升的改装技术，即将主井改装为临时箕斗提升，或者是临时箕斗和临时罐笼混合提升，使提升能力大幅度提高，且井下可以采用胶带运输，对缩短建井工期具有重大意义。这种改装方法的适用条件是井下巷道以煤巷为主，且巷道掘进工程量大，对掘进速度和掘进出煤量也有较高的要求。

3. 运输与运输系统的变换

井巷过渡期运输与运输系统的变换，按照主井改装临时罐笼来考虑时，可以分为三个阶段：

(1) 主、副井未贯通期：主、副井到底后，在进行主、副井贯通巷道掘进时，仍用吊桶提升。当运输距离在 7.0 m 以内时，可将矸石直接装入吊桶，当运输距离大于 7.0 m 时，应铺设轨道以便运输。因为这一时期很短，所以采用的运输方法及设备应越简单越好。

(2) 副井吊桶提升期：这一时期是指主、副井贯通后主井正进行改装，运输距离一般为 30～100 m，故多采用 V 形矿车，其容积为 0.6 m^3，运输比较轻便灵活。巷道的各直角交岔点处可铺设调车用的转盘。矸石用 V 形矿车翻装到吊桶内，地面的排矸运输系统与凿井时期相同。

(3) 主井临时罐笼提升期：这一时期副井进行永久安装，井下掘进工作面个数一般是 5～7 个，运输距离在 100 m 以上，这时已经使用了临时罐笼，故多采用 1 t 或 1.5 t U 形矿车。同时在地面设有临时翻罐笼进行翻矸，从翻罐笼到排矸场之间用 V 形矿车进行运输排矸。直到副井永久安装完毕，才停止主井临时罐笼提升，使用副井永久系统提升，使井上下运输工作大为改善。

4. 通风设施的改装

在开展井底车场多工作面掘进工作时，通风工作设计和组织是否合理，将直接影响工程的顺利施工和安全，必须给予足够的重视。

当主、副井未贯通前，仍利用原来凿井时的通风设备进行通风，但需将风筒接长到各掘进工作面。主、副井贯通后，应迅速改装通风设施，使之形成主井进风、副井出风系统。

通风设施的改装有两个方案：

(1) 拆除主井风筒，延长副井风筒，并在主、副井贯通联络巷内修建临时风门。它适用于井深 200 m 以内的浅井。

(2) 对于主、副、风井布置在同一工业广场的情况，主井或者副井与风井贯通后，应安装地面主要通风机实现全风压通风。不具备安装主要通风机条件的必须安装临时建井通风机，不得采用局部通风机或者局部通风机群代替临时通风机。

对于主、副井与风井不在同一工业广场的情况，主井或副井与风井短期内不能实现贯通的，主井与副井贯通后必须安装临时通风机实现全风压通风。

建井用的临时通风机应当安装在地面，避开永久建筑物、构筑物的位置，且必须设置备用风机，备用风机应当能在 10 min 内启动。低瓦斯矿井施工二期工程，建井风机可根据实际情况安装在井下，但必须制定安全措施，实现全风压通风，确保通风安全。

此方案能增加有效风量，通风阻力较小，适用于深井条件。

应注意煤矿井下串联通风的工作面数量最多不得超过 2 个。开采有瓦斯喷出或突出危险的煤层，或者距离突出危险煤层垂直距离小于 10 m 的范围内掘进施工时，严禁串联通风。为避免多工作面窜风，可采用抽出式通风或增开辅助巷道。

未形成全风压通风系统的高瓦斯矿井和煤与瓦斯突出矿井，严禁进入二期工程施工，其他煤矿严禁进入三期工程施工。

5. 排水设施的改装

排水设施改装也可以分为三个主要阶段：

(1) 主、副井未贯通前仍利用凿井期原有的排水系统，分别由主、副井水窝往外排水。

(2) 主、副井贯通后，主井改装临时罐笼期，主井涌水由卧泵排到副井井底，然后利用副井吊泵向外排水，涌水量大则改用卧泵排水，保证临时变电所和临时水仓形成之前的施工安全。

(3) 主井临时罐笼提升、副井进行永久装备阶段，可在主井临时马头门外安设临时排水系统，由主井井底吸水，经敷设在联络巷道和主井井筒中的排水管将水排到地表。这时，井底车场和平巷掘进的涌水都汇集到主、副井井底。当涌水量较大时，可扩大主、副井联络巷，作为临时泵房和变电所，或施工临时水仓、泵房，形成临时排水系统。

在副井永久装备完成进行主井永久装备时，井下的永久供电和排水系统已经形成，利用副井的永久排水系统排水。主、副井井底的水用卧泵排到巷道水沟中再流入永久水仓。

矿井必须优先建立永久排水系统和供电排水系统，在永久排水系统和供电排水系统形成前，不得施工采区巷道工程。水文地质条件复杂的矿井，必须先建成防排水系统，形成足够的排水能力后方可开始向有突水危险的方向开拓掘进。

6. 其他设施的改装

在井底车场施工时，还要解决好井下的压风供应及供电、供水等工作。车场施工全面展开后，所用压风量远大于两个井筒施工时的用量，而主、副井交替改装后，压风也只能由一趟管路供应，所以最初选用的压风管道直径应大于 150 mm。在施工准备期设计供应时，应考虑井底车场、巷道及采区巷道施工期间对压气的需要量。

主、副井贯通后，井下耗电量大幅度增加，除供应临时水泵、局部通风机和装载机外，还有施工水仓和清理斜巷用的绞车等，多为 380 V 的电源。因此为了从地面输送高压电，井底车场内应设临时变电所，宜与临时水泵房一起设在等候室中。

高瓦斯、煤与瓦斯突出、水文地质类型复杂和极复杂的矿井进入二期工程的巷道和硐室施工前，其他矿井进入采区巷道施工前，应形成两回路供电。

为保证湿式钻眼和消防用水，供水工作也不能忽视。若从地面供水，井内应设专门供水管路，若直接从井下取水，必须注意水的清洁，以免堵塞管路，影响正常钻眼工作。

（四）井底车场与硐室的施工安排

1. 井底车场巷道施工安排

井底车场巷道施工顺序的安排除应保证主、副井短路贯通及关键工程项目不间断快速施工外，还必须积极组织力量，掘进一些为提高关键工程的掘进速度和改善其施工条件所必需的巷道。如提高运输调车能力，改善通风条件，形成排水系统等。

井底车场巷道施工顺序一般为：

（1）主井（或副井）重车线巷道，主要运输石门、运输大巷、采区车场、采区上山或下山与风井的贯通。这一组巷道是矿井建设的关键线路和关键工程，应作为主攻方向，组织快速施工。

（2）优先安排井底车场改绞井筒环行车场的贯通，解决井底车场施工运输、调车的困难。

（3）尽早组织主变电所、水泵房、内外水仓的施工，为利用永久排水和供电系统创造条件。

（4）应先安排通风、排水、供电、运输或抽排瓦斯需要的巷道。主、副井空重车线的贯通，可改善井底车场巷道多头施工的通风条件。

2. 井底车场硐室施工安排

高瓦斯、煤（岩）与瓦斯（二氧化碳）突出矿井进入二期工程前，必须形成地面主要通风机供风的全风压通风系统，并形成双回路供电。在组织井底车场硐室施工时，要考虑下列各因素：

（1）与井筒毗连的各种硐室（马头门、装载硐室等），一般情况下应与井筒施工同时进行，箕斗装载硐室的安装应在井筒永久装备施工之前进行。

（2）为解决供电和排水问题，应尽早施工井下主变电所、水泵房和水仓等工程，应注意内、外水仓必须从水仓入口处开掘，一般情况下应从水泵房通道进入后开展水泵房和变电所工程。

（3）煤仓和胶带机头硐室或翻笼硐室工程比较复杂，设备安装需时较长，应合理安排开工时间。永久避难硐室、电机车库、消防材料库、炸药库等应根据对它们需要程度的不同分别安排。

(4) 服务性的硐室,如等候室、调度室和医疗室等,其施工先后对建井工期影响不大,可以用于平衡工程量。但为了改善通风、排水和运输系统,有时也需要提早安排施工。

(5) 在井底车场内的交岔点,若不能一次筑成时,应向交岔巷道掘进 15 m 左右,以利于新的工作面展开而不互相影响。

3. 井底车场多头快速掘进时应注意的问题

(1) 车场内掘进工作面个数的增减,必须注意与工人数量及器材设备的平衡。应利用开工、竣工时间上的差异,使各个时期的工程平衡,避免人力、器材和设备的突增或突减。

(2) 确定井底车场的施工顺序和增减工作面数量时,必须考虑通风系统的合理改变,避免通风设施移动过于频繁,不要把风门设在运输频繁的巷道内,并保证各掘进工作面有足够的风量。

(3) 确定井底车场施工顺序时,必须注意巷道坡度的影响,特别是在涌水量较大的情况下,避免下坡掘进,以避免工作面积水和运输困难。有瓦斯条件下,避免上坡掘进,以利于瓦斯稀释和排放。

(4) 井底车场内掘进工作面数量的增减,必须考虑井筒提升、运输、通风和排水能力,新开掘进工作面必须考虑是否有通路、通风、运输和排水等条件。

(5) 硐室的断面大而且变化多,长度则比较短,进出口通道狭窄,使得大型施工机械设备在此难以施展,所以各种硐室施工的安排,应保证留有足够的设备安装和调试时间。

(6) 硐室服务年限长,工程质量要求高,一般要求具有较高的防水、防潮、防火等级。不少硐室都要浇筑机电设备基础、预留管线沟槽、安设起重梁等,故施工时要确保工程规格和质量。

在施工组织设计中,我国现场常用工程进度日历表和用颜色线绘制的井底车场各工作面进度图来表示井底车场巷道和硐室的施工顺序。近年来,绝大部分矿井的施工进度安排都采用网络图代替横道图来表示井底车场的施工顺序。

(五) 采区巷道的施工安排

煤矿建设项目在进入三期工程前,必须形成全风压通风系统,按照设计建成永久排水系统,形成双回路供电等系统。组织采区巷道施工时应重点考虑下列因素:

(1) 应提前施工主、副井与风井贯通的采区上山或采区下山工程,关键线路上的采区上山或采区下山应先安排施工,工程量大的一般上山或下山也要提前施工。

(2) 一般应先开轨道上山和绞车房硐室,以提前安装提升绞车,担负采区工程的施工任务。

(3) 凡工程量大,距井筒远,直接影响建井工期的采区工程应提前安排施工。

(4) 在建井期间为探明地质情况的采区工程应先行施工。如同时开二条上山时,可先开人行通风上山,以提前探明采区煤层的赋存情况。采区煤巷,一般应先开上部轨道回风巷,沿煤层走向探明煤层等高线以及水文地质条件,为掘进运输巷道探明地质情况。

(5) 有煤与瓦斯突出危险的矿井,一般先开岩石巷道,然后开溜煤眼、联络巷,从岩石巷道中揭开煤层,排放瓦斯,然后进行煤巷施工。

(6) 涌水量大的上、下山,最好采用上坡掘进方法。瓦斯巷道尽量采用下坡掘进方法。

(7) 煤巷施工过早,则维修量过大,所以新建矿井多数在矿井试运转前集中安排施工。

三、土建及机电安装工程施工顺序

(一) 矿井工业广场施工总平面布置

1. 施工总平面布置的原则

施工总平面布置解决的是施工场地的空间组织问题,是根据工业广场的地形情况、施工特点和条件,把工业广场内所有要施工的临时与永久建筑物、构筑物、仓库与附属企业、运输与给排水、供电、线路等的平面位置及其高程合理地布置在施工场地上,以便进行有计划的、有秩序的施工。

矿山施工总平面布置包括地面和井下两种。井下施工总平面布置的内容包括关键线路工程及贯通地点、投产或达产时的开拓工程范围、分年度进度及管线布置等。

地面施工总平面的布置原则如下:

(1) 充分掌握现场地质、地形资料,了解高空、地面和地下各种障碍物的分布情况,熟悉现场周围环境,以期做到统筹规划,合理布局,为科学管理和文明施工创造有利条件。

(2) 临时设施和临时建筑物应避开永久建筑物位置,空间上不能避开时,时间上应错开,避免以后大量拆移造成浪费。有条件的宜利用永久建筑和设施施工,以减少临时设施,简化施工场地的布置。同时,临时建筑物标高尽可能按工业广场永久标高施工。

(3) 临时建筑的布置应符合施工工艺流程的要求,做到快捷、顺畅。为井口服务的设施应布置在井口周围,变电所、压风机房等应靠近负荷中心,机修及加工设施宜邻近料场与仓库,办公、生活区应与生产区分开布置并避开噪声和污染源。

(4) 场内窄轨铁路、公路布置,应满足需要并方便施工,避免二次搬运,降低运输费用和动力损耗。窄轨铁路应以主、副井为中心,通到材料场、坑木场、机修厂、水泥厂、混凝土搅拌站、排矸场等。主要运输线路和人流线路尽可能避免交叉,场内道路与窄轨铁路不宜平面交叉。

(5) 各种建筑物布置要符合环境保护、防火、安全技术、卫生、劳动保护规程,为安全施工创造条件。要统一考虑火药库、油脂库、加油站与一般建筑物的最小安全距离。宜利用永久矸石场和低洼地排矸,掘进煤与矸石应分别堆放。

(6) 临时工程应尽量布置在工业广场内,应紧凑、合理,节约用地,场区出入口不应少于两个。

2. 施工总平面布置的依据

(1) 工业广场、风井场地等总平面布置图、设备布置图、管线布置图等。

(2) 工业广场地形图及有关地质地形、工程地质资料、土方平整设计图等。

(3) 施工组织设计的施工方案包括临时建筑汇总表(工程名称、结构形式、建筑面积及其外形尺寸、修建时间安排等)、工程材料及其供应计划、加工与堆放规划、运输要求等。

(4) 各场地拟利用永久建筑(包括管线、道路等)的利用计划、工程量表、修建时间安排等。

3. 主要施工设施的布置要求

施工总平面布置以井筒为中心,力求布置紧凑、联系方便,应满足以下要求:

(1) 凿井提升机房的位置,根据提升机型式、数量,井架高度以及提升钢丝绳的倾角、偏角等确定,布置时应避开永久建筑物位置,不影响永久提升、运输、永久建筑的施工。并考虑提升方位与永久提升方位的关系，使之能适应井筒开凿、巷道开拓和井筒装备各个阶段的需要。

立井临时提升机房位置因主、副井而异，且与其在不同建井期间承担的任务有关；斜井临时提升机的提升方向，应与永久提升方向一致，通常设在永久提升机房的前方。

(2) 临时压风机房应靠近井筒布置，以缩短压风管路，减少压力损失，距井口一般为50 m左右；距提升机房不能太近，以免噪声影响提升机司机工作。

(3) 临时变电所位置，应毗邻电源，适当靠近提升机房、压风机房等主要用户；避开人流线路和空气污染地段；建筑物要符合安全、防火要求。

(4) 临时机修车间，由于使用动力和材料较多，应布置在材料场地和动力车间附近，且运输方便的地方，以便于机械设备检修和领运。车间之间应考虑工艺流程，避开生活区，靠近下风方向，以减少污染和噪声影响。

(5) 临时锅炉房位置，应靠近主要用气、供热用户，缩短管路，减少损耗。应布置在厂区和生活区的下风向位置，远离清洁度要求较高的车间和建筑，周围应有足够的煤场和废渣堆积的场地。

(6) 混凝土搅拌站，应设在井口附近，靠近运输公路，周围有较大的能满足生产要求的水泥库和砂、石堆放场地，并考虑冬季取暖、预热及供水、供电方便。

(7) 临时加油站、油脂库、炸药库，分别应满足防火和安全距离的要求。加油站、油脂库应设置在交通方便的地方，有良好的隔热通风条件；炸药库应尽量利用地势的天然屏障，设在工业广场以外偏僻区域，并位于公路附近。

(8) 矸石场和储煤场，应设在工业广场边缘的下风向位置。矸石除用来平整场地的低洼地之外，应尽量利用永久排矸设施。临时储煤场的位置要考虑矿井建设期工程煤的运输。

(二) 井塔(架)的施工方案

目前，我国煤矿井塔(架)主要有钢筋混凝土井塔和钢结构井架。据统计，主、副井采用钢筋混凝土井塔与多绳摩擦轮提升机提升系统占用井口的施工时间，一般占建井施工期的30%以上，这一段工期有时会超过井巷二、三期工程所占工期，所以应予以足够重视。

1. 钢筋混凝土井塔的施工方案

(1) 井口现浇混凝土施工方案

在井塔基础施工完成后，直接由下而上逐层浇注混凝土。塔壁混凝土的浇注可采用拆装大模板施工，也可以采用滑动模板(有爬模法、全滑模法和滑一浇一法)施工塔壁。

临涣矿副井、海孜矿副井以及陶二矿副井等都采用可拆装大模板施工井塔；淮南潘二矿副井采用爬模法施工钢筋混凝土井塔；兴隆庄主、副井，张双楼主井等曾采用全滑模法施工井塔壁；淮北桃园矿主、副井和任楼矿主、副井等曾采用滑一浇一法施工井塔壁。

这种方案有利于利用第一层或中间平台同时进行井筒装备安装，但占用井口时间比较长，因此，要尽量实现井塔施工与井筒装备、箕斗装载硐室等立体交叉平行作业，以缩短井口占用时间。

(2) 井外预建整移施工方案

在井口外适当地点建设井塔临时承台座，然后在其上预先建造井塔，安装并调试好提升绞车系统和其他设备，在井口的井塔基础完成之后，用机械或其他方法将预建好的井塔整体平移到井口永久基础上就位，操平找正，固定井塔，然后调试提升系统。

内蒙古宝龙山矿主井钢筋混凝土井塔、山西常村矿主井钢筋混凝土井塔、淮北朱仙庄煤矿主井钢筋混凝土井塔以及淮北刘桥矿副井钢筋混凝土井塔等采用预建整体平移技术。

一般来说，在矿建、土建、安装三项工程衔接紧张或者矿井改扩建只建一个独立井筒或者在高寒地区冬季不能施工混凝土井塔情况下，这种方案技术经济效益更显著。由于可以缩短井塔施工和设备安装占用井口的时间，并能有效解决井口土建施工、井筒装备和提升设备安装的矛盾。

2. 钢结构井架的施工方案

(1) 井口组装施工方案

在井架基础施工完成后，直接在井口组装井架。组装方法有自下而上逐层逐件安装法、分片起立拼装法和整体吊装法。这一方案要求井口附近要有组装斜架、立架和布置绞车、锚桩的场地。有碍起立井架的建筑物和构筑物应等井架起立后再施工。

山东济宁三号井副井双斜腿钢结构井架采用双桅杆、双绞反转、分片起立拼装施工方案；开滦林南仓矿主井单斜腿钢结构井架，采用双桅杆、半旋转起立斜架、滑移法起立立架施工方案。

(2) 井外预装整移施工方案

在井口外适当地点预先装配好钢结构井架，在井架基础完工后，再将其整体平移或吊装到井口位置，操平找正，固定就位。该方案可缩短占用井口的工期，移动费用低。井内装备一般在井架整体平移就位前安装完毕。

河南平煤十三矿主井钢结构井架、平煤一矿北二风井钢结构井架、焦作九里山矿副井钢结构井架，均采用钢结构预组装整体平移工艺。

（三）矿井主要机电设备安装

矿井机电设备包括提升、运输、通风、排水、压风、供电、井上下生产与排矸以及安全监控等系统。目前，采掘、排水、提升、通风等设备随着井型的增大，均趋于大型化，功率越来越大，井下水泵单机功率已超过 1 000 kW，井下电压等级高压由 6 kV 上升到 10 kV，低压由 380 V 上升到 660 V，采煤工作面电压上升到 1 140 V。井下采掘、运输、通风、监控等设备向电气化、自动化和智能化方向迅速发展，井下机电设备的安装技术和安装工艺也随之发展。

1. 多绳摩擦轮提升机的安装与调试

多绳摩擦轮提升机安装部件多，精度要求严，特别是电控部分自动化程度高，安装难度大。经近几十年的探索和努力，在安装上积累了不少经验。如机械部分主轴承安装采用热装法，在绳槽车削及测量方面研制成车刀装置及大卡钳直接测量法，在卷筒焊接技术上为保证卷筒不变形采用立焊、平焊相结合的方法。由于安装上采取了一系列措施，目前煤炭行业所安装的多绳轮提升机，不但安装速度快，而且质量好，投产后均能达到安全运转的目的。

一般在井筒装备安装之后进行立井多绳提升容器的吊装。两个提升容器用起吊工具吊起放到预先架设在井口的型钢托梁上，在提升容器顶部组装悬挂装置和液压调绳装置。考虑到钢丝绳的初伸张，应把调绳装置放在最长的调整位置，然后开始挂绳。先挂主提升绳，后挂尾绳。

安装罐笼和挂绳时，钢丝绳与桃形环的卡接必须紧固牢靠，绳卡数量和间距必须符合规定，提升钢丝绳和尾绳都不得有扭曲、打弯现象。液压调绳装置的密封应得到保证，调绳螺母及防松螺母在调绳后应拧紧，各部分固定和连接用的紧固件必须坚固牢靠。

挂绳后空车及重载试验包括空车试运及重调和主要保护试验，如控制电压接地故障监视检验、最高过速保护试验、减速过速保护试验、过卷保护试验、制动试验等。

2．矿井通风机的安装

矿井用的通风机有轴流式和离心式两大类，其通风反风装置，均配备风门绞车，利用风门及通风道改变风流方式进行反风。

离心式通风机由叶轮、主轴、轴承、电动机、可控硅励磁装置等组成，并配备风门绞车、风门等反风设备，安装比较简单。关键是叶轮的安装，采用先装上叶轮再找正的工艺，可取得良好效果。

轴流式通风机的安装比较复杂，在完成安装基础的浇筑工作之后，包括主机安装，扩散器、叶片导向器安装，空心传动轴、联轴器及主电动机安装，风门、进风筒、整流器的安装，消音器的安装，润滑系统及测压管安装等工作。完成安装工作后，需要做好通风机与配用电机的调试工作，判断通风机、备用风机、配用电机是否能够正常使用。

3．立井井筒内大型设备下放技术

（1）大型机电设备的下井运输

大型机电设备从地面运输到井下，有条件优先采用设备、电机、底盘等整体运输的方式，以省去井上、下拆装，防止设备在拆运过程中损坏、丢失、受潮等。水泵、变压器、小型绞车、耙斗装载机等常选择这种运输方式。

由于罐笼尺寸限制，当设备不能整体进入罐笼时，可考虑采用设备挂罐底运输到井下，再放到平板车上的方式。电机车、大型电动机等常选择这种运输方式。

当设备尺寸过大而不可能挂罐底下井时，则只能把设备解体，分部件装上平板车运入井下再行组装。井下综采设备、大型提升机、胶带输送机、掘进机等常选择这种运输方式。

大型设备下井时，应根据设备自身重量对提升机能力和悬吊装置的安全系数进行核算，以确保超重运输的安全。

（2）井筒内电缆的下运与悬挂

首先通过计算，选择合适的凿井绞车和钢丝绳。把盘有电缆的卷筒支在井口附近，下放电缆时，在井口把电缆卡到钢丝绳上，一边人工盘动电缆卷筒，一边开动凿井绞车，电缆随钢丝绳一起下放到井底。然后安装人员在吊盘上或吊桶里，把电缆按设计要求固定到井壁的电缆支架上。

对于自身重量轻的通信、信号、监控或视频电缆，当井筒较浅时，还可以把电缆卷筒支在井筒吊盘上，吊盘从井口一边被下放，一边往井壁上固定电缆。

4．矿井输送机传送带的连接

胶带的连接是安装胶带输送机的一项重要工作，可以选择胶带扣连接方法或胶合粘接方法。

胶带扣连接方法工艺简单，容易掌握。胶合粘接方法包括热粘接与冷粘接两种，粘接工艺较复杂，但胶带接头的寿命较长。用胶合法粘接时，胶合缝的方向应顺着胶带运输的方向而不得相反，黏合后的抗拉强度不得低于原胶带抗拉强度的75%，否则应改进工艺。

5．矿井综采设备液压系统的安装

我国大中型煤矿广泛采用综合机械化长壁采煤方法。综采设备都配有高压、高速、小型轻量及集成化的液压系统。不同型号设备的液压系统,虽各有特点,但是都包括4个基本组成部分:动力机构-油泵,操纵机构-压力阀、流量阀、方向阀等在内的控制调节装置,执行机构-旋转式油马达及往复式油缸等,辅助装置-油箱、油管、管接头、蓄能器、冷却器、滤油器和各种控制仪表。

安装液压系统时,除了要遵照设备说明书的具体要求以外,要注意做好液压元件的检验、管路接头的密封及防渗漏等。

四、矿井建设项目施工顺序的优化

矿井建设项目施工顺序优化目的是确定合理工期、造价,科学配置资源,实现均衡施工,保证工程质量和安全,达到合理的技术经济指标。优化主要体现在施工技术方案和相应的经济技术指标上,包括矿井建设总工期,井筒及主要巷道、硐室月进度指标,建筑安装工人劳动生产率,建筑安装工程的投资动态,临时工程预算占矿井建筑安装工程总投资的比例等。

在矿井建设项目施工顺序优化方面重点考虑以下内容:

(1) 施工方案的合理确定往往是项目成败的关键。要充分考虑施工条件,尤其是地质条件和水文条件,通过不同方案比较和综合评价,选择合理的施工方案、设备和工艺,确定合理的施工进度。

(2) 关注关键线路上关键工程的施工方法,解决关键工程的材料、劳动力、设备等资源及其分配(包括配备顺序)问题,以保证关键线路连续施工。

(3) 施工准备期应以安排关键线路上井筒开工所需要的准备工作为主,结合项目的投资进度,适当利用永久工程和设施,删减不必要的临时工程。

(4) 当矿井施工全面开展后,从井下到地面、从地面到高空,应同时进行平行流水、立体交叉作业,积极推广和采用新技术、新工艺、新材料和新设备,以缩短工期。

(5) 矿建、土建、安装的三类工程平衡协调是优化工作重点解决的内容,要保证工期互不影响,考虑整个建井过程中的劳动力、资金以及工程内容、场地等方面的整体平衡,做到资金利用率高、劳动力平衡、项目进程均衡。

(6) 三类工程平衡原则:矿井永久机电设备安装工程完成不宜过早,尤其是采区设备可在联合试运转之前集中安装完成;一般民用建筑配套工程可以在项目竣工前集中兴建,或经生产单位同意在移交生产后施工;设备订货时间应根据机电工程排队工期和留有一定时间余量来决定。

第三节　井巷施工作业方式

井巷工程掘进按破岩方法分为钻眼爆破法和机械破岩法两种。煤矿巷道掘进目前仍主要采用钻眼爆破方法。光面微差中深孔爆破技术、锚喷支护技术等的成功应用,为钻爆法安全高效掘进创造了积极条件。但是,岩巷和立井井筒的掘进速度长期维持在60～80 m/月、煤巷及半煤岩巷的掘进速度平均150～200 m/月,均难以适应大、中型矿井建设速度的需要。我国掘进机的研制和应用从轻型、中型发展到重型,已经形成了EBJ、EBZ、EBH三大系列部分断面掘进机,全断面掘进机也在个别矿区开始试验,对加快井巷掘进速度、保证安全生产和提高劳动效率均有重要作用。

一、钻眼爆破法施工

采用钻眼爆破法掘进，其工序包括定向、钻眼、装药连线、爆破通风、安全检查、临时支护、装岩与运输、清底、永久支护、水沟掘砌、永久轨道铺设和管线安设等。各工序的质量及工序之间的衔接，特别是钻眼爆破工作的质量，对巷道施工安全、施工质量、掘进速度及工效、成本等都有较大影响。目前，钻眼爆破的主要技术发展趋势是发展中深孔、光面爆破技术。增加眼深，改进深孔直眼掏槽方式，减少炮眼数量，加快钻眼速度和提高爆破效率。

钻眼爆破法施工是以每米巷道进尺所需的钻爆工时最短、炮眼利用率最高和光爆质量标准评价爆破施工效果，为了获得良好的爆破效果，必须正确地布置掘进工作面的炮眼，合理确定爆破参数，选用适宜的炸药和不断改进爆破技术。

(一) 钻眼设备与工具

井巷掘进中，根据采用的机具和孔底岩石的破碎机理，在岩石中钻眼主要采用冲击式钻眼法，使用的钻眼设备是凿岩机；在煤层中钻眼主要采用旋转式钻眼法，多使用煤电钻。

1. 凿岩机

凿岩机按使用动力不同分为风动凿岩机(简称凿岩机或风钻)、液压凿岩机及电动凿岩机等。井巷掘进中大量应用风动凿岩机，国产风动凿岩机部分型号及主要性能见表 3-1。

表 3-1　国产风动凿岩机部分型号及主要性能

技术特征	手持式	气腿式				向上式	导轨式			
	Y-30	YT-23	YT-24	YTP-26	YT-26	YSP-45	YG-40	YG-80	YGZ-90	YGP-28
质量/kg	28	24	24	26.5	26	44	36	74	90	28
气缸直径/mm	65	76	70	95	75	95	85	120	125	95
活塞行程/mm	60	60	70	50	70	47	80	70	62	50
冲击频率/(次/min)	1 650	2 100	1 800	2 600	2 000	2 700	1 600	1 800	2 000	2 700
冲击功/J	>44	59	>59	>59	>70	>69	103	176	196	90
扭矩/(N·m)	>9.0	>14.7	>12.7	>17.6	>15	>17.6	37.2	98	117	>40
使用风压/MPa	0.5	0.5	0.5	0.5～0.6	0.5	0.5	0.5	0.5	0.5～0.7	0.5
耗气量/(m^3/min)	<2.2	<3.6	<2.9	<3.0	<3.5	<5.0	5	8.1	11	4.5
使用水压/MPa	0.2～0.3	0.2～0.3	0.2～0.3	0.3～0.5	0.2～0.3	0.2～0.3	0.3～0.5	0.3～0.5	0.4～0.6	0.2～0.3
配气阀形式	环状活阀	环状活阀	控制阀	无阀	控制阀	环状活阀	控制阀	控制阀	无阀	控制阀
推进方式	人力	FT-160	FT-140	FT-170	FT-160	轴向推进器	FJZ-25柱架	CT400台车	CTC-142台车	—
钻孔直径/mm	34～40	34～42	34～42	36～45	34～43	35～42	40～50	50～75	50～80	40～46
最大钻深/m	3	5	5	5	5	6	15	40	30	8

注：Y 为凿岩机，T 为气腿，P 为高频，G 为导轨，S 为向上，Z 为独立回转，数字表示机重。

凿岩机按冲击频率可分为低频、中频和高频三种。冲击频率 2 000 次/min 以下的为低频，2 000～2 500 次/min 的为中频，高于 2 500 次/min 的为高频。气腿式凿岩机由于机身重量由气腿支撑，减轻了体力劳动，属于中、低频凿岩机；高频凿岩机装在凿岩台车或伞形钻架上，可以打更深、直径更大的炮眼。

液压凿岩机由于油压比压气压力高得多，通常都在 10 MPa 以上，不但可以提高钻眼速度，而且活塞的冲击功可通过改变供油压力或活塞冲程进行调节，使得液压凿岩机可以钻凿大直径深孔。

与风动凿岩机相比，液压凿岩机具有冲击功大、扭矩大、钻速快；噪声降低 10～15 dB；消除了油雾水气，使工作环境大为改善，能耗仅为风动凿岩机的 1/3 左右。目前液压凿岩机定型产品大多数为高频重型导轨式凿岩机，需与液压台车或伞形钻架配套使用，利用钻架上的导轨和推进机构推进。国产液压凿岩机的型号及主要性能见表 3-2。

表 3-2　国产液压凿岩机的型号及主要性能

性能		YYG80	CYY120	YYGJ145	YYGC145	YYG80A	YYG250A	YYG90A
凿孔	直径/mm	38～50	30～45	40～100	65～125	42	89	40～58
	深度/m		5				25	
工作压力/MPa	冲击	12.7～14.7	15.7～19.6	23～25	23～25	12		12
	回转		13.7	9	14	7		8
冲击能量/J		90	78.4～196			133.4	400～520	150～200
冲击频率/Hz		50	33.3～66.7	42～60	42～60	52	32～37	50～60
最大转矩/(N·m)		80	294	250	650	150	700	140
流量/(L/min)	冲击	65～70	40			120	125～140	40～80
	回转		40			45		
冲洗水压/MPa		0.4～0.5	0.6	0.5～1	0.4～1			0.6～1
外形尺寸/mm	长	726	609	985	1 000	796		825
	宽	165	140	260	260	260		266
	高	176	253	225	225	140		190
钎尾尺寸：对长×长度/mm×mm		25×108	25×108	32×38	38×45			25×108
质量/kg		30	90	145	145	80	256	90

巷道用凿岩台车的基本结构由推进器，钻臂，车体，行走机构和供风、供水及液压操纵系统等组成。按装设凿岩机台数分为单臂、双臂、三臂和多臂凿岩台车，行走机构在煤矿中一般采用履带式，在隧道工程和金属矿山中一般采用轮胎式行走机构。立井井筒施工使用伞形钻架钻眼，装设 4 台、6 台或 9 台导轨式重型凿岩机。伞钻为解决凿岩机的噪声问题，可配用液压凿岩机，进一步提高钻眼效率和推进行程，钻眼深度可达 5 m。

凿岩台车和伞钻的应用提高了掘进速度和效率，降低了劳动强度，工作安全性好，代表掘进的机械化水平。凿岩台车与装载、转载、运输设备配套使用，可形成巷道掘进机械化作业线。

2. 煤电钻

在煤巷掘进中，普遍采用煤电钻钻眼。电动机采用三相交流鼠笼式全封闭感应电动机，电压 127 V，功率一般为 1.2～2.0 kW。减速器一般采用二级外啮合圆柱齿轮减速，600 r/min 供在煤层中使用，400 r/min 供在硬煤和软岩中使用。煤电钻外壳用铝合金制成，电动机、开关、减速器均密封在外壳内，接口严密隔爆。壳子后面铸有轴向散热风扇，与电动机同步运转进行冷却。外壳后盖两侧设有手柄，手柄内侧设有开关扳手。

煤电钻工作时的轴推力靠人力推顶产生。为了安全，在手柄和后盖上均包有橡胶绝缘包层。国产煤电钻型号及主要性能见表 3-3。

表 3-3 国产煤电钻型号及主要性能

技术特征	煤电钻			岩石电钻	
	MZ_2-12	SD-12	MSZ-12	DZ_2-2.0 风冷	YZ_2S 水冷
质量/kg	15.25	18	13.5	40	35
功率/kW	1.2	1.2	1.2	2	2
额定电压/V	127	127	127	127/380	380
额定电流/A	9	9.1	9.5	13/4.4	4.7
电机效率/%	79.5	75	74	79	78
电机转速/(r/min)	2 850	2 750	2 800	2 790	2 820
电钻转速/(r/min)	640	610/430	630	230/300/340	240/260
电钻扭矩/(N·m)	17.6	18/26	17	—	—
推进速度/(mm/min)	—	—	—	368/470/545	264/468
最大推力/N	—	—	—	700	700
钻孔深度/m	—	—	—	1.5～2	1.8
供水方式	—	—	—	侧向	侧向
推进方式	—	—	—	链条	链条
钻孔直径/mm	38～45	36～45	36～45	36～45	38～42

注：M 为煤，Z 为钻，S 为手，D 为电，型号中 12 指额定功率 1.2 kW。

3. 钎杆与钎头

在凿岩机上使用钻眼工具的叫钎子，由活动钎头和中空钎杆组成。钎杆是承受活塞冲击力并将冲击功与回转力矩传递到钎头的细长杆体。冲击时还会由于横向振动产生弯曲应力，故在凿岩过程中，钎杆承受冲击疲劳应力、弯曲应力、扭转应力及矿坑水的侵蚀。

钎杆的断面形状有中空六边形和中空圆形两种，中空是用于供水湿式凿岩。以中空六角形 $B22$、$B25$(B 指边到边尺寸，mm)使用最多，中空圆形 $D32$、$D38$(D 指直径，mm)多用于重型导轨式凿岩机上。

凿岩机钎头形状常用的是一字形、十字形和球齿，钎头体上均有出水孔用于湿式凿岩。一字形钎头的冲击力集中，凿入深度大，钻速较高，制造和修磨工艺简单，应用较广泛。其缺点是钻裂隙性岩石时容易夹钎，直径磨损较快。十字形钎头则克服了上述缺点，但是与一字形相比较，其钻速一般较低，而且合金片用量大，制造与修磨工艺比一字形复杂。球齿钎头适用于在磨蚀性较高的硬脆岩层中钻眼。

煤电钻的钻具则由切削式钻头和麻花形钻杆组成。麻花形钻杆是用菱形断面或矩形断面的 T7、T8 钢在加热状态下扭制而成。螺纹方向与钻头旋转方向一致，所以麻花钻杆除了传递轴压和扭矩以外，还能利用螺旋沟槽排出钻粉。切削式钻头有两翼的，也有三翼的，最常采用的是两翼钻头。

（二）炮眼种类及其布置

井巷掘进的爆破工作是在只有一个自由面的狭小工作面上进行的，要想获得理想的爆破效果，必须将各种不同作用的炮眼合理地布置在相应位置上，使每个炮眼都能起到应有的爆破作用。

掘进工作面的炮眼，按其用途和位置可以分为掏槽眼、辅助眼和周边眼三种（图 3-7），采用毫秒延期爆破技术，其起爆顺序是先掏槽眼、辅助眼、周边拱部眼，最后是底眼，以保证爆破效果。

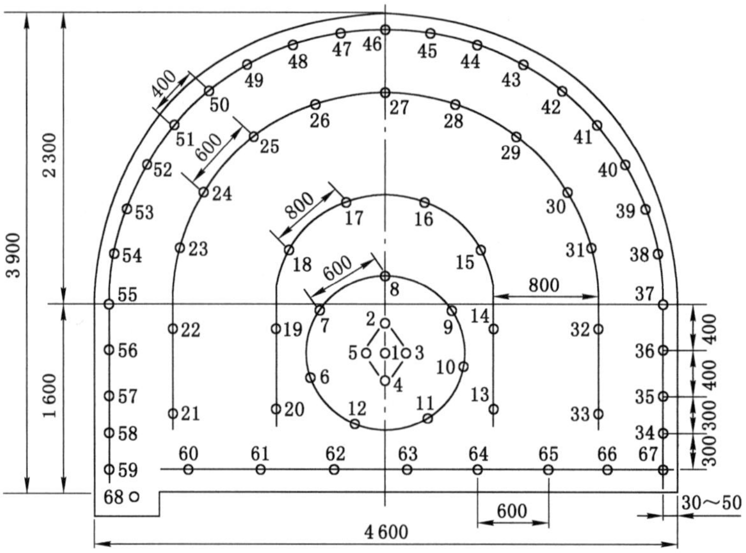

1—空眼；2～5—掏槽眼；6～12—第一圈辅助眼；13～20—第二圈辅助眼；21～33—第三圈辅助眼；34～37、55～59—帮眼；38～54—拱眼；60～67—底眼；68—水沟眼。

图 3-7　掘进工作面炮眼布置

1. 掏槽眼

掏槽眼的作用是首先起爆并将岩石抛出形成槽腔，而槽腔表面作为附加自由面，为其他后爆炮眼的爆破创造有利条件。

掏槽眼一般布置在巷道断面中央偏下位置，这样便于打眼时掌握方向，并有利于其他大多数炮眼的岩石能借助自重崩落。在井巷掘进断面中如果存在明显易爆的软弱岩层，一般应将掏槽眼布置在这些软弱层中。

掏槽效果对循环进尺起决定性作用，因此，掏槽方式的选择与掏槽参数的设计极为关键。掏槽方式按照掏槽眼的方向可分为两个大类，即斜眼掏槽和直眼掏槽，实际使用中分别约占73%和25%，其余为混合式掏槽。进行深度不大于2.0 m的浅眼爆破时，多采用斜眼掏槽，包括单向掏槽、楔形掏槽和锥形掏槽三种，其中以垂直楔形掏槽应用最广泛，如图3-8(a)所示。

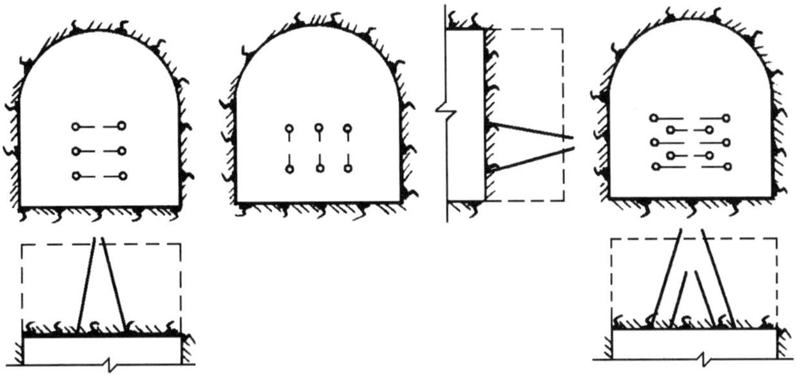

(a) 垂直楔形　　(b) 水平楔形　　(c) 双楔形(复式)

图3-8　楔形掏槽

楔形掏槽眼的数量取决于断面面积大小和岩石的坚硬程度，一般是3对，两两对称地布置于巷道断面中央偏下的位置。炮眼与工作面夹角在60°～75°之间，槽口宽度一般为1.0～1.4 m，掏槽眼排距为0.3～0.5 m。各对掏槽眼应同在一个水平面上，两眼底不能贯通，距离为200～300 mm。岩石坚硬或眼深超过2 m时可增加2对初始掏槽眼形成双楔形(复式掏槽)，如图3-8(c)所示。

在中深孔爆破时，斜眼掏槽的应用受到巷道断面宽度的限制，多采用直眼掏槽。直眼掏槽形式有多种，常见的有菱形掏槽(图3-9)、三角柱掏槽(图3-10)和螺旋掏槽(图3-11)等。直眼掏槽的共同特点是利用数量不等的不装药空眼作为首爆装药眼的辅助自由面和破碎岩石的膨胀补偿空间。直眼掏槽的装药量应保证掏槽范围内的岩石充分破碎并有足够的能量将破碎后的岩石尽可能抛掷到槽腔以外，因此掏槽眼均为超量、反向装药，装药系数一般为0.7～0.8，药卷和炮泥往往将炮眼基本填满。当炮眼深度改变时，炮眼布置可以不变，只需调整装药量即可。

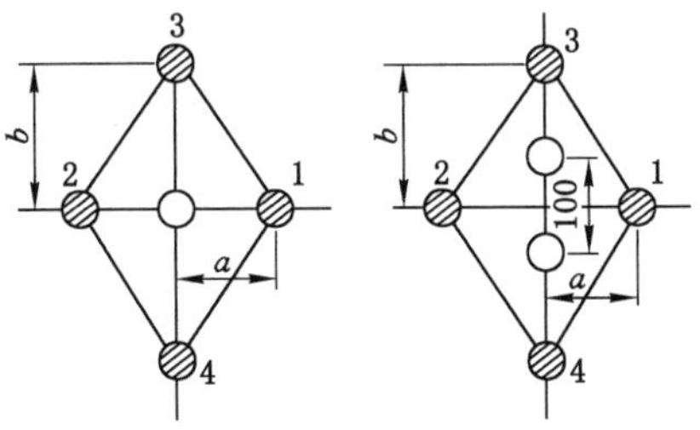

(a)　　(b)

图3-9　菱形掏槽

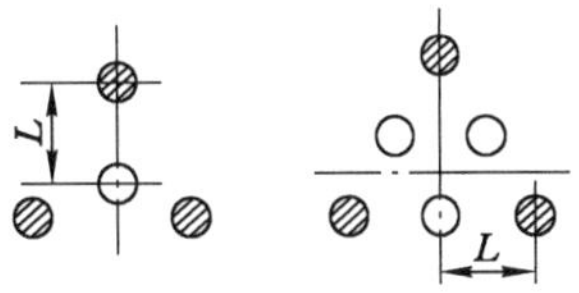

(a)　　(b)

图3-10　三角柱掏槽

直眼掏槽是以空眼作为附加自由面，由于自由面很小，装药所受的夹制作用较大，因此

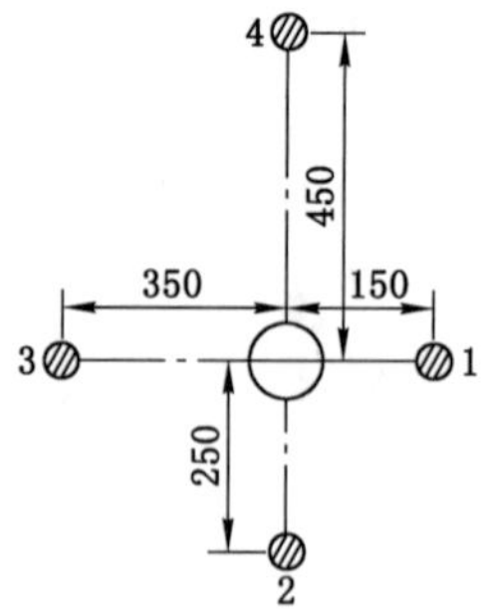

图 3-11　螺旋掏槽

空眼直径、数量和位置对掏槽效果有重要影响，其中眼距是影响掏槽效果最敏感的参数。

为了加强直眼掏槽的抛矸能力和提高炮眼利用率，形成了以直眼掏槽为主并利用斜眼掏槽优点的混合式掏槽。斜眼布置成垂直楔形，与工作面的夹角为 75°～85°，装药系数以 0.4～0.5 为宜，在所有垂直槽眼起爆之后起爆，以发挥其抛矸并扩大槽腔的作用。

因为掏槽眼爆破时自由面小、炮眼利用率较低，为保证辅助眼和周边眼有较高的炮眼利用率，掏槽眼通常比其他炮眼加深 200～300 mm，并增大装药量。随着炮眼深度的增大，掏槽眼超深也应相应增大。研究表明：炮眼深度超过 2.5 m 时，掏槽眼超深 400 mm 时效果最优。

2. 辅助眼

辅助眼又称为崩落眼，除继续扩大掏槽范围外，是破碎岩石的主要炮眼。辅助眼利用掏槽眼爆破后创造的附加自由面，爆破条件大幅度改善，故能在该自由面方向上形成较大体积的破碎漏斗。

辅助眼垂直于工作面，成圈且均匀布置在掏槽眼与周边眼之间，控制爆破矸石的块度，因此间距为 500～800 mm，装药系数为 0.4～0.6。如采用光面爆破，则紧邻周边眼的辅助眼要为周边眼创造一个理想的光面层，即光面层厚度要比较均匀且大于周边眼的间距。

3. 周边眼

周边眼包括拱部眼、帮眼和底眼，是爆落巷道周边岩石形成设计断面轮廓的炮眼。周边眼布置合理与否，直接影响巷道成形是否规整。一般按光面爆破要求布置周边眼，其眼口应布置在巷道设计掘进断面的轮廓线上，炮眼稍向轮廓线外偏斜，偏斜量视岩石软硬而定，在中硬岩层中每米炮眼不超过 50 mm，这样可使下一循环打眼时凿岩机有足够的工作空间。周边炮眼深度应控制其眼底落在一个平面上。

光爆周边眼的间距 E 与其最小抵抗线 W 存在一定的比例关系，即

$$K = \frac{E}{W}$$

式中　K——周边眼密集系数，一般为 0.8～1.0，岩石坚硬时取大值，较软时取小值；

E——周边眼间距，一般取 400～600 mm；

W——最小抵抗线，即光面层厚度，一般取 500～700 mm。

为保证周边眼贯穿裂缝的形成，炮眼之间的距离要适当减小，并合理选择炸药和装药结构，有条件的直接选用光面爆破专用炸药，也可以采用直径为 23～27 mm 的小药卷不耦合装药，不耦合系数为 1.3～2.0。由于周边眼的主要作用是控制井巷断面形状、尺寸和巷道坡度，因此其装药量必须严格控制。目前，光面爆破周边眼的装药量通常以单位炮眼长度的

平均装药质量表示，称为装药集中度。煤矿巷道常见岩层上的光爆参数见表 3-4。

表 3-4　光面爆破的周边眼爆破参数表

岩层情况	岩石普氏系数 f	炮眼直径 /mm	炮眼间距 /mm	最小抵抗线 /mm	炮眼密集系数 /mm	装药集中度 /(g/m)
完整、稳定、中硬以上	＞6	42～45	500～700	500～700	1.0～1.1	300～350
中硬、层节理不发育	4～6	35～42	400～600	500～600	0.8～0.9	200～300
松软、层节理发育	＜4	35～42	300～500	400～600	0.7～0.8	70～120

底眼控制巷道底板标高和平整程度，其眼口应比巷道底板高 150～200 mm，以利于钻眼和防止灌水，但眼底应低于底板 100～200 mm。底眼眼距一般为500～700 mm，装药系数一般为 0.5～0.7。为了给钻眼与装岩平行作业创造条件，需采用抛碴爆破，可将底眼加深约 200 mm，每个底眼增加 1～2 个药卷，最后 1 段雷管起爆。

根据实践经验，岩石井巷掘进采用光面爆破时，掏槽眼、辅助眼、控制光爆层的辅助眼和周边眼（顶、帮）每眼装药质量之比大致为 4∶3∶2∶1。

4. 掘进断面上的炮眼布置

影响炮眼布置的因素主要有岩石性质与结构、巷道断面形状与大小、炸药性能和装药量等。炮眼布置的方法和原则如下：

（1）各类炮眼的布置是“抓两头、带中间”，即首先选择掏槽方式进行掏槽眼布置，然后布置好周边眼，最后根据断面面积大小布置辅助眼。

（2）掏槽眼通常布置在断面的中央偏下，并考虑辅助眼的布置较为均匀和减少崩坏支护及其他设施的可能。

（3）周边眼一般布置在巷道断面轮廓线上，顶眼和帮眼按光面爆破要求，各炮眼相互平行，眼底落在同一平面上。

（4）辅助眼均匀地布置在掏槽眼和周边眼之间，以掏槽眼形成的槽腔为自由面层层布置。

在巷道掘进施工过程中，地质条件常常会发生变化，炮眼布置也不能一成不变，必须根据具体情况进行调整和优化。

（三）起爆方法与爆破器材

煤矿井巷工程掘进爆破采用电力起爆法，所用爆破材料主要包括工业炸药、毫秒延期电雷管、导线和发爆器。电力起爆法的最大特点是爆破前可以用仪表检查电雷管和对爆破网路进行测试，从而保证爆破工作的可靠性。另外，电力起爆网路可以远距离起爆并控制起爆时间，实现分段延时起爆。

炸药是破碎岩石的能源，一般根据岩层性质、瓦斯情况及含水性等来选取炸药。要求其爆炸性能好，有足够的威力以满足各种爆破对象的要求；应具有较低的机械感度和适当的起爆感度，既能保证生产、储存、运输和使用的安全，又能有效被起爆。同时，炸药组分配比应达到零氧平衡或接近零氧平衡，以保证爆炸产生较少的有毒有害气体。

近年来，安全性高、更环保、抗水性能优的水胶炸药和乳化炸药广泛应用，特别是煤矿许用乳化炸药，已成为应用最多、最有前景的煤矿许用炸药品种。乳化炸药由氧化剂的过饱和水溶液、燃料油、乳化剂、稳定剂、敏化发泡剂、高热剂等成分组成，可以被电雷管可靠起爆，其抗水性比水胶炸药更强，爆炸后有毒气体生成量少。乳化炸药的原料来源广泛，价格较便宜。常用乳化炸药的规格为 ϕ32 mm×150 g×200 mm，ϕ32 mm×300 g×350 mm，ϕ35 mm×200 g×200 mm，专用光爆药卷 ϕ25 mm×200 mm×100 g，有效使用期一般不超过 6 个月。

相比乳化炸药，水胶炸药的成本稍高，但其抗冻性能好且克服装药间隙效应的作用强，因此大多数用于立井井筒基岩段的中深孔爆破以及冻结法凿井时需要爆破破岩的地段。

为保证安全，煤矿井巷工程爆破只能使用煤矿许用炸药。按其爆破后引爆瓦斯的难易程度进行分级，共分为五级，级数越高越安全，但爆炸威力也越低。《煤矿安全规程》规定，低瓦斯矿井的岩石掘进工作面必须使用安全等级不低于一级的煤矿许用炸药；低瓦斯矿井的煤层采掘工作面、半煤岩掘进工作面必须使用安全等级不低于二级的煤矿许用炸药；高瓦斯矿井必须使用安全等级不低于三级的煤矿许用炸药；突出矿井必须使用安全等级不低于三级的煤矿许用含水炸药。同一掘进工作面不得使用 2 种不同品种的炸药。

煤矿井巷工程爆破的起爆材料主要为煤矿许用电雷管，一般使用毫秒延期的 8 号煤矿许用电雷管。煤矿许用电雷管不允许使用铁壳或铝壳，只能使用聚氯乙烯绝缘爆破线，在加强药中加入消焰剂，以控制其爆温、火焰长度和火焰延续时间，同时雷管底部不做窝槽，改为平底，防止聚能穴产生的聚能流引燃瓦斯。

在穿过含有瓦斯的地层或离瓦斯地层不远的工作面爆破时，只能采用瞬发电雷管或总延期时间在 130 ms 以内的毫秒延期电雷管，即采用第二系列的前五段电雷管，国产延期电雷管的延期时间见表 3-5。煤矿许用延期电雷管不准跳段使用，相邻两段的间隔时间短于 50 ms。不同厂家生产的或不同品种的电雷管，不得掺混使用。

表 3-5　国产延期电雷管的延期时间

段别	秒延期电雷管/s	毫秒延期电雷管/ms				
		第一系列	第二系列	第三系列	第四系列	第五系列
1	<0.1	<5	<13	<13	<13	<14
2	1.0	25±5	25±10	100±10	300±30	10±2
3	2.0	50±5	50±10	200±20	600±40	20±3
4	3.1	75±5	75±$^{15}_{20}$	300±20	900±50	30±4
5	4.3	100±5	100±15	400±30	1 200±60	45±6
6	5.6	125±5	150±20	500±30	1 500±70	60±7
7	7.0	150±5	200±$^{20}_{15}$	600±40	1 800±80	80±10
8		175±5	250±25	700±40	2 100±90	110±15
9		225±5	380±35	900±40	2 700±100	200±25
10			460±40	1 000±40	3 000±100	
11			550±45	1 100±40	3 000±100	

表 3-5(续)

段别	秒延期电雷管/s	毫秒延期电雷管/ms				
		第一系列	第二系列	第三系列	第四系列	第五系列
12			655±50	1 100±40	3 300±100	
13			760±55			
14			880±60			
15			1 020±70			
16			1 200±90			
17			1 400±100			
18			1 700±130			
19			1 700±130			
20			2 000±150			

数码电雷管是新近发展起来的新品种，代表当今工业雷管的发展方向。它与传统雷管的主要区别：采用电子控制模块取代传统雷管内的延时药，使延时精度有了质的提高，可达到 0.1 ms 量级，有利于控制爆破有害效应，改善爆破效果。数码电雷管提高了雷管生产、储存和使用的安全性，可以实现雷管的国际标准化生产和全球信息化管理。其缺点是目前成本较高，为传统雷管的 3～5 倍。

煤矿井巷掘进电爆网路的起爆电源，主要采用防爆型电容式发爆器。电容式发爆器的起爆能力取决于主电容的充电电压和电容量。由于所能提供的电流不太大，一般只用于起爆串联网路的电雷管，主要用于煤矿井下巷道掘进起爆。在开凿或延深通达地面的立井井筒时，由于炮眼数量多和采用并联电爆网络，因此无瓦斯的井底工作面中可以使用照明或动力电源起爆，但是电压不得超过 380 V，并且必须有电力起爆接线盒，起爆地点应设在地面距离井口 50 m 以外。

在掘进工作面应全断面一次起爆，不能全断面一次起爆的必须采取安全措施。

（四）爆破技术

1. 爆破参数

井巷掘进的爆破参数主要包括炮眼直径、炮眼深度、炮眼数目、单位炸药消耗量等。

（1）炮眼直径

炮眼直径对钻眼效率、全断面炮眼总数、炸药消耗量、岩石块度及岩壁平整度均有影响，应根据巷道断面大小、块度要求、炸药性能和凿岩机性能等综合考虑。

炮眼直径小，不利于装填药卷；炮眼直径大，可减少炮眼数量和使炸药能量相对集中，有利于提高爆破效率，但是钻速下降，同时影响光面爆破效果，降低围岩的稳定性。在采用气腿式凿岩机的情况下，多根据药卷直径确定炮眼直径。目前巷道掘进采用直径为 32 mm 或 35 mm 两种药卷，以炮眼直径比药卷直径大 6～8 mm 为宜，因此巷道掘进的炮眼直径多采用 38～42 mm。在立井井筒掘进中，采用机械化的伞形钻架钻中深孔，炮眼直径一般为 45～50 mm，药卷直径也相应增大。

在掘进断面面积小于 12 m^2 的条件下可应用 ϕ22～25 mm 的小直径药包，炮眼直径为 28～30 mm，采用统一规格钻凿锚杆眼和炮眼，可提高钻眼速度，弥补由于炮眼直径减小而增加的炮眼数量，且能节约支护成本，该技术称为"三小"技术。

(2) 炮眼深度

炮眼深度决定了每一个掘进循环的钻眼和装岩工作量、循环进尺以及每班的循环次数，是施工管理中最活跃的参数。炮眼深度主要根据岩石性质、巷道断面面积大小，循环作业方式、凿岩机类型、炸药威力等因素来确定。单从爆破理论分析，采用炮眼深度大于 2.5 m 的中深孔爆破较为合理，但是目前深度小于 2.0 m 的浅眼多循环方式取得了较好的成绩。从最近的发展趋势来看，炮眼平均深度逐渐向 2.0～2.5 m 发展，一些采用凿岩台车钻眼的掘进队正在向 2.5～3.0 m 的炮眼深度发展。

图 3-12 统计了我国自 20 世纪 80 年代以来的炮眼深度发展情况。随着井巷工程技术、装备等不断进步，我国井巷掘进炮眼深度 2.0 m 以下爆破方案的占比将进一步下降，2.2 m 以上乃至 2.5 m 以上的中深孔爆破方案占比将大幅度上升。

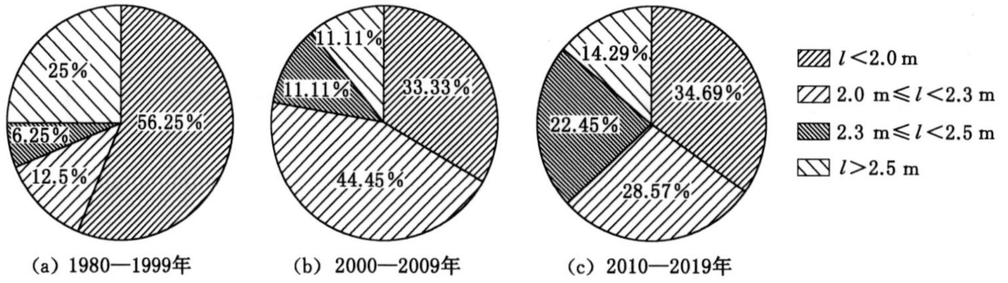

图 3-12　炮孔深度变化统计

炮眼深度大，显然单位进尺的辅助作业时间短，装载机的工时利用率高，但是随着眼深的增大，钻眼速度下降，或是爆破后围岩稳定性差，巷道难以及时维护。因此合理的炮眼深度应以高速、高效、低成本、便于组织正规循环作业为原则。采用气腿式凿岩机时，炮眼深度以 1.6～2.2 m 为宜，眼深超过 2.5 m 后，钻眼速度明显降低。采用凿岩台车时，应向深眼发展，一般可达 2.5 m 以上。立井井筒采用伞钻钻眼时，合理炮眼深度应不小于 4.0 m。我国煤矿井巷掘进中通常以月进尺任务和凿岩、装岩设备的能力来确定每个循环的炮眼深度。

现阶段，炮眼深度以 1.8～2.0 m 的爆破技术为主流，单个循环进尺为 1.5～1.7 m，炮眼利用率平均只有 83%左右。炮眼深度为 2.2～2.5 m 及以上的爆破技术推广进展缓慢。

(3) 炮眼数量

合理的炮眼数量应以炮眼利用率高、岩石块度均匀适中、巷道轮廓符合设计要求等的实现为原则。炮眼数量主要取决于岩石性质、巷道断面形状和尺寸、炮眼直径和炸药性能等因素。一般根据岩层性质和巷道断面大小进行初步估算，然后在设计掘进断面图上作炮眼布置图，计算出炮眼总数，并通过实践进行调整与优化。炮眼数量的估算可以按下列经验公式进行。

$$N = 3.3\sqrt[3]{f \cdot S^2}$$

式中　N——炮眼数量；

f——岩石坚固性系数(普氏系数)；

S——巷道掘进断面面积，m^2。

炮眼越深，需要数量越多；增大炮眼直径，炮眼数量相应减少；掘进断面面积越小，围岩夹制作用明显，炮眼数量相应增加。根据经验，在掘进断面面积小于 20 m^2 的情况下，单位掘进断面的炮眼数量可取 2.0～3.0 个/m^2。

炮眼数量的确定目前主要依靠经验，然后在实践中改进和优化。

(4) 单位炸药消耗量

单位炸药消耗量是指爆破每立方米原岩体的炸药量，通常以 q 表示，是爆破设计的一个重要参数，对破碎块度、抛掷距离、围岩稳定性以及爆破成本等都有影响。单位炸药消耗量是由炸药性质、岩层可爆性和节理构造以及巷道断面大小决定。

目前还没有精确计算炸药消耗量的方法，计算数据一般仅作参考。单位炸药消耗量可以根据经验公式或参照巷道掘进炸药消耗定额(表 3-6)确定，所得 q 值在实践中再加以调整。

表 3-6　平硐、平巷炸药和雷管消耗定额　　单位：kg/m^3

掘进断面面积/m^2	煤岩坚固性系数，f											
	<1.5		2～3		4～6		8～10		12～14		15～20	
	普通爆破	光面爆破	普通爆破	光面爆破	普通爆破	光面爆破	普通爆破	光面爆破	普通爆破	光面爆破	普通爆破	光面爆破
<4	114 218	114 327	199 292	199 390	274 370	274 473	294 542	294 592	404 712	404 769	485 999	485 1033
<6	96 169	96 303	160 273	160 351	224 357	224 385	251 292	251 526	323 627	323 667	389 825	389 848
<8	91 157	91 265	144 232	144 305	202 310	202 344	224 419	224 448	298 578	298 609	354 713	354 731
<10	80 139	80 244	129 209	129 279	190 294	190 312	202 371	202 416	267 520	267 546	314 654	314 669
<12	72 128	72 235	121 208	121 272	168 265	168 295	186 354	186 391	241 472	241 494	295 589	295 613
<15	66 116	66 202	104 182	104 239	148 242	148 264	163 315	163 358	212 429	212 455	256 551	256 570
<20	59 111	59 193	96 165	96 220	135 213	135 247	145 288	145 322	192 400	192 441	232 499	232 530

注：表中左上角数字为单位炸药消耗量，kg/100 m^3；右下角数字为雷管消耗量，个/100 m^3。

表 3-6 中所列数据在岩巷是按二号岩石硝铵炸药、毫秒延期雷管制定的。若采用其他炸药时，则需根据炸药爆力大小，按下式修正：

$$q' = \frac{320\ \mathrm{mL}}{\text{换用炸药的爆力}} \cdot q$$

式中　320 mL——二号岩石硝铵炸药的爆力；

　　q——二号岩石硝铵炸药的定额消耗量。

确定 q 以后，根据巷道断面和炮眼深度可以计算出每个循环所用炸药量 Q，然后按炮眼数量和各炮眼所起作用和所分担的爆破岩体加以分配，最后确定掏槽眼、辅助眼和周边眼的装药量。

2. 装药结构

装药结构是指药卷在炮眼中的装填情况，有连续装药和间隔装药、耦合装药和不耦合装药、正向起爆装药和反向起爆装药之区别。

根据起爆药卷所在位置，装药结构分为反向装药和正向装药两种。反向起爆是起爆药包位于柱状装药的里端，靠近或在炮眼底部，雷管底部朝向炮眼口的起爆方法。正向起爆的起爆药包位于柱状装药的外端，靠近炮眼口，雷管底部朝向炮眼口的起爆方法，如图 3-13 所示。

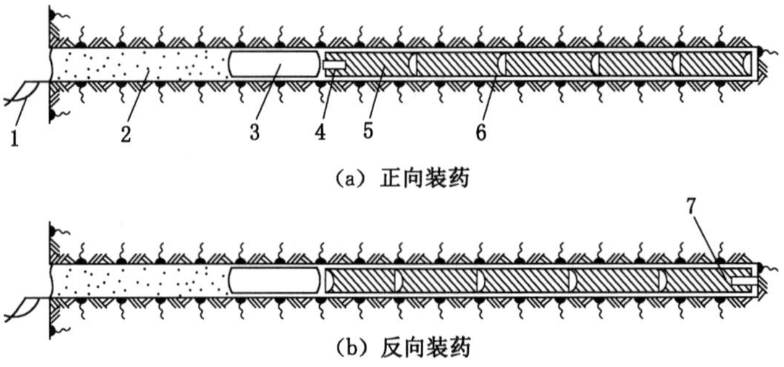

1—雷管脚线；2—黏土炮泥；3—水炮泥；4—雷管；5—炸药卷；6—药卷聚能穴；7—雷管聚能穴。

图 3-13　装药结构

由于反向起爆时，爆轰波和固体颗粒的传递与飞散方向是向着眼口的，当这些微粒飞过预先被气态爆炸产物所加热的瓦斯时，就很容易引爆瓦斯。所以，在高瓦斯矿井、低瓦斯矿井的高瓦斯浓度区域的采掘工作面采用毫秒爆破时，实行正向起爆，不准反向起爆。若采用反向起爆，必须制定严格的安全技术措施。

由于掏槽眼和辅助眼是以破碎岩石为目的，应采用连续、耦合、反向起爆装药结构，以利于破岩与抛掷。而光面爆破的周边眼的作用是控制断面大小和形状，属于“切割”围岩，为减少围岩爆破损伤以利于巷道稳定，周边眼应采用小直径药卷的不耦合间隔装药结构。

在目前普遍采用直径 32～35 mm 药卷的情况下，周边眼可采用单段空气柱式装药结构，如图 3-14(a)所示。为实现光面爆破，还可以采用空气间隔装药结构，也称为轴向不耦合装药，如图 3-14(b)所示。采用空气间隔装药时，两个药包的间隔距离不能大于该种炸药在炮眼内的殉爆距离。但是当眼深超过 2.0 m 后，应采用 23～25 mm 的小直径药卷实现径向不耦合装药结构，如图 3-14(c)所示，这时不耦合系数为 1.3～2.0，可显著提高光面爆破效果。

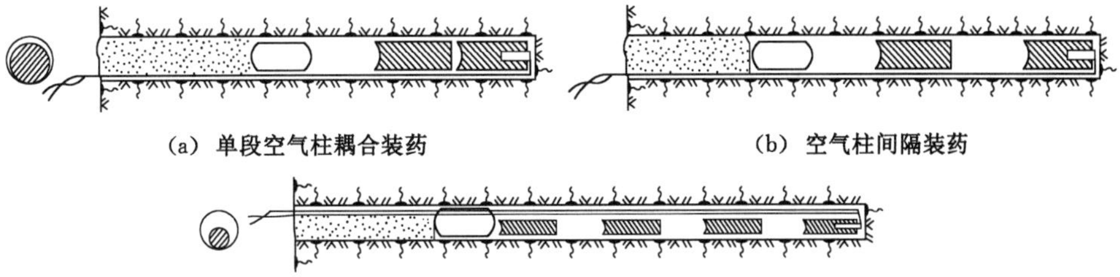

(a) 单段空气柱耦合装药　　(b) 空气柱间隔装药

(c) 小直径药卷不耦合间隔装药

图 3-14　周边眼反向装药结构

3. 炮眼填塞

炮眼的填塞能保证炸药充分反应，使之放出最大热量和减少有毒气体生成量，降低爆炸气体逸出自由面的温度和压力，使炮眼内保持较高的爆轰压力和较长的作业时间，充分发挥炸药的爆破作用。特别是在有瓦斯与煤尘爆炸危险的工作面上，炮眼填塞可以阻止灼热的固体颗粒从炮眼中飞出。因此，装药完毕必须充填符合安全要求长度的炮泥并捣实，炮眼封泥应用水炮泥。水炮泥外剩余的炮眼部分应用黏土炮泥或用不燃性的可塑性松散材料制成的炮泥封实。常用 1∶3 的泥沙混合炮泥，湿度为 18%～20%。水炮泥还可以吸收部分热量，降低喷出气体的温度，有利于安全。

炮眼深度超过 1.0 m 时，封泥长度不应小于 0.5 m；炮眼深度超过 2.5 m 时，封泥长度不应小于 1.0 m；光面爆破时，周边光爆炮眼应用炮泥封实，且封泥长度不得小于 0.3 m。严禁用煤粉、块状材料或其他可燃性材料作为炮眼封泥，无封泥、封泥不足或者不实的炮眼严禁爆破，严禁裸露爆破。

4. 起爆

炮眼应按掏槽眼、辅助眼、拱部眼、帮眼、底眼的顺序先后起爆，以使先爆炮眼所形成的槽腔作为后爆炮眼的自由面。井下爆破工作必须由专职爆破工担任。在煤与瓦斯突出煤层中掘进巷道，专职爆破工必须固定在一个工作面，并配备便携式瓦斯报警仪或报警矿灯。爆破作业必须执行“一炮三检制”“三人连锁爆破制”。装药前和爆破前有下列情况之一的，严禁装药、爆破：

(1) 掘进工作面的控顶距离不符合作业规程的规定或者支架有损坏；

(2) 爆破地点附近 20 m 以内风流中瓦斯浓度达到 1.0%；

(3) 在爆破地点附近 20 m 以内，未清除的煤、矸或其他物体堵塞巷道断面 1/3 以上；

(4) 掘进工作面通风量不足。

爆破地点 10 m 范围内的支架在爆破前后均必须加固。在有煤尘爆炸危险的煤层中，爆破前后掘进工作面 20 m 巷道内必须洒水降尘。爆破前，班组长必须亲自布置专人在警戒线和可能进入爆破地点的所有通路上担任警戒工作。爆破前，爆破母线连接脚线，检查线路和通电工作，只准爆破工一人进行，必须在符合安全要求的指定地点起爆。

爆破通风 15 min 后，待工作面炮烟被吹散，爆破工、瓦斯检查工和班组长必须首先巡视爆破地点，检查通风、瓦斯、煤尘、顶板、支架、拒爆等情况。如有危险情况，立即处理，确认工作面安全后工人才能进入工作面进行工作。

如果发现瞎炮，应及时处理。如瞎炮是由连线不良或错连所造成的，则可重新连线补爆；如果不能补爆，则应在距原炮眼 0.3 m 外钻一个平行的炮眼，重新装药放炮。瞎炮未处理完毕前，掘进工作面不得进行其他作业。

5. 爆破说明书及爆破图表

爆破作业必须编制爆破作业说明书。爆破作业说明书是井巷施工组织设计中的一个重要组成部分，是指导、检查和总结爆破工作的技术文件。

爆破作业说明书的主要内容包括：

(1) 爆破工程的原始资料，包括掘进井巷名称、用途、位置、断面形状和尺寸，穿过岩层的性质，地质条件以及瓦斯情况；

(2) 选用的钻眼爆破器材，包括炸药、雷管的品种，凿岩机具的型号、性能；

(3) 爆破参数的计算与设计，包括掏槽方法，炮眼的直径、深度、数量、单位耗药量；

(4) 爆破网路的计算和设计；

(5) 爆破工作与安全措施。

爆破作业图表是在爆破说明书基础上编制出来的用以指导和检查钻眼爆破施工的技术文件，包括炮眼布置图，装药结构图，炮眼布置参数、装药参数的表格，预期的爆破效果和经济指标。其中炮眼布置图必须标明炮眼的位置、个数、深度、角度及炮眼编号，并用正面图、平面图和剖面图表示，如图 3-15 所示。

(五) 钻爆法掘进设备配套方案

钻眼爆破法掘进巷道时，机械化作业线设备配套应根据巷道长度、断面、围岩性质、施工计划等进行方案配套论证，凿岩、装岩、调车、运输、支护等主要工序实现机械化作业。要求各工序的机械能力与性能相互协调，配套设备的选型应与矿井运输系统、供电、压气、供风等辅助系统相适应，并应获得合理的技术经济指标。一般可按下列原则进行配套：

(1) 掘进断面面积不大于 12 m^2 的岩石巷道，采用多台凿岩机钻孔，并采用耙斗或铲斗装载机装岩，配套电机车运输。

(2) 掘进断面面积大于 12 m^2 的岩石巷道，采用凿岩钻车钻孔，并采用侧卸式铲斗装载机或耙斗装载机装岩，配套带式输送机连续装入大型矿车，采用电机车调车、运输。

(3) 倾斜巷道，宜采用多台凿岩机钻孔，采用耙斗装载机装岩，配合箕斗或矿车装运，并保证耙斗装载机固定牢靠。

二、掘进机法施工

井巷掘进的破岩开挖方法，除爆破破岩外，还可以机械破岩，即利用掘进机头或刀盘上安装的截割刀具在挤压、剪切等作用下破坏岩石形成井巷断面轮廓。掘进机根据是否一次截割出井巷全断面轮廓，分为部分断面掘进机(也称为悬臂式掘进机)和全断面掘进机。

(一) 悬臂式掘进机掘进

利用悬臂式掘进机掘进巷道也称为综合机械化掘进法(简称综掘法)。由于有效减少了对围岩的损失和超挖量，故能减少支护工作量，特别是喷射混凝土的消耗显著少于钻爆法。另外，自动化程度高、作业人员少、掘进速度可提高 2 倍以上，从而降低巷道施工费用。

我国经过消化吸收和创新，悬臂式掘进机从轻型、中型发展到重型，已经形成了 EBJ、

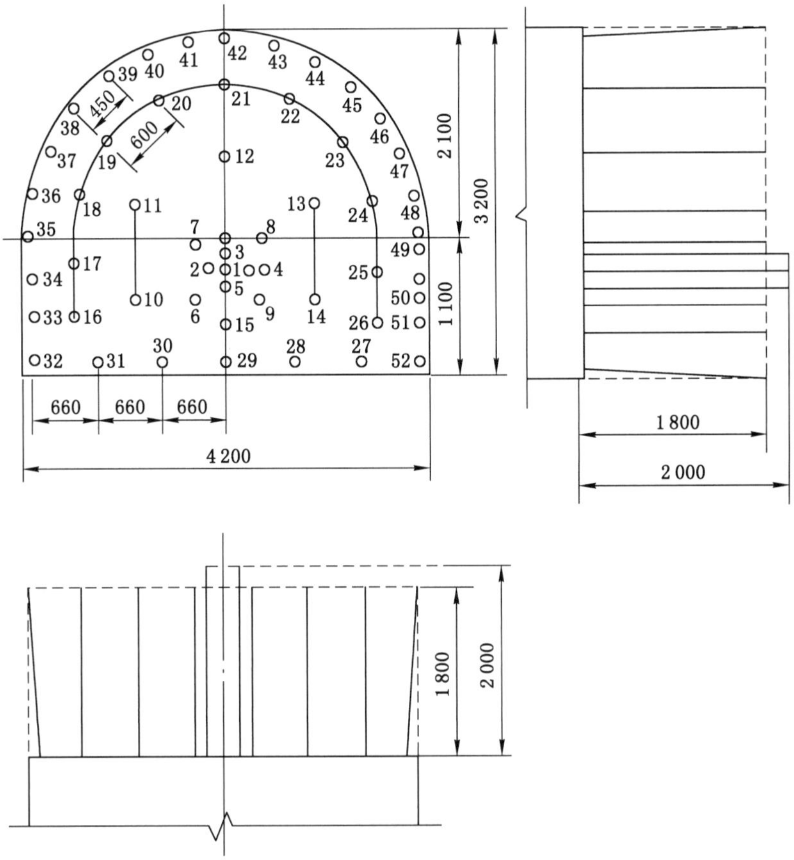

图 3-15　炮眼布置图

EBZ、EBH 三大系列。从全国的应用情况来看，对坚固性系数 $f<8$ 的岩石巷道效果较好，对 $f>8$ 的硬岩效果差，且粉尘污染问题较难解决。

掘进岩巷的重型掘进机机型以中煤科工集团太原研究院有限公司 EBH315、石家庄煤矿机械有限责任公司 EBH300、上海创力集团股份有限公司的 EBZ315、佳木斯煤矿机械制造有限公司 EBZ260 和三一重装国际控股有限公司的 EBZ318H、EBH418 等机型为主，其中部分产品已实现出口。掘进煤巷和半煤岩巷的属于轻型或中型掘进机，以纵轴式为主。我国岩巷、煤巷及半煤岩掘进机主要技术性能指标见表 3-7，表中的“二运”指第二运输系统。

近年来，国产掘进机发展很快，装备质量和数量除满足国内需求外，已成套出口国外。但是与国际先进水平相比，国内掘进机在破岩能力、适应性及可靠性方面还存在一定的差距。

与钻爆法相比，掘进机掘进法减少了部分工序和工序衔接时间，仍面临以下几个问题：掘进和支护不能同步，掘支交叉作业互相影响，巷道开挖面不能实现及时支护，塌方、冒顶、片帮等安全隐患大；硬岩掘进效率低，适用范围有限；除尘和通风条件差，工作环境恶劣，职业健康危害大，其综合月进尺岩巷为 120～150 m、煤巷为 200～300 m。

表 3-7　我国煤巷、半煤岩及岩巷悬臂式掘进机主要技术性能指标

技术参数	最大掘进高度/m	最大掘进宽度/m	适用岩石普氏系数 f	整机质量/t	总功率/kW	截割功率/kW	外形尺寸（长×宽×高）/m	生产厂家
EBZ160TY	4.00	5.50	8	51.5	250	160/160	9.80×2.55×1.70	中煤科工集团太原研究院有限公司
EBZ220TY	4.80	6.00	9	62.0	355	220/160	10.53×2.70×1.80	煤炭科学研究总院太原分院
EBZ200H	4.80	6.00	9	78.0（含二运）	332	200/150	11.50×3.20×1.90	三一重装国际控股有限公司
EBZ260	5.00	6.20	11	85.0（含二运）	447	260	11.70×2.70×1.95	三一重装国际控股有限公司
EBZ300	5.60	6.50	12	107.0	552	300	12.25×3.60×2.13	北方重工集团有限公司
EBH315	5.83	7.01	12	130.0	533	315	12.95×3.08×2.50	中煤科工集团太原研究院有限公司
EBZ318H	5.42	6.78	12	125.0（含二运）	589	350	12.80×2.93×2.25	三一重装国际控股有限公司
EBH418	6.10	8.40	13	158.0	668	418	13.40×3.59×2.60	三一重装国际控股有限公司

目前悬臂式掘进机用于大断面岩巷掘进必须克服以下困难：

（1）为了克服切割时的反作用力，设备质量和体积大，不便于下井及不适用于断面面积小于 12 m^2 的巷道；

（2）掘进岩石的普氏系数 f 不宜大于 8；

（3）截齿寿命低，使用成本高；

（4）对于不同地质构造和岩性的岩巷适应能力较差。

在截割岩石时，应符合先软后硬、由下而上、先掏槽后落岩（或煤）的截割原则。掘进机应做好日常检查、维修，并应定期维护保养，连续工作应定期进行大修。

（二）全断面掘进机掘进

煤矿岩巷掘进技术，经历了钻爆法、综掘法，目前已经发展到第 3 个阶段——全断面掘进机（tunnel boring machine，简称 TBM）。TBM 是当今最先进的隧道掘进设备，较好地解决了综掘机破岩能力不足、硬岩掘进效率低以及钻爆法危险性高、劳动强度大等问题。2019 年全国 TBM 产量为 610 台，我国 TBM 的保有量已达 3 000 台以上，已广泛应用于水利水电、矿山开采、交通、市政、国防等工程中，尤其是 3 km 以上的大断面隧道。

TBM 由机头部和后配套组成，集机械、电子、液压、激光导向、传感技术于一体的工厂化施工装备，实现了高效破岩、连续出渣、快速支护、通风除尘、供排水多道工序同步作业，具有高效、安全、环保、优质、综合效益高等优点。

我国煤矿矿用 TBM 主要为敞开式和护盾式，在围岩坚硬、稳定性好的情况下，均可以实现快速高效掘进。通过结构优化，整机长度从常规的 300 m 左右压缩到 60 m 左右，采用锚网喷支护代替管片支护。目前 TBM 只能进行圆形断面开挖，圆形断面应力集中系数小，适用于埋深大、地应力高、有冲击地压的工况。巷道断面形状尺寸应根据矿井生产能力，巷道用途及围岩物理力学性能进行确定。图 3-16(a)为某矿瓦斯抽采巷全断面掘进机掘进断面，断面顶部运输物料、底部出渣，侧帮吊挂风筒通风；图 3-16(b)为贵州某矿运输大巷掘进断面，开挖直径为 6 030 mm，在圆形断面的基础上利用洞内矸石底部回填，巷道底部运输设备和作为人员通道，顶部胶带机出渣。针对浅埋深，压力显现不大，断面利用率要求高的煤矿可以在圆形断面的基础上通过机械 2 次扩挖，改造为拱形巷道，保证顶板稳定性，断面利用率可明显提高，如图 3-16(c)所示。

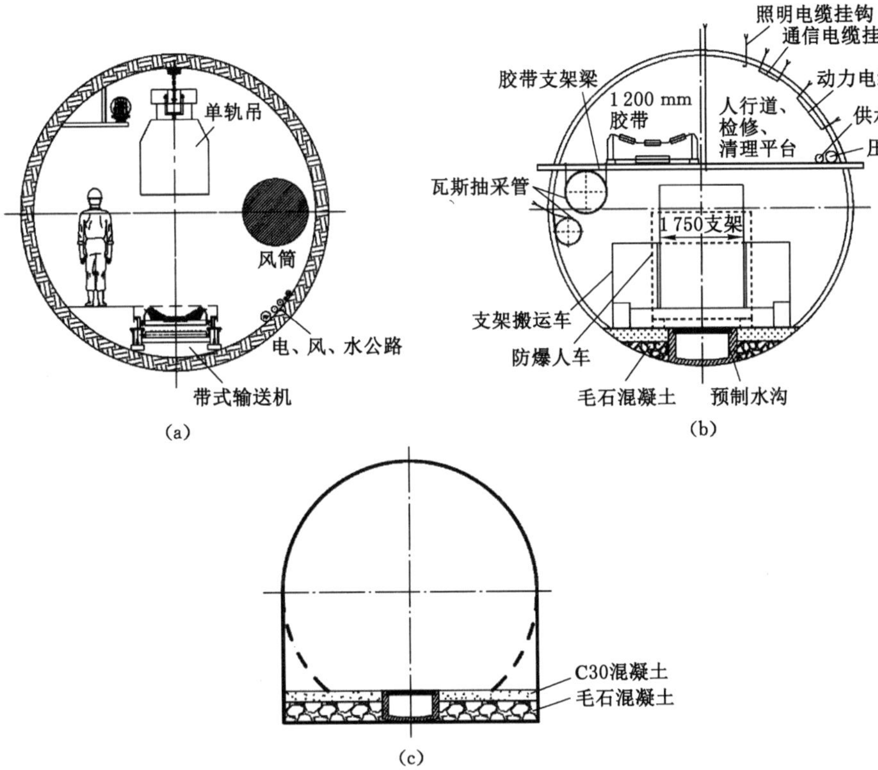

图 3-16　TBM 掘进断面和二次扩挖

在“十三五”期间，国内先后有 11 座矿井主、副斜井，运输巷和瓦斯抽采巷等使用 TBM 掘进，主要适用于地质条件比较简单、围岩能够自稳或者在一定时间内自稳，巷道断面面积为 16～35 m^2、岩石普氏系数 $f \leqslant 8$，巷道长度大于 2 km 的条件。使用情况大致分为以下 4 种情况。

(1) 围岩、矿山压力、TBM 设计 3 个方面结合较好的矿井，工效提高明显，月进尺 400～600 m，对比传统工法，工效提高了 4～6 倍。

(2) 部分矿井岩石硬度较低、易风化，围岩完整性差。例如，山东某矿采用 TBM 施工，月进尺仅 200 m 左右，与综掘机工效相当。

(3) 部分矿井 TBM 结构设计存在缺陷,施工存在安全隐患,无法满足煤矿安全生产需要。

(4) 围岩、矿山压力及 TBM 设计均结合较好,但矿井后配套系统制约 TBM 施工进度,月进度仅维持在 300 m 左右。

煤矿巷道长度一般不长,常有一定坡度且需要拐弯。在斜井施工中,TBM 还面临揭煤,目前缺乏相应的施工标准和规范。矿山 TBM 工程施工前通常缺乏详细地质调查的条件和时间,地域差别大,地形地质复杂,对井下组装、下井尺寸和质量要求苛刻。这些都大幅度增加了 TBM 设计和施工的难度。TBM 对地质条件变化的适应性较差,在复杂岩层中使用应进行充分论证,设备的成本及维修费用较高,工程初期投入较大。煤矿巷道较交通、水利、地铁等隧道有其特殊性,针对煤矿小空间、高瓦斯、不同功用等特殊工况,还需要煤矿工程技术人员与 TBM 生产制造厂家不断努力,需要在现有结构形式基础上改进创新,以满足煤矿巷道施工要求。

三、巷道支护技术

煤矿巷道支护经历了木材支护、砌碹支护、型钢支护到锚杆、锚索支护的漫长过程。从支护形式、机理及支护效果来看,可分为两种类型:第一类为被动支护,包括各类支架、砌碹支护等;第二类是以锚杆支护、注浆加固和预应力锚索加强支护为主,旨在改善围岩力学性能的主动支护,能显著改善破裂岩体的力学特性,支护及时,整体支护效果最好。

(一) 锚杆支护

目前,以树脂锚固的高强度螺纹钢锚杆、小孔径预应力锚索等为代表的新技术、新材料、新方法得到广泛认可,推广应用于煤层巷道、复合与破碎顶板巷道等困难条件,取得良好的支护效果和技术经济效益。

1. 锚杆杆体

左旋无纵筋螺纹钢是在钢筋表面直接热轧出左旋螺纹线的锚杆专用螺纹钢筋。其主要特点:一是与普通螺钢相比没有两条纵肋,基圆为圆形;二是横肋形状通常为月牙形,两面旋向均为左旋。这种杆体在搅拌树脂锚固剂时,有利于提高锚固剂的密实度和锚杆锚固力。根据煤矿巷道条件,杆体直径一般为 18～22 mm,长度为 1.8～2.5 m,材质为 HRB335、HRB400、HRB500 或强度等级更高的材质,左旋无纵筋螺纹钢锚杆杆体技术性能指标见表 3-8。

表 3-8 左旋无纵筋螺纹钢锚杆杆体技术性能指标

螺纹钢牌号	公称直径/mm	屈服强度/MPa	屈服荷载/kN	抗拉强度/MPa	破断荷载/kN	延伸率/%
HRB335	20	335	≥105	490	≥155	≥18
	22		≥130		≥190	
HRB400	18	400	≥100	570	≥145	≥16
	20		≥125		≥180	
	22		≥150		≥220	
HRB500	18	500	≥144	630	≥180	≥15
	20		≥160		≥200	
	22		≥190		≥240	

玻璃钢锚杆是采用玻璃纤维作为增强材料，以聚酯树脂为基材，经专用拉挤机牵引，通过预成型模具在高温高压下固化形成的全螺纹玻璃纤维增强塑料杆体。玻璃钢锚杆质量轻、成本低，具有良好的耐腐蚀性能。由于杆体具有可切割性，且不会产生火花，适合综采工作面临时支护使用，可替代现有金属锚杆进行煤帮支护。

锚杆杆体与树脂锚固剂、拱形托盘、调正球形垫圈、减摩垫圈、阻尼螺母配套(图 3-17)，可实现机械化快速安装。锚杆的及时与主动支护作用主要体现在锚杆安装的预应力上，因此锚杆托盘应紧贴岩面或初喷面，螺母用力矩扳手拧紧，扭矩不小于设计规定。锚杆支护应用时采用树脂锚固剂可端锚、加长锚，也可以全长锚固，已广泛应用于煤矿井下的岩巷和煤巷支护。

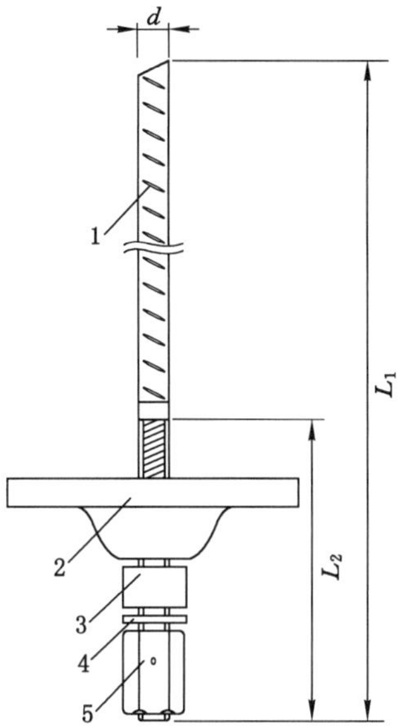

1—左旋螺纹杆体；2—拱形托盘；3—调正球垫；4—减摩垫圈；5—螺母；L_1—杆体长度；L_2—螺纹长度；d—杆体直径。

图 3-17　左旋无纵筋螺纹钢锚杆

为了发挥锚杆的及时、主动支护作用，需要将单根锚杆连接起来，形成锚杆、钢带(梁)和金属网承载结构，提高锚杆支护的整体效果。锚杆的连接构件主要有钢筋网、平钢带、W 形钢带、M 形钢带及钢筋托梁(钢筋梯)等形式，以 W 形钢带(煤巷)和钢筋托梁(岩巷)应用最多，其中 W 形钢带已形成系列化产品。

2. 树脂锚固剂

树脂锚固剂为高分子材料，具有凝结硬化快、黏结强度高的特点，在很短时间内便能具有很大的锚固力。目前，采用树脂锚固剂锚固已成为高强锚杆和预应力锚索最主要的锚固方式，并可以进行加长锚固或全长锚固。我国生产的树脂锚固剂的技术特征见表 3-9。

表 3-9　树脂锚固剂主要技术特征

型号	特性	凝胶时间/s	等待时间/s	颜色标识
Cka	超快	8～25	10～30	黄
CKb		8～40	10～60	红
K	快速	41～90	90～180	蓝
Z	中速	91～180	480	白
M	慢速	＞180		

树脂锚固剂的尺寸与规格多种多样，应有利于钻孔中的安装和搅拌。锚固剂的直径应与钻孔直径相匹配，一般比钻孔直径小 4～6 mm，直径 23 mm 的锚固剂用量最大，以适应 ϕ28 mm 的锚杆和锚索钻孔。树脂锚固剂长度可以根据需要确定，常用的有 350 mm、500 mm 和 600 mm。

井下进行加长或全长锚固时，需要不同固化时间的锚固剂搭配使用，如超快或快速配中速锚固剂使用，一个钻孔中需要安装两支或两支以上的锚固剂。安装时，首先装入快速药卷，然后装中速或慢速药卷，一定时间后再拧紧螺母并施加预应力。

（二）喷射混凝土支护

喷射混凝土支护具有及时、密贴、早强、止水、封闭围岩防止风化的特点，又能与金属网、锚杆、注浆、钢支架等多种支护方式组合形成联合支护，是井巷工程中不可缺少的重要支护手段。在岩巷掘进中，在围岩较稳定情况下，可以没有锚杆支护，但是不能没有喷射混凝土。

从拌合料及施工工艺可以将喷射工艺分为干式喷射法和湿式喷射法两种。干式喷射法作业时粉尘浓度大、回弹率高，但是由于设备简单、易操作、干拌料可以存放较长时间等特点而被广泛使用。与干式喷射法相比，湿式喷射法强度高、回弹率小，降低了粉尘浓度，降低了对工人健康的危害，已逐渐成为隧道工程中喷射混凝土技术的主流。

喷射混凝土需要添加速凝剂以加快凝结硬化速度，速凝剂的掺量通过试验确定，保证混凝土的初凝时间不大于 5 min，终凝时间不大于 10 min。喷射前冲洗受喷岩面，清除墙脚的岩渣和浮石以保证基础的深度。喷射混凝土应先墙后拱，从下到上，先基础后墙，在拱顶中线位置闭合。喷射混凝土在终凝 2 h 后喷水养护，养护时间不少于 7 d，喷水的次数应保持混凝土处于潮湿状态。

喷射混凝土性能指标主要包括强度和厚度。喷射混凝土的设计强度等级不应低于 C15，对于立井、平硐和斜井工程，喷射混凝土的强度等级不应低于 C20，喷射混凝土 1 d 龄期的抗压强度不应低于 5 MPa。湿式喷射法时可添加钢纤维以提高强度和抗裂能力，钢纤维喷射混凝土的强度等级不应低于 C20。喷射混凝土支护的最小厚度不应小于 50 mm，总厚度一般不超过 200 mm。特别是在软弱围岩中做初次支护，喷层过厚，会产生较大的形变压力，易导致喷层破坏。

当单独采用喷射混凝土不能满足支护要求时，可用锚杆或锚杆配钢筋网加强。喷射厚度应保证锚杆和钢筋网不得外露，其保护层的厚度不宜小于 20 mm。

（三）锚索支护

锚索的特点是锚固深度大、承载能力高、可施加较大的预紧力，可以实现及时、主动支护。由于锚索索体既有一定刚度又有一定柔性，可自身搅拌树脂药卷快速安装，其加固范围、支护强度、可靠性是普通锚杆支护所无法比拟的。因此，在大断面、地质构造破坏地段、顶板软弱且较厚、高地应力、综放巷道等困难、复杂的巷道中，可使用小孔径预应力锚索进行加强支护，是煤巷推广锚杆支护技术中一项重要的保证措施。

锚索索体材料采用钢绞线，目前广泛采用 7 股 ϕ5 mm 的高强度钢绞线，如图 3-18(a)所

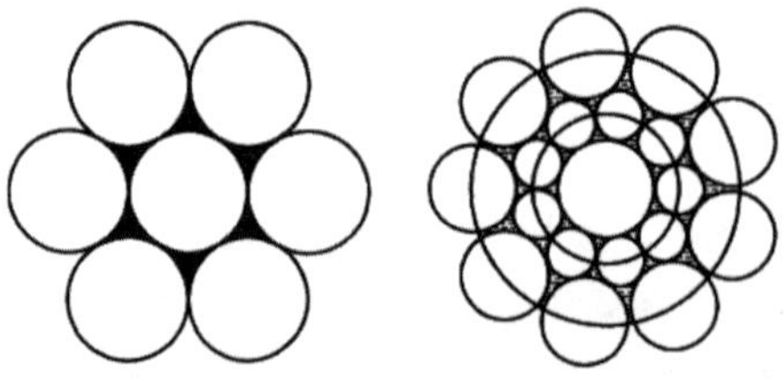

(a) 1×7结构　　(b) 1×19结构

图 3-18　锚索索体结构图

示。新型矿用锚索索体由19股钢丝代替原来的7股钢丝，如图3-18(b)所示，索体结构更合理，而且明显提高了锚索的延伸率。如直径22 mm钢绞线的拉断力超过600 kN，索体延伸率接近7%，真正实现了大直径、大延伸率与高强度。

常用锚索索体的技术指标见表3-10。

表3-10　常用锚索索体的技术指标

结构	公称直径/mm	拉断荷载/kN	延伸率/%
1×7结构	15.2	260	3.5
	17.8	353	4
1×19结构（实验室试验值）	18	408	7
	20	510	7
	22	607	7

锚索孔径与锚杆孔径相同，均为ϕ28 mm，使用相同的锚杆钻机钻孔。使用锚索支护时，其长度一般为6～8 m，采用不同凝结固化速度的树脂药卷多卷锚固，锚固长度2 m左右。继续增大锚索长度，需要与增大锚索直径和提高安装预应力同步进行。

锚索安装预紧力应不小于设计预紧力的90%。若钢绞线外露超过300 mm或影响行人和运输等时，应剪断多余的外露钢绞线。

（四）注浆加固

对于节理、裂隙发育以及断层破碎带等围岩松散、破碎的情况，可采用注浆加固技术。即在锚喷支护或原金属支架、砌碹支护基础上，利用注浆锚杆进行壁后注浆，增强支护结构的整体性和承载能力，保证支护结构的稳定性，既具有锚喷支护的柔性与让压作用，又具有金属支架和砌碹等支护的刚性作用，组成联合支护体系，共同维持巷道的稳定，如图3-19所示。

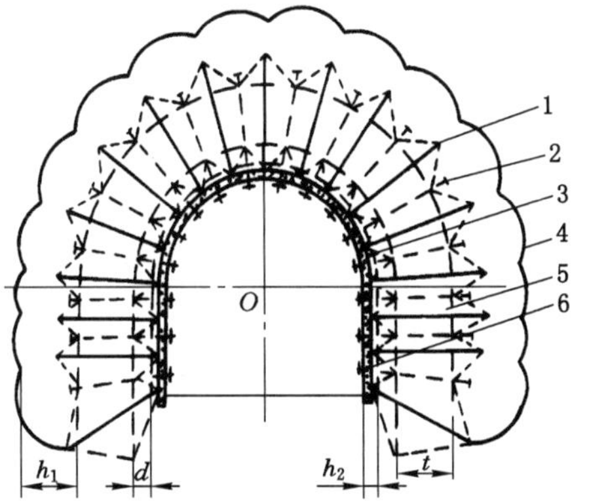

1—普通锚杆；2—注浆锚杆；3—喷层与金属网组合拱(d)；
4—注浆扩散范围(h_1)；5—锚杆作用形成的岩石拱(t)；6—喷层作用形成的组合拱(h_2)。

图3-19　注浆加固支护机理

注浆材料一类是水泥基材料，是注浆加固应用最广的材料。水泥与水玻璃双液浆可克服单液水泥浆凝结时间长、凝结时间不易控制、结石率低的缺点，用于地下水丰富的工况。

注浆加固参数主要有注浆时间、注浆压力、注浆量、浆液扩散半径以及注浆孔的布置参数等。注浆孔的孔距应使两个注浆孔的扩散范围有一定交叉，注浆深度应达到围岩裂隙发育、破碎区的边缘。由于深部围岩裂隙不发育，浆液不易渗透，因此过深的注浆钻孔作用不大。

（五）其他支护形式

各类支架、砌碹支护等均属于被动支护形式，其中砌碹支护只能用作永久支护。

支架有木支架和金属支架两大类，其中木支架由于材料来源及支护能力小等原因，已经很少采用。梯形金属支架使用矿用11号或12号工字钢制作，由两腿一梁构成，主要用在回采巷道中。采用U型钢制作的拱形可缩性支架适用于地压大、不稳定、围岩变形量大的巷道，支护断面面积一般不大于15 m^2。支架的可缩性用卡箍的松紧程度来调节和控制，支架间距一般为0.7～1.0 m，支架之间应用金属拉杆或打入撑柱撑紧，以加强支架沿巷道轴线方向的稳定性。支架与围岩间必须用木板或其他材料充填密实，防止局部受力导致支架扭曲失效。支架立柱埋入底板并应落在实底上。倾斜巷道的支架架设，应有适当的迎山角。

砌碹是指用料石、混凝土或钢筋混凝土砌筑成的整体支护，具有坚固耐久、防火阻水、通风阻力小、材料来源广等优点，主要用于立井井筒和大断面硐室的永久支护。由于其刚性大且不能立即承载，常与锚喷网等初次支护联合使用。

弧板（管片）支护技术源于地铁隧道盾构施工，采用管片进行盾构隧道的支护，其掘进、管片安装等所有工序全部由机械完成，作业的机械化、自动化水平很高。该技术在煤矿松软巷道中的应用目前正处于试验阶段。

四、井巷施工作业方式

（一）巷道施工方式

巷道施工一般有一次成巷和分次成巷两种方式。

1. 一次成巷

一次成巷是将巷道施工中的掘进、支护和水沟掘砌共3个分部工程视为一个整体，在一定距离内最大程度地同时施工，一次完成巷道，不留收尾工程。一次成巷具有施工安全、成巷速度快、工程质量好、降低成本和便于管理等优点。

分次成巷主要是针对永久支护采用砌碹支护的巷道，是把巷道的掘进和永久支护两个分部工程分两次完成，先把整条巷道掘出来，暂以临时支架维护，以后再拆除临时支架进行永久支护和水沟掘砌。分次成巷的缺点是成巷速度慢，材料消耗量大，工程成本高。因此，除了工程上的特殊需要外，一般不采取分次成巷施工法。

随着锚杆支护技术的广泛应用、巷道掘进装备水平的不断提高以及巷道施工组织管理水平的发展和完善，一次成巷作业方法已成为目前巷道施工的普遍作业方法，尤其是在以无轨胶轮车作为辅助运输的巷道施工中表现出显著优势。

采用一次成巷施工时，应注意以下几个问题：

(1) 永久水沟距掘进工作面不宜大于100 m，一般与永久支护的基础同时施工。为了使永久水沟跟随成巷同步向前推进，而又不被巷道施工损坏，水沟与掘进工作面拉开一定距离是必要的。

(2) 电机车导电线架设、敷设电缆、架设管路和安装照明等工序如果在巷道掘进期间施工，将会互相干扰，并且这些工作也不是由巷道掘进人员完成，因此一次成巷中未做明确规定。

(3) 由于临时轨道与永久轨道在轨型、轨距、位置、轨面高度及轨枕等方面不尽一致，所以在巷道掘进施工中不宜铺设永久轨道。

2. 一次成巷的作业方式

根据巷道施工过程中掘进与永久支护在空间和时间上的相互关系，一次成巷作业方式又可以分为掘支平行作业、掘支顺序作业和掘支交替作业 3 种。

(1) 掘进与永久支护平行作业

掘进与永久支护平行作业是指永久支护在掘进工作面之后保持一定距离，与掘进同时进行。永久支护与掘进工作面间的距离，在采用钻爆法掘进时不大于 50 m、采用掘进机掘进时不大于 100 m。当采用锚喷网做永久支护时，初次支护应紧跟掘进工作面；当采用砌碹支护时，应设临时支护或初次锚喷网支护，并紧跟掘进工作面。

掘、支平行作业时，由于永久支护不单独占用循环时间，可以提高成巷速度。但是这种作业方式需要同时投入的人力、物力较多，组织工作比较复杂。故一般适用于围岩较稳定、掘进断面面积大于 12 m^2 的巷道，以免掘支工作互相干扰，从而影响成巷速度。

(2) 掘进与永久支护顺序作业

掘进与永久支护顺序作业是指掘进与永久支护两大工序在时间上按先后顺序施工，即先将巷道掘进一段距离后停止，然后进行永久支护工作。当围岩稳定时，掘进与永久支护之间的距离，钻爆法掘进时最大不超过 50 m，机掘时最大不超过 100 m。当围岩不稳定时，要根据围岩稳定性确定掘进和锚喷之间的距离，采用短段掘支顺序作业，可以一掘一锚喷、两掘一锚喷或三掘一锚喷，使永久支护紧跟掘进工作面。

掘、支顺序作业的特点是掘进和支护轮流进行，由一个施工队来完成，因此所需的劳动力和同时投入的设备都较少，施工组织比较简单。与掘、支平行作业相比，这种作业方式成巷速度一般较慢，适用于掘进断面较小、围岩不太稳定、对工期没有严格要求的情况。

(3) 掘进与永久支护交替作业

掘进与永久支护交替作业，是指在两条或两条以上距离较近的巷道中，由一个施工队分别交替进行掘进和永久支护工作。即将一个掘进队分成掘进和永久支护两个专业小组，掘进组在甲工作面掘进时，支护组在乙工作面进行永久支护。当甲工作面转为支护时，乙工作面同时转为掘进，掘进与永久支护轮流交替进行。这种作业方式实质上是在甲、乙两个工作面分别进行掘、支顺序作业，而人员交替轮流。

这种交替作业方式工人按工种分工，掘、支在不同的巷道内进行，避免了掘进和永久支护工作的互相影响，有利于提高工人的操作能力和技术水平，有利于提高机器设备的使用效率。实施时，必须经常平衡各工作面的工作量，以免因工作量的不均衡而造成窝工。

在三种作业方式中，以掘、支平行作业的成巷最快，但工序之间的干扰多，因而效率低，费用高。对于需要组织快速施工的巷道，宜采用掘、支平行作业。掘、支顺序作业和掘、支交替作业，其成巷速度比平行作业低，但人工效率高，掘、支工序互不干扰。对于围岩稳定性较差、管理水平不高的施工队伍，宜采用掘、支顺序作业，条件允许时也可以采用掘、支交替作业。

（二）立井井筒施工方式

立井井筒根据掘进、砌壁和安装三大工序在时间和空间的不同安排方式，立井井筒施工方式可分为掘、砌单行作业，掘、砌平行作业，掘、砌混合作业和掘、砌、安一次成井。

1. 掘、砌单行作业

立井井筒掘进时，将井筒划分为若干段高，自上而下逐段施工。在同一段高内，掘、砌先后交替顺序作业称为单行作业。掘砌单行作业的最大优点是工序单一，设备简单，管理方便，任何工程地质条件均可以使用。当施工管理水平薄弱，凿井设备不足，无论井筒直径大小，应首先考虑采用掘砌单行作业。

根据掘进段高不同，单行作业又分为长段单行作业和短段单行作业。长段单行作业时，段高以每月的成井深度为限划分段高。短段单行作业则是在 3～5 m 较小段高内（与模板高度一致），掘进后即进行永久支护，不用临时支护。为了便于施工，爆破后，矸石暂不全部清除。砌壁时，立模、稳模和浇灌混凝土都在浮矸上进行，如图 3-20 所示。短段掘砌单行作业取消了临时支护，围岩能及时封闭；避免长段单行作业时的高空作业，改善作业条件，保证了施工安全。因此，当采用单行作业时，应首先考虑采用短段掘砌单行作业。

2. 掘、砌平行作业

掘、砌平行作业，即掘进与井壁砌筑在上下两个段高中同时进行，也有长段平行作业和短段平行作业之分。长段平行作业，是指在工作面自上而下进行掘进作业和临时支护，而在上段则由吊盘自下而上进行砌壁作业，段高根据围岩稳定情况、月进尺要求等综合确定。

短段平行作业，是指掘、砌工作在相邻段高内都是自上而下同时作业的。

掘、砌平行作业是在有限的井筒空间内上下立体交叉同时进行掘砌作业，空间、时间利用率高，成井速度快。但是井内作业人员多，安全工作要求高，施工管理较复杂，凿井设备布置难度大。当井筒净径大于 6 m、围岩较稳定、施工装备和施工技术力量较强时，可以采用平行作业。

3. 掘、砌混合作业

井筒掘、砌工序在时间上有部分平行时称为混合作业。对于短段单行作业，在同一段高内掘、砌工序顺序进行。而混合作业，是在同一段高内向模板浇灌混凝土达 1 m 高左右时，在继续浇筑混凝土的同时，井筒工作面还可以进行装矸提升工作，此时掘进与砌壁属于平行作业。待井壁浇筑完成，作业面上的掘进工作又转为掘进单行作业，依此循环。

掘、砌混合作业方式，在重型凿井机械化装备的利用、施工组织管理、施工安全及成井各项经济技术指标

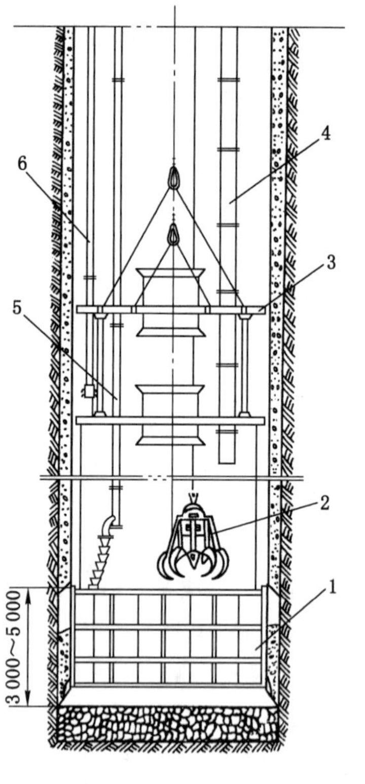

1—模板；2—抓岩机；3—吊盘；4—风筒；5—混凝土输送管；6—压风管。

图 3-20　短段掘砌单行作业示意图

等方面，都优于单行作业和平行作业。掘、砌混合作业加大了模板高度，利用部分支护时间进行装矸出矸，节约工时而提高成井速度。与短段单行作业相同，混合作业也取消了临时支护，避免了高空作业，从总体上能降低立井的施工成本，提高了施工效率，改善安全作业条件。这种作业方式目前已成为我国立井井筒施工的主导作业方式。

4. 掘、砌、安一次成井

井筒永久装备的安装工作与掘、砌作业同时施工时，称为一次成井。掘、砌、安一次成井的最大优点是能利用永久罐梁来固定施工管路，简化了井内吊挂，也为利用永久井架(井塔)和永久提升机凿井提供了有利条件，能有效地缩短整个井筒的施工工期，并能在最短的时间内过渡到巷道施工，有利于加快全矿井的建设。但是由于施工组织与管理工作复杂，安全管理难度大等原因，这种作业方式至今使用不多。

五、井巷工程施工组织与管理

要实现快速、高效、低耗和安全施工，除了正确选择施工作业方式外，还要采用科学的施工组织形式，坚持正规循环作业和多工序平行交叉作业。

(一) 正规循环作业

采用钻爆法掘进时，井巷工程的各个工序都是按照一定的顺序周而复始进行的，如钻眼→装药连线→爆破通风→安全检查与临时支护→装岩→运输→水沟掘砌和永久支护等。这些工序每完成一次即完成一个循环，就可使工作面向前推进一段距离，称为循环进尺，而将这种作业形式称为循环作业，完成一个掘进循环所需的时间称为掘进循环时间。

为组织和指导循环作业，在施工前将掘进循环中各工序的持续时间、先后顺序和相互之间的衔接关系，用图表的形式表示出来，称为循环图表。

正规循环作业，是指在规定的时间内以一定的人力、物力和装备，按照作业规程、爆破图表和循环图表的规定，完成全部的工序及其工作量，并保证周而复始地进行。实践证明，坚持正规循环作业，是提高掘进效率的一项重要措施，也是完善企业管理和降低成本的重要环节。

(二) 多工序平行交叉作业

多工序平行交叉作业是指在同一工作面、同一循环时间内，凡是能同时施工的工序都要尽量安排其同时进行，即平行作业；不能同时施工的工序，也可以使其部分同时进行，即交叉作业。采用多工序平行交叉作业是实现正规循环作业的基本保障措施。

在井巷施工机械化水平和设备生产率不高的情况下，实现多工序平行交叉作业对提高掘进速度和工效是十分必要的。但是，随着大型高效掘进设备的应用，掘进机械化水平不断提高，每道工序的时间大幅度缩短，顺序作业的工作单一、工作条件好的优越性将得以体现，从而可以大幅度提高工作效率，减少工人数量和降低劳动强度。再者，由于设备体积大，受空间的限制，也难以平行作业。因此，掘、支顺序作业必然是今后井巷工程施工的发展方向，而多工序平行交叉作业将只有在掘进速度要求较高且装备机械化水平较低时采用。

(三) 循环图表的编制

循环图表的编制工作包括确定日工作制度和循环时间，循环图表编制及调整等。

1. 确定日工作制度

目前大多数煤矿生产单位采用"三班八小时"工作制，而煤矿基本建设的施工单位在立井井筒施工中有采用"四班六小时"工作制的，但是转入二期、三期巷道工程后，又改变为"三班八小时"工作制。

近年来，根据井巷工程特点和分配制度的改革，首先在井筒掘进中实行按工作量分班的"滚班制"，有的煤矿生产单位也实行了"滚班制"，即每个班的工作内容和工作量是固定的，但工作时间是可变的。何时完成额定工作量则何时交班，不再是按点交接班。班组的考核不再是以工作时间为指标，而是以实际完成的工作量为指标，并直接与职工的工资和奖金挂钩。"滚班制"改变了分配不公现象，调动了职工的积极性，但是也给管理工作带来了一定的难度。

2. 确定循环方式

井巷掘进循环方式可以根据具体条件选用单循环（每班完成一个循环）或多循环（每班完成两个以上循环）。对于断面面积大、地质条件差的井巷工程，或采用深孔爆破时，也可以实行每天一个循环。

正规循环作业要求每个班完成的循环数应为整数，即一个循环不要跨班（日）完成，否则不便于工序间的衔接，施工管理也比较困难。调整方法以尽量提高工效和缩短辅助时间为原则，无法满足时再通过调整循环进尺的方法进行调整。循环进尺主要取决于炮眼深度和爆破效率。

3. 确定循环时间

一次循环作业所需的时间可以用下式计算：

$$T = T_1 + T_2 + T_3 + T_4 + T_5 + T_6$$

当炮眼深度确定后，根据炮眼利用率确定各工序的工作量。然后可以根据设备情况、工作定额（或实测数据）来确定和计算各工序所需要的作业时间。

（1）安全检查及准备工作时间 T_1，也就是交接班的时间，一般为 10 ～15 min。

（2）装岩时间 T_2 按下式计算：

$$T_2 = 60 \times \frac{Sl\eta k}{p}$$

式中 S——巷道掘进断面面积，m^2；

l——炮眼平均深度，m；

η——炮眼利用率，一般为 0.85～0.90；

p——装载机实际生产率，m^3/h，一般不超过额定生产率的 80%，计算时换算成 m^3/min；

k——岩石碎涨系数，计算时根据岩石软硬，可取 $k=1.3$～1.8，硬岩取大值。

（3）钻眼时间 T_3 按下式计算：

$$T_3 = \varphi(t_1 + t_2) = \varphi \cdot \frac{Nl}{mv}$$

式中 t_1——钻上部或左部炮眼时间，min；

t_2——钻下部或右部炮眼时间，min；

φ——钻眼工作单行作业系数，钻眼、装岩平行作业时 φ 取 0.4～0.6，钻眼、装岩顺序

作业时 φ 等于 1；

N——工作面炮眼总数，个；

m——同时工作的凿岩机（或钻机）台数；

v——凿岩机的实际平均钻速，m/min，常采用经验数据。

(4) 装药连线时间 T_4，与炮眼数量和同时参加装药连线的工人组数有关。

$$T_4 = \frac{Nt}{A}$$

式中 N——工作面炮眼总数，个；

t——一个炮眼装药所需时间，min/个；

A——在工作面同时装药的工人组数，一般不超过 2 组，且只有班组长可以参加。

(5) T_5 为爆破通风时间，一般为 15 min。

(6) T_6 为支护时间，如果临时支护、初次支护或永久支护占用循环时间，应包括在内。

根据计算结果，为了防止难以预见的工序延长，提高循环图表完成的概率，应增加 10% 的备用时间，故一个循环总时间为：

$$T = 1.1 \times \left(T_1 + 60 \times \frac{Sl\eta k}{p} + \phi \cdot \frac{Nl}{mv} + \frac{Nt}{A} + T_5 + T_6\right)$$

按正规循环作业要求，循环总时间应调整为每班或每天工作时间的整数倍，以方便管理。

4. 循环图表的编制

在循环时间确定后，即可编制循环图表。循环图表中第一栏为各工序名称或班组名称，按顺序自上而下排列；第二栏自上而下为各工序对应的工作时间；第三栏为各工序对应的工程量；第四栏为用横道线表示的各工序的时间延续和工序间在时间和空间上的相互关系。

编制好的循环图表，需在实践中使之不断改进、完善，真正起到指导施工的作用。

图 3-21 是某巷道施工“三八”作业制、“两掘一支”顺序作业循环图表。

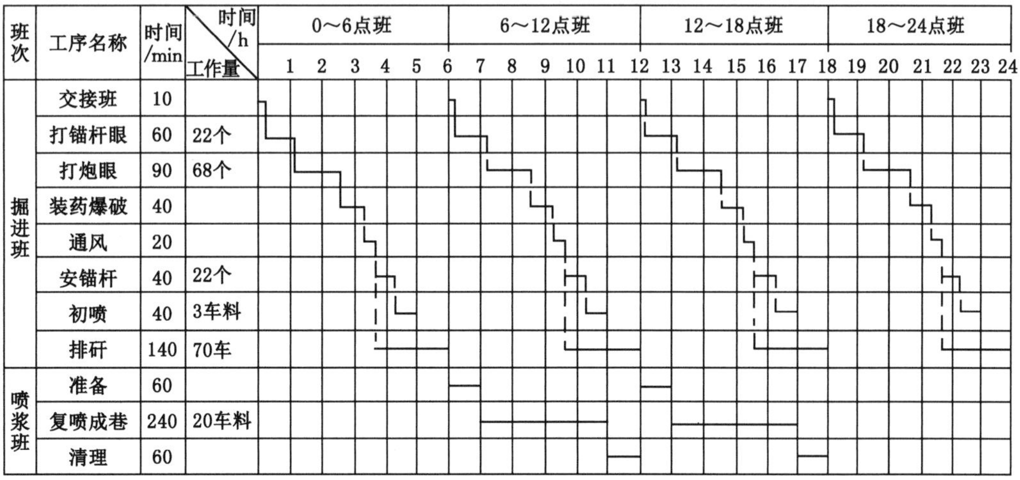

图 3-21　巷道施工“四掘两支”平行作业循环图表

图 3-22 为某立井井筒在 600 m 深度内分凿岩爆破班、2 个出矸班和井壁浇筑班 4 个班

组，26 小时(h)滚班制单行作业循环图表。

序号	工序名称	工时/min	凿岩爆破班/h						出矸班（一次出矸）/h							浇筑班/h								出矸班（二次出矸）/h				
			1	2	3	4	5	6	7	8	9	10	11	12	13	14	15	16	17	18	19	20	21	22	23	24	25	26
1	交接班	10																										
2	下钻定钻	20																										
3	打眼	180																										
4	伞形钻架升井	20																										
5	装药连线	40																										
6	放炮、通风	30																										
7	交接班	10																										
8	安全检查、扫盘	20																										
9	一次出矸	360																										
10	平底	60																										
11	收落模板、立模找正	120																										
12	安装浇筑漏斗	30																										
13	浇筑混凝土	180																										
14	拆浇筑漏斗	30																										
15	卷扬调绳	30																										
16	交接班、出矸准备	30																										
17	二次出矸	180																										
18	清底	120																										

图 3-22　立井井筒滚班制单行作业循环图表

（四）掘进队的劳动组织形式

目前，我国常用综合掘进队和专业掘进队两种组织形式。

1. 综合掘进队

综合掘进队是将井巷施工中的主要工种（掘进、支护）以及辅助工种（机电维修、运输、通风、管路等）组织在一个掘进队内，各工种既有明确的分工又要密切配合协作，共同完成各项施工任务。其特点是指挥统一，有利于培养工人一专多能。

综合掘进队的规模，可根据工程特点、工作面运输提升条件等确定。一般的，有单独运输系统的掘进工程，如立井井筒、斜井井筒或平硐工程，可组织大型综合掘进队。当多工作面合用一套提升运输、检修、维护系统时，如井底车场、运输大巷及运输石门等，可组成有掘进、支护、掘砌水沟等工种的小型综合掘进队。

2. 专业掘进队

专业掘进队的特点是各工种严格分工，一个工种只负责一种工作，各工种单独执行任务。通常专业掘进队只有主要工序的工种（掘进、支护），辅助工种则另外设立工作队并服务于若干个专业掘进队。

专业掘进队任务单一，专业性较强，技术比较熟练，管理比较简单。但是因为受辅助工种影响较大，工种间的配合不如综合掘进队协调、及时，故其工时利用率低。目前在煤矿生产单位应用较少，而在煤矿基本建设单位，特别是在立井井筒、斜井井筒或平硐工程施工中采用较多。

第四节　井巷过特殊地层的施工方案

一、特殊条件下的井筒施工

（一）立井表土分类及其施工方法

立井井筒穿过的表土层，按其掘砌施工的难易程度分为稳定表土层和不稳定表土层。稳定表土层就是在井筒掘砌施工中井帮易维护，用普通方法施工能够通过的表土层，包括非饱和水的黏土层、含少量水的砂质黏土层，无水的大孔性土层和含水量不大的砾（卵）石层等。不稳定表土层就是在井筒掘砌施工中井帮很难维护，用普通方法施工不能通过的表土层，包括含水砂土、淤泥层，饱和水的黏土、浸水的大孔性土层，膨胀土和华东地区的红色黏土层等。

由于表土层并非单一土层，往往是不同性质土层的互层，主要应考虑其中不稳定土层的施工方法和措施，因为这一类土层将严重影响施工安全和施工速度。根据表土的性质及其所采用的施工措施，井筒表土施工方法可以分为普通施工法和特殊施工法两大类。对于稳定表土层一般采用普通施工法，而对于不稳定表土层及含水岩层可采用特殊施工法或普通法与特殊法相结合的综合施工方法。

在不稳定表土层中施工立井井筒，应采取特殊的施工方法才能顺利通过，如冻结法、钻井法、沉井法、注浆法和混凝土帷幕法等。特殊法施工表土的工期长、成本高，但适应性强，应根据水文地质、井筒特征、施工技术装备等综合因素，经技术经济分析比较后，确定合理的施工方法，安全可靠、快速经济地通过表土层。

目前在不稳定表土层中施工立井井筒，以冻结法和钻井法为主。

（二）冻结法

冻结法凿井就是在井筒掘进之前，在井筒周围钻冻结孔，用人工制冷的方法将井筒周围的不稳定表土层和风化岩层冻结成一个封闭的冻结壁，以防止水或流沙涌入井筒并抵抗地压，然后在冻结壁的保护下掘砌井筒。待井筒掘砌到预计深度后停止冻结，进行拔管或充填工作。

冻结施工法适用于各种含水地层及低速流动的各种水体。人工冻结水体、含水不稳定土层和含水不稳定岩层是为了实现临时加固和封水目的，冻结含水稳定岩层主要是为了实现临时封水目的。立井井筒的冻结深度，应根据地层埋藏条件及井筒掘砌深度确定，并应深入稳定的不透水基岩 10 m 以上。冻结段下部基岩段涌水较大时，应延长冻结深度。

1. 冻结方案

井筒冻结方案有一次冻全深、局部冻结、差异冻结和分期冻结等几种。一次冻全深方案的适应性强，可应用范围广。局部冻结只在涌水部位冻结，其冻结器结构复杂，但是冻结费用低。差异冻结，又称为长短管冻结。长短两种冻结管间隔布置，在冻结的上段冻结管排列较密，可加快冻结速度，使井筒早日开挖，并可以避免下段井筒冻实，影响施工速度。分期冻结，就是当冻结深度很大时，为了避免使用过多的制冷设备，可将井筒全深分为数段依次冻结，常用于斜井冻结方案。

2. 冻结法凿井工艺

冻结法凿井工艺过程主要有冻结孔钻进和冻结站安装、井筒冻结(积极冻结)、井筒掘砌和砌筑内层井壁(消极冻结)等工作。

(1) 冻结孔的钻进

冻结法凿井的钻孔按用途可分为冻结孔、水文观测孔和温度观测孔三种。

① 冻结孔一般等距离布置在与井筒同心的圆周上,间距一般为 1.2～1.5 m,孔径为 200～250 mm。冻结孔的圈数根据要求的冻结壁厚度确定,表土较浅时一般采用单圈冻结,对于深厚表土可采用 2 圈或 3 圈冻结孔进行冻结。单圈冻结孔、多圈孔的主冻结孔深度不应小于井筒冻结深度,并且深入不透水基岩深度按表 3-11 选取。辅助冻结孔深度应穿过冲积层深入基岩风化带 5 m 以上。

表 3-11 单圈冻结孔、多圈孔的主冻结孔深入不透水基岩深度 单位:m

冻结深度	单圈冻结孔或多圈孔的主冻结孔深入不透水基岩的深度
≤300	10
300～400	10～12
400～500	12～14
>500	14～18

② 水文观测孔距井筒中心 1～2 m,以不影响井筒掘进时的测量和提升为宜,且不得偏出井筒净断面。当相邻冻结孔的冻结圆柱交圈封闭后,井筒周围便形成一个封闭冻结壁,由于水变成冰后体积膨胀的挤压作用,使井筒内被封闭的水沿水文观测孔上升,以致溢出孔口。水文观测孔溢水是冻结壁封闭的重要标志。

③ 温度观测孔布置在相邻冻结孔孔间距最大的冻结壁界面上。当表土冲积层厚度小于 300 m 时,每个井不应少于 2 个温度观测孔;冲积层厚度大于 300 m 时,不应少于 3 个温度观测孔;冻结壁外侧布置 1～2 个温度观测孔,在冻结孔布置圈与井筒荒径之间应至少布置 1 个温度观测孔。

河南赵固二矿主井冻结孔布置如图 3-23 所示。设计冻结深度为 615 m,外圈孔采用差异冻结,孔数为 40 个,分别深 615 m、575 m;中圈孔 13 个,深 538 m;内圈孔 13 个,深 160 m;设置温度观测孔 5 个,水文孔 3 个。

(2) 井筒冻结

井筒周围的冻结壁,是由冷冻站制出的低温盐水在沿冻结管循环流动过程中不断吸收孔壁周围地层的热量,使水、土逐渐冷却冻结而成的。盐水起传递冷量作用,称为冷媒剂。盐水的冷量是利用液态氨气化时吸收盐水的热量而制取的,所以氨称为制冷剂。被压缩的氨由过热蒸气状态变成液态过程中,其热量被冷却水带走。可见,整个制冷设备包括氨循环系统、盐水循环系统和冷却水循环系统三个部分,如图 3-24 所示。

被制冷剂氨蒸发吸热冷却到－35 ℃以下的低温盐水,用盐水泵输送到配液管和各冻结管内。盐水在冻结孔内沿供液管流至孔底,然后沿冻结管徐徐上升,吸收周围地层的热量后经集液管返回盐水箱,这种盐水循环流动方式称为正循环方式,其冻结壁厚度上下比较均匀,故常被采用。在冻结施工中,当冻结深度较大时,盐水正、反循环方式通常是交替使用

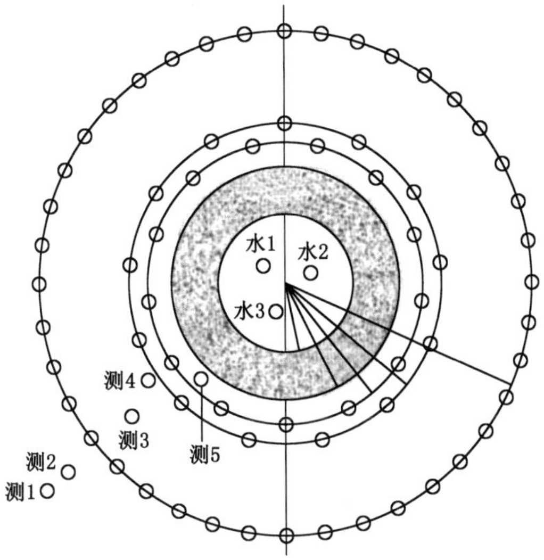

图 3-23　冻结孔、水文观测孔和温度观测孔布置示意图

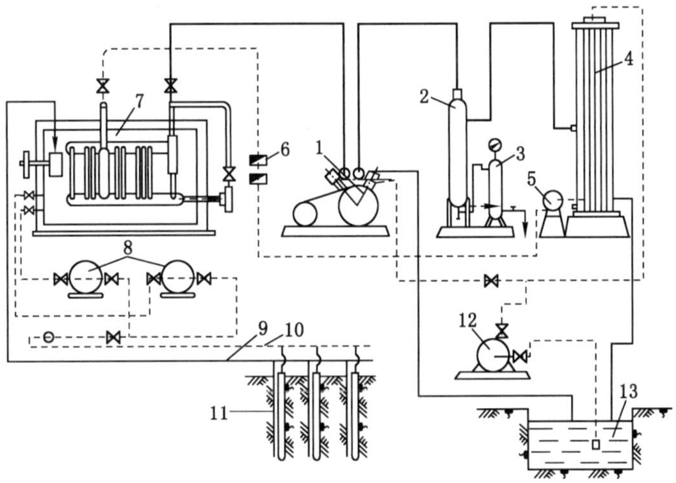

1—氨压缩机；2—氨油分离器；3—集油器；4—冷凝器；5—贮氨器；6—调节阀；7—盐水箱与蒸发器；
8—盐水泵；9—集液管；10—配液管；11—冻结孔与冻结管；12—冷却水泵；13—冷却水池。

图 3-24　制冷系统示意图

的。为了提前开挖和保证冻结壁的厚度上下较均匀，在冻结初期可采用盐水正循环方式，待冻结圆柱封闭后改为反循环方式，以加快上部冻结壁的形成，并达到设计厚度和温度，为井筒提前开挖创造条件。

(3) 冻结段井筒的掘砌

采用冻结法施工，为了保证安全，井筒开挖必须具备以下条件：

① 水文观测孔多层水位均应均匀有规律上升并溢出管口，最迟一层水位应溢出管口 7 天；当井筒工作面有积水时，井筒水位也有规律上升。

② 各温度观测孔的温度已符合设计规定，冻结壁应封闭并达到设计要求。

③ 井筒提升、运输、压风、通风、信号、照明、供热、混凝土搅拌等系统均已形成。

通常情况下，当冻结壁已形成但尚未扩展至井筒范围以内时开挖最理想。此时，既便于掘进，又不会造成涌水冒沙事故，但是很难保证处于理想状态，往往部分井筒断面或整个井筒断面被冻实。对于这种冻土挖掘，可采用风镐或钻眼爆破法施工。采用爆破法施工时必须编制专项措施，保证冻结井壁和冻结管的安全。

冻结井壁一般采用钢筋混凝土双层或者复合井壁。外层井壁厚度为400～600 mm，与冻土层之间铺设聚苯乙烯泡沫板，外层井壁短段掘砌。内层井壁厚度一般为500～800 mm，是在通过冻结段后，采用滑动模板或组装模板倒换的形式自下向上一次套壁到井口，内外壁之间铺设塑料防水板。井筒冻结段双层井壁的优点是内壁无接槎，抗渗性好，且在冻结壁维护期施工，养护条件较好。

只有当内层井壁砌筑完成，方可停止冻结，具体时间由施工、冻结、监理、设计和建设方协商确定。不回收冻结管时，对冻结管(孔)充填长度要求不少于全深2/3。

对于冻结法施工的井筒段，冻结段小于或等于400 m时，漏水量不应大于0.5 m^3/h，冻结段大于400 m时，每百米漏水增加量不应超过0.5 m^3/h。

（三）钻井法

钻井法是以刀具破碎岩土，用泥浆洗井排渣和护壁，在井筒钻至设计直径和深度后再进行永久支护的一种机械化凿井方式。按照钻进破岩的方式，可分为全断面一次钻进、多次扩孔和取芯钻进等。我国目前多采用转盘式钻机多次扩孔成井，其中国产AD130/1000型立井钻机最大钻井直径已达13 m，可钻最大深度为1 000 m。

钻井法不仅可用于松散、不稳定的含水层，也可以用于钻凿稳定、坚硬岩层中的立井。在不稳定土层和不稳定岩层中钻进需采用泥浆护壁与洗井，在稳定岩层中钻进可采用水进行洗井。钻井法施工的深度，应进入不透水的稳定地层中不小于10 m。

钻井法的主要工艺过程为井筒钻进的同时地面预制井壁、泥浆洗井护壁和冷却钻头、下沉预制井壁和壁后注浆固井工作等。

1. 钻进

钻进方式多采用分次扩孔钻进，即首先用超前钻头一次钻到基岩，在下部剩余基岩段占比不大时，也可以用超前钻头一次钻到井底，之后分2～3次扩孔至基岩或井底，如图3-25所示。分次扩孔按照每次破土面积相等的原则，由于超前钻头和扩孔钻头的直径一般是已固定的，在转盘和提吊系统能力允许的情况下尽量减少扩孔次数，以缩短辅助时间。

钻井机的动力设备大多数设置在地面。钻进时由钻台上的转盘带动六方钻杆旋转，进而使钻头旋转，钻头上装有破岩刀具。为了保证井筒的垂直度，宜采用减压钻进，即将钻头在泥浆中重量的40%～60%压向工作面土层，使钻头处于半悬浮状态。

2. 泥浆洗井护壁

钻头破碎下来的岩屑必须及时用循环泥浆的方式从工作面清除，使钻头上的刀具始终直接作用在未被破碎的岩土面上，提高钻进效率。

泥浆由地面泥浆池经过进浆地槽流入井内，进行洗井排渣和护壁。洗井是指压气通过中空钻杆中的压气管进入钻头处的混合器，压气与泥浆混合后在钻杆内外造成压力差，使清洗过工作面的泥浆带动破碎下来的岩土屑被吸入钻杆，经钻杆与压气管之间环状空间排往地面。泥浆沿井筒自上向下流动，冲洗井底后沿钻杆上升到地面，这种方式称为反循环洗井。

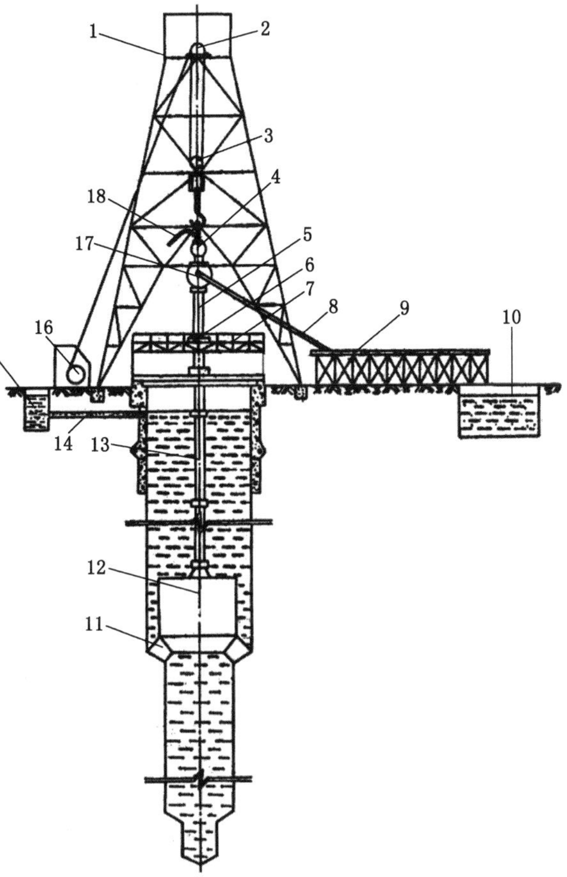

1—钻塔；2—天车；3—游车；4—水龙头；5—六方钻杆；6—转盘；7—钻台；8—排浆管；9—排浆溜槽；10—沉淀池；11—刀具；12—钻头；13—钻杆；14—进浆地槽；15—泥浆池；16—绞车；17—三通；18—压气管。

图 3-25　钻井工艺流程

泥浆的护壁作用一方面是借助泥浆的液柱压力平衡地压，另一方面是在井帮上形成泥皮，堵塞裂隙，防止片帮。因此，钻井泥浆浆面必须高于地下静止水位 0.5 m，且不得低于临时锁口下端 1 m；井口必须安装泥浆浆面高度报警装置。

泥浆的另外一个作用是冷却钻具，同时可以起到润滑钻头刀具的作用。

为了利用泥浆有效地洗井护壁，要求泥浆有较好的稳定性，不易沉淀；泥浆的失水量要比较小，能够形成薄而坚韧的泥皮；泥浆的黏度在满足排渣要求的条件下要具有较好的流动性和便于净化。

3. 井壁漂浮下沉和壁后充填

钻井法施工的井筒，井壁多采用圆筒形预制钢筋混凝土井壁，也有采用钢板混凝土复合井壁的。井壁预制工作是在地面工厂进行的。待井筒钻到设计直径和深度，提出钻头，用起重大钩将第一节带底的预制井壁悬浮在井内泥浆中，利用自重和注入井壁内的水重缓慢下沉。调整加入配重水的速度和质量，就可以对井壁的下沉速度进行控制。

井壁漂浮下沉的同时，在井口接长预制井壁，始终保持井壁上沿高出泥浆浆面 1.5 m 以上。同时要及时排除泥浆，以免泥浆外溢和沉淀。为了防止片帮，泥浆面不得低于锁口以下

1 m。

当井壁下沉到距设计深度1～2 m时，应停止下沉，测量井壁的垂直度并进行调整，满足要求后再下沉到底。当井壁下沉到预定深度后，采取定位、防浮、防失稳措施后再进行壁后充填。通过管路向井壁外侧与钻井井帮之间的环形空间注入比重大于泥浆的胶结材料，自下而上将泥浆置换出来，待注入材料固化后，起到固结井壁和封水的作用。

最后把井壁内的水排净，通过预埋注浆管进行壁后注浆，以提高壁后充填质量和防止破底时发生涌水、冒砂事故。壁后充填后应进行质量检查，符合要求后再开凿马头门或破井壁底掘进。

钻井法的机械化程度高，凿井作业时不用人工下井，作业条件好，井壁质量高。钻井法施工的井筒段，井筒最终漏水量不应大于0.5 m^3/h。

（四）其他特殊凿井法

1. 沉井法

沉井法属于超前支护类的一种特殊施工方法，其实质是在井筒设计位置上预制好底部附有刃脚的一段井筒，在其掩护下，随着井内的掘进出土，井筒靠自重克服外壁与土层之间的摩擦阻力和刃脚下部的正面阻力而不断下沉，随着井筒下沉，在地面相应接长井壁，如此周而复始，直至设计标高。

在不含卵石、漂石，底部有隔水黏土层，总厚度为100 m左右的不稳定表土层中，选用沉井法是适宜的。沉井施工方法有普通沉井、振动沉井和淹水沉井等，应优先采用泥浆淹水沉井法。普通沉井法适用于穿过流沙、淤泥等松软、不稳定含水冲积层，厚度不宜超过30 m。淹水沉井法适用于在厚度小于200 m的流沙、淤泥等松软、不稳定含水冲积层中开凿井筒。

沉井穿过冲积层并进入不透水岩层的深度：当沉井深度小于100 m时，不得小于3 m；当沉井深度大于100 m时，不得小于5 m。

沉井井壁可以是预制的，也可以在井口现浇。当沉井下沉到设计位置，井筒偏斜值又在允许范围内，应及时进行注浆固井工作，防止继续下沉和漏水。注浆前，一般需要在井底工作面浇筑混凝土封底，防止冒沙跑浆。

沉井法工艺简单，所需设备少，井壁质量好，成本低，操作安全，广泛应用于地下工程领域，如大型桥墩基础、悬索桥锚碇基础以及位于流沙、淤泥等松软、不稳定含水冲积层中的地下厂房、仓库、泵站等。

2. 注浆法

注浆法是将浆液注入岩土的孔隙、裂隙或孔洞中，浆液在岩土体中经扩散、凝固、硬化，降低了岩土的渗透性，提高其强度和稳定性，达到岩土加固和堵水的目的。通常根据注浆工作与井巷掘进工序先后关系分为预注浆法和后注浆法。预注浆法是在凿井前或在井筒掘进到含水层之前所进行的注浆工程。依其施工地点而异，预注浆法又可以分为地面预注浆和工作面预注浆两种施工方案。后注浆法是在井巷掘砌之后进行注浆，往往是为了杜绝井壁和井帮的渗漏水和加强永久支护采取的治水措施。

注浆法目前在井巷施工中应用十分广泛，既可以用于为了减少井筒涌水和加快凿井速度，对井筒全深范围内的所有含水层(除表土外)进行预注浆的“打干井”施工，又可以对裂隙含水岩层和松散砂土层进行堵水、加固。在大裂隙、破碎带和岩溶等复杂地层均可以采用注浆法。当立井井筒或斜井井筒穿过预测涌水量大于 10 m^3/h 的含水岩层或破碎带时，应采用地面或者工作面预注浆法进行堵水或者加固。

采用地面预注浆处理后，注浆段掘进过程中的漏水量不应大于 6 m^3/h；采用工作面预注浆后，注浆段井筒掘进时的漏水量不应大于 5 m^3/h。

3. 混凝土帷幕法

混凝土帷幕法是超前支护的一种井巷特殊施工方法，其实质是预先在井筒或其他地下结构物设计位置的周围建造一个封闭的圆形或其他形状的混凝土帷幕，其深度穿过不稳定表土层，并嵌入不透水的稳定岩层 3～6 m。在帷幕的保护下进行掘砌或开挖作业，建成井筒或其他地下结构物。

通常混凝土帷幕需分成若干槽段（或称为槽孔），依次进行槽段的钻凿并灌注混凝土，通过适当的接头形状将各槽段相互衔接后即筑成一个所需形状的地下混凝土帷幕。就矿山井巷工程而言，目前因成槽机具设备、专业施工队伍和施工技术水平的限制，帷幕法仅适用于深度不超过 50 m 的含水不稳定表土层中的立井施工和斜井施工。

二、特殊条件下的巷道施工

这里的特殊巷道是指处于高地应力地层中，围岩松软且具有膨胀性，自稳能力极差的巷道，或具有煤与瓦斯突出危险的巷道。

（一）软岩巷道施工

软岩巷道在施工中虽然掘进比较容易，但是支护困难，维护更困难。采用常规施工方法、支护形式和支护结构，往往不能奏效，导致施工成本增加，维护费用极高，巷道处于多次返修、多次扩刷、多次支护的困难境地。

1. 软岩的分类

由于软岩问题的复杂性，不仅软岩支护设计仍停留在工程类比法的基础上，软岩支护的范畴还在争论着。分歧在于：是依据岩体天然的基本特征，还是依据围岩变形破坏状况或者是依据巷道支护的难易程度来划分。目前比较流行的分类是按照软岩的强度特性、泥质含量、结构面特点及其塑性变形力学特点来划分，共分为四大类，见表 3-12。

表 3-12 软岩分类

软岩名称	含泥量/%	σ_c/MPa	特 征
膨胀性软岩（低强度软岩）	＞25	＜25	含有膨胀性矿物（蒙脱石）的泥质岩类，在较低应力水平（＜20 MPa）条件下即发生显著变形的低强度工程岩体
高应力软岩	≤25	≥25	在较高应力水平（＞20 MPa）条件下才发生显著塑性变形的中高强度的工程岩体
节理化软岩	少含	低～中等	含泥质成分很少（或几乎不含），但发育了多组节理，其中岩块的强度较高，呈硬岩力学特性，但是整个工程岩体在围岩应力作用下发生显著塑性变形，呈现出软岩特性
复合型软岩	含	低～高	具有上述某两种以上组合的情况

煤矿软岩多数是复合的膨胀岩，并以泥岩、黏土岩等为主，具有易风化、怕水等特征，遇

水后具有较大的膨胀性、流变性，稳定性极差。

要使巷道能够很好地发挥工程效用，必须运用系统工程思想指导软岩巷道施工的全过程，从巷道勘察、设计、施工、监测、选址等方面全方位采取措施，每个环节都从有效提高和维护围岩自稳能力的目的出发，采取合理、适当的措施。

2. 优化巷道断面形状

由于松软岩层地质情况非常复杂，巷道支护不单纯受岩层的重力作用，有时周围都受到很大的膨胀压力，甚至有的巷道的侧压比顶压大得多。若采用常规的直墙半圆拱或三心拱形断面，显然难以适应，往往造成巷道的破坏和失稳。因此，巷道断面形状应根据地压的大小和方向来选择。若地压较小，选用直墙半圆拱形是合理的；若巷道周围均受到很大的压力，则以选择圆形断面为宜；若垂直方向压力特别大而水平方向压力较小时，则选用直立椭圆形断面或近似椭圆形断面是合理的；若水平方向压力特别大而垂直方向压力较小时，则应选用曲墙或矮墙半圆拱带底拱、高跨比小于1的断面或平卧椭圆形断面。

考虑到松软岩石巷道一般是在初次支护并给予一定的变形卸压周期后进行二次支护，因此，巷道的开挖尺寸必须预留出足够的变形空间与二次支护空间，需要扩大开挖的尺寸，通常由监测与经验分析得出。如湖南湘永煤矿－360 m水平主要运输巷道，选用圆形断面，采用全断面封闭的复合柔性支护体系，通过监测确定巷道收敛趋于稳定时进行二次砌筑支护，从而解决了该巷道围岩结构松散、变形量大、维护困难的问题。

3. 合理选择巷道位置

选择巷道位置是保证巷道处于稳定状态的关键措施之一。应重点考虑以下几个问题：

（1）尽量把巷道布置在岩性较好的岩层内。在同一条巷道内，即使围岩性质只有微小差异，巷道压力显现也有明显的差别。如辽宁前屯矿2号井－200 m岩石大巷的两个交岔点，一个布置在凝灰岩中，由于岩体较破碎，交岔点破坏较严重。而另一个则布置在杂色凝灰岩内，由于岩体比较完整，交岔点比较稳定。

（2）主要巷道走向尽量与最大地应力方向平行而不要垂直，一般应绕避断层，尽量避免与断层、软弱夹层、节理方向平行或小夹角相交。若实在不能绕避，则应尽量使巷道的轴向与其走向之间的夹角大于45°为宜。

（3）避免巷道在空间上重叠、密集交叉。硐室群施工应视所处区位的工程地质等条件，考虑施工对巷道稳定性的影响，优选最佳施工顺序。

（4）应使主要巷道免受采动压力影响。回采工作状态对采区巷道的变形与破坏影响最大，如果巷道是处于一侧受采动还是两侧受采动影响的状态，是仅受一次采动影响还是受两次采动的影响。实践证明，煤层底板岩石大巷的围岩压力在开采后明显增大，应把巷道布置在应力降低区或原岩应力区内最好。如前屯煤矿是将岩巷布置在距煤层垂直距离为20～30 m时，与采场上端煤柱上角水平线呈45°角的范围内，受到的压力较小，如图3-26所示。

4. 选择合理的掘进方法与工艺

在松软岩层中掘进巷道，破岩方法的选择应以保持围岩整体性、不破坏或少破坏围岩为原则。如果条件允许，选择机械破岩方式最好；如果选用爆破方式破岩，则应采用光面爆破，使巷道成型规整，最大程度地减少危岩及炮震裂缝，提高围岩自身承载能力。在初期变形较大的软岩地层还可以采用预留光爆层，进行分次爆破的施工工艺。对于断面尺寸很大的巷道、硐室或交岔点，为了防止一次揭露面积大而造成坍塌，还可以采用导硐法施工或分层台

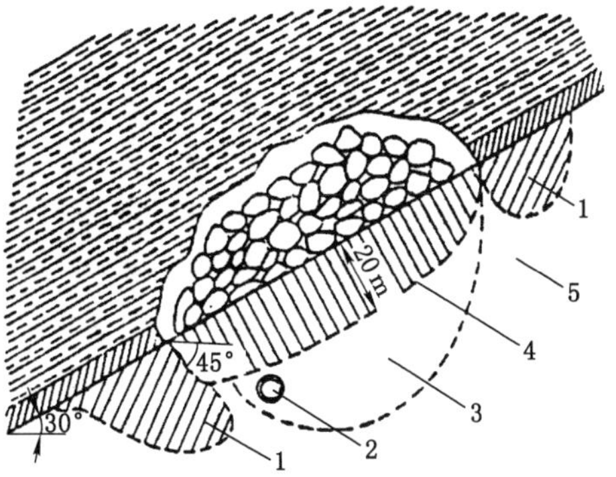

1—固定支承压力影响区；2—煤层底板岩石巷道；
3—应力降低区；4—移动支承压力有害影响区；5—原岩应力区。

图 3-26　煤层底板岩石巷道合理位置选择

阶法掘进。

松软岩层中掘进巷道必须减小循环进尺，目的是及时支护、减少围岩裸露时间，必要时采用超前锚杆、超前小导管注浆等超前支护措施以保证开挖及工作面安全。

5. 采用合理的支护方案

松软岩层的地压显现属于变形地压，支护应当以“强化围岩、整体承载、允许变形、适当让压”为原则。初始支护应按照围岩与支架共同作用原理，选用刚度适宜的具有一定柔性或可缩性的支架。锚喷网支护是理想的初始支护结构，既允许围岩产生一定量的变形移动，以发挥围岩自承能力，又能限制围岩发生大的变形移动。

二次支护的作用是进一步提高巷道的稳定性和安全性，应采用刚度较大的支护结构。若采用锚喷网支护作为初始支护时，二次支护仍可采用锚喷网支护，也可以砌筑混凝土支护。在重要工程或地压特大地段，还应增加钢筋网和金属拱架，即构成锚喷网金属拱架联合支护。

有底鼓的巷道应采取砌筑底拱、底部打锚杆、喷射混凝土或设置底梁等措施。底鼓的地段宜先施工底拱，要求边墙或支架的立柱应坐落在底拱或底梁上。

6. 加强水的预防和治理

地下水的赋存与活动既影响围岩的应力状态，又严重影响围岩强度，进而影响巷道的稳定性。水对软弱巷道的围岩稳定性影响尤其严重，必须加强巷道施工与后期使用过程中水的防治工作，采用“防、排、疏、截、堵”等措施综合治理。

在巷道掘进前应对有出水可能的地层进行探水和注浆，尽可能将水封堵，减少巷道开挖后的涌水。巷道掘进后的涌水，应尽快形成永久水沟，将水排出软岩巷道，避免巷道积水对软岩巷道的浸泡和降低围岩强度。

7. 加强施工监测

施工监测的目的是为巷道支护设计提供依据，特别是确定二次支护方案和时间等。

需要监测的内容：围岩表面及深部位移、应力变化、围岩与衬砌之间的接触应力、顶板离层、锚杆(索)受力等。在这些信息中，以位移量最容易准确量测并容易实现反馈。因此，位移量测应放在首位，其他可与位移观测配合进行。

对监测结果进行综合分析，为确定支护方案、优化支护参数和确定二次支护时间提供依据。

（二）煤与瓦斯突出巷道施工

1. 预防煤和瓦斯突出的措施

煤与瓦斯突出是煤矿中一种极其复杂的动力现象，是威胁煤矿安全生产的严重自然灾害之一。我国煤和瓦斯突出煤层具有下列特征：煤和瓦斯突出往往发生在地质变化比较剧烈、地应力较大的地区，例如褶曲向、背斜的轴部和断层破碎带；煤质松软、干燥且瓦斯含量多、压力高，就容易突出；开采深度越大，煤层越厚，倾角越大，突出的次数就越多，强度也越大；煤体受到外力振动、冲击时，也容易突出。

预防煤和瓦斯突出的措施可分为两大类，即区域性预防措施和局部预防措施。区域性预防措施主要是开采保护层或预抽煤层瓦斯等。开采保护层后，突出煤层中的地应力降低，岩（煤）层移动，煤体及其围岩膨胀，孔隙率增大，透气性提高，瓦斯得到排放，含量减少，压力降低。这些变化最终解除了煤和瓦斯突出的危险。迄今为止，开采保护层仍然是防止煤和瓦斯突出的最有效、最经济的措施。开采保护层的同时抽放被保护层的瓦斯。

抽放煤层瓦斯可以减少煤层瓦斯含量，降低瓦斯压力，增大煤层硬度，是防治煤与瓦斯突出区域性措施之一。

2. 石门揭开突出煤层相关规定与要求

石门揭穿突出煤层时的突出，是井下巷道中突出强度最大的一种。其特点是石门工作面前方的煤体因岩柱的隔离和阻挡大多数处于未卸压和无瓦斯排放状态，所以石门揭煤时突出的危险性较大，防突工作的困难和工作量也较多，要求应更严格。

应尽可能减少石门揭穿突出煤层的次数，揭穿突出煤层地点应避开地质构造带。如果条件许可，应尽量将石门布置在被保护区，或先掘进揭煤地点的煤层巷道，然后再与石门贯通。

石门揭穿突出煤层前必须编制设计，采取综合防治突出措施，报企业技术负责人审批。

(1) 石门与突出煤层中已掘巷道贯通时，被贯通巷道应超过石门贯通位置 5 m 以上并保护正常通风。

(2) 在工作面距煤层法线距离 10 m（地质构造复杂、岩石破碎区域为 20 m）之外，至少打 2 个穿透煤层全厚且进入顶、底板不小于 0.5 m 的前探钻孔，如图 3-27 所示，掌握煤层赋存条件、地质构造、瓦斯情况等。

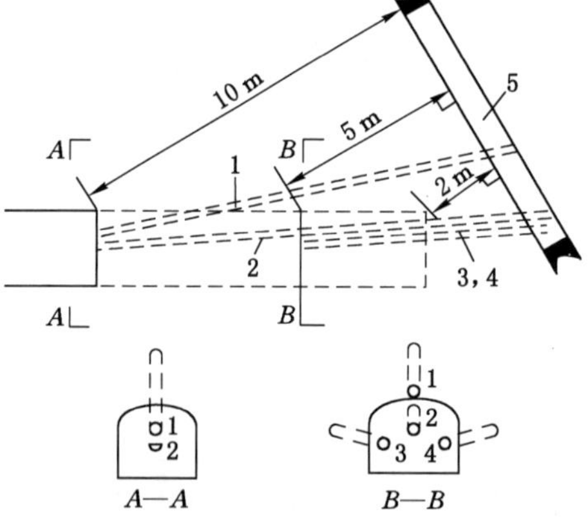

1，2—控制煤层层位钻孔；3，4—测定瓦斯压力钻孔；5—突出危险煤层。

图 3-27　控制煤层的前探钻孔布置

(3) 在工作面距煤层法线距离 5 m 之外，至少打 2 个穿透煤层全厚或见煤深度不少于 10 m 的钻孔，测定煤层瓦斯压力或预测煤层突出危险性。测定煤层瓦斯压力时，钻孔应布置在岩层比较完整的地方。对近距离煤层群，层间距小于 5 m 或层间岩石破碎时，可测定煤层群的综合瓦斯压力。

(4) 工作面与煤层之间的岩柱尺寸应根据防治突出措施要求、岩石性质、煤层倾角等确定。工作面距煤层法线距离的最小值为：抽放或排放钻孔 3 m，金属骨架 2 m，水力冲孔 5 m，震动爆破揭穿急倾煤层 2 m、揭开倾斜或缓斜煤层 1.5 m。如果岩石松软破碎，应适当增大法线距离。

(5) 应尽可能采用反向揭煤，并要先抽后揭，即按规定在揭煤处煤层中施工抽放孔进行抽放，直至瓦斯压力降至 0.74 MPa 以下后方可采取安全防护措施进行揭煤。

(6) 揭穿或揭开煤层后，在石门附近 30 m 范围内掘进煤巷时，必须加强支护。

3. 石门揭开突出煤层的施工方法

作为防治煤与瓦斯突出的局部措施，如抽放瓦斯、水力冲孔、排放钻孔、水力冲刷或金属支架等，可改善或削弱诱发煤与瓦斯突出的因素，配合爆破震动诱导煤和瓦斯突出的方法，常被用在石门揭煤工作面。但是在掘进上山时不应采取震动爆破、水力冲孔、水力冲刷等措施。

(1) 震动爆破

震动爆破揭穿煤层的实质是利用爆破所产生的强烈震动来诱导煤和瓦斯突出。如果震动爆破未能诱导突出，则强大的震动力也能使煤体破裂，瓦斯得到排放，应力得到释放，从而达到预防突出的目的。对于厚度小于 0.3 m 的突出煤层，直接采用震动爆破或远距离爆破揭穿。

震动爆破是诱导突出的一种手段，实施震动爆破时应符合以下要求：

① 震动爆破尽量一次穿透煤层进入顶、底板。

② 对于急倾斜煤层和倾角大于 25°的薄煤层（厚度小于 1.3 m），必须一次全断面揭穿煤层全厚，如图 3-28(a)所示。

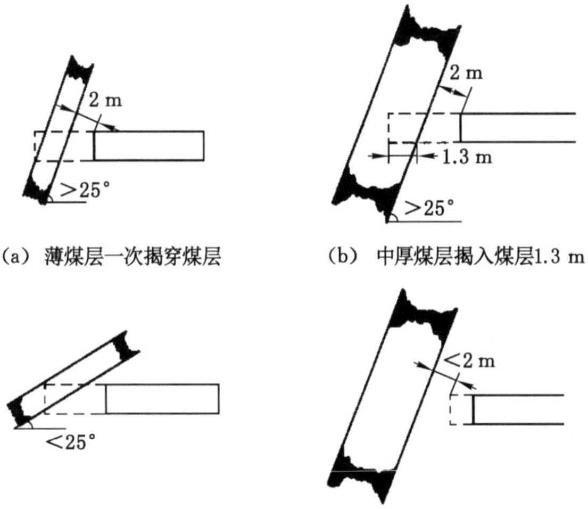

(a) 薄煤层一次揭穿煤层　(b) 中厚煤层揭入煤层1.3 m

(c) 缓倾斜煤层揭开岩柱　(d) 未揭开继续震动炮揭煤

图 3-28　震动爆破的几种情况

③ 对于急倾斜煤层和倾斜中厚、厚煤层(厚度为 1.3～3.5 m),一次全断面揭入煤层深度不小于 1.3 m,如图 3-28(b)所示。

④ 对于 0°～25°的缓斜煤层,应一次全断面揭开岩柱,如图 3-28(c)所示。

⑤ 如果震动爆破未能按要求揭穿煤层,在掘进剩余部分(包括掘进煤层和进入顶、底板 2 m 范围内)时必须按震动爆破要求爆破作业,如图 3-28(d)所示,并须加强支护。

⑥ 煤层特厚或倾角过小且不能一次揭开煤层全厚时,在掘进剩余部分时应采取抽放瓦斯、排放瓦斯、水力冲孔等防突措施。

石门揭煤采用震动爆破时,必须确定爆破地点,避灾路线及停电、撤人和警戒范围等。雷管总延期时间不得超过 130 ms,严禁跳段使用。震动爆破工作面,必须具有独立、可靠、畅通的回风系统,爆破时回风系统内必须切断电源,严禁人员作业和通过。爆破地点必须设置在进风侧反向风门之外的全风压通风的新鲜风流中或避难硐室内。

(2) 使用金属骨架

金属骨架适用于急倾斜厚度不大、松软的突出煤层(通常煤层厚度小于 4 m,若煤层厚度大,骨架容易产生强烈弯曲,起不到支撑煤体的作用),其作用是提高石门揭穿煤层时巷道上方煤层的稳定性和排出煤体中的瓦斯。金属骨架实际上起到防止煤层冒顶引发突出的一种超前支架作用。

在揭开具有软煤和软围岩的薄及中厚突出煤层时,可采用金属骨架,要求是:

① 在石门上部和两侧 0.5～10 m 范围内布置骨架孔。

② 骨架钻孔穿过煤层并进入煤层顶(底)板至少 0.5 m,钻孔间距不得大于 0.3 m,对于软煤要架两排金属拱架,钻孔间距应小于 0.2 m。

③ 骨架可选用 18 kg/m 的钢轨、型钢或者直径不小于 50 mm 的钢管,其孔外端用金属钢拱架支撑。

④ 采取金属骨架措施揭穿煤层后,严禁拆除或回收骨架的。

⑤ 金属骨架应与抽放、水力冲孔、排放钻孔和震动爆破等配合使用,一次揭开煤层。

(3) 抽放瓦斯与钻孔排放

在防治煤与瓦斯突出作用机理方面,抽放瓦斯与钻孔排放是相同的,都是力求将突出煤层中的瓦斯含量和瓦斯应力降低到不能突出的安全范围内。抽放瓦斯与排放钻孔的区别是前者借助于机械产生的小于大气压力的负压,加速突出危险煤层中的瓦斯排放,而后者是利用钻孔的泄压作用,使瓦斯从钻孔周围深部煤层中不间断地流向钻孔,并通过钻孔向矿井空气中扩散。

抽放瓦斯与钻孔排放措施的要求:

① 煤层透气性较好,并有足够的抽放时间或排放时间时,可采用预抽或钻孔排放瓦斯措施。

② 预抽或排放钻孔布置到石门周界外 3～5 m 的煤层内。

③ 抽放或排放钻孔直径为 75～100 mm,抽放钻孔孔底间距一般为 2～3 m,排放钻孔间距根据实测有效排放半径而定,可参见图 3-29。

对于缓倾斜厚煤层,当排放钻孔不能一次打穿煤层全厚时可采取分段打钻,但是第一次打钻钻孔穿煤长度不得小于 15 m。进入煤层掘进时必须留有 5 m 最短超前距离。下一次的排放钻孔参数(直径、间距、孔数)应与第一次相同。

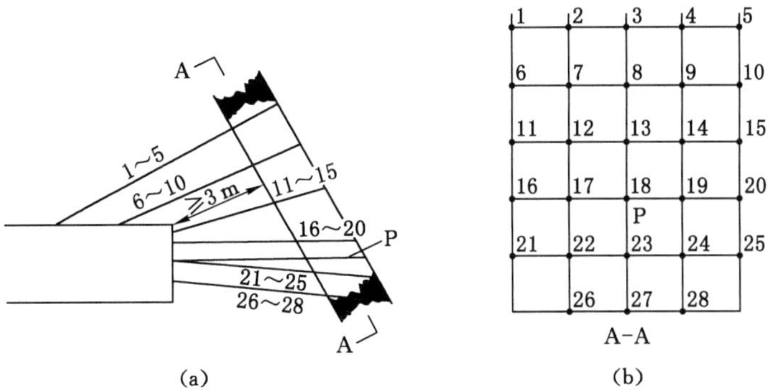

P—测压孔；1～28—排放瓦斯孔。

图 3-29　石门排放瓦斯钻孔示意图

④ 在抽放或排放钻孔控制范围内，如果预测指标降到突出临界值以下，认为防突措施有效。

(4) 水力冲孔与水力冲刷

水力冲孔、水力冲刷与抽放、排放钻孔的作用一样，也是为了排出煤层中的瓦斯，达到降低煤层中瓦斯含量与压力的目的。水力冲孔是借助水压，快速破坏钻孔孔底前方的煤体，形成新的暴露面，使钻孔周围的应力突变和瓦斯压力梯度陡增，诱发钻孔内产生突出。由于钻孔孔口断面小，并用特殊的孔口装置加以控制，因此，孔内的突出是可控的。由于压力作用，冲孔完毕洞穴附近的煤层位移，煤体中的应力和瓦斯均得到释放。

水力冲刷是在有岩柱隔离的条件下，通过 3～9 个直径为 105～200 mm 的钻孔借助高压细射流，扩大钻孔的直径形成超前空洞，以提高钻孔卸压能力、降低煤体应力和提高钻孔的排放效果。

在打钻时具有自喷(喷煤、喷瓦斯)现象的煤层，可采用水力冲孔措施。水力冲孔措施的要求：

① 水力冲孔的水压根据煤层的软硬程度而定，一般应大于 3 MPa。

② 钻孔应布置到石门周界外 3～5 m 的煤层内，钻孔布置方式可参照图 3-30。

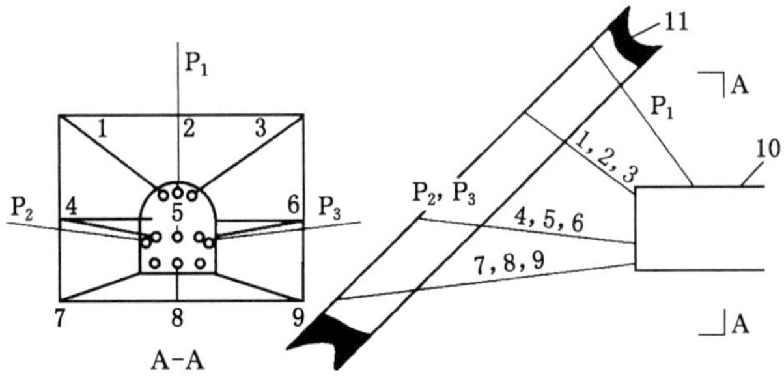

P_1、P_2、P_3—瓦斯压力孔；1～9—水冲孔；10—巷道；11—突出危险煤层。

图 3-30　水力冲孔钻孔布置示意图

③ 冲孔顺序为先冲对角孔，再冲边上孔，最后冲中间孔。

④ 冲出总煤量不得少于煤层厚度 20 倍的煤量，如果冲出煤量较少，应在该孔周围补孔。

第五节　井筒延深方案

井筒延深是在生产矿井不停产的条件下进行的，将给施工带来许多复杂问题。井筒延深方法分为正井法和反井法两类。前者是自上而下全断面开掘，与地面凿井基本一样，其差别仅在于施工设备受井下空间限制，在布置上有所不同而已；后者是自下向上先掘小断面反井，再自上向下刷砌成井，在钻眼爆破、排矸、排水、通风、提升、永久支护和安全管理等方面均有区别。

一、正井延深法

正井延深法由于井下空间有限，设备布置将受到很大制约，根据提升机与卸矸装置的布置位置不同，分为利用辅助水平延深和利用延深间延深两种。

（一）利用辅助水平延深井筒

延深工作为了不干扰现有生产水平工作，从生产水平井筒附近的位置向下开凿暗斜井至能供延深施工设备布置的施工水平，即辅助水平。在延深辅助水平掘进一些延深用的巷道、硐室，布置延深施工设备及运输线路，施工时的材料设备供应、排矸以及上下人员，均由辅助水平经暗斜井进入生产水平井底车场，纳入生产系统进行转运，如图 3-31 所示。

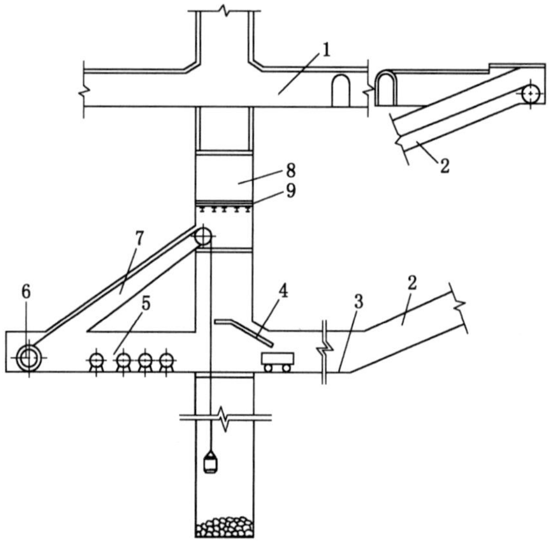

1—生产水平；2—辅助暗斜井；3—延深辅助水平；4—卸矸台；5—凿井绞车；
6—提升机硐室；7—绳道；8—保护岩柱；9—护顶盘。

图 3-31　利用辅助水平延深井筒

利用辅助水平延深井筒，首先应确定辅助暗斜井的位置。用矿车提升时，辅助暗斜井方向不得正对延深井筒，其中心线与延深井筒中心的水平距离不应小于 15 m。其次进行延深辅助水平的确定，生产水平到延深辅助水平的高差按下式计算：

$$H_0 = H_1 + H_2 + H_3 + H_4$$

式中　H_1——延深辅助水平到凿井天轮中心的高度，m。

H_2——天轮中心到保护设施底部的距离，m。

H_3——保护设施的厚度，m。

H_4——保护设施顶部到原生产水平的距离，m。

凿井绞车硐室一般布置在延深辅助水平，以集中布置在井筒一侧为宜。为了减少硐室开凿工作量，应尽量减少凿井绞车的台数，可以采用单绳悬吊管路或井壁固定管路等方式。

当完成所有延深辅助工程并安装好延深施工设备后，开始自上向下按井筒设计断面进行延深施工。当井筒施工至设计深度后，进行马头门施工和井筒装备工作，最后拆除保护岩柱或人工保护盘。为了保证施工安全，拆除保护岩柱或人工保护盘时，上部井筒的生产提升必须停止。

利用辅助水平延深立井井筒的特点：对矿井的正常生产提升影响小，但是延深辅助工程量大、延深准备工期长、投资大和占用设备比较多。

（二）利用延深间延深井筒

利用延深间延深井筒的方法是利用上水平井筒断面预留的延深间或梯子间，布置延深施工的主要设备，并穿过保护岩柱（或盘），在岩柱保护下进行新水平的井筒延深。由于上水平井筒仍在正常生产，留给延深用的井筒断面比较狭小，很难布置全部施工设施，故将部分管线及设备布置在生产水平之下，需要在生产水平之下开凿少量硐室。由于提升机、部分凿井绞车以及卸矸台可布置在地面，相比辅助水平延深法，减少了辅助工程量。图 3-32 为利用永久生产井架和延深间进行井筒延深工作的示意图，图 3-33 为利用凿井井架和延深间进行井筒延深工作的示意图。

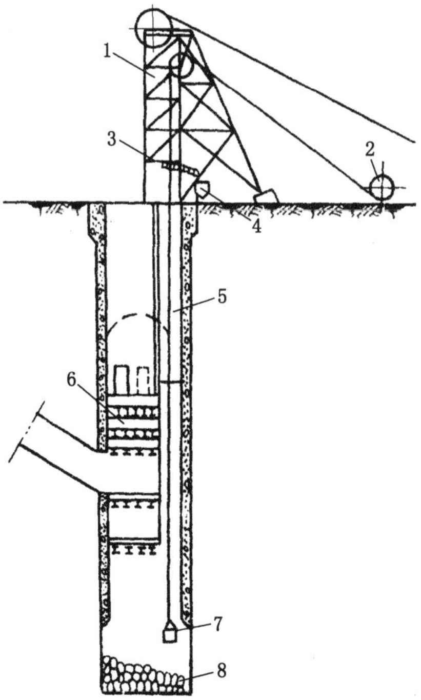

1—永久井架；2—延深凿井提升绞车；3—卸矸溜槽；
4—矿车，5—延深间；6—保护设施；7—吊桶；8—延深工作面。

图 3-32　利用永久井架延深（卸矸台在地面）

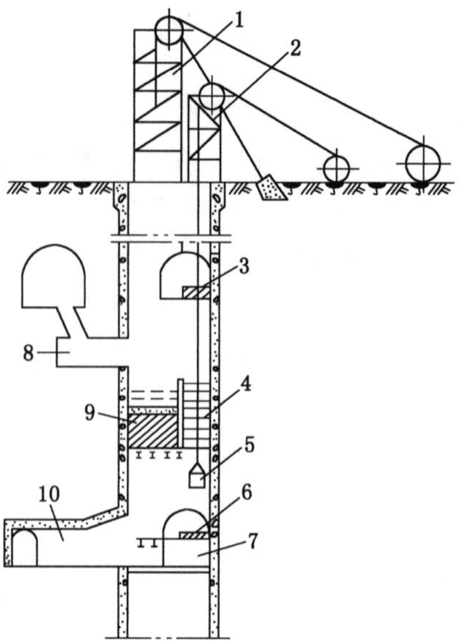

1—生产井架；2—延深井架，3—生产水平安全门；4—延深间；
5—吊桶；6—井下卸矸台；7—出矸绕道；8—箕斗装载硐室；
9—保护设施；10—绞车硐室。

图 3-33　利用凿井井架延深(卸矸台设于井下)

利用延深间延深井筒的掘砌工作，其工作内容和方法与利用辅助水平延深井筒相同。当井筒和马头门掘砌完毕和井筒安装工作结束后，便开始施工保护岩柱段井筒。该段井筒的施工方法是沿延深间自上向下刷大至设计断面，然后再进行永久支护和永久装备工作。拆除保护岩柱期间，必须停止生产提升工作。

利用延深间延深井筒的方案，具有辅助工程量小、延深准备工期短等优点。其缺点是提升吊桶容积小，提升一次时间较长，影响井筒延深速度。特别是延深提升高度超过 500 m 时，其提升能力很难满足延深施工的要求。

二、反井延深法

利用反井来延深立井井筒是一种行之有效的方法。同时，利用反井掘进暗井、溜煤眼以及煤仓等工程，也已经得到较为广泛的应用。

利用反井延深井筒如图 3-34 所示。在井筒延深施工前，如果已有一个井筒到达延深新水平[图 3-34(a)]，或生产时使用的下山巷道已经到达延深新水平[图 3-34(b)]，并有巷道通往延深井筒的井底位置时即可采用反井延深法。采用反井延深井筒时，是由延深新水平自下向上开凿一小断面反井，待小断面反井与上水平贯通后，再自上向下分段刷大反井断面至井筒设计断面，并进行永久支护和永久装备工作，最后施工保护岩柱段井筒或拆除人工保护盘，并完成整个井筒的安装工作。

利用反井延深井筒时，反井位于延深井筒中心，断面根据延深井筒的直径、地质条件、施工方法和测量精度等确定。反井施工可采用普通反井施工法、吊罐反井施工法和反井钻机施工法等。

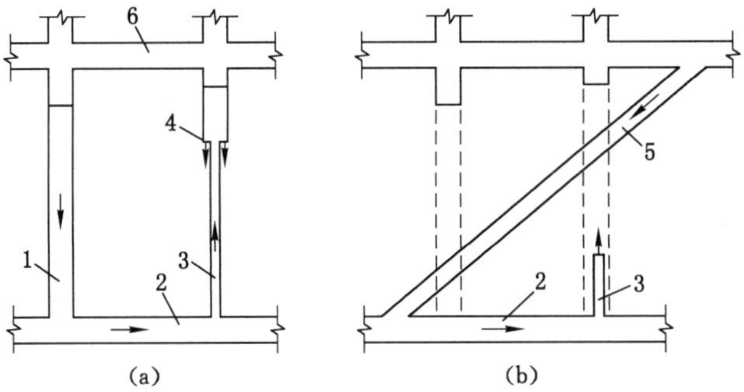

1—已延深好的井筒；2—新水平的车场巷道；3—反井；4—刷大井筒；
5—通往新水平的下山巷道；6—生产水平巷道。

图 3-34　利用反井延深井筒示意图

（一）普通反井施工法

普通反井施工法是传统的方法，目前使用很少，它是由下向上在井筒中用普通钻眼爆破的方法开凿一小断面反井，贯通之后再由上向下刷砌井筒。

反井断面一般为 6～8 m^2 的方形断面。施工时，用木框作为临时支护，并在木框上搭设临时工作台，进行钻眼爆破作业。风水管线与电缆均由底部向上送接。爆破后的矸石经反井矸石间落到井底。刷井时的矸石也由反井下溜，井筒不必提升矸石。

在反井自下向上施工结束后，井筒的刷大与砌壁支护自上向下分段进行，段高应根据围岩的稳定程度和临时支护的形式确定，其方法与井筒基岩段施工方法基本相同。为了保证安全，刷大与砌壁工作面的反井口应设置防止坠人坠物的设施，操作人员应佩戴安全带。

（二）吊罐反井施工法

采用吊罐掘进反井是金属矿山进行井筒延深的常用方法，主要过程如图 3-35 所示。在延深辅助水平和延深新水平都到达井筒位置后，在延深辅助水平沿井筒中心向延深新水平钻一绳孔 2，将提升机钢丝绳通过绳孔下放至延深新水平并与吊罐 4 相连接。利用提升机上下提放吊罐，作业人员在吊罐上施工反井。由于井筒断面为圆形，所以吊罐反井的断面形状多采用直径约为 2.0 m 的圆形。反井与延深辅助水平贯通后，再自上向下分段刷大井筒和永久支护。

吊罐反井施工法与普通反井施工法相比较具有工效高、速度快、劳动强度低、施工安全且经济等优点。吊罐施工反井一般不必架设临时支护，适用于比较稳定的岩层。

（三）反井钻机施工法

反井钻机是一种机械化程度高、安全高效的反井施工设备，尤其是用于钻凿井下煤仓、溜煤眼、延深井筒及各种暗立井的反井时，可大幅度提高建设速度，施工成本仅为普通反井法的$\frac{2}{3}$左右，具有降低劳动强度、作业安全、成井质量高等优点。

我国煤矿常用的 TYZ 型、LM 型和 ATY 型系列反井钻机，主要由主机、钻具（钻杆与钻头）、动力车、油箱车、起吊装置等组成，钻头分为超前孔钻头和扩孔钻头，主机带有轨道平板车，工作时可装卸钻杆，钻完后主机倒放在平板车上运送出去。

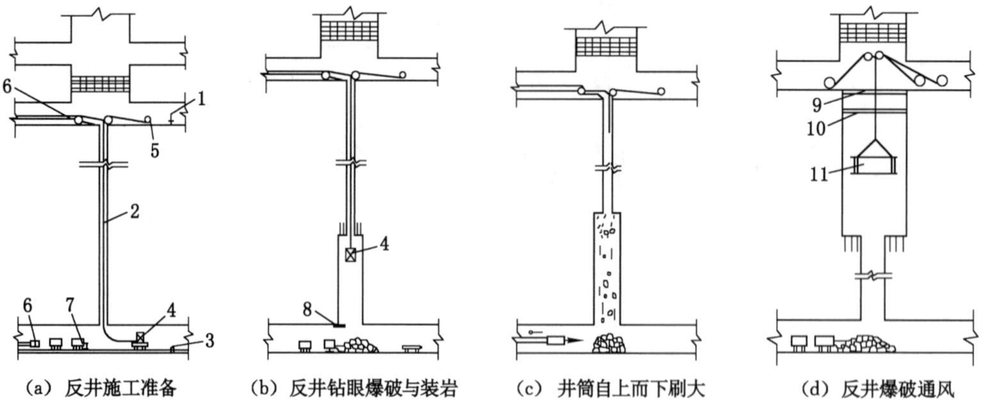

1—延深辅助水平；2—中心钻孔；3—延深水平；4—吊罐；5—提升机；6—通风机；
7—装载机；8—保护盖板；9—封口盘；10—固定盘；11—吊盘。

图 3-35 吊罐反井施工示意图

利用反井钻机钻凿反井，国内外多采用上行扩孔法，如图 3-36 所示。施工时，把钻机安装在反井上部辅助水平，先自上向下钻进一个直径为 260～310 mm 的导向孔至反井下部水平，然后卸下先导钻头，安装扩孔刀盘，由下向上进行扩孔作业，将导向孔扩大至反井的全断面。钻导向孔的岩碴用高压水或压风排出，扩孔时岩碴借自重下落井底。另一种方式是把钻机安装在待掘反井的下部水平，先由下向上钻一导向孔，然后自上向下扩大到断面，即下行扩孔法。

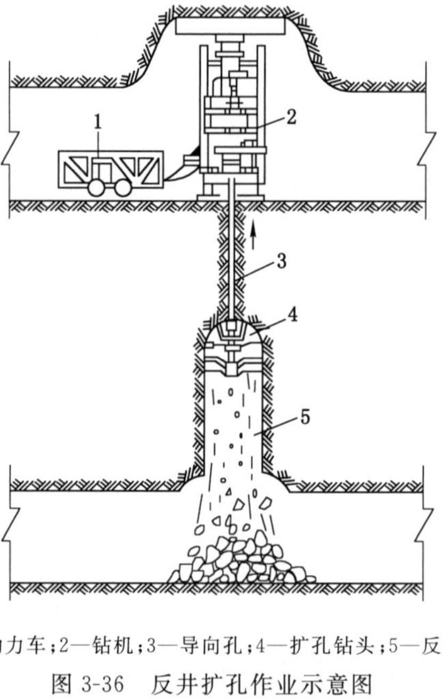

1—动力车；2—钻机；3—导向孔；4—扩孔钻头；5—反井。

图 3-36 反井扩孔作业示意图

如果受岩石条件和巷道布置所限，不允许在反井上部开凿硐室和无法运输钻机，或由于岩石不稳定，要求紧跟扩孔作业进行支护等情况时可考虑采用下行扩孔法。无论是下行扩孔还是上行扩孔，反井直径均不小于 1 200 mm。随着技术和装备水平的提高，反井钻机的扩孔能力已可达到 6.0 m，延深深度可至 300 m 左右。

反井形成后，即在辅助水平及提升间安装提绞设备，然后从上到下用钻爆法刷大井筒至设计断面。砌筑井壁可采用长段高一次筑壁或短段高分段筑壁等方法，最后进行井筒安装和与生产水平的连接而完成井筒的延深。

三、井筒延深的保护设施

立井井筒延深通常要求在不停止生产水平提升的前提下同时进行施工。为了保证延深井筒工作面的安全，不论采用哪种延深方式，在生产水平下方都必须设有安全保护设施，将生产水平与延深段井筒工作面隔开。这种保护设施通常采用预留保护岩柱和人工保护盘。

当岩石坚固致密时，可以在生产水平井底水窝下面留一段岩柱作为安全保护设施。根据井筒延深方法不同，可以是整个井筒断面或只占有井筒部分断面(延深间)。保护岩柱的厚度，视岩层的坚固性和井筒断面大小而定，其尺寸不宜小于井筒荒径。为防止保护岩柱下端的岩石冒落，在岩柱下面必须架设护顶盘。采用保护岩柱的优点是简单可靠，可节省构筑人工保护盘的钢材和木材。其缺点是拆除保护岩柱工作较复杂。在松软岩层或遇水膨胀的岩层中不宜采用保护岩柱。

采用人工保护盘需用材料较多，不受岩石条件限制，拆除容易。人工保护盘的结构及其强度应能承受坠落物体的冲击力，并应有可靠的封水和防积水设施。人工保护盘按结构形式可以分为水平保护盘和楔形保护盘，如图 3-37 和图 3-38 所示。水平保护盘的优点是结构简单，安装和拆除方便，占用空间较小而适用范围较广，其缺点是抗坠落物的冲击能力较小。楔形保护盘的优点是坠落物的主要冲击能量不是作用在底盘水平梁上，而是传给了井帮，可承受较大的冲击力。但是，楔形保护盘高度较大，其使用往往受到井底空间的限制，且

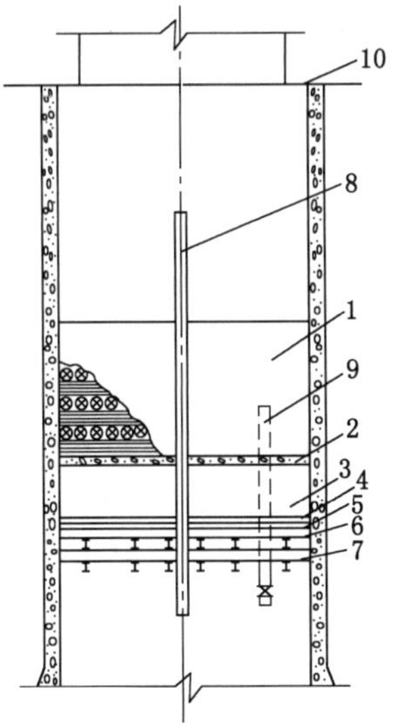

1—缓冲层；2—砂浆层；3—黏土层；4—钢板；5—木板；6—方木；7—工字钢盘梁；8—井筒中心线放线管；9—防水管；10—生产水平。

图 3-37　水平保护盘结构

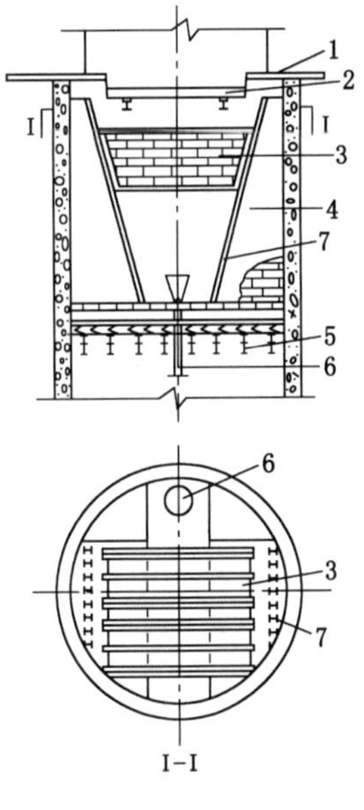

1—生产水平；2—托罐梁；3—缓冲塞；4—楔形砌体；5—钢梁；6—放水管；7—钢轨。

图 3-38　楔形保护盘结构

其结构较复杂。

应在封口盘以下的井筒装备和井底车场操车设备安装完毕再拆除保护设施。拆除时，应停止上部生产水平的提升工作，并应在生产水平设置临时防护设施。拆除岩柱前，加固延深井筒所用的封口盘，应能承受反井掘进和刷井排矸时的荷载。拆除人工保护盘前先清理盘上面的积水、淤泥，然后自上向下逐层拆除，最后拆除封口盘，接好上、下水平的罐道。

四、井筒延深方案的选择

井筒延深是新水平开拓的关键工程，施工条件差、工程量大、工期长、涉及面广，与生产关系密切。因此，要充分调查研究，掌握全面资料，进行方案比较，最后确定合理的延深方式。

（一）影响延深方案的因素

1. 地质条件

地质条件包括井筒所穿过岩层的性质、涌水量以及瓦斯情况等。

自上向下延深方式几乎适用于任何岩层条件。对于自下向上利用反井延深法，由于掘进工作面在上方，必须采取确保安全的相关措施，方可考虑通过稳定性较差的岩层。另外，自下向上延深法在淋水的情况下，向上钻眼比较困难，应对上部地层涌水进行疏干。工作面有瓦斯时，采用吊罐反井延深方法，瓦斯易从钻孔中上排，而普通反井工作面会产生瓦斯积聚，不得采用。

2. 井筒施工技术条件

(1) 井筒延深深度

井筒延深深度是选择延深方式的重要影响因素，包括延深提升高度和延深施工高度两个含义。由于提升机和卸矸装置可以分别设于地面、生产水平和延深辅助水平的不同标高，提升高度通常相差很大，要求提升机的提升能力也不一样。对于采用延深间延深方法，往往受到提升总高度和提升设备所限，或因为井内只能布置小吊桶，使施工效率大幅度下降。而利用辅助水平延深方式，不论提升高度还是延深施工高度，均不受影响。

自下向上反井施工时，采用普通反井延深法，由于施工效率低，随着延深高度的增加，工人劳动强度增大，通风困难，所以反井高度一般不宜超过 50 m。而利用吊罐反井延深，只要钻机钻孔偏斜率在允许范围以内，反井高度可增大，一般可以达到 150 m 左右。

(2) 延深辅助工程量

不论采用哪种延深方法，在井下均要有一些安设施工设备和提升运输的巷道与硐室。除了充分利用生产矿井已有的富余空间外，不同的延深方法，新开凿的辅助工程量相差较大。工程量的大小，不但影响整个延深工程的总工期，而且直接关系经济效益。其中利用辅助水平延深方法工程量最大，利用延深间延深法当卸矸台设于地面时辅助工程量较少，而卸矸台设于井下时辅助工程量较大。

自下向上反井延深方案，辅助工程量一般与利用延深间地面卸矸施工的工程量差不多，其中吊罐反井法和反井钻机法比普通反井法方便、速度快，而辅助工程量相差不大。

（二）井筒延深方案的选择

根据经验，有下列几条选择要点：

（1）当具有通往延深新水平井筒位置的条件时，应优先考虑自下向上的延深方法。在各种反井施工方法中，普通反井适用于围岩破碎、延深深度在 50 m 以内的井筒。目前，它已被其他方法代替，只在中小型矿井中仍有采用。

（2）吊罐反井施工比普通反井法速度快、效率高、成本低。它适用于较坚固的岩层，由于要钻孔，产生偏斜使吊罐运行困难，适用于反井高度不大于 100 m 的立井井筒。

（3）随着深孔反井钻机的推广使用，利用反井钻机延深立井井筒，机械化程度最高，可减轻工人的体力劳动，且速度快，广泛适用于中硬岩石、深度大于 50 m 的井筒延深施工。

（4）当井筒断面及井口位置具有布置延深施工设备条件，且延深提升高度在提升机提升能力范围之内时，应优先采用延深间延深方法。

（5）如果不具备上述条件，或者为保证矿井生产不受或少受影响，才采用辅助水平延深法。

第四章　建井期间施工组织与管理

随着我国经济体制改革的深化，以及《中华人民共和国民法典》《中华人民共和国招标投标法》等一系列法律和规定的出台，建设项目的管理体制也发生了很大的变化，对建设项目的管理提出了更高的要求，最主要的是在项目建设中做好工期、质量、投资三大目标的控制，同时要做好项目建设的安全生产管理与环境保护工作。

第一节　采购管理

《中华人民共和国招标投标法》，1999 年 8 月 30 日第九届全国人民代表大会常务委员会第十一次会议通过，自 2000 年 1 月 1 日起施行，根据 2017 年 12 月 27 日第十二届全国人民代表大会常务委员会第三十一次会议《关于修改〈中华人民共和国招标投标法〉、〈中华人民共和国计量法〉的决定》修正。

第 1 条　为了规范招标投标活动，保护国家利益、社会公共利益和招标投标活动当事人的合法权益，提高经济效益，保证项目质量，制定本法。

一、招标投标概述

（一）工程建设招标投标的概念

工程建设项目招标投标是市场经济条件下工程建设项目的一种交易方式，而工程建设的招标与投标是建设市场中一对相互依存的活动。

工程建设招标，是指招标人（发包人）通过公共媒介告诉或直接邀请潜在的投标人，由投标人根据招标文件所设定的以功能、质量、数量、期限及技术要求等主要内容所构成的标的，提出实施方案及报价进行投标，经开标、评标决标等环节，从众多投标人中择优选定承包人的一项经济活动。

工程建设投标，是指具有合法资格和能力的投标人根据招标文件要求，提出实施方案和报价，在拟定的期限内递交投标书，参加开标，如果中标，则与招标人签订承包协议的经济活动。

招标投标实质上是一种市场竞争行为。招标人通过招标活动在众多投标人中选定报价合理、工期较短、信誉良好的承包商来完成工程建设任务。而投标人通过有选择的投标，竞争承接资信可靠的业主的适当的工程建设项目，以取得较高的利润。

（二）开展招标投标活动的原则

开展招标投标活动的原则见《中华人民共和国招标投标法》。

第 5 条　招标投标活动应当遵循公开、公平、公正和诚实信用的原则。

第6条　依法必须进行招标的项目，其招标投标活动不受地区或者部门的限制。任何单位和个人不得违法限制或者排斥本地区、本系统以外的法人或者其他组织参加投标，不得以任何方式非法干涉招标投标活动。

1. 公开

(1) 招标活动信息公开。招标的有关信息必须在指定的媒介上发布，要以同等的信息量晓谕潜在的所有投标人，此信息足以使其做出是否参加投标的判断，并知道要参加投标该怎么做。

(2) 开标活动公开。开标活动公开包括开标活动过程公开和开标程序公开两个方面。

(3) 评标标准公开。评标标准应该在招标文件中载明，以便投标人作相应的准备，以证明自己是最合适的中标人。

(4) 定标结果公开。确定中标人后，向其发出中标通知书，将定标结果通知未中标的投标人。

2. 公平

招标人要给所有的投标人以平等的竞争机会，这包括给所有投标人同等的信息量、同等的投标资格要求，不设倾向性的评标条件；招标文件中所列合同条件的权利和义务要对等，要体现承发包双方的平等地位。

3. 公正

招标人在执行开标程序以及评标委员会在执行评标标准时都要严格照章办事，尺度相同，不能厚此薄彼，尤其是处理迟到标、判定废标、无效标以及质疑过程中，更要体现公正。

4. 诚实信用

诚实信用是民事活动的基本原则，招标投标的双方都要诚实信用，不得有欺骗、背信的行为。招标人不能搞内定承包人的虚假招标，也不能在招标中设圈套损害承包人的利益。投标人不能用虚假资质、虚假标书投标，投标文件要真实。合同签订后，任何一方都要严格认真地履行。

(三) 工程建设招标分类

1. 建设项目总承包招标

工程建设项目总承包招标，是指从项目建议书开始，包括可行性研究、勘察设计、设备材料采购、工程施工、生产准备、投料试车直至竣工投产、交付使用的建设全过程招标，常称为“交钥匙”工程招标。

2. 工程勘察设计招标

工程勘察设计招标，是指招标人就拟建的工程项目的勘察设计任务发出招标信息或招标邀请，由投标人根据招标文件的要求，在规定的期限内向招标人提交包括勘察设计方案及报价等内容的投标书，经开标、评标、决标，从中择优选定勘察设计单位的活动。

3. 工程建设施工招标

工程建设施工招标，是指招标人就建设项目的施工任务发出招标信息或投标邀请，由投标人根据招标文件的要求，在规定的期限内提交包括施工方案和报价、工期等内容的投标书，经开标、评标、决标等程序，从中择优选定施工承包人的活动。

4. 设备、材料招标

适用招标采购的设备、材料，一般都是用量大、价值高且对工程的造价和质量影响大的，并非所有的设备、材料均由招标采购而得。

5. 建设工程监理招标

建设工程监理招标，是指建设项目的业主为了加强对设计、施工阶段的管理，委托有经验有能力的建设工程监理企业对建设项目的设计、施工进行监理而发布监理招标信息或发出投标邀请，由建设工程监理企业竞争承接建设项目的监理任务的过程。

(四) 招标方式

第 10 条　招标分为公开招标和邀请招标。公开招标，是指招标人以招标公告的方式邀请不特定的法人或者其他组织投标。邀请招标，是指招标人以投标邀请书的方式邀请特定的法人或者其他组织投标。

1. 公开招标

公开招标一般适用于国家投资的大型公共工程。世界银行、亚洲银行等贷款工程项目大多数要求必须公开招标。

招标人选用了公开招标方式，就不得以不合理的条件限制或排斥潜在的投保人。例如，不得限制或者排斥本地区、本系统以外的法人或者其他组织参加投标。

2. 邀请招标

邀请招标由于参与竞争投标的数量有限，不仅可以减少审查标书等工作量、节省招标费用、缩短招标的时间，还能提高投标者的中标机会，对招投标双方都有一定益处。

第 17 条　招标人采用邀请招标方式的，应当向三个以上具备承担招标项目的能力、资信良好的特定的法人或者其他组织发出投标邀请书。

(五) 工程建设承包合同类型的选择

建设工程合同按计价方式划分为总价合同、单价合同、成本加酬金合同。

1. 总价合同

总价合同是指事先确定委托承包商实施的全部任务，按全部任务或整个工程计算总价的合同。总价合同的特点是：待实施的工程性质和工程量是由双方事先明确确定；价格根据承包商的投标报价进行结算。总价合同按是否可以调值又可以分为以下两种形式：

(1) 固定总价合同(不可调值总价合同)

固定总价合同的价格计算以招标文件的有关规定和图纸资料、规范为基础，承发包双方就承包项目协商一个固定的总价，由承包方一笔包死，不能因工程量、设备、材料价格、工资等变化而提出调整合同价格。这种合同总价只有在设计和工程范围有所变更的情况下才能随之做相应的变更，除此之外，合同总价是不能变动的。这种合同一般报价较高，不利于降低工程造价。

固定总价合同适用于工期较短(一般不超过一年)、规模不大、结构不甚复杂且对最终产品的要求又非常明确的工程项目。这就要求项目的内涵清楚，项目设计图纸完整齐全，项目工程范围及工程量计算依据确切。

(2) 可调值总价合同

在合同执行过程中，由于通货膨胀而使使用的工料成本增加，因而可根据合同约定的调价方法对合同总价进行相应调值，但合同总价依然不变，只是增加调值条款，这样的合同为可调值总价合同。

可调值总价合同均必须明确列出有关调值的特定条款。这种合同与不可调值总价合同的不同之处是它对合同实施中出现的风险做了分摊，发包方承担了通货膨胀这一不可预测费用因素的风险，而承包方承担了工程实施过程中实物工程量和工期等因素的风险。

可调值总价合同适用于工程内容和技术经济指标规定很明确的项目，由于合同中列出了调值条款，所以工期在一年以上的工程项目较适于采用这种合同形式。

2. 单价合同

当施工图不完整或准备发包的工程项目内容、技术经济指标一时尚不能明确、具体地予以确定时，往往采用单价合同形式。单价合同即按照实际完成的工程量和承包商的投标单价结算的合同，也就是量可变、单价不变的合同。这种合同形式当前国际上最普遍。单价合同可细分为以下两种形式：

(1) 估算工程量单价合同

工程量单价合同是以工程量表和工程单价表为基础和依据来计算合同价格的，也可以称为计量估价合同。通常是由发包方委托设计单位或专业估算师提出总工程量估算表，即“工程量概算表”或“暂估工程量清单”，列出分部分项工程量，由承包方以此为基础填报单价。最后工程的总价应按实际完成的工程量计算，由合同中分部分项工程单价乘以实际工程量，得出工程结算的总价。

采用这种合同时，工程量是统一计算出来的，承包方只要经过复核并填上适当的单价就可以了，承担风险较小；发包方只要审核单价是否合理即可，对于双方都方便。目前国际上较多采用这种合同形式。

(2) 纯单价合同

采用这种形式的合同时，发包方只向承包方给出发包工程的有关分部分项工程以及工程范围，不需对工程量做出任何规定。承包方在投标时只需对这种给定范围的分部分项工程做出报价即可，而工程量则按实际完成的数量计算。这种合同形式主要适用于没有施工图、工程量不明却急需开工的紧迫工程。当然，对于纯单价合同来说，发包方必须对工程单位的划分做出明确的规定以使承包方能够合理定价。

3. 成本加酬金合同

成本加酬金合同即工程成本实报实销，另加一定额度的酬金(利润)的合同。酬金的额度，按照工程规模和施工的难易程度由双方协商确定。采用这种承包方式时，往往要在合同中规定一些快速、优质、低成本的附加条件，以督促承包方很好地执行合同。这种成本加酬金合同，虽然酬金较少，但承包方不承担任何风险、保收酬金，比较安全。但是其先决条件是业主与承包方之间有高度的信任与交往，承包方在某些方面具有独特的技术、特长和经验。

成本加酬金合同有以下几种形式：

(1) 成本加固定百分比酬金合同

根据成本加固定百分比酬金合同，发包方对承包方支出的人工、材料和施工机械使用费、其他直接费、施工管理费等按实际直接成本全部据实补偿，同时按照实际直接成本的固定百分比付给承包方一笔奖金，作为承包方的利润。这种合同形式下，工程总造价及付给承包方的酬金随工程成本而水涨船高，不利于鼓励承包方降低工程成本，这也是这种合同形式的弊端，因而这种合同很少采用。

(2) 成本加固定金额酬金合同

成本加固定金额酬金合同形式与成本加固定百分比酬金合同的不同之处，仅在于酬金是一笔固定的金额。酬金一般是按估算的工程成本的一定百分比确定，数额是固定不变的。

采用上述两种合同形式计价时，为了避免承包方企图获得更多的酬金而对工程成本不加以控制，往往在承包合同中规定一些“补充条款”，以鼓励承包方节约资金、降低成本。

(3) 成本加奖罚合同

在成本加奖罚合同中，首先要确定一个目标成本，这个目标成本是根据粗略估算的工程量和单价表编制出来的。在此基础上，根据目标成本来确定酬金的数额，可以是百分比的形式，也可以是一笔固定酬金。然后根据工程实际成本支出情况，另外确定一笔奖金，当实际成本低于目标成本时，承包方除从发包方获得实际成本、酬金补偿外，还可以根据成本降低额得到一笔奖金。当实际成本高于目标成本时，承包方仅能从发包方获得实际成本和酬金补偿。此外，视实际成本高出目标成本情况，若超过合同规定的限额，还要处以一笔罚金。除此之外，还可以设工期奖罚。

这种合同形式不但可以促使承包方关心降低工程成本，缩短工期，而且目标成本是随着设计进展而加以调整的，故承发包双方都不会承担太大风险，所以这种合同形式应用较多。

(4) 最高限额成本加固定最大酬金合同

在最高限额成本加固定最大酬金合同中，首先要确定最高限额成本、报价成本和最低成本。当实际成本没有超过最低成本时，承包方花费的成本费用及应得酬金等都可以得到发包方的支付，并与发包方分享节约额。如果实际工程成本在最低成本和报价成本之间，承包方只有成本加酬金可以得到支付。如果实际工程成本在报价成本与最高限额成本之间，承包方只有全部成本可以得到支付。实际成本超过最高限额成本的，则超过部分发包方不予支付。

这种合同形式有利于控制工程造价，并能鼓励承包方最大程度地降低工程成本。

(六) 公开招标程序

1. 准备阶段

(1) 工程报建

建设工程项目的立项批准文件或年度投资计划下达后，按照《工程建设项目报建管理办法》规定具备条件的，须向建设行政主管部门报建备案。工程项目报建登记表见表 4-1。

表 4-1 建设工程报建登记表

建设单位		单位地址		工程名称	
建设地点		工程结构类型		建设规模	
资金来源		发包方式		总投资/万元	
当年投资额/万元		立项或投资计划批准单位及文号		投资许可证文号及审批单位	
建设规划许可证批准单位及证号		计划开工日期	年 月 日	计划竣工日期	年 月 日

表 4-1(续)

<table>
<tr><td rowspan="4">工程筹建情况</td><td>建设用地</td><td></td><td>负责人</td><td></td><td>年　月　日</td></tr>
<tr><td>拆迁</td><td></td><td>经办人</td><td></td><td>年　月　日</td></tr>
<tr><td>勘探</td><td></td><td>联系电话</td><td></td><td>年　月　日</td></tr>
<tr><td>设计</td><td></td><td>报审日期</td><td></td><td>年　月　日</td></tr>
<tr><td colspan="2">建设单位意见</td><td colspan="2">所属主管部门意见</td><td colspan="2">建设行政主管部门意见</td></tr>
<tr><td colspan="2">盖章
年　月　日</td><td colspan="2">盖章
年　月　日</td><td colspan="2">盖章
年　月　日</td></tr>
</table>

注:本表一式三份,建设行政主管部门、招标管理机构、建设单位各一份。

(2) 招标组织准备

招标的组织方式有两种,分别是自行招标和委托招标。招标活动必须由一个机构来组织,如果招标人具有编制招标文件和组织评标的能力,则可以自行招标,并报建设行政监督部门备案,即自行招标;否则应选择招标代理机构,与其签订招标委托合同,委托其代为办理招标事宜,即委托招标。

第 12 条　招标人有权自行选择招标代理机构,委托其办理招标事宜。任何单位和个人不得以任何方式为招标人指定招标代理机构。招标人具有编制招标文件和组织评标能力的,可以自行办理招标事宜。任何单位和个人不得强制其委托招标代理机构办理招标事宜。依法必须进行招标的项目,招标人自行办理招标事宜的,应当向有关行政监督部门备案。

(3) 申请招标

招标单位填写“建设工程施工招标申请表”(表 4-2),有上级主管部门的需经其批准同意后连同“建设工程报建登记表”报招标管理机构审批。

表 4-2　建设工程施工招标申请表

<table>
<tr><td>工程名称</td><td colspan="2"></td><td>建设地点</td><td></td></tr>
<tr><td>结构类型</td><td colspan="2"></td><td>招标工程规模</td><td></td></tr>
<tr><td>报建批准文号</td><td colspan="2"></td><td>工程概预算/万元</td><td></td></tr>
<tr><td>计划开工日期</td><td colspan="2">年　月　日</td><td>计划竣工日期</td><td>年　月　日</td></tr>
<tr><td>招标方式</td><td colspan="2"></td><td>发包单位</td><td></td></tr>
<tr><td>要求投标单位资质</td><td colspan="2"></td><td>设计单位</td><td></td></tr>
<tr><td>工程招标范围</td><td colspan="4"></td></tr>
<tr><td rowspan="5">招标前期准备工作</td><td rowspan="4">施工现场条件</td><td>水</td><td colspan="2"></td></tr>
<tr><td>电</td><td colspan="2"></td></tr>
<tr><td>路</td><td colspan="2"></td></tr>
<tr><td>场地平整</td><td colspan="2"></td></tr>
<tr><td>建设单位供应
的材料或设备</td><td colspan="3"></td></tr>
</table>

表 4-2(续)

	姓名	单位	职务	职称	工作年限	负责内容
招标工作组人员名单						
招标单位	(公章)　负责人:(签名、盖章)　年　月　日					
建设单位意见	(公章)　负责人:(签名、盖章)　年　月　日					
建设单位上级主管部门意见	(公章)　年　月　日					
招标管理机构意见	(公章)　年　月　日					
备注						

注:本表招标管理机构、标的审定部门、建设单位、招标单位各留存一份。

(4) 编制招标文件

不同的招标方式和招标内容,招标用的文件是不一样的,如公开招标用的文件就包括招标公告、资格预审(后审)文件、投标邀请书、招标文件乃至中标通知书等在内的全部文件。而邀请招标用的文件就不含招标公告和资格预审文件等。

2. 招标阶段

(1) 发出招标公告或招标通知书

第 16 条　招标人采用公开招标方式的,应当发布招标公告。依法必须进行招标的项目的招标公告,应当通过国家指定的报刊、信息网络或者其他媒介发布。

招标公告应当载明招标人的名称和地址、招标项目的性质、数量、实施地点和时间以及获取招标文件的办法等事项。

(2) 进行资质审查

公开招标进行资格预审时,通过对申请单位填报的资格预审文件和资料进行评比和分析,确定合格的申请单位名单。将名单报招标管理机构审查核准。待招标管理机构核准同意后,招标单位向所有合格的申请单位发出资格预审合格通知书。申请单位在收到资格预审合格通知书后应以书面形式予以确认。

第 18 条　招标人可以根据招标项目本身的要求,在招标公告或者投标邀请书中,要求潜在投标人提供有关资质证明文件和业绩情况,并对潜在投标人进行资格审查;国家对投标人的资格条件有规定的,依照其规定。招标人不得以不合理的条件限制或者排斥潜在投标人,不得对潜在投标人实行歧视待遇。

资格预审审查的主要内容包括:① 投标单位组织与机构;② 近三年完成工程情况;③ 目前正在履行的合同情况;④ 过去两年经审计过的财务报表;⑤ 过去两年的资金平衡表和负债表;⑥ 下一年度财务预测报告;⑦ 施工机械设备情况;⑧ 各类技术人员的组成情况;⑨ 各种奖励和处罚情况;⑩ 与本合同资质预审有关的其他资料。

(3) 发售招标文件

发放的对象:进行资格预审时预审合格单位;资格后审时所有单位。招标文件的发放有两种形式:一种是售给有投标资格的投标人;另一种是无偿给有资格的投标人。多采用前一种形式。

第 23 条　招标人应当确定投标人编制投标文件所需要的合理时间；但是，依法必须进行招标的项目，自招标文件开始发出之日起至投标人提交投标文件截止之日止，最短不得少于二十日。

第 24 条　招标人对已发出的招标文件进行必要的澄清或者修改的，应当在招标文件要求提交投标文件截止时间至少十五日前，以书面形式通知所有招标文件收受人。该澄清或者修改的内容为招标文件的组成部分。

(4) 勘查现场和解答

组织投标单位勘查现场，解答疑问。

(5) 召开开标前会议

标前会议一般在发出招标文件后的 7～28 天内的任意一天召开。其目的：① 澄清招标文件中的疑问和解答投标单位提出的问题(口头或书面)；② 对图纸进行交底和解释，并形成会议纪要发给投标单位。会议纪要和答复疑问的函件形成招标文件的补充文件，是招标文件的组成部分，具有同等效力。

3. 决标成交阶段

(1) 投标单位密封报送标书

第 28 条　投标人应当在招标文件要求提交投标文件的截止时间前，将投标文件送达投标地点。招标人收到投标文件后，应当签收保存，不得开启。投标人少于三个的，招标人应当依照本法重新招标。在招标文件要求提交投标文件的截止时间后送达的投标文件，招标人应当拒收。

第 29 条　投标人在招标文件要求提交投标文件的截止时间前，可以补充、修改或者撤回已提交的投标文件，并书面通知招标人。补充、修改的内容为投标文件的组成部分。

(2) 开标

第 34 条　开标应当在招标文件确定的提交投标文件截止时间的同一时间公开进行；开标地点应当为招标文件中预先确定的地点。

第 35 条　开标由招标人主持，邀请所有投标人参加。

开标会议在招标管理机构监督下进行，可以邀请公证部门对开标全过程进行公证。

应当场宣读标的、评标原则、评标办法；由招标单位依据招标文件的要求，核查投标单位提交的证件和资料并审查投标文件的完整性、文件的签署、投标担保等(提交合格“撤回通知”和逾期送达的投标文件不予启封)，宣读投标人姓名、投标报价、技术方案及投标函中提出的优惠条件、替代方案等。

第 36 条　开标时，由投标人或者其推选的代表检查投标文件的密封情况，也可以由招标人委托的公证机构检查并公证；经确认无误后，由工作人员当众拆封，宣读投标人名称、投标价格和投标文件的其他主要内容。招标人在招标文件要求提交投标文件的截止时间前收到的所有投标文件，开标时都应当当众予以拆封、宣读。开标过程应当记录，并存档备查。

具备下列条件之一者，视为无效标书：① 标书未加密封；② 投标单位法定代表人或其委托人未如期参加开标会；③ 投标书无相应的招标文件；④ 未加盖投标单位公章或无法定代表人签字；⑤ 未按规定时间递交标书。

(3) 评标

第 37 条　评标由招标人依法组建的评标委员会负责。依法必须进行招标的项目，其评标委员会由招标人的代表和有关技术、经济等方面的专家组成，成员人数为五人以上单数，其中技术、经济等方面的专家不得少于成员总数的三分之二。

与投标人有利害关系的人不得进入相关项目的评标委员会；已经进入的应当更换。

评标委员会成员的名单在中标结果确定前应当保密。

评标程序为：

(1) 评标组织成员审阅投标文件，主要内容包括：① 投标文件的内容是否实质性地响应招标文件的要求；② 投标文件正副本之间的内容是否一致；③ 投标文件是否有重大的缺项和漏项。

(2) 根据评标方法实施细则的规定进行评标。

(3) 评标组织负责人对评标结果进行复核，确定无误后，按优劣或得分高低进行排列。

(4) 评标组织根据评标情况写出评标报告。

评标的过程要保密。评标委员会成员及与评标有关的工作人员不得私下接触投标人，不得透露评审、比较标书等情况内容。

(4) 定标

第 41 条 中标人的投标应当符合下列条件之一：(1) 能够最大程度地满足招标文件中规定的各项综合评价标准；(2) 能够满足招标文件的实质性要求，并且经评审的投标价格最低；但是投标价格低于成本的除外。

定标是招标人享有的选择中标人的最终决定权、决策权。招标人一般在评标委员会推荐的候选中标人中权衡利弊，作出选择。当评标委员会在评标定标中无明显的失误和不当行为时，招标人应尊重评标委员会的选择。

(5) 签发中标通知书

第 45 条 中标人确定后，招标人应当向中标人发出中标通知书，并同时将中标结果通知所有未中标的投标人。中标通知书对招标人和中标人具有法律效力。中标通知书发出后，招标人改变中标结果的，或者中标人放弃中标项目的，应当依法承担法律责任。

(6) 提交履约保函，订立书面合同

第 46 条 招标人和中标人应当自中标通知书发出之日起三十日内，按照招标文件和中标人的投标文件订立书面合同。招标人和中标人不得再行订立背离合同实质性内容的其他协议。招标文件要求中标人提交履约保证金的，中标人应当提交。

中标人收到中标通知书后，应按招标文件的要求在规定时间内(28 天)办理并提交履约保函，招标人退回中标人的投标保证金或投标保函。

第 47 条 依法必须进行招标的项目，招标人应当自确定中标人之日起十五日内向有关行政监督部门提交招标投标情况的书面报告。

(七) 政府行政主管部门对招标投标的监督

1. 依法核查必须采用招标方式选择承包单位的建设项目

第 3 条 在中华人民共和国境内进行下列工程建设项目包括项目的勘察、设计、施工、监理以及与工程建设有关的重要设备、材料等的采购，必须进行招标：

(1) 大型基础设施、公用事业等关系社会公共利益、公众安全的项目；

(2) 全部或者部分使用国有资金投资或者国家融资的项目；

(3) 使用国际组织或者外国政府贷款、援助资金的项目。

以上范围内总投资超过3 000万元人民币的各类工程建设项目，包括项目的勘查、设计、施工、监理以及与工程建设有关的重要设备、材料等的采购必须进行招标。另外，总投资虽然低于3 000万元人民币，但合同估算价达到以下标准之一的也必须进行招标：

(1) 施工单项合同估算价在200万元人民币以上的；

(2) 重要设备、材料等货物的采购，单项合同估算价在50万元人民币以上的；

(3) 勘查、设计、监理等服务的采购，单项合同估算价在50万元人民币以上的。

以下工程可以采用直接委托的方式：限额以下的建设工程项目(50万元人民币以下)；抢险救灾等紧急情况下的工程；国防保密工程；法律法规规定的其他工程。

2. 对招标项目的监督

(1) 招标前期准备应满足的要求：

① 建设项目已批准立项；

② 建设用地已依法取得，有建设规划许可证；

③ 有足够满足招标投标要求的技术资料；

④ 建设资金的来源已落实，符合规定的资金到位率；

⑤ 已履行了报建手续，并取得批准；

⑥ 法律、法规、规章规定的其他文件。

(2) 对招标人的招标能力要求：

① 有与招标工程相适应的经济、法律咨询和技术管理人员；

② 有组织编制招标文件的能力；

③ 有审查投标单位资质的能力；

④ 有组织开标、评标、定标的能力。

不具备上述条件的建设单位，须委托具有相应资质的中介机构代理招标，建设单位与中介机构签订委托代理招标的协议，报招标管理机构备案。

(3) 施工投标人应具备的条件：

① 参加投标的单位至少须满足该工程所要求的资质等级；

② 参加投标的施工单位必须具有独立法人资格和相应的施工资质，非本国注册的施工企业应按建设行政主管部门有关管理规定取得施工资质；

③ 为具有被授予合同的资格，投标单位应提供令招标单位满意的资格文件，以证明其符合投标合格条件和具有履行合同的能力；

④ 如果是两个或两个以上的法人或其他组织组成施工联合体，以一个投标人的身份共同投标，必须有联合投标协议，且以较低的资质作为联合体的资质参加投标。

(4) 对资格审查文件的核查，不得以不合理条件限制、排斥潜在投标人(不得排斥本地区、本系统以外的法人参与投标)，不得对潜在投标人实行歧视待遇(不得对外地区、外系统投标人设立压低分数的条件)，不得强制要求联合体。

(5) 对招标文件的核查，政府管理部门派人参加，不作为成员，保证自主公正。

二、建设工程监理招标投标管理

(一) 建设工程监理招标投标的特点

建设工程监理招标与工程建设过程中的各类招标的最大区别是标的的特殊性。监理招标的标的是工程监理企业向业主提供的“监理服务”，而非一般物化劳动，即工程监理企业不在工程建设中承担物质生产任务，只是在建设过程中提供监督、管理、咨询等服务。工程监理招标遵循的程序与一般招标程序是一样的，但是在招标的做法上是有很大差别的，主要表现在以下几个方面：

(1) 招标宗旨是对工程监理企业能力的选择。

采用竞争性招标方式选择工程监理企业时，鼓励的是能力的竞争，而不是价格的竞争，报价最低的工程监理企业不一定是监理服务最好的单位。

(2) 报价在定标时居于次要地位。

监理的招标，能力的选择是第一位的，只对能力最优的单位才适当考虑报价因素。因为当费用过低时，工程监理企业很难把业主的利益放在第一位，常常为了保护自己的利益，减少监理人员的数量或多派业务水平低、工资低的人员，其后果必然导致对工程项目的损害。但是从另一个角度来看，服务质量与价格之间有相应的平衡关系，所以只能在能力相当的工程监理企业之间才存在价格比较问题。

(3) 多采用邀请招标(邀请3～5家为宜)。

(4) 投标文件可以不严格按照招标文件的要求编制。

工程监理企业一般按招标文件上的监理工作大纲编写投标书，但不是绝对的，工程监理企业可以提出更有创造性的合理化建议。

(二) 监理招标文件的编制

1. 监理招标文件的主要内容

监理招标实际上是征询投标单位实施监理工作的方案建议书，所以招标文件应包括以下内容：

(1) 投标人须知，包括答疑，投标、开标的时间、地点规定，投标有效期，投标书编写及封装要求，招标文件、投标文件澄清与修改的时限以及无效标书的规定；

(2) 工程项目简介，包括项目名称、地点、规模、工程等级、总投资、现场条件和地区特点，计划开工、竣工日期等；

(3) 委托的监理任务范围和工作任务大纲；

(4) 拟采用的监理合同条件；

(5) 评标原则、标准和方法；

(6) 招标人可向监理人提供的条件，包括办公、住宿、生活、交通、通信条件等；

(7) 投标报价的方式和费用组成；

(8) 项目有关资料；

(9) 投标书用格式。

2. 监理招标文件的编制要点

监理招标文件编制的重点工作是编写监理任务大纲，拟定主要合同条件，确定评标原则、评标方法和标准。

1. 编写委托监理任务大纲

监理任务大纲是监理投标单位制定监理规划、确定监理报价的依据。其主要内容包括监理工作纲要和目标，总监理工程师和主要监理人员，监理工作计划，投资、进度、质量控制方法，合同管理和信息管理方法，监理工作报告等。

2. 监理任务

监理任务包括监理内容和监理目标。

监理内容是指监理过程中的具体工作，如协助业主进行设计和施工招标、确认分包商、审批设计变更、审批工程进度、工程合同款支付签证、主持质量事故鉴定和处理等。

监理目标主要是质量目标、工期目标和投资目标，但目标要切合实际，不得违背科学。

3. 监理合同条件

一般项目均可以采用国家颁布的《建设工程委托监理合同》示范文本。特殊项目或国际招标项目也可以采用FIDIC（国际咨询工程师联合会）颁布的雇主与咨询工程师项目管理协议国际范文和国际通用规则。

4. 确定评标原则、标准和方法

(1) 评标原则。客观、公正、公平、科学是评标的最基本原则，必须遵守。

(2) 评标标准。评标标准主要是指评价指标和评价内容。评价指标应包括投标人能力、投标人承诺的在本监理项目上的投入及监理费用报价三个方面：

① 能力包括资质、信誉、经验、财务状况、设备仪器；

② 投入包括监理班子、总监理工程师情况、监理规划、装备条件；

③ 监理费报价。

(3) 评标方法。常用的评标方法有评议法、综合评分法、最低评标价法。

（三）监理投标

1. 投标书

为了不使投标的价格因素对评选过程产生较大的影响，通常招标文件都要求将投标书分为技术建议书和财务建议书两个部分且分别封装，并在封套上注明。

(1) 技术建议书的主要内容

① 工程监理企业简介及组织机构情况；

② 对委托任务的目的和工作范围的理解，以及准备如何执行监理任务的计划或方案；

③ 派往现场承担各阶段和各方面监理工作的人员名单；

④ 派驻现场总监理工程师的人选；

⑤ 派驻现场从事监理工作的监理工程师以上职称人员的履历表，包括姓名、性别、年龄、专业、是否取得监理工程师资格、以往参与的工程项目的监理工作及担任的职务；

⑥ 每个阶段或工作部位拟派驻现场从事监理工作人员数估算。

(2) 财务建议书的主要内容

① 人员酬金报价表；

② 提供自备计算机、仪器、设备等，按费率和估计使用的时间计算的报价表；

③ 包括管理费、税金、保险费等项费用在内的总报价表；

④ 要求招标单位提供的为开展正常监理业务所需的设备和设施清单等。

2. 投标的关键工作

(1) 了解招标项目及招标人，决定是否投标。

一般正常的监理项目招标应在设计招标或施工招标之前。当项目的资金并未到位，实施与否还难断定时，如果投标人有足够的在手监理项目，就不应参加这种项目的投标。

(2) 认真研究招标文件，明确监理任务和目标。

在研究招标文件的同时对项目现场进行必要的踏勘，以便编写监理规划和计算报价。

(3) 确定项目的监理班子。

确定项目的监理班子是完成监理任务、实现监理目标的关键，也是计算报价的重要因素，更是招标人评价监理能力和投入的主要内容。

(4) 编写切实可行且行之有效的监理规划。

监理规划是监理工作指南，是项目监理部的纲领性文件，体现监理工作计划、工作方法、监理水平和投入程度，是对招标人的承诺和保证。

(5) 准备投标答辩。

有的招标文件会要求投标人派项目拟定的总监理工程师在开标会上答辩，以便了解总监理工程师的能力、水平和经验。

(6) 填写投标表格，准备有关资料，封装递送。

(四) 监理招标的开标、评标

1. 开标

开标由招标人主持，所有投标人均应参加，必要时邀请建设工程招标投标或建设监理主管部门及公正部门派人参加。投标人或公证人验证各投标书密封无误后，由工作人员当场启封并宣读报价及主要承诺条件，存在无效标书或在投标截止日期前撤标的，也应当当场宣布，但不启封。

2. 评标

(1) 符合性审查。

(2) 评委阅读标书，组织答辩。如果招标文件规定投标人派拟定的项目总监理工程师参加答辩，评委会应在阅读了投标书中的监理规划后，组织他们依次进场答辩，评委独立给各投标人打分。

(3) 评审。由评标委员会对工程监理企业的有效标书进行监理规划和总监理工程师答辩，监理组织机构和人员，监理报价及工程监理企业的信誉、资质等级、监理经验等方面的分析、研究、比较，选择其中较优者为中标工程监理企业。

(4) 定标。招标人根据评标委员会的报告，结合与项目有关的各种情况作出判断，选定中标人。如果要履行审批手续，应立即报送审批，获得批准后再宣读定标结果。

三、勘察设计招标投标管理

为了规范建筑设计市场，优化建筑工程设计，促进设计质量的提高，根据《中华人民共和国招标投标法》，2017 年中华人民共和国住房和城乡建设部令第 33 号，施行《建筑工程设计招标投标管理办法》(下文简称《办法》)。

(一) 勘察设计招标类型

勘察设计招标按招标项目的范围可分为：勘察设计总承包招标、设计承包招标和勘察承包招标。

一般工程项目的设计分为初步设计和施工图设计两个阶段进行，对于技术复杂且缺乏经验的项目，必要时还要增加技术设计阶段。为了保证设计指导思想连续地贯彻于设计的各个阶段，一般多采用技术设计招标或施工图设计招标，不单独进行初步设计招标，由中标的设计单位承担初步设计任务。招标人应依据工程项目的具体特点决定发包的工作范围，可以采用设计全过程总发包的一次性招标，也可以选择分单项分专业的发包招标。

勘察任务可以单独发包给具有相应资质的勘察单位实施，也可以将其包括在设计招标任务中。由于勘察工作所取得的工程项目所需技术基础资料是设计的依据，必须满足设计的需要，因此将勘察任务包括在设计招标的发包范围内，由具有相应能力的设计单位完成或由其再去选择承担勘察任务的分包单位，对招标人较为有利。

（二）勘察设计招标文件

1. 设计招标文件

设计招标文件见《办法》。

第十条　设计招标文件应包括以下内容：

(1) 项目基本情况；

(2) 城乡规划和城市设计对项目的基本要求；

(3) 项目工程经济技术要求；

(4) 项目有关基础资料；

(5) 招标内容；

(6) 招标文件答疑、现场踏勘安排；

(7) 投标文件编制要求；

(8) 评标标准和方法；

(9) 投标文件送达地点和截止时间；

(10) 开标时间和地点；

(11) 拟签订合同的主要条款；

(12) 设计费或者计费方法；

(13) 未中标方案补偿办法。

2. 设计任务书

招标文件中对项目设计提出明确要求的“设计要求”或“设计大纲”即设计任务书，是最重要的文件部分。设计任务书大致包括以下内容：

(1) 设计文件编制的依据；

(2) 国家有关行政主管部门对规划方面的要求；

(3) 技术经济指标要求；

(4) 平面布局要求；

(5) 结构形式方面的要求；

(6) 结构设计方面的要求；

(7) 设备设计方面的要求；

(8) 特殊工程方面的要求；

(9) 其他有关方面的要求。

3. 勘察招标文件的编制

(1) 勘察招标文件的主要内容

勘察任务独立发包招标的，其招标文件的主要内容有投标须知、项目说明、勘察任务书、合同的主要条件、技术标准及基础资料、编制投标文件用的各种格式文本。

（2）勘察任务书的主要内容

拟建项目概括、现场状况、勘察目的、勘察范围、勘察项目及要求、勘察进度要求、提交勘察成果的内容和时间要求、孔位布置图等。

（三）对投标人资格的审查

1. 合法性审查

合法性审查是指投标人所持有的资质证书是否与招标项目的要求一致，是否具备实施资格。

（1）证书的种类。国家和地方建设行政主管部门颁布的资格证书，分为“工程勘察证书”和“工程设计证书”。如果勘察任务合并在设计招标中，投标人必须同时拥有两种证书。

（2）证书级别。我国工程勘察资质分为工程勘察综合资质、工程勘察专业资质和工程勘察劳务资质。工程勘察综合资质只设甲级；工程勘察专业资质根据工程性质和技术特点原则上设甲、乙两个级别，确有必要时经住建部批准后方可设置专业类丙级；工程勘察劳务资质不分级别。

工程设计资质分为工程设计综合资质、工程设计行业资质和工程设计专项资质。工程设计综合资质只设甲级；工程设计行业资质设立甲、乙、丙三个级别。工程设计专项资质设立甲、乙两个级别。

（3）允许承接任务的范围

取得工程勘察综合资质的企业，承接工程勘察业务范围不受限制；取得工程勘察专业资质的企业，可以承接同级别相应专业的工程勘察业务；取得工程勘察劳务资质的企业，可以承接工程钻探、凿井工程勘察劳务工作。

取得工程设计综合资质的企业，其承接工程设计业务范围不受限制；取得工程设计行业资质的企业，可以承接同级别相应行业的工程设计业务；取得工程设计专项资质的企业，可以承接同级别相应的专项工程设计业务。

2. 能力审查

判定投标人是否具有承担发包任务的能力，通常审查人员的技术力量和所拥有的技术装备两个方面。人员的技术力量主要考察项目勘察设计负责人的资质能力，以及各类技术人员的专业覆盖面、人员数量、各级职称人员的比例等是否满足完成工程设计的需要。设备能力主要审核开展正常勘察或设计所需的器材和设备，在种类、数量方面是否满足要求，不仅看其总拥有量，还应审查完好程度和在其他工程中的占用情况。

3. 经验审查

通过投标人报送的最近几年完成的工程项目表，判定其勘察和设计能力与水平。侧重考察已完成的设计项目与招标工程在规模、性质、形式上是否相适应。

（四）投标书的编制

1. 勘察设计投标书的组成

勘察设计投标书主要包括投标函、技术标书、投标保函、招标文件所要求的反映投标人资信、能力、业绩等方面的证明材料。

2. 技术标书的主要内容

技术标书在勘察设计招标中具有特殊的重要性，尤其是在设计方案招标中，常常是中标与否的决定性因素，所以是投标书编制的重点工作。

（1）勘察规划的主要内容

勘察规划的主要内容包括：工程概况，勘察目标，勘察的具体任务简述，勘察组织结构、人员安排，勘察设备、仪器配备，勘察部署，勘察进度计划，提交勘察成果的内容和时间，需要业主配合的内容和提供的条件等。

（2）设计方案招标的技术标书

① 标书的综合说明，包括项目简况、设计要求等；② 建筑工程方案主要设计图纸，包括总平面图、立面图、剖面图、标准层、非标准层及地下室和顶层的平面图，大型建筑要有彩色透视图和模型，工业项目要有工艺流程图；③ 主要施工技术要求；④ 工程投资估算，经济分析及主要材料用量；⑤ 工业项目方案设计中要包括采用的工艺路线，主要设备的选型，物料、热量平衡，能源、环保等经济指标的预测及主要建筑物、构筑物的总体布置；⑥ 设计的人员组织及进度计划、质量计划等。

对于施工图招标，设计工作规划重点是怎样组织设计，怎样优化目标和优化设计，使所设计的项目更科学、更合理、效果更好，怎样保证设计的深度，怎样保证图纸的质量，怎样与施工配合等。

（五）评标

1. 设计投标书的评审

（1）设计方案的评审主要内容包括：设计指导思想是否正确；设计产品方案是否反映了国内外同类工程项目的先进水平；总体布置的合理性，场地利用系数是否合理；工艺流程是否先进；设备选型的适用性；主要建筑物、构筑物的结构是否合理，造型是否美观大方并与周围环境协调；“三废”治理方案是否有效；其他有关问题。

（2）投入、产出经济效益比较，涉及以下几个方面：建筑标准是否合理；投资估算是否超过限额；先进的工艺流程可能带来的投资回报；实现该方案可能需要的外汇估算等。

（3）设计进度快慢，评价投标书的设计进度计划，看其能否满足招标人制订的项目建设总进度计划要求。

（4）设计资历及社会信誉。

（5）报价的合理性。

在方案水平相当的投标人之间进行设计报价的比较时，不仅要评定总价，还应审查各分项取费的合理性。

2. 勘察投标书的评审

勘察投标书主要评审以下几个方面：勘察方案是否合理；勘察技术水平是否先进；各种所需勘察数据是否准确可靠；报价是否合理。

（六）定标

评标委员会通过投标人的评标答辩和对投标书进行评分比较之后，在评标报告中推选出候选中标方案。由招标人定标并与候选中标人进行谈判。谈判的主要内容可能涉及探讨改正或补充原投标方案的某些内容，以及将其他投标人的某些设计特点融于该设计方案之中的可能性等有关事项。为了保护未中标人的合法权益，如果使用其技术成果，必须取得同意后实行有偿使用。

招标人与中标人签订合同后，对未中标的投标人依据投标书工作量，给予一定的经济补偿。

（七）设计招标投标的管理

第十二条　招标人可以对已发出的招标文件进行必要的澄清或者修改。澄清或者修改的内容可能影响投标文件编制的，招标人应当在投标截止时间至少 15 日前，以书面形式通知所有获取招标文件的潜在投标人，不足 15 日的，招标人应当顺延提交投标文件的截止时间。

潜在投标人或者其他利害关系人对招标文件有异议的，应当在投标截止时间 10 日前提出。招标人应当自收到异议之日起 3 日内做出答复；做出答复前，应当暂停招标投标活动。

第十三条　招标人应当确定投标人编制投标文件所需要的合理时间，自招标文件开始发出之日起至投标人提交投标文件截止之日止，时限最短不少于 20 日。

第十六条　评标由评标委员会负责。

评标委员会由招标人代表和有关专家组成。评标委员会人数为 5 人以上单数，其中技术和经济方面的专家不得少于成员总数的 2/3。建筑工程设计方案评标时，建筑专业专家不得少于技术和经济方面专家总数的 2/3。

评标专家一般从专家库随机抽取，对于技术复杂、专业性强或者国家有特殊要求的项目，招标人也可以直接邀请相应专业的中国科学院院士、中国工程院院士、全国工程勘察设计大师以及境外具有相应资历的专家参加评标。

投标人或者与投标人有利害关系的人员不得参加评标委员会。

第十七条　有下列情形之一的，评标委员会应当否决其投标：

(1) 投标文件未按招标文件要求经投标人盖章和单位负责人签字；

(2) 投标联合体没有提交共同投标协议；

(3) 投标人不符合国家或者招标文件规定的资格条件；

(4) 同一投标人提交 2 个以上不同的投标文件或者投标报价，但招标文件要求提交备选投标的除外；

(5) 投标文件没有对招标文件的实质性要求和条件作出响应；

(6) 投标人有串通投标、弄虚作假、行贿等违法行为；

(7) 法律法规规定的其他应当否决投标的情形。

第二十二条　招标人应当在确定中标人后及时向中标人发出中标通知书，并同时将中标结果通知所有未中标人。

第二十三条　招标人应当自确定中标人之日起 15 日内，向县级以上地方人民政府住房城乡建设主管部门提交招标投标情况的书面报告。

第二十五条　招标人和中标人应当自中标通知书发出之日起 30 日内，按照招标文件和中标人的投标文件订立书面合同。

四、施工招标投标及管理

施工招标的最大特点是发包的工作内容明确具体，各投标人编制的投标书在评标中易于横向对比。一个独立合同发包的工程范围可以是：① 全部工程招标；② 单位工程招标；③ 特殊专业工程招标。

（一）施工招标资格预审

由于施工过程长、消耗的资源多（工程项目建设总投资的70%～90%都是在这个建设阶段投入的）、可变化的因素多，而且建设项目的功能和质量是在这个阶段形成的，因此施工承包人的资信、能力和经验非常重要。

1. 施工招标资格审查表的内容

（1）法人资格和组织机构

（2）财务报表。投标人需要填报的内容包括公司资产总额和负债总额、近几年每年承担的建筑工程价值、目前承担的工程价值、年最大施工能力、近几年经过审计的账目副本、银行资信证明等。

（3）人员报表。包括公司的各类人员数量、主要管理人员和技术人员的情况介绍、目前各类各级可调用人员的数量。

（4）施工机械设备情况调查。包括为完成招标工程项目的施工，已有、新购、租赁设备的情况调查；对已有设备按种类、型号分别填写数量、出厂期和价值；与招标工程施工有关的本企业目前闲置设备调查。

（5）近几年完成同类工程项目调查。包括项目名称、类别、合同金额、投标人在项目中参与的百分比、合同是否圆满完成等。

（6）在建工程项目调查。

（7）分包计划及分包商的资信、能力和业绩。

（8）其他资格证明，由承包商自由报送所有能表明其能力的各种书面材料。

2. 资格预审方法

（1）基本条件审查

审查内容包括：营业执照、资质等级、财务状况、流动资金、履约情况等。

（2）强制性条件审查

强制性条件并非是每个招标项目都必须设置的。强制性条件可以根据招标工程的施工特点设定具体要求，该项条件不一定与招标工程的实施内容完全相同，只要与本项工程的施工技术和管理能力在同一水平上即可。

（3）资格评分

资格评分是根据招标工程的特点设定的评价指标及相对的权重，综合评定投标申请人资格的方法，评价分是进行投标人资格比较的依据。

（二）施工招标文件的编制

1. 招标文件的主要内容

招标文件详细说明招标程序和方法、工程的各项要求和规定、投标者应回答的问题、共同遵守的条件等，是投标和评标的主要依据，也是最后形成的合同文件的基础，因此招标文件必须严密、严谨、全面、内容明确。否则，将会在合同执行过程中产生很大的漏洞和经济损失，或带来许多争端。招标文件的内容可分为四大类：

第一类是需要承包商了解和掌握的全部资料或承包商必须遵守的规定和要求，包括招标公告或投标邀请信、投标者须知、合同文件、技术规范和图纸。

第二类是投标者必须填写的内容。这是投标文件的主要内容，包括工程量清单、辅助资料表、投标书、授权书、投标保证金等。

第三类是投标者中标后承包商填写或双方共同填写的履约担保、合同协议书、替代保留金银行保证书,劳务协议书、运输协议书等。

第四类是参考资料。

2. 编制招标文件的要点

(1) 说明评标原则和评价方法。

(2) 一般结构不太复杂或工期在12个月以内的工程,可采用固定价格,考虑一定的风险系数;结构复杂的大型工程,工期在12个月以上的应采用调整价格,价格的调整方法或范围在招标文件中确定。

(3) 在招标文件中应明确投标价格计算依据:工程计价类别,执行的概预算定额和费用定额,执行的人工、材料、机械设备政策性调整文件等,材料、设备计价方法及采购、运输、保管的责任,工程量清单。

(4) 质量标准必须达到国家施工质量验收规范合格标准,对于质量标准要求达到优良标准的,应计取补偿费用,补偿费用的计算方法应按国家或地方有关文件规定执行,并在招标文件中明确。

(5) 招标文件中的建设工期应参照国家或地方颁发的工期定额来确定,如果要求的工期比定额工期缩短20%以上(含20%)的,应计算赶工措施费。赶工措施费的计取应在招标文件中明确。

(6) 在招标文件中应明确投标保证金数额,一般投标保证金数额不超过投标总价的2%,但是最高不得超过80万元人民币。投标保证金的有效期应与投标有效期一致。

(7) 中标单位应按规定向业主提供履约担保,履约担保可采用银行保函或履约担保书。

(8) 关于工程量清单,招标单位按国家颁布的统一工程项目划分,统一计量定位和统一的工程量计算规则,根据施工图纸计算工程量,提供给投标单位作为投标报价的基础。结算拨付工程款应以实际的工程量为依据。

(9) 招标单位对已发出的招标文件进行必要的澄清或修改时,应当在招标文件要求提交投标文件截止日期前至少15天,以书面形式通知所有招标文件收受人。该澄清或修改的内容为招标文件的组成部分。

(三) 标的的编制

标的是招标者对建设某项工程的预期造价或期望造价,是招标者对工程所需费用的自我测算,预先明确自己在拟建工程中应承担的财务义务。标的价格可以由招标单位自行编制或委托由建设行政主管部门批准的具有编制标的资格和能力的中介机构代理编制。

1. 标的的内容

(1) 标的的综合编制说明。

(2) 标的价格审定书、标的价格计算书、带有价格的工程量清单、现场因素、各种施工措施费的测算明细以及采用固定价格时的风险系数测算明细等。

(3) 主要材料用量。

(4) 标的附件,如各项交底纪要,各种材料和设备的价格来源,现场地质、水文、地上情况的有关资料,编制标的所依据的施工方案或施工组织设计等。

2. 标的的编制方法

（1）以施工图预算为基础的标的

以施工图预算为基础编制标的的具体做法是根据施工图纸和技术说明，按照预算定额规定的分部分项工程子目，逐步计算工程量，再套用定额单价确定直接费，然后按规定的取费标准，确定施工管理费、其他间接费、计划利润和税金，还要加上材料调价系数和适当的不可预见费，汇总即工程预算，也就是标的的基础。如果拆除旧建筑物、场地“三通一平”以及某些特殊器材采购也在招标范围内，则在工程预算之外再增加相应的费用，从而构成完整的标的。

利用这种方法编制招标工程标的，其特点是工程子目划分符合施工实际情况，工料消耗定额比较详细准确，如无设计和价格上的变化，其造价是比较准确的。

（2）以工程概算为基础的标的

以工程概算为基础编制标的，其编制程序和以施工图预算为基础的标的大体相同，所不同的是采用工程概算定额，分部分项工程子目进行了适当的归并与综合，使计算工作有所简化。

采用这种方法编制的标的，通常适用于扩大初步设计或技术设计阶段即进行招标的工程。

（3）以扩大综合预算为基础的标的

以扩大综合预算为基础编制标的有别于前两种方法，这种方法采用的是介于预算定额和概算定额之间的扩大综合定额。其主要特点是在预算定额的基础上，对有关子目进行合并，并进行“并费”，即将其他间接费、计划利润和税金等所有费用均纳入扩大的分部分项单价内，构成专门编制标的用的扩大综合定额，进一步简化编制标的工作，并达到相当高的准确度。

（四）施工投标

1. 施工投标的准备工作

（1）研究招标文件

承包单位对招标项目不应见标就投，而是进行全面分析和研讨，做出决策。分析内容主要包括：① 招标项目的技术和工期要求；② 交货条件；③ 竞争情况；④ 企业现有的生产能力和劳动力情况；⑤ 企业对投标项目的熟悉程度；⑥ 中标的概率等。

（2）递交投标申请书

投标人决定参加投标，应向招标人递交投标申请书。其内容为：① 企业名称、地址、负责人姓名和开户银行账户；② 企业的所有制性质和隶属关系；③ 营业执照或资格证书（复印件）；④ 企业简况。

递交投标申请书应在截止日期前按规定的地点递交招标单位。递交投标申请书之后，必须接受招标单位的资格审查，资格审查合格者即可领取招标文件。

（3）现场踏勘及调查投标环境

现场踏勘及调查投标环境的内容包括：① 工程的性质及与其他工程之间的关系；② 拟投标的工程与其他承包商或分包商之间的关系；③ 工程地貌、地质、气候、交通、电力、水源等情况，有无障碍物等；④ 工地附近有无住宿条件、料场开采条件、其他加工条件、设备维修条件等；⑤ 工地所在地的社会治安情况等。

这些条件都是工程施工的制约因素，必然会影响工程成本，是投标单位报价时必须要考虑的。

2. 编制投标文件

投标文件是指获得投标资格的投标人在分析、研究招标文件，进行工程现场实地勘察的基础上所编制的有关工程施工及报价的文件，通常称为投标书。

(1) 投标文件的内容

① 投标书及其附件。

投标书主要是向业主表明意愿和基本保证：

a. 表明完全愿意按照招标文件的规定承担工程施工、建成移交和维修任务，写明自己的总报价及价格构成分析，说明投标报价的有效期；

b. 表示接受招标文件中的开工日期及工期，说明自己的计划开、竣工日期及施工工期，施工组织和工程形象进度计划表，主要工程项目的进度网络图；

c. 表明中标后愿意提供履约担保；

d. 主要的施工方法和保证工程质量的措施，工程质量应达到的等级和标准；

e. 临时设施和占地数量等；

f. 对不能中标的理解。

除此之外，如果招标文件允许，投标者还可以写一封更为详细的致函，对自己的投标和报价做出必要的说明或者更灵活的协商意愿和设想。投标书的附件用来强调或说明合同条件中的重要事项。

② 标价的工程量清单。

招标文件中的工程量清单空出单价和合价两栏，投标者填写后汇总，即成为标价的工程量清单。

所有项目均应报出单价，未报单价者视为已包括在其他项目单价内；暂定金额一般由业主填写，投标者只需将暂定金额计入投标总价中；单价或合同价在一定条件下有可能调整，合同条件中许多条款涉及这个问题。

③ 投标者须知。

招标文件中的投标者须知是投标人关注的焦点之一，必须结合投标单位的实际情况仔细阅读。

④ 投标者应提交的证明文件。

在未进行资格预审的情况下，投标者必须提交招标文件要求的投标和承包的资格证明文件。

⑤ 授权书。

授权书是用来证明签署投标书代表的合法地位和投标书的有效性。授权者和受权者均需签字，并附上公证机构证明。授权范围往往不仅仅是签署投标书，还包括投标后的事宜。

⑥ 投标保证金。

缴纳投标保证金的目的是在一定程度上防止投标者在投标有效期内撤回投标，或中标后不签订合同及不提交履约保证金。投标保证金在投标者须知规定的方式中选一种：交付现金、银行汇票、银行保函或金融机构的保证书等。

(2) 投标报价的计算

投标报价过高，中标率就会降低；报价过低，非但可能无利可图，甚至可能承担亏本风险。为了比较准确真实地做出投标报价，投标企业应根据实际情况，考虑投标报价。

① 收集、研究报价原始资料，包括熟悉、研究招标文件；全面了解施工现场的自然条件和技术经济条件；掌握市场材料、劳务价格信息等。

② 核实或计算工程量。招标文件中给出的工程量清单要抓住重点认真核实，如发现漏项或错误要及时通知招标单位，并在投标文件中提出补充项目及相应费用；招标文件中没有给出工程量的，要根据给定的工程设计图纸进行计算。

③ 确定分项工程单价。投标企业要根据企业的劳动生产率水平、材料消耗水平及材料供应状况等，自行编制分项工程单价表。

④ 确定工程直接费。

⑤ 计算间接费。为了确定投标企业具有竞争力的投标报价，应结合本企业的实际情况，科学地预测间接费用，特别是施工管理费的测定。

⑥ 确定利润和税金。投标报价的利润水平要综合考虑企业情况加以确定。税金按当地规定的税种和税率直接计入工程造价中。

⑦ 投标报价的汇总、调整和决策。

通常要在分析各个竞争对手的实力后，对报价进行必要的调整，再制定切合实际的投标策略和报价技巧，由企业的决策者做出最后的投标决策。

（五）施工招标评标

开标、评标及定标活动，在招标投标管理机构的监督下由招标单位主持。招标单位应当邀请投资各方及其主管部门的代表组成评标小组，专业复杂的工程或大型工程还可以邀请有关专家参加。

1. 开标

开标应当按照招标文件规定的时间、地点召开开标会议，招标人应当邀请所有投标人、招标管理机构及评标组织成员参加，还可以邀请开户银行、公证处等有关单位参加。开标前应当公布评标、定标办法，当场启封各投标书及补充函件，并公布投标书的主要内容及标的。

按投标的逆顺序宣读投标单位的投标报价、工期、质量及主要材料用量、优惠条件等。

2. 评标

评标方法有评议法、综合评分法和评标价法等。采用评标价法时，可以折算成价格的五种评审因素：

(1) 投标书承诺的工期提前给项目可能带来的超前收益，以月为单位按预定计算规则折算为相应的货币值，从该投标人的报价内扣减此值。

(2) 实施过程中必然发生而标书又属明显漏项部分，给予相应的补偿，加到报价上去。

(3) 技术建议可能带来的实际经济效益，按预定的比例折算后，在投标价内减去此值。

(4) 投标书提出的优惠条件可能给招标人带来的好处，以开标日为准，按一定的方法折算后作为评审价格因素之一。

(5) 对其他可以折算为价格的因素，按照对招标人有利或不利的原则，增加或减少到投标报价上去。

3. 定标

时间要求：开标当天定标的项目，可复会宣布中标人；开标当天不能定标的项目，自开标之日起一般不得超过 7 日定标；结构复杂的大型工程，不超过 14 日定标。

4. 中标通知书的发放

定标后，招标人应在5日内到招标管理机构领取中标通知书，发给招标人；同时通知未中标人，在一周内退回投标文件，返回投标保证金。

5. 签订合同

中标通知书发出后，中标人在规定期限内，按指定的时间和地点，依据《中华人民共和国合同法》规定，依据招标文件、投标文件与招标人签订施工合同，同时按照招标文件的约定提交履约担保，领取投标保证金。

五、材料设备采购招标投标管理

（一）概述

工程建设中的物资主要是指构成建设工程实体的材料和设备两大类。建设工程造价的60%以上是由材料、设备的价值构成的，建设工程的质量也在很大程度上受制于所使用的材料、设备的质量。对材料、设备采购进行招标有助于提高采购物的质量，对于提高工程质量和降低造价具有积极意义。

1. 材料设备采购的方式

（1）直接采购

直接采购是一种非竞争性采购，一般适用于采购批量小、价值低、市场供应量大的标准化产品，也适用于“仅此一家、别无分店”专有技术、独家生产的产品。

（2）招标采购

对于采购批量大、潜在供应商多的货物，为了取得“物美价廉”的货物，一般都采用招标方式。我国招标投标法对必须招标的项目有明确的规定。

2. 材料设备采购招标投标程序

材料设备采购招标投标程序如下：

（1）招标人组织招标班子或与招标代理机构办理委托招标手续；

（2）编制招标文件；

（3）发出招标公告或邀请投标意向书；

（4）对投标人进行资格审查；

（5）发放招标文件和有关技术资料，进行技术交底，解答投标人提出的有关招标文件疑问；

（6）组织评标委员会或小组；

（7）确定标的(若采用有标的评标)；

（8）在规定的时间、地点接受投标；

（9）开标一般采用公开方式；

（10）评标、定标；

（11）发出中标通知书；

（12）签订供货或制造合同。

3. 大型设备采购的资格预审

合格的投标人应具有圆满履行合同的能力，具体应符合以下条件：

（1）具有独立订立合同的权力能力；

(2) 在专业技术、设备设施、人员组织、业绩、经验等方面具有设计、制造、质量控制、经营管理的相应资格和能力。

(3) 具有完善的质量保证体系。

(4) 业绩良好。要求具有设计、制造与招标设备相同或相近设备1～2台(套)2年以上良好运行经验,在安装调试运行过程中未发现重大设备质量问题或已有有效改进措施。

(5) 有良好的银行资信和商业信誉。

(二) 招标文件内容

(1) 招标书,包括招标单位名称,建设工程名称及简介,招标标的物的主要参数、数量、要求交货期,投标截止日期和地点、开标日期和地点。

(2) 投标须知,包括对招标文件的说明及对投标者和投标文件的基本要求,评标、定标的基本原则和标准等内容。

(3) 招标标的物的清单和技术要求、技术规范和图纸。

(4) 合同格式和主要合同条件,应当依据合同法的规定,包括价格及付款方式、交货条件、质量验收标准以及违约罚款等内容,条款要详细、严谨,防止事后发生纠纷。

(5) 投标书格式、投标物资的数量、价目表格式及投标保函格式等各种格式文件。

(6) 其他需要说明的事项。

(三) 投标文件内容

(1) 投标书;

(2) 投标物资的数量及价目表;

(3) 偏差说明书,即对招标文件某些要求有不同意见的说明;

(4) 证明投标单位资格的有关证明文件;

(5) 投标企业法人代表授权书;

(6) 投标保证金(根据需要确定);

(7) 招标文件要求的其他需要说明的事项。

(四) 评标方法

工程建设物资采购应以最合理价格采购为原则,即评标时不仅要看其报价,还要考虑货物运抵现场过程中可能支付的所有费用;如果是设备招标,则还要评审设备在预定的寿命期内可能投入的运营、维修和管理的费用。

1. 综合评标价法

综合评标价法是指以设备投标价为基础,将评定各要素按预定的方法换算成相应的价格,在原投标价上增加或扣减该值而形成评标价格。评标价格最低的投标书最优。这种方法在采购机组、车辆等大型设备时较多采用。除投标价格以外,还需考虑的要素和折算主要方法,一般包括以下几个方面:

(1) 运输费用。招标人可能支付的额外费用,包括运费、保险费和其他费用,如运输超大件设备需要对道路加宽、桥梁加固的费用。

(2) 交货期。以招标文件规定的具体交货时间为标准。当交货时间早于规定时间,一般不给予评标优惠。

(3) 付款条件。投标人应按招标文件规定的付款条件来报价,对不符合付款条件的投标，视为非实质性响应招标文件而予以拒绝。

(4) 设备性能、生产能力。设备应具有招标文件技术规范中规定的生产效率。

(5) 零配件及售后服务。零配件以设备运行两年内易损部件的获取途径和价格作为评标因素；售后服务内容一般包括安装监督、设备调试、提供备件、负责维修、人员培训等工作，评价提供这些服务的可能性和价格。

2. 全寿命费用评标价法

采购生产线、成套设备、车辆等运行期内各种后续费用(备件、油料和燃料、维修等)较高的货物时，可采用以设备全寿命费用为基础的评标价法。这种方法是在综合评标价法的基础上加上一定运行年限内的费用作为评审价格，这些以贴现值计算的费用包括：

(1) 估算寿命期内所需的燃料消耗费；

(2) 估算寿命期内所需备件及维修费用；

(3) 估算寿命期残值。

其中，备件费可按投标人在技术规范附件中提供的担保数字或过去已用过可作为参考的类似设备实际消耗数据为基础，以运行时间来计算。

3. 综合评分法

按预定的评分标准，分别对各投标书的报价和各种服务进行评审计分。

(1) 评审计分内容

主要内容包括：投标价格、运输费、保险费和其他费用的合理性；投标书中所报的交货期限；偏离招标文件规定的付款条件影响；备件价格和售后服务；设备的性能、质量、生产能力；技术服务和培训；等等。

(2) 评审要素的分值分配

评审要素确定后，应根据采购标的物的性质、特点及各要素对总投资的影响程度划分权重和计分标准，既不能同等对待，也不应一概而论。世界银行贷款项目通常采用以下分配比例：

① 投标价	65～70 分
② 备件价格	0～10 分
③ 技术性能、维修、运行费	0～10 分
④ 售后服务	0～5 分
⑤ 标准备件等	0～5 分
总　计	100 分

综合计分法的优点是简便易行，评标考虑因素较为全面，可以将难以用金额表示的某些因素量化后加以比较。其缺点是各评标委员独自给分，对评标人的水平和知识要求很高，否则主观随意性较大。投标人提供的设备型号各异，难以合理确定不同技术性能的相关值差异。

六、矿井工程合同文件的内容与要求

(一) 合同文本的构成及主要内容

1. 矿井工程合同文件的构成

矿井工程合同文件与普通建筑工程合同文件的构成是一样的，一般包括合同协议书、中标通知书、投标函及投标函附录、专用合同条款、通用合同条款、技术标准和要求、图纸、已标价工程量清单以及其他合同文件等。

2. 合同文件构成内容的作用和地位

合同协议书由承包人中标后按规定时间与发包人签订。除法律另有规定或合同另有约定外，双方在合同协议书上签字并盖单位章后，合同即生效。

中标通知书具有法律效应，招标人与投标人应按中标通知书内容落实执行。投标函和投标函附录是合同的重要组成部分，是合同内容的依据；招标人、中标人应按招标书及投标书订立合同协议。

技术标准和要求、图纸以及已标价工程量清单是实施合同的标准及其工程量确定和结算的依据。图纸还包括发包人按合同约定提供的任何补充和修改的图纸、配套的说明。

其他合同文件是指经合同双方确认且同样具有法律效应的合同文件。

（二）合同文件的优先顺序

组成合同的各项文件应互相解释，互为说明。除专用合同条款另有约定外，合同文件的优先顺序是：① 合同协议书；② 中标通知书；③ 投标函及投标函附录；④ 专用合同条款；⑤ 通用合同条款；⑥ 技术标准和要求；⑦ 图纸；⑧ 已标价工程量清单；⑨ 其他合同文件。

七、合同谈判与签订

（一）合同的主要内容

1. 通用合同条款

通用合同条款是根据法律、法规及项目实施所要求的一般性规定，通用于建设工程施工的条款。通用条款一般是按国家相关部门或地方政府等制订的合同文件范本参照执行的。

2. 专用条款

专用条款是发包人与承包人结合具体工程实际，经协商达成一致意见的条款，是对通用条款的具体化、补充或修改。

专用条款是合同谈判的重点，合同双方应充分考虑工程的具体情况和特殊要求，补充说明双方这些方面的责、权、利的要求和处理关系。

（二）合同谈判、签订的要点

1. 关于工程内容、范围及性质的确认

工程承包内容和范围就是合同的标的，合同会谈中有关的工程内容和范围，以及相关的修改等内容，必须以“合同补遗”或“会议纪要”方式作为合同附件保留，并说明它是构成合同的一部分。

对于一般的单价合同，在谈判时双方应共同确定工程量的“增减量幅度”，以明确工程量变更部分的限度。否则承包商有权要求进行单价调整。

2. 合同价款或酬金条款的确认和价格调整条款的确认

当合同价款尚未确定，例如，当可采用浮动价格、可调价格或成本加酬金等方式时，应根据项目条件，考虑自身技术和能力的特点、项目风险性等方面，要求给予确认。

由于矿山工程建设工期相对较长，不稳定因素多，确定价格调整条款对于承包商而言显得更重要。

3. 付款方式的确定

矿井工程可实行不同的付款方式，主要有工程预付款、工程进度款、竣工结算和退还保留金等，应明确支付期限。

4. 合同变更

矿井工程因其特殊性，特别是地质情况的不确定性，其内容变更会更加频繁，因此矿井工程合同的变更显得更加重要。

矿井工程合同通常都有约定的地质条件及相关环境。比如立井施工会有井筒最大涌水量的约定，如果超过一定的涌水量，除了增加施工难度和成本外，还有可能引起施工工艺的重大变化，比如增加工作面预注浆或者改成冻结法施工；或者是复杂的二、三期工程施工过程中发现地质资料没有满足施工要求而进行工作面探水、瓦斯等额外项目，都是矿井工程合同变更的依据。

特殊情况下，例如立井施工合同，当井筒深度增加超过原设计钢丝绳和提升吊挂系统所能施工的范围时，施工单位就必须更换钢丝绳和提升吊挂系统等，从而增加大量的临时设施费用，此时应进行价格调整。

5. 工程质量与验收

工程质量应满足相应国家规范或标准及行业规范要求。矿井工程验收一般分为月末验收和中间验收、隐蔽工程验收、竣工验收。

6. 隐蔽工程

由于矿井工程地质环境复杂多变，经常出现额外的工程变化，比如冒顶、探水、注浆等。因为所有的地质变化引起的额外工程最终都会被覆盖，在工程完工后都很难再确认，所以这些工程多数以隐蔽工程出现。这部分工程量有时占合同的比例比较高，严格来说，在合同约定的地质条件之外变化超过一定的比例都属于合同变更的范畴，因此，隐蔽工程的约定通常是合同谈判的一个重要部分。

由于矿井工程的隐蔽工程量大，且隐蔽工程直接牵涉到后续工序的进行，如果建设单位或者监理单位不能及时进行验收，将严重影响施工进度。因此，隐蔽工程验收的及时性是矿井工程合同的重要内容。隐蔽工程验收可以按一般规定的程序和限时要求执行，也可以双方专门约定。

7. 关于工期和维修期的确认

确定工期，包括开工日期和竣工日期。确定工期时，应充分考虑工程的实际情况，除应考虑自身准备工作必要时间外，还要注意开工的季节影响。

当发包方要求的工程量增减、设计变更以及不可抗力对工期产生不利影响时，承包商可合理要求索赔工期(及工程款)。

8. 安全施工

矿井工程施工属于高危行业，安全事故造成的损失和影响通常都是巨大的，因此，安全施工是矿井工程的重要指标，理所当然成为合同内容的重要部分。通常施工单位承担自身现场管理的安全责任，承包人应遵守工程建设安全生产有关管理规定，严格按照安全标准组织施工，并随时接受行业安全检查人员依法实施的监督检查，采取必要的安全防护措施，消除事故隐患。由于承包人安全措施不力造成事故的责任和因此发生的费用，由承包人承担；给发包人造成损失的应据实赔偿。因发包人原因导致的安全事故，由发包人承担相应责任及发生的费用。

9. 关于违约责任的确定

违约责任是合同的关键条款之一，没有规定违约责任，则合同对于双方难以形成有效的法律约束，难以圆满地确保履行，发生争执也难以解决。

八、矿井工程项目合同实施条件的分析方法

（一）合同分析的主要内容

1. 合同的法律基础

合同的法律基础是指合同签订和实施的法律背景。合同如违法，合同就无效。分析合同的法律基础，了解合同适用于法律的基本情况，以及项目内容的合法性（满足相应法律条款的要求）。法律对当事人双方处理日后各种事宜，包括合同的实施和索赔，是非常必要的。

2. 承包商的主要任务

承包商的主要任务是合同分析的重中之重，主要分析承包商的合同责任和对应于权利的义务，分析内容通常有：

（1）承包商的总任务和工作范围，项目的质量、工期、安全等要求。

（2）在合同中明确工程变更的规定。

3. 发包单位的责任

业主的合同责任是承包商顺利完成合同所规定任务的前提条件，又是约束承包商违约行为的武器。它通常着重考虑以下几个方面：

（1）业主应提供必要的施工条件，如矿山满足施工的地质资料、完全的设计图纸等；业主应完成现场的“四通一平”。

（2）业主有责任协调平行的各承包商和供应商之间的工作，区分责任界限，并承担管理和协调失误造成的损失。

（3）业主应及时回应承包商在履行合同过程中的请求、报告和手续工作，按规定的实施程序和期限执行。

（4）业主应按照合同规定及时支付工程款。

4. 合同价格

该部分应重点分析合同所采用的计价方法及合同价格所包括的范围，如固定总价合同、单价合同、成本加酬金合同等；工程款结算的方法和时间；合同价格的调整、计价依据、拖欠工程款的责任等。

5. 施工工期

矿井工程技术比较复杂，在矿井工程中工期拖延极为常见，对合同实施和索赔的影响很大。重点分析合同规定的开工日期和竣工日期，主要工程活动的工期以及可能影响工期的因素，获得工期补偿的可能性等。列出可能进行工期索赔的所有条款。

6. 违约责任

如果合同一方未遵守合同规定，造成对方损失，应受到相应的合同处罚，通常包括：

（1）承包商不能按合同规定工期完成工程的违约金或承担业主损失的条款；

（2）由于管理上的疏忽造成对方人员和财产损失的赔偿条款；

（3）由于预谋或故意行为造成对方损失的处罚和赔偿条款；

（4）由于承包商不履行或不能正确履行合同责任，或出现严重违约时的处理规定；

（5）由于业主不履行或不能正确履行合同责任，或出现严重违约时的处理规定，特别是对业主不及时支付工程款的处理规定。

7. 验收、移交和保修

在合同分析中，对工程中重要的验收（如材料和机械设备的进场验收、隐蔽工程的验收、竣工验收等）和工程完工后的移交及后期保修所带来的法律后果作出说明。

（二）合同分析

1. 基本分析方法

合同实施过程中各种工程活动所确定的状态通常称为合同事件，并构成合同事件表。在一个工程中，各种事件之间存在的技术上的、时间上的和空间上的逻辑关系，形成网络，称为合同事件网络。

合同详细分析是将合同的承包目标、要求和责、权、利关系分解落实到合同事件表、网络图及其他图表上面所定义的各种工程活动的具体要求上。

合同事件表应有条目编码、变更次数和最近一次的变更日期、事件的内容说明、前提条件等。

2. 特殊问题的合同分析

当出现一些合同中未明确规定的特殊问题时，很容易引起分歧。这时的分析方法一种是依据合同含义的外推（拓展），一种是参照工程惯例。在矿井工程中利用工程惯例是通常用以处理特殊问题的方法。

九、矿井工程总承包采购管理程序

（一）采购管理工作的基本程序

采购管理工作的基本程序：编制采购计划及采购进度计划⟶接收请购文件⟶确定合格供货厂商⟶编制询价文件⟶报价的评审⟶召开供货厂商协调会及签订合同⟶调整采购进度计划⟶催交⟶检验⟶包装运输，以及现场交接及收尾服务。

（二）采购工作管理的相关重要内容

1. 项目采购计划

项目采购计划的主要内容包括：

（1）明确项目采购任务和范围，明确公司与业主以及施工分承包商在项目采购任务方面的分工及责任关系。明确业主对项目采购工作的特殊要求以及公司对业主要求的意见和拟采取的措施。

（2）对采购的经济、质量保证、安全保证、进度保证、进口设备、分包等原则作出规定。明确规定采购工作费用、进度控制的要求和目标，并对项目采购特殊问题作出说明，如关键设备的采购、超限设备的采购和运输、现场组装的设备等。

（3）提出项目采购协调程序以及协调方式方法和有关规定。

（4）提出项目采购所采取的措施，如项目采购的组织形式、解决特殊问题的方法等。对引进设备的采购计划应单列，计划中应包括拟询价或邀请招标的国外供货厂商以及拟选择的进出口代理公司。

2. 采购进度计划

采购进度计划由项目采购经理根据项目采购计划组织编制。采购进度计划多以横道图表示。

3. 询价文件的编制

询价文件一般由技术文件和商务文件组成,技术文件包括设备、散材请购单及其附件。商务文件包括询价函、报价须知、供货一览表、合同基本条件及包装、运输和检验等特殊要求。

4. 报价评审

采购组根据公司掌握的合格供货厂商信息档案,提出3～5家拟询价的合格供货厂商名单并报经公司职能部门同意后发出询价信息;对新的供货厂商,按要求进行评审。

采购组对供货厂商按询价书要求发回的报价书组织评审。报价评审由技术评审、商务评审和综合评审三部分组成,依次展开,根据评审结果确定中标供货厂商。

5. 签订购货合同

经过报价评审确定中标厂商后,采购组发出中标通知书,组织召开厂商协调会,签订购货合同。

6. 催交

催交工作贯穿于合同签订后直到设备、散材制造完成,并具备进行出厂检验条件的全过程。

7. 检验

采购过程中的管理和测量工作包括对原材料进货的检验、制造加工、组装质量的检验、中间产品试验、强度试验、严密性试验、整机性能考核试验、油漆、包装及出厂检验。

根据相关程序对相关装置的适用性、有效性、准确性进行控制。

应向供货厂商明示,检验不能解除制造厂对设备、材料质量承担的义务和责任。

8. 收尾服务

采购组应对工程总承包项目的剩余物资进行清点、统计,协助公司职能部门作出物资转移安排。收尾工作要做好采购资料的管理与交接工作,一般由供货厂商提供随机资料与图纸(一式三份,其中一份在设备、材料交付保管的同时交施工分承包商,一份作为工程交付的文件在项目验收时交业主,一份自留)。

采购组负责工程建设期所有采购文件的保存与管理,项目验收交付后,全部资料经项目经理初审、汇总并由公司职能部门审查后归档。

第二节　进度管理

一、矿井建设工期的概念

煤矿矿井建设,从土地征购办理完毕、施工人员进入现场起,到一个井筒正式开工之日止,为施工准备期。一个井筒(主井或副井)正式开工的条件:立井,要做好锁口,立好井架并安装好天轮平台、卸矸台及凿井吊盘;斜井与平硐,要完成井口(硐口)明槽掘砌。当井筒需要采用特殊施工方法通过表土层或含水岩层时,其相应准备工作也要在施工准备期内完成。

从矿井第一个井筒开工之日起,至矿井按设计规定投产时所应完成的矿建工程、土建工程、设备安装工程、管线路敷设工程和联合试运转所需要的时间,称为矿井建设投产前施工期，或称为投产工期。

矿井移交投产，按我国现行办法，不是要求达到设计能力才能移交投产，而是按规定的投产标准移交。投产后按设计要求还有部分工程量，完成这些工程量的工期，称为投产后达到设计能力工期，或称为投产后工期。

施工准备期、投产工期与投产后工期之和为矿井建设总工期。

二、工期控制的内容

（一）矿井建设实施前的工期控制

在矿井建设实施之前，要做好事前控制，争取主动，为达到工期目标创造有利条件，尤其是施工准备阶段，需要科学筹划、严格控制，具体的控制内容包括：

(1) 征购土地及处理好工农关系；

(2) 施工井筒检查孔；

(3) 平整场地、障碍物拆除，建临时防洪设施；

(4) 施测工业场地测量基点、导线、高程及标定各井筒、建筑物位置；

(5) 解决供电、供水、通信、公路交通；

(6) 解决井筒开凿期间所需的提升、排水、通风、压风、排矸、供热等综合生产系统；

(7) 解决施工人员生活福利系统的建筑与设施；

(8) 落实施工队伍和施工设备；

(9) 解决井筒开凿所必备的准备工作，包括编制矿井施工组织设计，确定施工方案、施工总进度计划、施工总平面图及材料设备的采购计划；

(10) 及时向施工单位提供施工图纸等设计文件。

（二）矿井建设实施过程中的工期控制

矿井建设实施过程中的工期控制即事中控制，是保证工期目标实现的日常工作，所要进行的控制工作就是根据项目总进度计划，跟踪检查工程进度的实施情况，并采取相应措施（如组织进度协调会等）对工程进度进行动态管理，保证工程进度向总计划确定的目标前进。

井筒施工阶段进度控制的主要内容包括：

(1) 安装好“三盘”（井口盘、固定盘和吊盘），凿井设备联合试运行；

(2) 特殊凿井阶段的协调工作；

(3) 普通凿井阶段的协调工作；

(4) 马头门段及装载硐室段施工；

(5) 主、副井筒到底后的贯通施工；

(6) 井筒施工期间遇到异常条件的处理，如大涌水、煤及瓦斯突出等。

井下巷道与地面建筑安装工程施工阶段进度控制的主要内容包括：

(1) 组织井巷工程矛盾线上的井巷工程施工；

(2) 主、副井交替装备的施工；

(3) 井巷、硐室与设备安装交叉作业的施工；

(4) 采区巷道与采区设备安装交叉作业的施工；

(5) 按照立体交叉和平行流水作业原则组织井下及地面的施工与安装。

（三）事后控制

事后控制是保证项目实现工期目标的补救措施，是被动控制。其主要内容是研究制定总工期目标或阶段工期目标突破后的补救措施，调整施工总进度计划和材料设备及资金供应计划，确定新的工期目标及相应的控制措施。

竣工验收阶段作为矿井建成投产的最后一个环节，是工期控制的事后阶段，其控制内容包括：

(1) 矿建、土建、安装三类工程收尾工程的施工；

(2) 组织验收及相应的准备工作；

(3) 单机试运转及矿井联合试运转；

(4) 矿井正式移交生产；

(5) 建立技术档案，做好技术文件和竣工图纸的交接。

三、影响因素与控制措施

影响矿井建设工期的因素包括以下几个方面。

（一）人为因素

(1) 来自建设单位的影响：建设单位所筹措的资金不能按时到位，材料、设备供应进度失控或不配套，为施工创造各项必要条件的准备工作进展迟缓，以及建设单位管理的有效性，建设单位的要求或设计不当而进行设计变更等都是影响工期的因素。例如，投资不能及时到位常常是影响工期的主要原因。

(2) 来自勘察设计单位的影响：主要有计划设计目标确定的合理性、为项目投入的力量和工作效率、单位工程设计的难度以及各专业相互配合的状况、设计主体方案的审批速度、建设单位与设计单位相互配合的协作情况等。矿井建设在不同时期和不同阶段都有上述干扰。

(3) 来自施工单位的影响：施工企业素质差，管理水平低，投入的装备、劳动力不足等，也成为工期拖延的主要原因。

（二）技术因素

设计、施工方案不当，施工组织设计编制粗糙或不尽合理，施工方法不符合实际等，如在井筒施工阶段，井筒检查钻的施工质量和准确程度固然是影响井筒工期的重要因素，而在施工组织设计中提出的施工方案是否合理，则往往是井筒工程能否连续施工和保证进度目标的主导原因。

（三）材料及设备因素

材料、设备不能按时运抵施工现场或者其质量不符合标准要求。

（四）资金因素

投资不能及时到位。

（五）地质与气象因素

矿井建设因为勘察资料不准确引起未能预料的技术障碍或困难，如自然条件的变化、地质与水文条件的变化、有害气体涌出情况的变化、围岩和地压异常变化等，往往是井巷工程进度失控和工期拖延的主要原因。

（六）社会环境因素和风险因素

社会环境因素和风险因素包括项目建设审批手续延误、不确定社会因素的干扰、突发事件的影响以及外界配合条件存在干扰等，如上级主管部门的意见、建筑市场的情况以及恶劣的气候、工程质量与安全事故、交通运输、供水供电等环境因素，都会给工程进度和工期造成影响。

针对上述问题，通常采取的进度控制措施主要有以下几种：

1. 组织措施

组织措施指通过对影响进度的干扰因素的分析，确定建设工期总目标，落实进度控制人员，明确控制任务，进行项目分解，确定各单位工程及各阶段目标，制定进度控制协调制度等一系列组织方法进行进度控制。

2. 技术措施

落实施工方案的部署，尽可能选用新技术、新工艺、新材料，调整工作之间的逻辑关系，缩短持续时间，加快施工进度。

3. 合同措施

合同措施是以合同形式保证工期目标的实现，如签订勘察设计合同、施工承包合同、材料供应合同等，按照合同约定，对提前或拖延工期实施奖罚，从而保证各项工作按计划进行。

4. 经济措施

从建设资金的供应上，保证满足工程进度需要的资金供应量，并且为了保证进度计划顺利实施，采取层层签订经济承包责任制的方法和奖惩手段等。

5. 信息管理措施

建立监测、分析、整理和反馈系统，系统、科学地收集、整理和分析工程建设形象进度数据，通过计划进度与实际进度的动态比较，提供进度比较信息，实现连续、动态的全过程进度目标控制。

四、施工阶段的进度控制

施工阶段单位工程的进度和工期控制是项目管理中的一个重要环节。其基本思想是：计划不变是相对的，变化是绝对的；平衡是相对的，不平衡是绝对的。因此，要针对变化采取对策，定期、经常调控进度计划。

工期控制的方法主要是规划、控制和协调。规划就是依据测算的合理工期确定项目的总进度目标和分阶段工期目标以及单位工程工期目标。控制就是在项目实施过程中进行计划进度与实际进度的比较，发现偏离及时纠正。协调就是使参与单位在工程衔接和进度上互相配合。

为了有效地控制工期，先要制定进度计划的分类目标，包括单项工程、单位工程和分部分项工程的工期目标。

矿井建设项目一般由矿井、选煤厂、变电站、坑口电站、专用铁路等几个单项工程组成。单位工程是单项工程的组成部分，如立井井筒、独立的车间或建(构)筑物、工业管道工程、给排水工程等。它们的进度目标一般按工期定额单个测算或采用单进指标来测算，或以劳动定额来测算。分部工程是单位工程的组成部分，通常是按单位工程的各个部位划分的，例如房屋建筑单位工程可以划分为基础工程、主体工程、屋面工程等；也可以按照工种划分，如土石方工程、钢筋混凝土工程、砖石工程、装饰工程等，它的工期计划目标通常以劳动定额、定员、机械台班效率定额等来测算制定。分项工程是分部工程的组成部分，如钢筋混凝土工程，或划分为模板工程、钢筋工程、混凝土工程等分项工程。基础工程又可以分为开挖槽基、垫层、基础、防潮等分项工程。它的分项工期目标，大多数是以劳动定员和定额标准来分工种计算，再加上工序转换的过渡工期，以及准备和收尾最终确定的。

有了上述的总目标和分目标、工序目标，就可以做到心中有数。然后依靠实际进展情况与计划做出对比，根据对比的情况提出相应的进度调控措施。实践中，通常采用线性图表（包括横道图和进度曲线图表）、网络图等方法进行工期控制。

五、矿井工程的工期分解方法

矿井工程建设工期决定着矿井的经济效益，因此，选择矿井施工方案、方法和组织施工时，应在保证质量和安全生产的条件下尽量缩短建设工期。

（一）矿井工程工期分解的基本方法

1. 按项目组成分解，确定各单项工程开工及交工日期

各单项工程的进度目标在工程项目建设总进度计划及工程建设年度计划中都有体现。施工阶段可在具体条件落实的基础上进一步明确各单项工程的开工和交工日期，以确保施工总进度目标的实现。

2. 按承包单位分解，明确分工条件和承包责任

在一个单项工程中有多个承包单位参加施工时，应按承包单位将单项工程的进度目标分解，确定各单位的进度目标，列入分包合同，以便落实分包责任，并根据各专业工程交叉施工方案和前后衔接条件，明确不同承包单位工作面交接条件和时间。

3. 按施工阶段分解，划定进度控制分界点

根据工程项目部的特点，应将其施工分成几个阶段，每个阶段的起止时间都要有明确的标志，特别是不同单位承包的不同施工段之间，更要明确划定时间分界点，以此作为形象进度的控制标志，从而使单项工程目标具体化。

4. 按计划工期分解，组织综合施工

将工程项目的施工进度控制目标按年度、季度、月（或旬）进行分解，并用实物工程量、货币工作量及形象进度表示，将更有利于进度的控制。划分的计划期越短，进度目标越细，进度检查就越及时，发生偏差时就更能有效纠正。

（二）工期确定时的注意事项

工期确定应注意的事项包括：

（1）合理安排土建与安装的综合施工，明确设备安装对土建工程的要求和土建工程为设备安装工程提供施工条件的内容和时间。

（2）因地制宜，量力而行。

（3）配备所需资源。

（4）考虑外部条件的配合情况，包括施工所需施工图纸，水、电、气、道路及业主所提供的工程设备、材料到货情况，天气情况，注意冬季、雨季等影响。

（三）建井工期的概念

1. 施工准备工期

矿井从完成建设用地的征购工作，施工人员进场，开始场内施工准备工作之日起，至项目正式开工为止称为施工准备工期。

2. 矿井投产工期

从项目正式开工（矿井以关键线路上任何一个井筒破土动工）之日起到部分工作面建成，并经试运转、试生产后正式投产所经历的时间，称为矿井投产工期。

3. 矿井竣工工期

从项目正式开工之日起到按照设计规定完成建设工程，并经过试生产、试运转后正式竣工、交付生产所经历的时间为矿井竣工工期（或建井工期）。公开招标进行资格预审时，通过对申请单位填报的资格预审文件和资料进行评比和分析，确定合格的申请单位短名单。将短名单报招标管理机构审查核准。待招标管理机构核准同意后，招标单位向所有合格的申请单位发出资格预审合格通知书。申请单位在收到资格预审合格通知书后应以书面形式予以确认。

4. 建井总工期

矿井施工准备工期与矿井竣工工期之和构成矿井建设总工期（或称为建井总工期）。

建井工期的推算方法见表 4-3。

表 4-3　建井工期的推算方法

<table>
<tr><th>推算方法</th><th>计算方法</th><th>备注及符号说明</th></tr>
<tr><td>根据矿井建设的关键线路来推算（包含以下三种推算方法的内容）</td><td>运用统筹法，进行三类工程综合排队，优化施工方案，确定矿井建设的关键线路，关键线路所占时间为矿井建设工期</td><td rowspan="4">T_1、T_2、T_3分别为三种推算方法计算的矿井建设工期；t_1为井筒掘砌工期；t_2为主副井短路贯通工期；t_3为井巷工程主要矛盾线内的井底车场空重车线、主要石门运输大巷掘砌工期；t_4为井巷工程主要矛盾线内的采区巷道掘砌工期；t_5为采区工程完工后采掘设备装备期，收尾工期；t_6为矿井试生产、试运转工期；t_7为不可预见工期（一般指灾害和自然条件引起的工期损失，5%左右）；t_8为副井永久提升系统装备期（包括井筒装备、永久锁口、井塔、井口房、井塔内永久设备安装及调试等）；t_9为主井永久提升系统装备期（内容同副井）；t_{10}为地面生产系统与 t_8 不能平行施工的装备期（包括地面煤仓，胶带走廊，筛分楼的土建，机电安装工期）；t_{11}为主要生产系统的试运转，矿井试生产期；t_{12}为成套设备订货、到货的总期限（从矿井开工之日算起）；t_{13}为最后成套设备到货后需要安装的工期</td></tr>
<tr><td>1. 根据井巷工程的施工期来推算</td><td>按照矿井井巷工程关键线路的施工期推算矿井建设工期：$T_1=t_1+t_2+t_3+t_4+t_5+t_6+t_7$</td></tr>
<tr><td>2. 根据与井巷工程紧密相连的土建、安装工程施工期来推算</td><td>按照与井巷工程紧密相连的土建、安装工程施工期来推算矿井建设工程施工期：$T_2=t_1+t_2+t_8+t_9+t_{10}+t_{11}$</td></tr>
<tr><td>3. 根据主要生产设备订货、到货和安装时间来推算</td><td>矿井主要生产系统的成套设备供应，包括主副井永久提升系统，采区设备的供应：$T_3=t_{12}+t_{13}+t_{11}$</td></tr>
</table>

注：本表算法为一般情况，如部分施工期可平行或没有，可单独处理。

（四）建井工期的推算方法

目前确定建井工期的主要方法是根据关键线路的工作内容来进行。

【案例 4-1】

（1）工程背景

某矿井开拓系统如图 4-1 所示，一施工单位承担了该矿井的施工任务，施工方案为对头掘进。矿井施工准备 12 个月，主井比副井早 3 个月开工，风井比副井晚 1 个月开工，计划主、副井同时到底后进行短路贯通，然后主井进行临时改绞、副井一次装备，副井交付使用后主井进行永久装备安装。井下施工不间断进行，井底车场与主要石门及运输大巷等同时安排施工，向采区方向推进。风井方向在到底后也进行改绞，然后掘进回风大巷、采区上部车场及绞车房，向下掘进轨道下山，并与主、副井在采区下部车场贯通。主、副井与风井贯通后，立即开展采区顺槽和开切眼的施工，同时平行进行采区设备的安装和试运转。

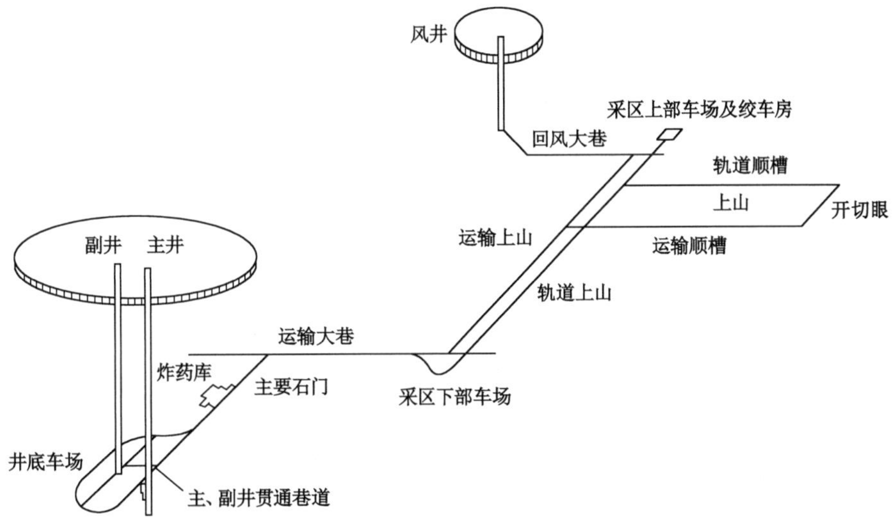

图 4-1　矿井开拓系统示意图

矿井施工中主要矿建、土建及安装工程计划时间如下：

① 主井井筒	15 月
② 副井井筒	12 月
③ 风井井筒	10 月
④ 主、副井短路贯通巷	1 月
⑤ 炸药库	3 月
⑥ 车场巷道及主要石门	5 月
⑦ 运输大巷	10 月
⑧ 采区下部车场	3 月
⑨ 轨道上山	6 月
⑩ 运输上山	6 月
⑪ 回风大巷	6 月
⑫ 采区上部车场及绞车房	6 月

⑬ 轨道顺槽　　6月
⑭ 运输顺槽　　6月
⑮ 开切眼　　1月
⑯ 主井井筒改绞　　1月
⑰ 主井永久装备　　9月
⑱ 副井永久装备　　10月
⑲ 风井临时改绞　　1月
⑳ 风井永久装备　　4月
㉑ 采区安装　　4月
㉒ 工作面安装　　2月
㉓ 矿井试运转　　1月

(2) 问题

① 矿井建设的工期可以采用哪几种方法进行推算?

② 主副井与风井开工的顺序有何要求?

③ 试确定该矿井的建设工期。

(3) 分析与答案

① 矿井建设的工期应当根据矿井建设的关键线路来推算,在进行推算时,又可以结合工程实施的情况,依据井巷工程的施工期来推算,或依据与井巷工程紧密相连的土建、安装工程施工期来推算,也可以依照主要生产设备订货、到货和安装时间来推算。

② 本矿井主副井在井田中央,风井在边界。为加快施工准备,井田中央的主副井不宜同时开工,由于主井较深,为保证主副井同时到底,一般主井先开工。对于风井的开工时间,可根据工程排队,确定主副井与风井的贯通位置后倒推工期来确定。

③ 根据所给定的资料,结合矿井施工方案,注意考虑部分可平行施工,通过网络计划或横道图计划可推算出矿井建设的工期。

考虑主副井与风井贯通点的位置确定在采区下部车场,这样可以避免采用上山施工法。

a. 先计算主副井与风井贯通前的工期

主副井侧:

施工准备12月+主井施工15月+车场巷道及主要石门5月+运输大巷10月+采区下部车场3月=45月

风井侧:

与主副井时间差16月+风井施工10月+风井改绞1月+回风大巷6月+采区上部车场及绞车房6月+轨道上山6月=45月

工期均为45月,贯通点选择合理,计算正确。

b. 计算主副井与风井贯通后的工期

轨道顺槽(或运输顺槽)6月+开切眼1月+工作面安装2月+矿井试运转1月=10月

由此可得到通过矿建施工为主要矛盾线推算的矿井建设工期为55个月。

c. 考虑安装工程进行推算复核

施工准备12月+主井施工15月+主井临时改绞1月+副井永久装备10月+主井永久装备9月+矿井试运转1月=48月

这样，矿井建设总工期由矿建工期决定，工期为55个月。

六、矿井工程进度控制特点及其作用

（一）矿井工程项目进度控制作用和意义

1. 落实国家资源开发的规划

资源开发是国民经济计划的重要方面，涉及国民经济各个方面的发展和要求。因此，矿山项目完成的速度，不仅影响相关单位的直接利益，也关系国家提供资源的能力和这种能力的接替速度，关系国民经济计划的落实和国家持续发展的需要。

2. 矿井工程项目的复杂性体现了工程进度控制的重要性

矿井工程项目由矿建、土建、安装三大内容构成，矿井工程项目还是一个由多个系统组成的工作，因此施工顺序和进度的安排必须考虑这种复杂的关系。

3. 进度控制与施工成本的关系密切

矿山工程是一个大型工程，因此根据进度计划安排设备、材料、资金，合理安排大型临时工程，充分利用一些永久工程和设备，以及从工程顺序和施工速度上缩短巷道维护期等措施，对矿山工程投资的时间效益具有重要意义。

4. 施工条件的困难形成对矿井工程项目进度控制的挑战

矿山工程施工条件的复杂性、困难性和地质条件的不确定性对施工进度的影响之大是其他工程所难以见到的。因此，一方面要求在进度安排时，既要能保持较高的施工速度，又要考虑到一定的风险；另一方面是更需要采用科学和有力的方法，加强对工程进度计划的控制和调整，解决影响矿山工程进度问题。

（二）矿井工程项目在进度控制方法上的特点

1. 施工顺序明确而限制多

矿山工程施工顺序受空间、工作面的限制比较多。井下的一个局部工程内容，必须先有通道（井筒或巷道）到达以后才能进行；一般一条（段）巷道或者一个井筒仅能有一两个工作断面。

2. 复杂的环境因素对进度计划影响大

矿山工程施工的环境与地质条件是复杂的，意外情况总是难以避免的。因此，必须对复杂情况有足够的应急措施。同时必须做好各种"不可预测事件"善后工作，减少在项目实施过程中产生不必要的损失。

3. 进度控制手段的特点

对于矿山工程而言，必须根据具体情况采用适宜的控制手段。例如，一个井下工作面过多地配备施工人员不仅不能提高施工速度，还会相互牵制和干扰，其结果可能并不会像地面工程那样明显。

4. 平行施工和平行作业

为加快工程进度，矿山工程较多采用平行施工或者平行作业的方法。有时为了加快巷道贯通也可以采用增加贯通巷道的方法。这种加快施工进度的方法，表现在施工网络图上就会造成网络结构改变。

5. 技术手段的重要性

一个矿山工程的施工速度，与所采用的技术方案以及技术水平关系紧密。近年来采用

“干打井”技术使施工速度得到充分保障，就是一个典型的例子。

【案例 4-2】

（1）工程背景

某矿井工业场地内布置有主井、副井、风井三个井筒，地面标高为＋25.000 m，主副井车场运输水平为－625 m，风井回风水平为－600 m，主井井深 675 m，副井井深 660 m，风井井深 630 m，矿井采区煤炭开采采用前进式。矿井施工安排主井先开工，箕斗装载硐室与井筒同时施工，副井和风井推后 3 个月同时开工，主、副井安排同时到底进行短路贯通，主井进行改绞，然后安排轨道运输大巷、胶带运输大巷及井底车场巷道硐室的施工，风井到底后先进行改绞，再通过联络通道与主、副井水平车场巷道进行贯通，同时安排回风大巷的快速施工，最后安排采区巷道的施工。

（2）问题

① 如果主井井筒不能按时到底出现工期延误，应当如何进行进度安排和控制？

② 如果副井井筒不能按时到底出现工期延误，应当如何进行进度安排和控制？

③ 如果风井井筒不能按时到底出现工期延误，应当如何进行进度安排和控制？

（3）分析与答案

① 与主井井筒不能按时到底出现工期延误时，如果延误时间较短，在 3 个月以内，可以先不安排箕斗装载硐室施工，直接安排主、副井的短路贯通，进行主井临时改绞，箕斗装载硐室的施工可以安排在副井交付使用后、主井永久装备前施工，这样箕斗装载硐室的施工工序不会变为关键线路，不占用总工期，但是施工要认真组织。如果延误的时间较长，尤其是超过 3 个月甚至更长，这时，副井先到底可安排尽快与风井井筒的贯通，由于风井已经临时改绞，可利用风井的提升来安排井底车场的施工，副井进行永久装备，待主井到底后，与副井贯通，然后进行改绞，满足车场施工安排，这种安排可能耽误部分工期，但影响相对较小，施工中要加快副井与风井贯通线路的施工，进度越快，延误的工期越短。

② 如果副井井筒不能按时到底出现工期延误，主井与副井不能及时进行短路贯通，这时要先对主井进行临时改绞，然后安排主井与风井之间的贯通，以解决车场施工期间的通风问题。副井井筒到底后尽快安排与主井的贯通，然后进行永久装备。副井永久装备要加快施工进度，争取将副井延误的工期补回来，可采取平行作业、交替作业等方法，如果不能完全补回，在副井交付使用后，也要尽快进行主井的永久装备，将延误的工期抢回，否则会影响矿井建设的总工期。

③ 如果风井井筒不能按时到底出现工期延误，这时不能尽快进行主副井与风井之间的贯通，无法形成矿井通风系统，但是为了开展井底车场巷道及主要大巷的施工，必须采取相关的技术措施，可能要增加费用，但是能够较好地控制工期。如果延误时间较短，可考虑在主井井筒内增设风筒来加大进风量，满足前期掘进要求，一旦风井到底，尽快形成矿井通风。如果延误时间较长，应考虑主井进风、副井回风的临时通风系统，满足多头掘进的通风要求，在风井到底后进行贯通，形成矿井通风。无论哪种方案，都会增加费用，影响工期较小，只要认真安排、加强控制，可以将影响控制在最小范围内。

综上可知：矿井建设出现工期延误时，可以采用多种技术或方法进行有效控制，实现对建设工期的影响最小。当然，由于使工期延误的因素很多，多数情况下可能难以进行控制，最终会影响总工期。

七、工程进度计划编制

（一）工程进度计划编制的基本程序

（1）调查研究。

（2）确定方案。

（3）划分工序并估算时间。

① 划分工序

② 工序延续时间的确定

现在一般采用两种方法确定工序延续时间，一种是经验确定法，即参照过去的施工经验（一般是统计结果）并根据实际情况进行调整，使之留有余地；另一种是定额计算法。

采用工序持续时间的计算公式：

$$t = \frac{Q}{RS} \tag{4-1}$$

式中　t——工序的持续时间，可用时、日、周等表示；

Q——工序的工程量，以实物量单位表示；

R——人力或机械的数量，以施工人数或台数表示；

S——工序的产量定额，以单位时间完成的工程量表示。

将 S 采用参与工序施工作业的班组的实际工效时，计算结果反映实际情况，也可以和定额要求进行对比。

（4）绘制网络图（或横道图）并优化以确定进度计划。

根据各工序之间的逻辑关系，绘制初始网络图或横道图，在此基础上对其进行优化，优化包括工期优化和资源优化，使得所编制的进度计划满足施工要求，最后绘制正式的施工进度计划。

（二）矿井工程施工进度计划编制要点

1. 施工顺序安排

矿井工程施工顺序的安排应遵循的原则是建井工期最短、经济技术合理、施工可行，并在具体的工程条件、矿井地质和水文地质条件下可以获得最佳的经济效益。

如高瓦斯矿井宜采用下山掘进，便于瓦斯管理，节省通风费用；涌水量大的矿井采用上山掘井，可节省排水费用，加快施工速度；关键线路上的工程的贯通点宜选择在最佳位置。多年来建井的实践证明，采用井塔及多绳轮提升机时，其土建、机电设备安装的工程量比较大、工期较长；当安排在建井后期完成时，工作集中、时间紧迫，又受设计、设备、气候等较多因素的影响，所以应特别注意此类工程的合理安排和互相配合。

2. 井巷工程施工的关键线路

（1）矿山井巷工程关键线路的构成

在矿山井巷工程中，部分前后连贯的工程构成了全矿井施工需时最长的工程过程，这就形成了关键线路。如井筒⟶井底车场重车线⟶主要石门⟶运输大巷⟶采区车场⟶采区上山⟶最后一个采区切割巷道或与风井贯通巷道等。

（2）缩短井巷工程关键线路的主要方法

① 如在矿井边界设有风井，则可以由主副井、风井对头掘进，贯通点安排在运输大巷和上山的交接处。

② 在条件许可的情况下，可实施开掘措施工程以缩短井巷主要矛盾线的长度，但需经建设单位、设计单位共同研究并报设计批准单位审查批准。

③ 合理安排工程开工顺序与施工内容，积极采取多头、平行交叉作业。

④ 加强资源配备，把重点队和技术力量过硬的施工队放在主要矛盾线上施工。

⑤ 做好主要矛盾线上各项工程的施工准备工作，在人员、器材和设备方面给予优先保证，为主要矛盾线工程不间断施工创造必要的物质条件。

⑥ 加强主要矛盾线工程施工的综合平衡，搞好各工序衔接，解决薄弱环节，把辅助时间压缩到最低。

【案例 4-3】

(1) 工程背景

某矿井副井井底车场及主要硐室结构如图 4-2 所示，主井系统装载硐室及运输大巷采用上提布置，主副井井筒施工安排同时到底。

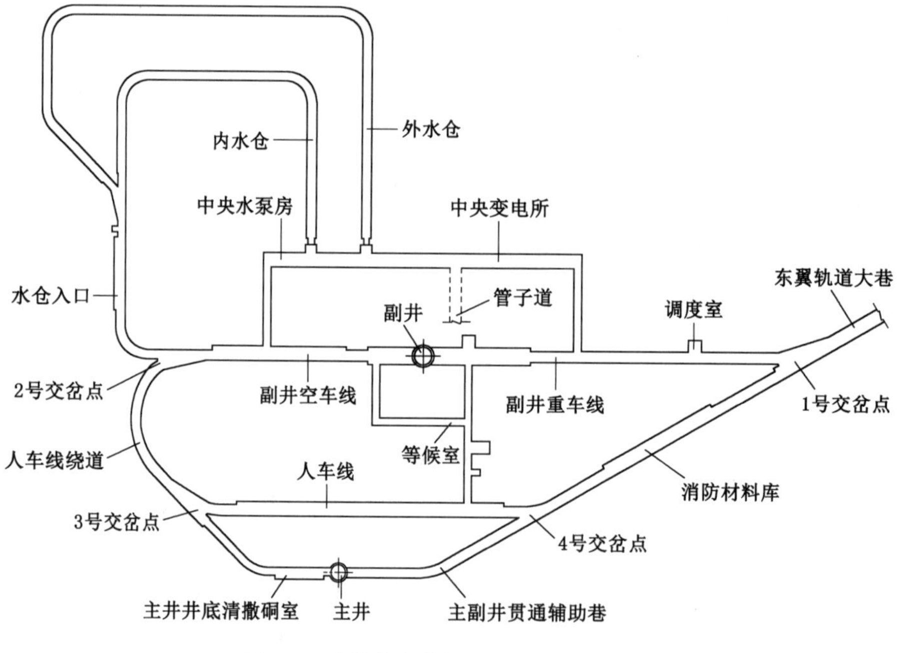

图 4-2　副井井底车场及主要硐室示意图

(2) 问题

编制该矿井副井井底车场及主要硐室施工的时标网络计划。

(3) 分析与答案

由于主副井同时到底，进入井巷过渡，其首要工作是进行短路贯通，并保证主连锁工程项目(与风井井筒贯通工程)不间断施工，然后主井进行临时改绞，主井改绞结束后副井进入永久装备，为了使副井永久装备结束后尽快投入使用，副井系统的硐室必须尽快完成。

在进行进度计划编制时，首先确定井底车场的施工方案，具体考虑主副井贯通线路的施工，主连锁工程项目（与风井井筒贯通工程）不间断施工，尽快形成主井临时改绞的调车通道，抓紧完成副井系统硐室的施工。施工队伍的安排不要大起大落，并尽可能采用较少的施工队伍，以保证施工时的运输、通风等需要。具体施工安排为：

主井施工队 A：主副井贯通辅助巷（与副井贯通）⟶4 号交岔点⟶消防材料库⟶等候室。

副井施工队 B：副井东侧马头门⟶副井重车线⟶1 号交岔点⟶与风井井筒贯通工程（东翼轨道大巷）。

增加施工队 C：等候室东侧通道⟶人车线东巷道至 4 号交岔点（与主井贯通）⟶人车线西巷道至 3 号交岔点⟶3 号交岔点⟶人车线绕道⟶外水仓。

增加施工队 D：副井西侧马头门⟶副井空车线⟶2 号交岔点⟶水仓入口⟶内水仓。

增加施工队 E：主井井底清撒硐室至 3 号交岔点⟶中央变电所通道⟶中央变电所⟶中央水泵房⟶中央水泵房通道⟶管子道⟶中央水泵房吸水井、配水井、配水巷。

在上述施工队伍的安排中，可以将消防材料库、等候室、外水仓等作为配套项目进行调整，具体根据工期安排情况确定。

根据该矿井副井井底车场的施工安排，通过计算各工序的工作量，考虑各施工队的施工技术水平和进度指标，可以计算出预计完成的时间，具体见网络图中时标长度，其时标网络进度计划如图 4-3 所示。关键线路是：副井东侧马头门⟶等候室东侧通道⟶人车线东巷道至 4 号交岔点⟶人车线西巷道至 3 号交岔点⟶3 号交岔点⟶人车线绕道⟶外水仓，工期为 300 天。

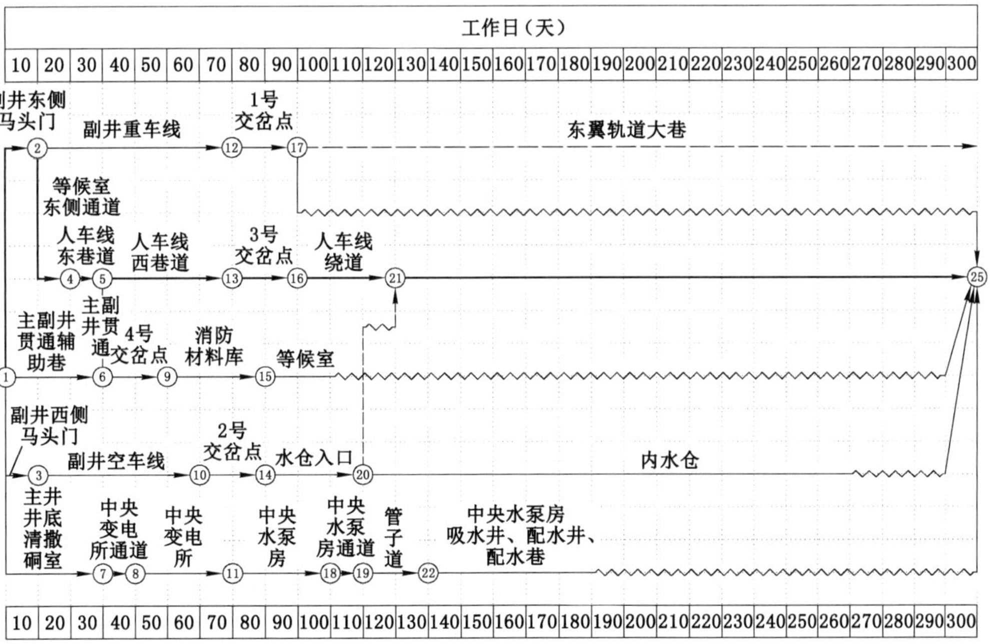

图 4-3　副井井底车场及主要硐室施工时标网络进度计划

显然，如果水仓不安排平行施工，车场的施工工期更长。而对于已经完工的施工队伍可以安排其他工程项目施工。

根据工作队的任务安排,也可以绘制横道图进度计划,其图示与时标网络计划类似,此处略。

八、矿井工程网络计划编制技术

(一)网络计划的编制过程

1. 初始网络计划的编制程序

(1)编制工序表。

(2)绘制初始网络计划图(初始方案)。

(3)绘制时标网络计划图。

(4)计算总工期和进行计划调整。

2. 网络计划的优化

(1)绘制资源曲线。

满足工期要求的网络计划确定后,应根据时标网络计划绘制施工主要资源的计划用量曲线。

(2)可行性判断。

可行性判断主要是指判别资源的计划用量是否超过实际可能的投入量。如果超过了,要进行调整,就是要将施工高峰错开,削减资源用量高峰;或者改变施工方法,减少资源用量。这时就要增加或改变某些组织逻辑关系,在保证工期满足要求的同时,满足资源的计划用量要求,然后重新绘制时间坐标网络计划图。

(3)优化程度判别和提交施工网络计划。

可行的计划不一定是最优的计划。计划的优化是提高经济效益的关键步骤。如果计划的优化程度已经可以令人满意,就得到了可以用来指导施工和控制进度的施工网络图。

大多数的工序都有确定的实物工程量,可按工序的工程量,并根据投入资源及该工序的定额计算出作业时间。若该工序无定额可查,则可以组织有关管理干部、技术人员、操作工人等,根据有关条件和经验,对完成该工序所需时间进行估计。

(二)矿井工程网络计划编制要点

1. 施工方案选择

决定井筒施工方案的主要因素包括井筒穿过地层的地质水文条件和涌水量;井筒设计规格尺寸、支护方式、施工技术装备条件与施工工艺可能性、施工队伍技术水平与管理水平,在保证施工安全和质量要求的条件下,考虑技术先进性和经济效益。一般要求井筒施工方案应具有先进的平均月成井速度。

2. 施工顺序安排

矿山工程施工顺序的安排应遵循的原则是建井工期最短、经济技术合理、施工可行,并在具体工程条件、矿井地质和水文地质条件下可以获得最佳的经济效益。

3. 井巷工程施工的关键线路

矿山井巷工程施工需时最长,这就形成了总进度计划图表上的关键线路。如井筒→井底车场重车线→主要石门→运输大巷→采区车场→采区上山→最后一个采区切割巷道或与风井贯通巷道等。井巷工程关键线路决定了矿井的建设工期。

4. 工程排队方法的要点

施工队伍安排的原则是首先根据施工期各个环节的工作能力，包括提升运输能力、通风能力，确定可能安排的工作面，具体安排掘进队伍；在保证工期和按时完成各个施工环节与系统的同时，考虑施工队伍平衡，避免施工队伍调配和人员增减的过分频繁。

【案例 4-4】

(1) 工程背景

某矿位于山东省西南部，由某公司投资建设，年设计生产能力为 3.00 Mt/a，于 2004 年 5 月完成初步设计，于 2005 年 1 月开工建设，工期为 40 个月。矿井采用立井开拓，主井、副井、风井设在一个工业场地内。主井装载系统采用全上提方式，主井井底水平即车场水平，风井回风水平设于井底车场水平，且井筒内装备简单。主井、副井、风井三井筒均需穿过含水的松软表土层(厚约 475 cm)，厚黏土层多，且具有一定的膨胀性，井筒需采用特殊凿井法施工。基岩段穿过的含水层较少，涌水量小。井下巷道除井底车场及机头硐室布置在岩层中外，其他巷道主要沿煤层布置。采区巷道可以利用综掘，施工机械化程度较高。

(2) 问题

① 确定主要施工工序的内容，编制工序表。

② 编制本矿井工程的网络计划图。

③ 根据编制的网络计划图找出关键线路并计算总工期。

(3) 分析与答案

本案例提供编制网络计划图的实例。掌握编制步骤、方法和重要工序的确定。

该矿井工程的施工组织设计方案如下：

① 井筒开工顺序确定

井筒开工顺序主要考虑施工准备期，井筒建设期，主井、副井和风井三个井筒贯通期，主、副井提升系统形成工期以及冻结站设备配套，用电负荷等因素。综合考虑各种技术经济因素，确定井筒施工顺序为：风井先开工，主井延后 1 个月开工，副井再推迟 5 个月开工。

② 井筒临时改绞

考虑主、副井井筒均采用永久井架打井，副井井筒到底与风井贯通后即进行永久装备，并尽快形成副井永久提升系统，为井下巷道开拓及采掘运输设备安装创造条件。对主、风井到底后是否进行临时改绞的问题，进行了多方案比较后确定：主、风井到底后均改装临时提升系统，共同承担井下巷道开拓的提升任务。

③ 主、副、风井交替工程安排

a. 副井永久提升系统经综合安排，从风井井筒开工到副井永久提升系统形成的总工期为 25 个月。

b. 风井永久系统和副井永久提升系统形成后，提升能力大幅度提高，风井临时提升系统辅助提升 1 个月后即进行永久装备，从风井井筒开工到风井研究系统形成共需 30 个月。

c. 主井永久提升系统主井井筒与箕斗装载硐室施工 13.5 个月，然后施工井底连接处，并进行临时改绞；副井永久系统完成后，就进行主井永久设备安装，共需 32 个月。

④ 编制网络图

a. 第一步：划分矿井工程项目中的各项目名称。

根据工程的实际情况，综合考虑项目实施时的各种因素，将本矿山建设工程划分为主井井筒(包括改绞)等17个子项目工程,它们的名称和工作搭接关系见表4-4。

表4-4 某矿山工程子工程相关信息

子工程编号	子工程名称	工期	紧前工作	紧后工作
A	全面性施工准备	6个月	无	B,C,E,S
B	主井准备	1个月	A	D
C	副井准备	6个月	A	M
D	主井井筒(包括改绞)	13.5个月	B	G
E	风井井筒(包括改绞)	14个月	A	F,H
F	主、风井贯通巷道	0.5个月	E	G
G	井底车场巷道及硐室	15个月	D,F	T
H	风井至大巷间巷道	0.5个月	E	I
I	主要大巷(Ⅰ)	7个月	H	L,K
K	主要大巷(Ⅱ)	1.5个月	I	T
L	采面顺槽及设备安装	12个月	I	T
M	副井井筒	12个月	C	N,R
N	副井提升系统	6个月	M	O,P
O	主井提升系统	6个月	N	T
P	计算机监测、监控和管理系统	9个月	N	T
Q	供电、通信、排水	个月	M	Q
U	通风系统	3个月	Q	T
R	地面生产系统	14个月	M	T
S	环保、绿化工程	24个月	A	T
T	试生产	1个月	G,L,K,O,P,R,S	无

b. 第二步:确定各子工程的工作时间。

依据以往类似工程的施工经验,根据编制的施工组织设计确定各子工程的工期(表4-4)。

c. 第三步:根据以上数据和条件绘制本矿山工程的施工网络计划图。

⑤ 本案例的矿山工程的施工网络计划图,如图4-4所示。

⑥ 本案例的关键线路为1—2—3—10—14—15,总工期为40个月。

九、横道图编制技术

(一)横道图进度计划的基本概念

横道图进度计划是一种简单且应用最为普遍的计划技术。

横道图进度计划是按时间坐标绘制的,横向线条表示工程各工序的施工起止时间的

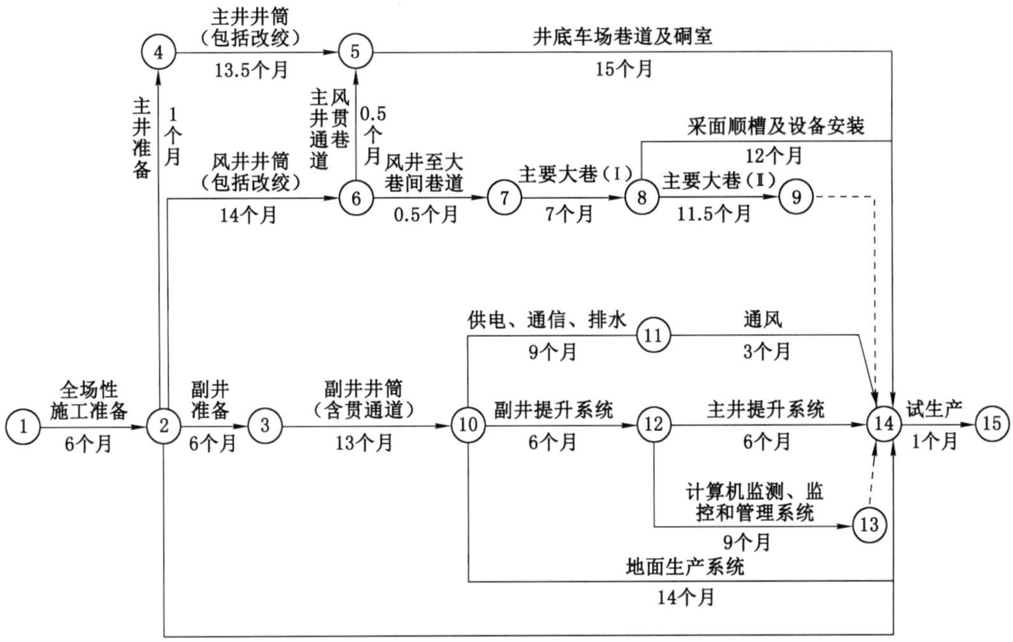

图 4-4　某矿山工程的施工网络计划图

先后顺序，整个计划由一系列横道线组成。在工序时间的横道线下方，还可以利用横道线的信息进行资源使用和劳动力组织等的情况分析。它的优点是易于编制、简单明了、直观易懂、便于检查和计算资源，特别适合于现场施工管理。它的缺点是分析功能相对比较弱。

（二）横道图进度计划的编制程序

(1) 将构成整个工程的全部分项工程纵向排列填入表中。

(2) 横轴表示可能利用的工期。

(3) 分别计算所有分项工程施工所需要的时间。

(4) 如果在工期内能完成整个工程，则将所计算得到的各分项工程所需工期安排在图表上，编排出日程表。这个日程的分配是为了在预定的工期内完成整个工程，而对各分项工程的所需时间和施工日期进行试算分配。

（三）横道图进度计划的应用

横道图在进度计划和控制中应用最为广泛，广泛用于井筒、巷道、硐室等工程的施工工序循环组织，能够简单明了地表示各施工工序的时间安排和相互搭接关系。但是对于施工项目较多、工序之间关系复杂，特别是矿井工程项目、井巷工程项目总进度计划，矿建、土建和安装工程三类工程总进度安排，其逻辑关系表达不够明确，应用有一定的局限性。当井筒掘到井底之后，为了及时转入井底车场及主要巷道的施工，必须对井上下掘进井筒所用的设备和施工组织等加以改组，以适应巷道施工的需要。为此，往往需要占用一段时间。现场将井筒施工转入井底车场平巷施工的时期称为井巷过渡期。

【案例 4-5】

(1) 工程背景

同案例 4-4。

(2) 问题

编制本矿山工程的施工横道图。

(3) 分析与答案

通过本案例熟悉横道图的形式,掌握横道图编制步骤。其他内容的分析可以参考案例 4-5。

根据案例给出的条件,其施工横道图如图 4-5 所示。

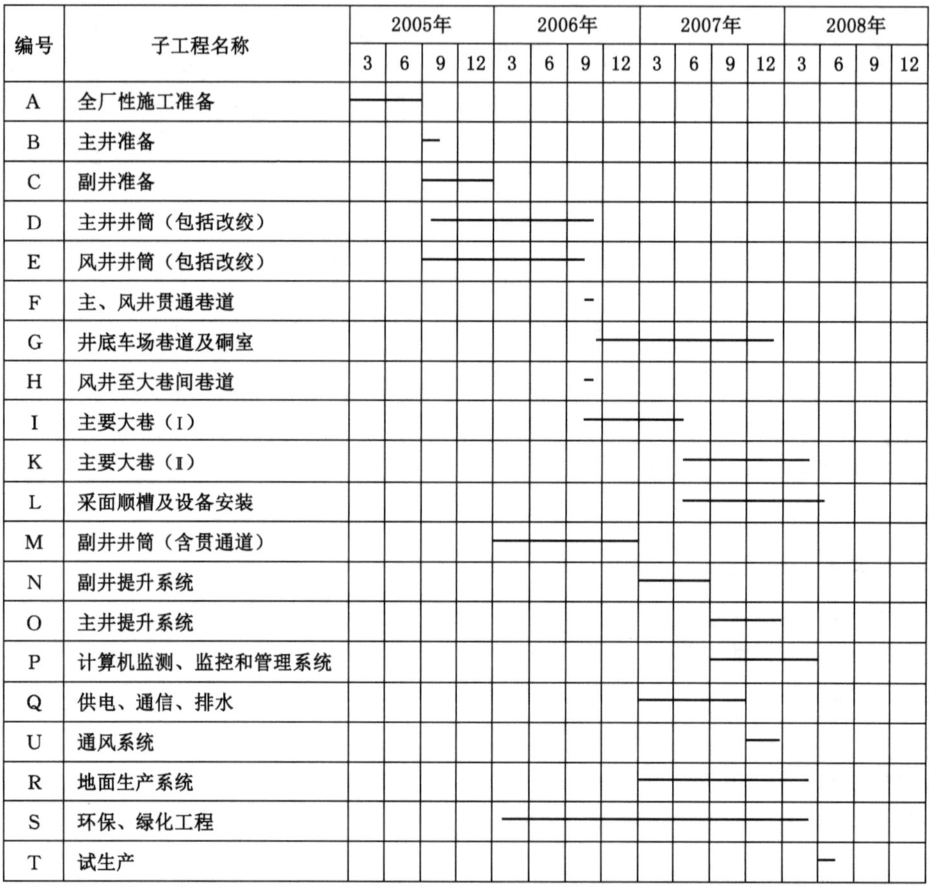

图 4-5　某矿山工程的施工横道图

十、影响矿井工程进度的因素及对策

(一) 矿井工程进度影响因素及对策

矿山建设项目影响工期的因素及应采取的措施见表 4-5。

表 4-5　矿山建设项目影响工期的因素及应采取的措施

序号	影响工期的因素	具体内容	应采取的措施
1	影响进度的相关部门、单位	施工单位；设计、物资供应、资金管理部门； 与工程建设有关的运输、通信、供电等部门和单位	由监理单位与建设项目有关部门和单位对工程进度和工作进度进行协调；加强向有关政府职能部门汇报请示，争取最快解决；计划工期要预留足够的机动时间
2	设计变更因素	建设单位或政府主管部门改变部分工程内容，或较大地改变了原设计的工作量； 设计失误造成差错；工程条件变化，需改变原有设计方案（施工图）	原则上应维护原经过主管部门批准的设计权威性；一些必不可少的设计变更，应本着实事求是和少改动的原则；提前在工程施工前 3 个月做好预见性工作，使设计修改有充足的时间。监理单位在工程建设中要加强与设计、行政管理的协调平衡
3	物资供应进度因素	材料、设备、机具不能及时到位，或者虽已到货但是质量不合格	加强对工程建设物资供应（部门、人员）的管理；加强物资供应的计划管理，提前做好物资供应的合同签订、资金供应； 建立物资供应的质量保证体系
4	资金供应的因素	计划不周； 施工单位未按工程进度要求提前开工单位工程	制订资金供应计划，落实资金供应渠道，无资金供应保证的工程不能开工；建设项目开工前要有资金储备；施工单位应有一定量的垫付资金储备；对提前开工的工程，可签发停工令或拒签工程付款签证
5	不利的施工条件因素	施工中的地质条件较原提供资料更复杂； 自然环境的变化	准备阶段充分调研；加强地质勘探和工程地质工作，并使设计和施工有切合实际的防患措施；施工组织设计应有明确、可靠的预防措施。及时采取有效合理的技术和管理措施以应对条件的变化；每年要提前编制夏季防洪、防雷电、防汛，冬季防寒、防冻措施计划，确保工程正常施工
6	技术因素	工程施工过程中由于技术措施不当；或者对于采用的新技术、新材料、新工艺，事先未做充分准备，仓促使用；到货的材料、设备、机具未做试验、调试、质量检验，投入运行后出现的技术问题都可能延误工期	施工技术措施应进行认真研究，充分准备，尽可能采用成熟、可靠的材料、设备、工艺，对于必须采用的新技术、新材料、新工艺，要充分做好调研，编制推新的技术措施有充分把握后再投入使用。对于正常的材料、设备、机具，要有一套完整的检验、调试、试运行的质量保证和管理制度
7	施工组织因素	劳动力、施工机具调配不当； 施工季节选择不当	协助施工单位编制并严格审批施工组织设计；仔细选择工程建设的各阶段、各单位工程的施工季节，充分做好对劳动力、机具的配备；及时到位的现场施工指挥
8	不可预见事件因素	不可预见的自然灾害（如地震、洪水、地质条件的突变）；社会环境及其他不可预见的变化（如地方干扰）等	对可能预见的自然灾害应有足够的对策（如对地震、防洪、防汛）；有地质条件突变的应急措施（防突水，防瓦斯、煤层突出）；及早恢复施工，抢回损失的工期；充分做好协调社会环境工作，加强与外环境联系，使之不发生或减少对工程的干扰

（二）矿井工程各施工阶段进度控制要点

1．施工准备阶段

征购土地及工农关系；施工井筒检查钻孔；平整场地、拆除障碍物，建临时防洪设施；施测工业场地测量基点、导线、高程及标定各井筒、建筑物位置；供电、供水、通信、公路交通；解决井筒施工期间所需的提升、排水、通风、压风、排矸、供热等综合生产系统；解决施工人员生活福利系统的建筑和设施；落实施工队伍和施工设备；做好井筒凿井必备的准备工作。

2．井筒施工阶段

安装好“三盘”(井口盘、固定盘、吊盘)，凿井设备联合试运转；特殊凿井段的协调施工；普通凿井段的协调施工；马头门段及装载硐室段施工；主、副井筒到底后的贯通施工；井筒施工期间遇异常条件时的处理，如大涌水、煤及瓦斯突出、构造破碎带等。

3．井下巷道与地面建筑工程施工阶段

组织井巷工程矛盾线上的井巷工程施工；主、副井交替装备的施工；井巷、硐室与设备安装交叉作业的施工；采区巷道与采区设备安装交叉作业的施工；按照立体交叉和平行流水作业的原则组织井下及地面施工与安装。

4．竣工验收阶段

矿、土、安三类工程收尾工程的施工；组织验收及相应的准备工作；单机试运转及矿井联合试运转；矿井正式移交生产；建立技术档案，做好技术文件及竣工图纸和交接。

（三）矿山工程进度控制的目标、范围及关键

1．进度控制的目标

矿山工程施工进度控制的是工期目标，即实施施工组织优化的工期或合同工期。

2．进度控制的范围及关键

(1) 控制的范围

进度控制范围是在控制目标基础上确定的，包括：对整个施工阶段的控制；对整个项目结构的控制，尤其是矿、土、安三类工程的综合平衡的控制；对相关工作实施进度控制；对影响进度的各项因素实施控制。

(2) 控制的关键

组织协调是实现有效进度控制实施的关键。

（四）矿山工程进度控制的主要任务和内容

矿山工程进度控制的主要任务是通过完善项目控制性进度计划，审查施工单位施工进度计划，做好各项动态控制工作，协调各单位关系，预防工期拖延，以使实际进度达到计划施工进度的要求，并处理好工期索赔问题。

（五）矿山工程进度控制的方法

矿山工程进度控制的方法包括采用行政手段、经济手段以及管理技术方法。

【案例 4-6】

(1) 工程背景

在某矿山工程项目的建井施工中，业主组织的联合检查发现：施工单位(某凿井集团)因为有一台主要设备未能如期到位，导致工期拖延 15 天；因矿场布局方面的原因引起较大设计变更，导致工期拖延 30 天；由于地质勘探不明，施工遇到老空积水，导致工期拖延 45 天。

(2) 问题

① 哪些因素导致建井工程拖延 3 个月?

② 如何正确处理上述影响因素所导致的问题?

(3) 分析与答案

本案例说明一些影响矿井工程进度的主要因素。通过本案例掌握处理这些不同影响因素的基本方法和措施。

① 导致本项目拖延的因素主要有设计变更、材料供应的进度、不利的施工条件等。

② 设计变更方面,原则上应维护原经过主管部门批准的设计权威性。对一些必不可少的设计变更,应本着实事求是,坚持少改动的原则。要求在工程施工前 3 个月提前做好预见性工作,使设计修改有充分的时间。

物料供应方面,加强对工程建设物资供应(部门、人员)的管理;加强物资供应的计划管理,提前做好物资供应的合同签订、资金供应;建立物资供应的质量保证体系。

不利的施工条件方面,准备阶段做好充分调研;加强地质勘探和工程地质工作,并使设计和施工有切合实际的防患措施;施工组织设计应有明确、可靠的预防措施。及时采取有效合理的技术和管理措施以应对条件的变化;每年要提前编制夏季防洪、防雷电、防汛,冬季防寒、防冻措施计划,确保工程正常施工。

【案例 4-7】

(1) 工程背景

某施工单位(乙方)与某建设单位(甲方)签订了井底车场施工合同。合同工期为 38 天。乙方按时提交了施工方案和施工网络进度计划(图 4-6),并得到甲方代表的同意(箭线下方的数字表示工序的持续时间,单位为天)。

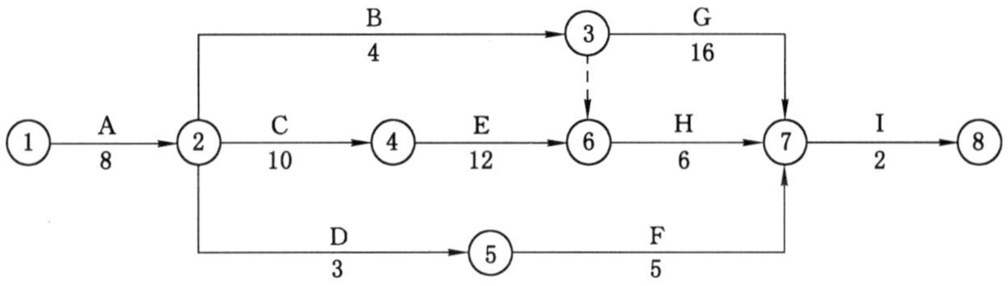

图 4-6 某工程施工网络进度计划

(2) 问题

① 该网络计划的工期能否满足合同工期要求?

② 矿山工程进度控制的方法有哪些?

(3) 分析与答案

本案例要求掌握网络图的分析方法,运用网络计划技术对进度计划进行评价;通过网络图分析和评价,对施工进度的具体情况采用相应的控制方法。

① 该网络计划的时间参数计算结果已在图 4-7 中标出。由图 4-7 可知该网络计划的关键线路是①→②→④→⑥→⑦→⑧,工期为 38 天,满足合同工期要求。

在工程的实施过程中,一旦出现工作时间的延误,有可能影响工程的完成时间。针对本工程的网络计划,有可能出现的情况为:

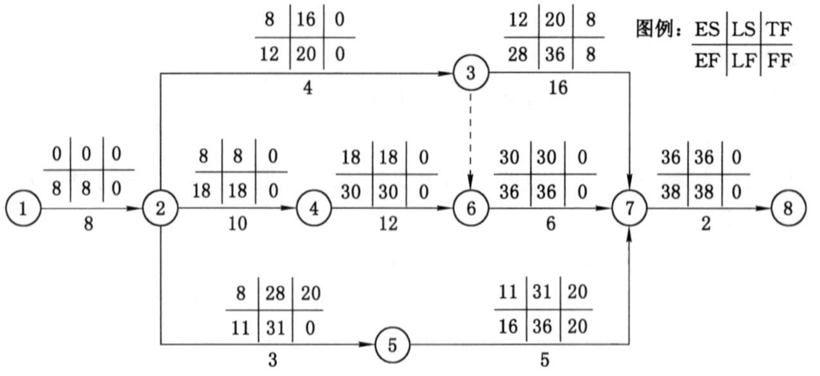

ES—工作的最早开始时间；EF—工作的最早完成时间；LS—工作的最迟开始时间；

LF—工作的最迟完成时间；TF—工作的总时差；FF—工作的自由时差。

图 4-7　某工程网络图网络参数计算结果

a. 关键线路上的任何一个工作发生延误，都会使工程的工期延长，延长的时间为各工作延误的时间总和。

b. 非关键线路上的工作发生延误，也有可能使工程的工期延长，由发生延误工作的时差决定。

若工作②—⑤发生延误，如延误时间为 10 天，由于该工作有总时差 $TF_{2-5}=20$ 天，但没有自由时差（$FF_{2-5}=0$），因此它会影响其后续工作⑤—⑦的正常开始，但不会影响工程的完成时间。

若工作⑤—⑦发生延误，如果延误时间为 15 天，由于该工作有 20 天的自由时差和 20 天的总时差，因此它不会影响其后续工作⑦—⑧的正常开始，也不会影响工程的完成时间。但是如果工作⑤—⑦发生延误是在前面②—⑤工作发生延误的基础上出现的，那么这时工作⑤—⑦只有 10 天的自由时差和 10 天的总时差，延误 15 天时间必然会对后续工作⑦—⑧产生影响，使其开始时间推迟 5 天，最终会使该工程的工期拖延 5 天。

c. 当工程施工中某一个工作完成时间提前，有可能使工程的完工时间缩短，但是要看具体情况。

若工作④—⑥提前 2 天完成，由于④—⑥是关键工作，它的提前有可能会使整个工程的完成时间缩短，具体缩短多少必须对网络计划进行计算，尤其要注意关键线路是否已经发生改变，这里由于关键线路仍然不变，因此可提前 2 天时间。

若工作③—⑦提前 2 天完成，由于③—⑦并不是关键工作，因此它的提前只能为后续工作的提早开工创造条件，但不能使工程完工时间提前。

② 通过网络分析就可以了解各项工作的地位以及工作之间的相互影响，决定应着重控制的工作内容。具体进度控制的方法包括行政方法、经济方法和管理技术方法等。

十一、施工进度计划调整的方法

（一）矿井工程施工项目进度控制的过程

从矿井施工准备开始直至竣工投产，整个工程建设过程自始至终需要施工进度控制人员掌握项目的进展情况，发现进度出现偏差时应及时进行调整。

1. 矿井工程施工项目进度控制目标

矿井工程施工项目进度控制的目标是建设工期，为了有效实施控制，需要对矿井建设总工期目标进行分解，以明确各个阶段、各个工程、各个单位和关键节点的目标。

(1) 明确施工阶段目标，控制工程的进度

矿井工程施工项目根据其施工的性质，通常划分为施工准备阶段、井筒施工阶段、井巷过渡及巷道和硐室施工阶段、采区巷道施工阶段。① 施工准备阶段，应保证完成井筒开工所具备的各种条件，涉及"五通一平"及各类临时设施的准备等，任何工作出现拖延，都会影响井筒的正常开工，从而影响总工期。② 井筒施工阶段，尽管井筒工程量少，但占用工期长，井筒施工又是关键线路上的工程，施工单位应尽量采用成熟且先进的技术，加快井筒的施工进度，保证井筒按预定计划到底进行短路贯通。③ 井巷过渡及巷道和硐室施工阶段，施工任务重、工作面多、施工队伍多，同时涉及提升运输、通风排水等辅助工作，因此要控制关键线路上的工程施工进度，协调好非关键工作的进度安排，组织好平行交叉和搭接施工作业。另外，此时副井进入永久装备，需要加快进度，防止其出现延误影响矿井建设后期的提升工作。④ 采区巷道施工阶段，要求矿井基本形成通风系统，提升能力得到改善，在安排采区巷道施工时要注意协调好安装工程的配套作业，同时要加快地面土建和安装工程施工作业，确保竣工投产工期总目标。

(2) 明确承包单位责任，协调工程的进度

矿井工程项目构成复杂，要求安排的施工队伍多，对于每一个单位工程或分部工程，施工单位都应当根据施工总进度计划的要求明确所承担项目的开竣工时间，特别是一项工程由多家施工单位承包时，更应当协调好施工安排，以便专业工程的平行交叉作业的顺利开展，保证工程按计划进度顺利实施。如立井井筒施工，采用冻结法施工时，井筒冻结和掘砌由不同施工单位承包，这时掘砌单位对施工工期的控制依赖于冻结单位，如果井筒冻结不能保证按时开挖，就会影响井筒掘砌工期；再者，如果井筒冻结温度过低使冻土挖掘困难，也会影响井筒的施工进度。因此，承包单位之间的相互协调有利于工程进度的正常实施。

(3) 明确重要施工节点，组织综合施工

矿井建设工程中，围绕第一个井筒的开工，要完成施工准备工作。围绕井筒到底进行短路贯通，是井巷过渡转入巷道施工和进行主、副井交替装备的开始。围绕工程施工中的重要施工节点，要组织综合施工，实现工程进度的节点控制。如在主副井施工到底进行短路贯通后，副井即可进行永久装备，围绕副井永久装备，应当完成井筒装备安装，提升机房建设，提升机安装，井架安装，井口房施工，副井提升配套的地面浴室、更衣室、地面排矸设施等建设，组织综合配套施工是确保副井永久装备按进度计划顺利的关键。

2. 矿井工程施工项目进度控制实施

矿井工程施工项目进度控制的实施贯穿于项目建设的始终。作为进度控制人员，对项目具体的控制包括以下几个方面：

(1) 认真编制建设项目的进度计划

根据项目建设的要求编制符合实际的可操作性的工程总进度计划，并由此根据施工阶段、施工单位、项目组成编制分解计划，明确目标，方便进度计划的控制和调整。

(2) 审核施工承包单位的进度计划

对施工承包单位提交的进度计划，要根据总进度计划的要求认真进行审核，审核其施工的开竣工时间、施工顺序和施工工艺的合理性、资源配套要求及与其他施工承包单位进度计划的协调性，对存在问题及时要求整改，避免影响工程的正常施工。

（3）督促和检查施工进度计划的实施

在矿井工程项目施工过程中，实施进度的控制要求控制人员深入现场获取工程进展的实际情况，并与计划进度进行对比分析，对出现进度偏差的情况进行分析，找出原因，对存在问题提出整改，同时协助解决施工中存在的相关问题，防止进度拖延问题的扩大化。

（4）调整进度计划并控制其执行

当施工单位进度发生偏差而影响工程建设的进度时，应当根据进度控制的基本原则对施工进度计划进行调整。进度调整要以关键工作、关键节点时间为控制点，尽量在较短的时间内使工程进度恢复到正常状态，同时实施调整后的进度计划，严格控制施工进度按计划进行。

（二）矿井工程进度计划调整的主要原则

工程进度更新主要包括两个方面的工作，即分析进度偏差的原因和进行工程进度计划的调整。常见的进度拖延情况有：计划失误、合同变更、组织管理不力、技术难题未能攻克、不可抗力事件发生等。

1. 进度控制的一般性措施

（1）突出关键线路，坚持抓关键线路。

（2）加强生产要素配置管理。配置生产要素是指对劳动力、资金、材料、设备等进行存量、流量、流向分布的调查、汇总、分析、预测和控制。

（3）严格控制工序，掌握现场施工实际情况，为计划实施的检查、分析、调整、总结提供原始资料。

2. 进度拖延的事后控制措施

进度拖延的事后控制措施的最关键内容：分析拖延的原因，并针对原因采取措施；还可以采取投入更多的资源加速活动、采取措施保证后期的活动按计划执行；分析进度网络，找出有工期延迟的路径；改进技术和方法提高劳动生产率；征得业主的同意后，缩小工程的范围，甚至删去一些工作包（或分项工程）；采用外包策略，让更专业的公司完成一些分项工程。

3. 关键工作的调整原则

（1）当关键工作的实际进度较计划进度提前时，若仅要求按计划工期执行，则可以利用该机会降低资源强度及费用。

（2）当关键工作的实际进度较计划进度落后时，要缩短后续关键工作的持续时间，达到满足工期的要求。

（三）矿井工程进度计划调整的方法

1. 矿井工程进度计划调整的系统过程

矿井工程施工进度计划的调整依赖于对实际施工进度的控制。作为建设项目的进度控制人员，可以通过对施工进度的跟踪检查，采用收集进度报表、现场实地检查、定期召开会议等方法，然后根据收集的进度数据进行分析来判断实际进度。在此基础上分析进度出现偏差的原因及其对后续工作和总工期的影响，并根据后续工作和总工期的限制条件采取相应的进度计划调整方法。

2. 矿井工程施工进度计划调整方法

根据对矿井工程进度计划的检查，如果发生进度偏差，必须及时分析原因，并根据限制条件采取合理的调整方法。通常当施工进度偏差影响到后续工作和总工期时，应及时进行计划调整。

(1) 当矿井工程施工的关键工作的实际进度较计划进度落后时，通常要缩短后续关键工作的持续时间，其调整方法如下：

① 重新安排后续关键工序的时间，一般可通过挖掘潜力加快后续工作的施工进度，从而缩短后续关键工作的时间，达到关键线路的工期不变。由于矿井工程施工项目受影响的因素较多，在实际调整时，应当尽量调整工期延误工序的紧后工序或紧后临近工序，尽早使项目施工进度恢复正常。

② 改变后续工作的逻辑关系，如调整顺序作业为平行作业、搭接作业，缩短后续部分工作的时间，达到缩短总工期的目的。这种调整方法在实施时应保证原定计划工期不变，原定工作之间的顺序也不变。

③ 重新编制施工进度计划，满足原定的工期要求。由于关键工作出现偏差，如果局部调整不能奏效时，可以将剩余工作重新编制计划，充分利用某些工作的机动时间，特别是安排好配套或辅助工作的施工，达到满足施工总工期的要求。

(2) 对于矿井工程施工的非关键工作，当实际进度较计划进度落后时，如果影响后续工作特别是总工期时，需要进行调整，其调整方法如下：

① 当工作进度偏差影响后续工作但不影响工期时，可充分利用后续工作的时差，调整后续工作的开始时间，尽早将延误的工期追回。

② 当工作进度偏差影响后续工作也影响总工期时，除了充分利用后续工作的时差外，还要缩短部分后续工作的时间，也可以改变后续工作的逻辑关系，以保持总工期不变，其调整方法与调整关键工作出现偏差的情况类似。

(3) 发生施工进度拖延时，可以增减工作项目。如果某些项目暂时不建或缓建并不影响工程项目的竣工投产或动用，也不影响项目正常效益的发挥。但是要注意增减工作项目不应影响原进度计划总的逻辑关系，以便使原计划得以顺利实施。矿井建设工作中，适当调整工作面的布置，可以减少巷道的掘进工程量；地面建筑工程采用分期分批建设等都可以达到缩短工期的目的。

(4) 认真做好资源调整工作。在工程项目的施工过程中，使进度产生偏差有很多影响因素，如果资源供应异常，应进行资源调整，保证计划的正常实施。资源调整可通过资源优化的方法解决。如井巷施工中，要认真调配好劳动力，组织好运输作业，确保提升运输能力，保证水、电、气的供应等。

【案例 4-8】

(1) 工程背景

某矿井井底车场主要巷道的施工网络计划如图 4-8 所示，图中箭线下方数据为工程施工时间，单位为月。施工中，工程 E 由于工作面发生突水造成延误，使其耽误工期 2 个月，为维持原计划工期不变，施工单位增开了一条辅助巷道，安排在工程 E 结束后开始，与工程 H 平行，工程名称为 L，时间为 1 个月，由于增开辅助巷道，可以将工程 G 分成两个部分进行平行作业，将其 1/4 工程量安排给施工辅助巷的施工队施工，这时可使工程 G 的施工时间缩短到 6 个月。

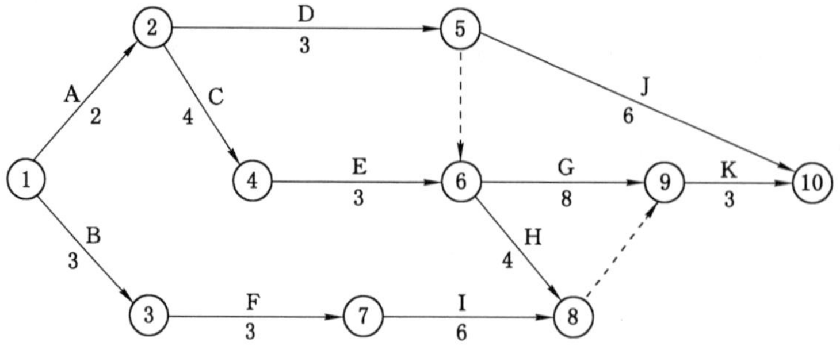

图 4-8　施工网络计划

（2）问题

① 该井底车场主要巷道的计划工期是多少？施工中重点应控制哪些工程？

② 工程 E 出现拖延后，根据施工单位的安排，该工程的实际工期是多少？

③ 绘制施工单位调整后的网络计划图。

（3）分析与答案

① 图 4-9 为标注时间的网络计划，可以根据网络计划来计算各工程的时间参数，然后找出关键线路、关键工作，并可以计算出该网络的计划工期。

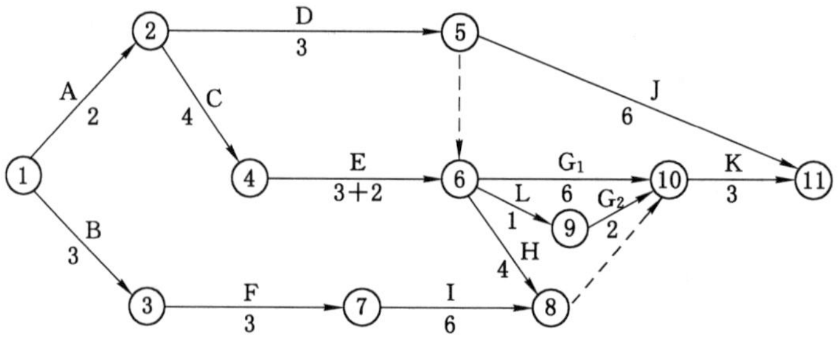

图 4-9　时间网络计划

该井底车场主要巷道的计划工期是 20 个月，施工中重点控制的工程是关键线路上的各项工程（A、C、E、G、K）。

② 工程 E 出现拖延，由于 E 是关键工程，因此必然会影响其后续工程的正常进行，也会影响项目的总工期，要保证工程项目的正常完成，保持工期不变，必须对后续工程项目的时间进行重新安排，通常可考虑压缩关键工程的工作时间，或者组织平行搭接作业来缩短后续工程的完成时间。

施工单位通过增开辅助巷道，将工程 G 分解为 G_1 和 G_2 两个部分，G_1 由原施工队伍进行施工，工期 6 个月，G_2 由施工辅助巷道的队伍承担，工期 2 个月，这样可以实现延误工程项目的后续工程项目的平行施工，达到缩短后续工程施工时间的目的，保证全部工程的总工期不变。施工单位的这种安排，使实际工程工期不变，还是 20 个月。

③ 施工单位调整后的网络计划如图 4-9 所示。

十二、加快矿井工程施工进度的组织措施、技术措施与管理措施

（一）加快矿井工程施工进度的组织措施

矿井工程施工项目数量多、类型复杂，并且包括矿建、土建和安装三类工程项目，因此必须认真进行组织和落实，加快施工进度。在工程施工过程中采取下列主要措施：

1. 增加工作面，组织更多的施工队伍

针对矿井工程项目数量多的特点，在前期准备工作中可针对不同的井筒有针对性地组织施工队伍，保证围绕井筒开工的各项准备工作顺利开展。在井筒到底转入巷道和硐室时，在满足提升、运输、通风、排水的条件下，尽可能多开工作面，组织多工作面平行施工。对于地面土建工程，如果具备独立施工的条件，尽量多安排施工队伍。而进入矿井建设后期，安装工作上升为主要矛盾，要尽可能创造更多的工作面安排施工队伍进行安装作业，在条件许可的情况下最大程度地组织平行作业，可有效缩短矿井建设的总工期。

2. 增加施工作业时间

对于矿井工程的关键工程，应当安排不间断施工。对于发生延误的工序，其后续关键工作要充分利用时间，加班加点进行作业。如地面安装工程，在时间紧迫的情况下，可延长每天的工作时间，或者安排夜班作业，缩短实际安装作业天数，达到缩短工期的目的。

3. 增加劳动力及施工机械设备

要有效缩短工作的持续时间，可适当增加劳动力的数量，特别是以劳动力为主的工序。如冻结井筒冻土的挖掘工作，在机械设备不能发挥作用的情况下，如果工作面允许，可多安排劳动力进行冻土的挖掘，这样能有效加快出渣速度，提高井筒冻结段的施工进度，缩短井筒的工作时间，从而达到缩短建设工期的目的。在施工中，有条件时还可以增加施工机械设备的数量，大幅度提高工作面的工作效率。如井筒基岩段出渣工作，如果井筒内布置 2～3 个吊桶，而只有 1 台抓岩设备，出渣速度难以得到保证，若井筒断面允许布置两台抓岩设备，就可有效提高出渣速度，这对加快井筒的施工进度是十分有效的。

（二）加快矿井工程施工进度的技术措施

1. 优化施工方案，采用先进的施工技术

矿井工程施工技术随着科学技术的发展不断进步，优化施工方案或采用先进的施工技术，可以有效缩短施工工期。如井筒表土施工，采用冻结法可确保井筒安全通过表土层，避免发生施工安全事故。井筒全深冻结施工，可有效保证井筒顺利通过基岩含水层，确保井筒的计划工期，杜绝由于井筒治水而发生工期延误的可能性。巷道施工采用锚喷支护技术取代传统的砌碹支护，大幅度降低了工人的劳动强度，加快了施工进度，节约了投资。在地面提绞设备安装工作中，提升机控制系统选择先进的自动控制技术，尽管初期投资较大，但是可以节约安装工期，且其长远经济效益显著。

2. 改进施工工艺，缩短工艺的技术间隙时间

矿井工程施工项目品种繁多，不断改进施工工艺，缩短工艺之间的技术间隙时间，可缩短施工的总时间，从而实现缩短总工期的目的。如井筒冻结段内层井壁的施工，过去普遍推广的滑模套内壁工艺，由于需要专门制作滑模盘且在滑模施工中必须连续作业，有时施工难以保证，经常延误。施工企业通过不断总结经验，改进套壁工艺，采用块模倒换的施工方法，

在严格控制混凝土初凝时间基础上，实现了冻结段井筒内壁块模倒换的连续施工工艺，缩短了套壁时间，节约了施工工期，加快了冻结井筒的施工速度。

3. 采用更先进的施工机械设备，提高施工速度

矿井工程施工的主要工序已基本实现机械化，选择先进的高效施工设备，可以充分发挥机械设备的性能，达到加快施工速度的目的。如井筒基岩段施工出渣工作，采用传统的人力操纵装岩机，6～8 人操作，其出渣效率只有 20 m^3/h 左右，而采用先进的中心回转抓岩机，仅需要 1～2 人操作，其出渣效率可达到 50 m^3/h 左右，不仅节省了人力，还加快了出渣速度。再如煤巷掘进工作，特别是长距离顺槽的掘进，传统的钻爆法施工速度仅为 100～200 m/月，而采用煤巷综掘机掘进，平均可达 300～500 m/月，最快可达 1 000 m/月。因此，采用更先进的施工机械设备，是加快矿井工程施工进度的有效保证。

（三）加快矿井工程施工进度的管理措施

（1）建立和健全矿井工程施工进度的管理措施

矿井工程施工企业要建立加快工程施工进度的管理措施，从施工技术、组织管理、经济管理、配套技术等方面不断完善企业内部管理制度，提高管理技术和水平。对于承担的工程建设项目实施项目法人责任制，项目负责人负责制，进度控制责任明确，分工具体，保证项目进度的正常实施。

（2）科学规划、认真部署，实施科学的管理方法

针对矿井工程施工项目复杂的实际情况，施工企业要制定科学的管理方法，认真编制合理的施工进度计划，进行科学的施工组织，在项目管理上，采用现代管理方法，利用计算机实现施工项目的信息处理、预测、决策和对策管理。在具体工程管理工作中，强调系统工程的管理方法，实现资源优化配置与动态管理，满足建设单位的工期目标。

（四）加快井巷工程关键线路工作施工速度的具体措施

（1）全面规划，统筹安排。特别要仔细安排矿、土、安相互交叉、影响较大的工序内容。

（2）充分重视安装工程施工，并尽量提前利用永久设备，对提高施工能力也是非常有益的。

（3）采取多头作业、平行交叉作业，积极采用新技术、新工艺、新装备，提高井巷工程单进水平。

（4）把施工水平高、装备精良的重点掘队放在关键线路上，为快速施工创造条件。

（5）充分做好各项施工准备工作，减少施工准备占用时间，降低辅助生产占用的工时。

（6）加强综合平衡，做好工序间的衔接，解决薄弱环节；利用网络技术做好动态管理，适时调整各项单位工程进度。

（五）缩短矿井工程井巷过渡阶段工程工期的主要措施

（1）井筒提升试开挖阶段，要做好井架、井口棚、井内三盘（封口盘、固定盘、吊盘）安设，试开挖后即可转入正式开工。

（2）井筒提升和吊挂设计，表土段与基岩段要统一考虑。表土段施工结束，吊挂系统做必要的调整即可转入基岩段掘砌。例如，采用分段排水的井筒施工，在转入基岩段施工前后应尽早建立转水泵站；基岩段如有强含水地层，应提前做好防排水措施工程，采取预注浆或其他防水措施。

(3) 由井筒转入平巷施工的过渡阶段，提升、运输、通风、排水、供电都要做重大调整。为此，应提前半年左右做好过渡期施工的各辅助生产系统的施工组织设计，做好各项工程转换的施工准备(包括技术准备、设备准备、物资准备、人员准备)，以便井筒施工结束后尽快转入平巷施工。

(4) 主、风井井底贯通前要做好各系统调整的施工设计和准备工作，确保贯通后的通风、排水、供电、运输系统调整工作迅速完成和后续施工安全。

(5) 做好矿井建设期提升系统的交替装备准备，主要是主、副井交替装备的施工组织，争取提前使用永久提升设备。

【案例 4-9】

(1) 工程背景

某矿井井底车场和主要硐室的施工网络计划如图 4-10 所示，图中时间单位为月。实际施工过程中，F 工作由于工作面出现瓦斯突出，进行处理耽误了 1 个月时间；D 工作在通过断层破碎带时，由于排水水泵故障造成巷道被淹，施工单位及时制定了应急处理方案，在 D 工作进行了 1 个月时，增开了一条临时巷道，安排 D 工作的后续工作施工，该工作名称为 S，在 B 工作后面，在 G、J、M 工作前面，时间为 1 个月，D 工作最后耽误了 3 个月时间。

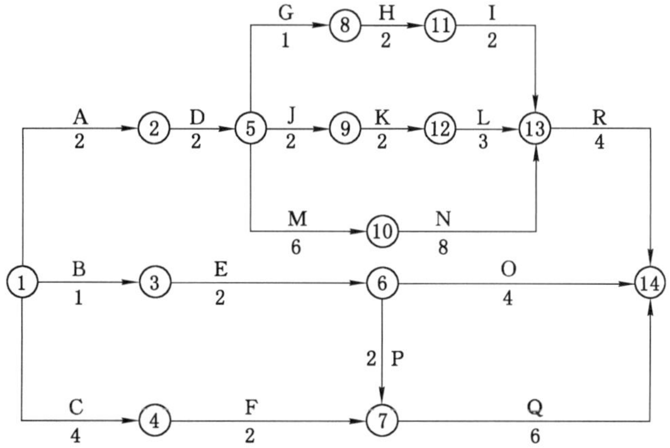

图 4-10　某矿井井底车场和主要硐室的施工网络计划图

(2) 问题

① 该井底车场施工网络计划的关键线路是哪一条？工期是多少？

② 对施工中出现的问题如何处理？

③ 增加了临时巷道后，绘制该井底车场施工的网络计划图。

(3) 分析与答案

井底车场施工网络计划的关键线路和工期可通过网络计算求得。对施工中出现的问题，可以由具体责任方进行相应的处理。

① 该井底车场施工网络计划的关键线路是 A—D—M—N—R，工期为 22 个月。

② F 工作由于出现瓦斯突出，属于不可预见问题，其责任不在施工单位，处理事故所发生的费用应当得到补偿，工期应当顺延，但不影响工期，因此总工期不应推迟。D 工作耽误了 3 个月时间，属于施工单位自己的责任，处理事故所发生的费用由施工单位自己承担，工

期不应该给予补偿。施工单位增加了临时巷道，布置多头工作面掘进，缩短工期，此处考虑到主要是工作 D 造成的，因此该工程费用和工期不应该得到补偿。

③ 由于 D 工作出现延误，考虑到 D 工作为关键工作，肯定会对工程的工期产生影响，因此施工单位采取增开了临时巷道的方法是正确的。增开临时巷道的时间是在工作 D 已经进行了 1 个月的情况下进行的，又在工作 B 的后面，现将工作 D 已完成的部分定义为 D_1，尚未完成的部分定义为 D_2，那么工作 S 必须在 D_1 和 B 的后面，G、J、M 的前面，重新绘制该井底车场施工网络计划，如图 4-11 所示（只考虑增开临时巷道）。从图中可以计算出新的网络计划的关键线路应是 A—D_1—S—M—N—R，工期仍为 22 个月。

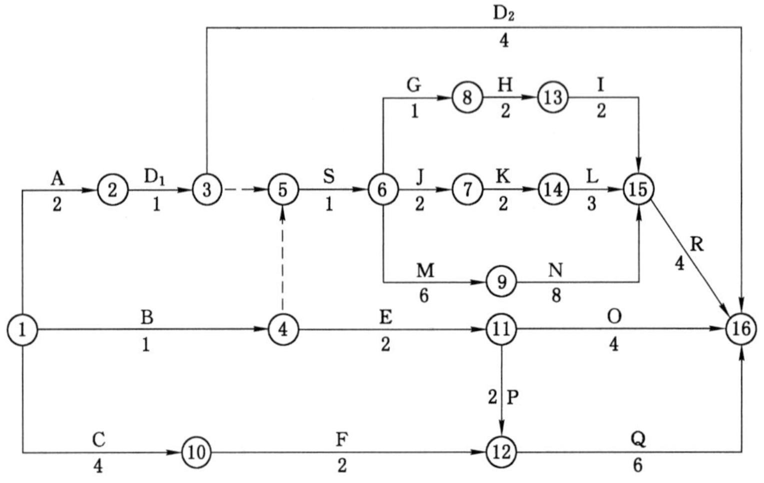

图 4-11　增开了临时巷道后的井底车场施工网络计划

十三、施工进度计划的优化方法及其措施的评价

（一）施工进度计划的优化方法

矿井工程施工项目进度计划的优化主要考虑在一定的约束条件下实现工程施工预定的目标要求，通常可进行工期优化、费用优化和资源优化。

1. 工期优化

工期优化是指施工初始进度计划的工期不满足工期要求，通过调整和压缩关键工作的时间来达到工期目标。工期优化的步骤是：

（1）确定初始进度计划的工期和关键线路。

（2）根据工期要求计算出要求压缩的时间。

（3）选择应压缩的关键工作，主要考虑压缩的工作对质量和安全影响不大、有充足的资源、需要增加的费用最少。

（4）压缩选择的关键工作，并保持原关键工作不变，重新计算工期。

（5）如果工期满足要求，优化工作结束；如果不满足要求，则重复（2）～（4），直到工期不能再缩短为止。

（6）如果关键工作都已压缩到极限仍不能满足工期要求，需要对进度计划进行调整或对工期目标进行审定。

2. 费用优化

费用优化是指工期成本优化，是指寻求工程项目总成本最低的工期安排，或者按要求的工期寻求最低成本的计划安排。费用优化步骤是：

(1) 根据工作的正常时间确定进度计划的工期和关键线路。

(2) 计算各项工作的直接费用率。

(3) 当只有一条关键线路时，找出直接费用率最小的一项关键工作作为缩短工作时间的对象；当有多条关键线路时，找出组合直接费用率最小的一组关键工作作为缩短工作时间的对象。

(4) 对于选定的压缩对象(一项关键工作或一组关键工作)，比较其直接费用率或组合直接费用率与工程间接费用率的大小：如果被压缩对象的直接费用率或组合直接费用率小于工程间接费用率，说明压缩关键工作的时间会使工程总费用减少，可缩短关键工作的时间。否则，应停止缩短关键工作的时间，此前的方案已是优化方案。

(5) 要注意缩短工作的时间不能小于其最短时间，同时缩短后不能变为非关键工作。

(6) 重复(3)～(5)，直至工期满足要求工期或被压缩对象的直接费用率或组合直接费用率大于工程间接费用率为止。

(7) 计算优化后的工程总费用，绘制优化后的进度计划图。

3. 资源优化

工程施工的资源很多，可以是投入的人力、材料、机械设备和资金等，完成一项工程的总资源是基本不变的，不可能通过优化将其减少。资源优化的目的是通过改变工作的开始和完成时间，使资源的发布符合优化目标。

(1) 资源有限、工期最短。资源有限、工期最短优化是通过调整计划安排，在满足资源限制的条件下，使工期延长最少的过程。其优化方法如下：

① 按照各项工作的最早开始时间安排进度计划，并计算每个时间单位的资源需用量。

② 从计划开始逐个检查每个时间段资源需用量是否超过限量，如果整个工期范围内每个时间段资源需用量均能满足要求，则优化工作结束，否则转入下一步调整。

③ 分析超过资源限量的时段，如果有平行工作，则改为顺序工作，以降低资源需用量，计算需要延长的工期，选择工期延长最短的调整方案。

④ 对调整后的进度计划重新计算每个时间单位的资源需用量。

⑤ 重复②～④，直到进度计划整个工期范围内每个时间段资源需用量均能满足资源限量为止，并计算出延长工期的最小值。

(2) 工期固定、资源均衡优化是通过调整进度计划安排，在工期不变的条件下，使资源需要量尽可能均衡的过程。其优化方法如下：

① 按照各项工作的最早开始时间安排进度计划，计算进度计划每个时间单位的资源需用量。

② 从进度计划的终点节点开始，按工作完成节点编号从大到小的顺序依次进行调整。当某一节点同时作为多项工作的完成节点时，先调整开始时间较迟的工作。调整时，一项工作能够移动的条件是：工作具有机动时间，且不影响总工期，工作移动能够使资源的需用量更加均衡。

③ 当所有工作均按上述顺序自右向左调整了一次之后，为使资源需用量更加均衡，应

继续按上述顺序自右向左进行多次调整，直至所有工作不能移动为止。

（二）施工进度计划优化措施评价

评价矿井工程施工进度计划优化措施可以从以下几个方面着手：

1. 施工方案的可行性

施工方案一般包括：确定施工程序和顺序、施工起点流向、主要分部分项工程的施工方法和施工机械。

2. 项目分解（WBS）的合理性

根据工程项目的规模，合理进行项目的分解，并方便各工序之间关系的正确表达。

3. 各项工作作业时间估计的准确性

工序时间的确定，一般先计算出一个通常条件下的合理、经济作业时间，然后再进行调整。工序作业时间的确定可以根据定额和合理的人员（或机械）数量计算求得，定额计算时应根据实际情况适当调整。对一些缺乏经验而又比较重要的分项工程或项目，可以采用三时估计法，即估计一个最短时间（在最顺利条件下所需时间）、一个最可能时间和一个最长时间（最不利条件下的所需时间），然后再加权计算。

4. 评价工序的逻辑关系是否合理

根据施工方案、施工技术、时间关系、资源分配等明确工序之间的逻辑关系。

5. 评价各种资源能否满足进度计划需要

由于资源品种较多，因此要重点满足主要资源的需要。

6. 对进度计划的优化

（1）一般原则。矿井建设的进度优化主要是缩短建设工期。在工作内容不能减少的情况下，主要利用技术改进、科学组织和施工方案的优化来实现。缩短工期一般有两种方法：一是加快施工速度；二是改变组织关系。

（2）网络计划确定前和网络计划确定后的优化。工期优化可分为网络计划确定之前的优化和确定之后的优化。矿井建设特别要注重网络计划确定之前的工期优化，即施工方案的优化。网络计划确定之后的优化目标主要是加快关键线路上各工程的施工速度。

（3）技术改进。通过技术改进，合理使用或降低资源消耗。

（4）合理分配资源。合理分配资源就是要分清主次，首先满足关键线路上工程的施工需要，或推迟非关键线路上工作的开工时间，或相应延长非关键线路上工作的延续时间，也可以将上述两种情况结合。

7. 从计划外增加资源

根据工程施工的要求，在资源限制的情况下，通过调配计划外资源增加资源的总量，满足施工进度安排和工期需要。

【案例 4-10】

（1）工程背景

某矿业建设工程的施工网络计划如图 4-12 所示，图中箭线之下括号外的数字为正常持续时间；括号内的数字是最短时间；箭线之上是缩短一天需要增加的费用。当工程进行到第 95 天进行检查时，节点⑤之前的工作全部完成，工程延误了 15 天，采用对角式通风的矿井，利用风井提前开拓采区巷道，可以缩短建井工期，提前移交生产，节约投资；主副井与风井提前贯通，形成独立完整的通风系统，通风问题易于解决，特别是对沼气矿井的安全生产十分有利，同时增加了安全出口。

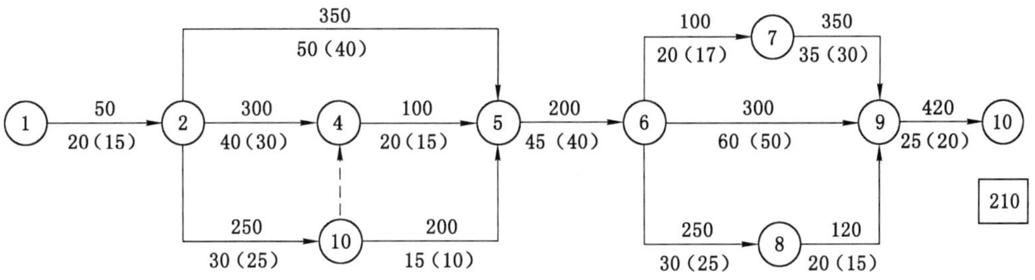

图 4-12　待调整的网络计划

（2）问题

① 试述赶工的对象。

② 要在以后的时间进行赶工，使合同工期不拖期，那么怎样赶工才能使增加的费用最少？

（3）分析与答案

本案例是关于进度计划调整的问题，涉及进度计划的工期优化和调整。要求利用网络技术，分析进度调整对象及其影响，合理确定调整和更新的方法。

① 工期费用调整的原则是调整有压缩潜力的和增加赶工费最少的关键工作，并满足要求工期。因此，要在⑤节点后的关键线路上寻找调整对象。

② 更新和调整步骤。

本案例要求选择费用最低的调整方案，满足要求工期，是寻求增加最少费用的工期安排。

第一步：在⑤—⑥、⑥—⑨和⑨—⑩工作中挑选费用最少的工作，故应首先压缩工作⑤—⑥，利用其可压缩 5 天的潜力，增加费用 5×200＝1 000(元)，至此工期压缩了 5 天。

第二步：删去已压缩的工作，在⑥—⑨和⑨—⑩中挑选⑥—⑨工作压缩 5 天，因为与⑥—⑨平行进行的工作中，最小总时差为 5 天，增加费用 5×300＝1 500(元)。至此，工期累计压缩了 10 天，累计增加费用 1 000＋1 500＝2 500(元)。⑥—⑦—⑨成为关键线路。

第三步：同时压缩⑥—⑦、⑥—⑨，但压缩量⑥—⑦最小，只有 3 天潜力，故只能压缩 3 天，增加费用 3×(300＋100)＝1 200(元)，累计压缩工期 13 天；累计增加费用 2 500＋1 200＝3 700(元)。

第四步：压缩工作⑨—⑩，压缩 2 天，至此，拖延的时间可以全部赶回来，增加的费用为 2×420＝840(元)，累计增加费用为 3 700＋840＝4 540(元)。调整后的网络计划如图 4-13 所示。

【案例 4-11】

（1）工程背景

某矿井副井井底车场及主要硐室结构如图 4-12 所示，施工承包单位根据项目总进度计划的要求编制了该项目的施工网络计划，详见图 4-13。在项目的实施过程中，由于施工单位劳动力不足，只能安排 4 个队伍来承担该项目的施工，建设单位根据工程施工的统筹安排考虑，结合工程阶段性目标，提出主副井交替装备目标不能改变，施工单位可以根据自身条

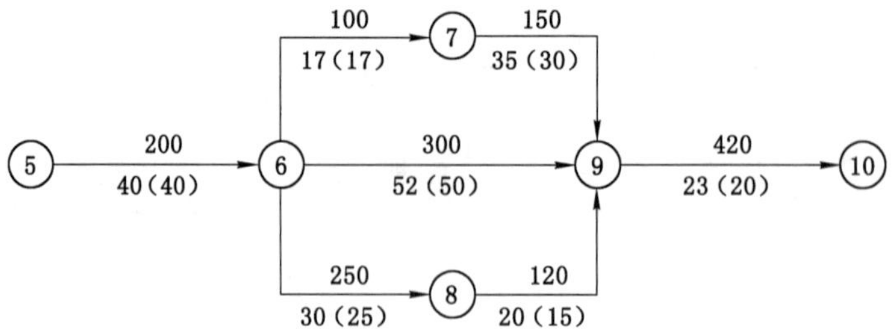

图 4-13　调整后的网络计划

件对进度计划进行调整。

(2) 问题

① 根据矿建工程的施工特点,施工单位可调整哪些施工项目?

② 编制该矿井副井井底车场及主要硐室施工调整后的时标网络计划。

(3) 分析与答案

① 矿建工程施工的特点:主副井施工安排拟同时到底,尽快进行短路贯通,保证主连锁工程项目(与风井井筒贯通工程)不间断施工,进行主井临时改绞,形成临时提升系统,主井改绞结束后副井进入永久装备,尽快完成副井系统的硐室施工,确保副井正常交付使用。因此施工可以根据工程使用的需要调整施工内容,具体可将暂时不投入使用的工程推后施工,本工程中消防材料库、外水仓可暂缓施工,只要内水仓先投入使用,即可保证副井装备正常移交投入运行。

② 针对本工程施工只能安排 4 个施工队伍的情况,根据资源有限、工期最短的优化原理,可以对原网络计划从头开始进行检查,具体考虑能够安排的施工队伍为:

主副井贯通施工队伍安排 2 个队进行对头贯通,保证主连锁工程项目(与风井井筒贯通工程)不间断施工安排 1 个队不间断施工,具体施工内容为:

施工队 A:施工贯通巷,内容为主副井贯通辅助巷(与副井贯通)。

施工队 B:施工主连锁工程项目,内容为副井东侧马头门⟶副井重车线⟶1 号交岔点⟶与风井井筒贯通工程(东翼轨道大巷),其中副井东侧马头门属于贯通巷的一部分。

施工队 C:在施工队 B 完成副井东侧马头门后安排,施工贯通巷,内容为等候室东侧通道⟶人车线东巷道至 4 号交岔点。

为尽快完成副井系统硐室的施工,安排 1 个队,施工内容为:

施工队 D:副井西侧马头门⟶副井空车线⟶2 号交岔点⟶水仓入口⟶内水仓。

由于施工队 B 继续施工东翼轨道大巷,不能安排施工其他工程,不再考虑。

施工队 A 在完成贯通巷施工后,将 4 号交岔点施工完成,然后安排施工主井井底清撒硐室,与 3 号交岔点贯通,形成主井临时提升的绕道,然后将等候室施工完成,再安排去施工中央变电所和中央水泵房及辅助硐室,最后施工消防材料库。

施工队 C 在完成贯通巷道后,施工主井临时提升绕道,包括人车线西巷道和 3 号交岔点,并继续施工人车线绕道,最后施工外水仓。

经过上述安排,该矿井副井井底车场及主要硐室施工的总工期没有增加,但是总施工队伍只有 4 个。在调整的过程中,充分考虑到了主连锁工程项目的不间断施工、主副井尽快贯通、尽快形成主井临时提升的运输系统。整个优化调整过程没有严格按照资源有限、工期最短的原理调整，这里主要考虑到工程的具体情况。但是从调整情况来看，调整后的进度计划符合要求，总工期没有增加。

经过资源调整后的进度计划见图 4-14。该进度计划的关键线路不变，仍然是：副井东侧马头门⟶等候室东侧通道⟶人车线东巷道至 4 号交岔点⟶人车线西巷道至 3 号交岔点⟶3 号交岔点⟶人车线绕道⟶外水仓。工期：300 天。

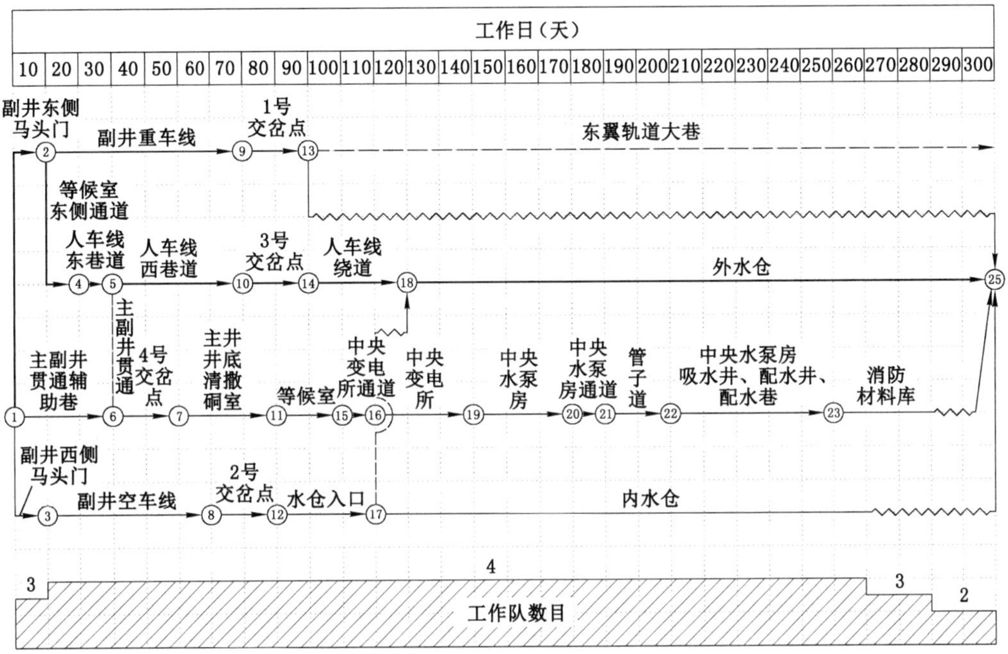

图 4-14 调整后的副井井底车场及主要硐室施工时标网络计划

【案例 4-12】

(1) 工程背景

某矿山建设工程项目确定的开拓方式为立井对角式开拓，副井永久提升设备已到。施工单位的施工设备及人员充足，为此施工单位确定了如下施工方案：井筒采用主井、副井、风井的顺序依次施工开凿，巷道工程采用单向掘进，相应的连锁工程确定为主井⟶副井⟶井底车场⟶主要石门⟶运输大巷⟶采区车场⟶采区上山⟶采区切割巷等。

(2) 问题

① 根据工程背景，施工单位确定的施工方案能否加快建井进度？

② 加快井巷施工进度的措施有哪些？

③ 为加快进度，确定本项目的施工方案和连锁工程。

(3) 分析与答案

本案例要求掌握对已有施工方案进行合理评价的方法，根据施工方案采用加快施工进度的措施，以及对这些措施进行评价。

① 本案例采用的施工方案不利于加快建井进度。建井工期是矿山建设总工期的主要组成部分，建井期间由于工作面少，工作量大，任务重，所以建井工期占总工期的比重大。该

施工方案井筒依次施工，势必增加建井工期；而巷道施工采用单向掘进势必会增加施工工期。因而不利于加快建井进度。

② 可从以下几个方面对加快井巷施工进度的措施进行评价：施工方案的可行性、项目分解的完备性、各项工作作业时间估计的准确性、工序逻辑关系的合理性、资源需求计划的均衡性、进度计划的优化性。

③ 根据背景资料、立井对角式开拓、副井永久提升设备已到货、施工单位的施工设备及人员充足的情况，确定施工方案及连锁工程如下：

施工方案宜采用对头施工，确定合理井筒开工时间，主副井、风井对头向采区施工，以缩短建井工期。井筒施工顺序宜采用主副井交错开工，副井在前，主井在后，风井根据网络计划确定合理开工时间。

连锁工程：副井⟶井底车场⟶主要石门⟶运输大巷⟶采区车场⟶采区上山、下山⟶风井贯通巷道。

第三节 质量管理

工程质量控制包括建设单位的质量控制、施工单位的质量控制和政府部门的质量控制。在实行监理制的项目中，项目法人单位(业主)委托监理工程师实施质量控制，并与政府质量监察部门共同控制工程质量。

由于建设项目总体质量目标的内容具有广泛性，建设项目总体质量的形成具有明显的过程性，影响项目质量的因素又很多，而且项目质量一旦形成，如果达不到要求，那么返工就很困难，有的工程内容甚至无法重新再来。因此，除设计阶段严把设计质量关外，在施工阶段，必须从投入原材料的质量控制开始，直至竣工验收为止，使工程质量一直处于严格控制之中。

一、质量控制的原则和依据

(一) 质量控制的原则

矿井建设工程质量的控制要坚持质量第一，坚持以人为核心，坚持预防为主和坚持质量标准的原则，保证工程质量合格。

(二) 质量控制的依据

矿井建设工程质量控制的主要依据有：

(1) 工程施工合同文件；

(2) 矿井施工组织设计；

(3) 施工图纸；

(4) 工程质量检验评定标准；

(5) 井巷工程施工验收规范；

(6) 有关材料及制品质量技术文件；

(7) 各种国家及行业标准；

(8) 工程项目检验与质量评定标准；

(9) 控制施工工序质量等方面的技术法规等。

二、质量控制的内容

矿井建设工程质量控制的内容，随着工程实施阶段的不同而不同。本节所述质量控制，主要是指项目施工阶段的质量控制。矿井建设工程的质量控制包括质量的事前控制、事中控制和事后控制。

(一) 质量的事前控制

施工前期的很多工作内容，如施工准备阶段的质量控制、图纸会审及技术交底、开工手续的完善等对后期施工质量有着重要影响，应当严格控制，具体有以下内容：

(1) 建立质量控制管理系统(组织)；

(2) 确定质量标准，明确质量要求；

(3) 建立本项目质量控制体系；

(4) 施工现场拆迁，现场管理环境的检查；

(5) 通过招标方式选择承包商，确认承包商的资质，并督促承包商建立和完善质量保证体系；

(6) 检查工程使用的原材料和半成品的质量；

(7) 施工机械质量控制；

(8) 审查施工组织设计、施工方案、施工方法及检验方法；

(9) 新技术、新工艺、新材料审查把关；

(10) 测量标桩检查。

(二) 质量的事中控制

质量事中控制是工程质量控制的重要和关键环节，施工质量的控制要从两个方面进行：一是原材料、构配件、半成品的质量控制，不合格的材料不能用于工程；二是分部分项工程质量的控制，每一道工序必须经检查验收合格以后才能进行下一道工序的施工。其具体内容包括：

(1) 原材料、构配件及半成品的质量控制，包括检测、试验和实物外观检查；

(2) 施工工艺过程的质量控制，一般采用检查、量测、旁站和试验等手段；

(3) 设计变更的处理；

(4) 工程质量事故的处理，包括分析质量事故原因，提出处理方案，监督方案的执行和落实，检查处理效果，确定事故责任等；

(5) 分部、分项工程质量的检验评定。

(三) 质量的事后控制

质量事后控制的内容包括竣工质量检验(包括工程的试车运转，单位、单项工程竣工验收)，工程质量的评定以及工程质量文件的审核与建档。

三、影响因素与控制措施

影响工程质量的因素有很多，如设计、材料、环境、施工工艺、施工设备、操作方法、技术措施、管理制度、施工人员的素质等均对施工质量构成直接的或者间接的影响。这些影响因素可以归纳为以下几个方面。

（一）对人的质量控制

在工程质量形成的工程中，人是决定性的因素，诸如管理者的资质、施工单位的资质、操作者的素质等，都会对工程质量造成影响。

对项目实施者"人"的控制，主要是对所有参加工程施工的组织者、技术人员与操作人员实行控制，目的是避免人为失误。人是控制的动力，对人的生理、心理、行为、素质应联系工作质量进行研究，调动人的积极性，提高人的技术水平、管理水平与操作水平，才能对工程质量做好控制。

（二）对材料的质量控制

原材料及构件半成品的质量是工程质量的基础，如果原材料本身就不符合质量标准，工程质量也就不可能达到质量标准。

材料质量控制的要点：订货前的样品检验，材料的出厂合格证检验，材料的质量抽查，材料鉴定的抽样，半成品的检验，材料的配合比及试验等。

（三）对机械的质量控制

对机械的质量控制包括施工机械和安装于工程项目的生产用机械设备。施工机械是工程建设中必不可少的装备，且对施工的质量产生直接影响。生产机械设备是煤炭建设项目各子系统的核心，其自身质量高低、安装工程的优劣，将直接影响子系统的运行质量，特别是直接影响生产的提升系统、通风系统、排水系统、运输系统等，更应要求十分严格。其中有相当一部分在建设初期和中期就要投入使用，并直接为工程建设服务。

根据多年的实践，从确保施工质量出发，监理工程师应从机械设备选型、参数和操作要求等方面对机械设备进行有效控制。

（四）对施工方法的质量控制

施工方法直接影响工程质量、进度和造价，关系项目控制目标能否顺利实现。监理工程师在参与制定和审核施工组织设计、施工方案设计时，要结合实际情况，以施工单位的装备和人员素质为基本出发点，结合施工环境等客观因素，从技术、组织、管理、经济等角度做出全面分析和综合考虑，最终确定的施工方案，应是技术上先进、工程上可行、经济上合理，并有益于提高工程质量，保证施工安全和有利于环境保护。

（五）对环境的质量控制

影响工程质量的环境因素较多，通常应重点考虑：

(1) 工程技术环境，如工程地质、水文地质情况、气象环境、施工环境等，煤炭矿井还包括煤田地质环境。

(2) 工程管理环境，主要是指施工单位的企业素质、人员素质、质量保证体系和各项管理制度、企业运行的机制以及各种监督制度等。

(3) 工程劳动环境，如在矿井施工时的劳动场所、交通运输条件、水电供应、光照条件、环境温度、湿度、风量、风速、涌水情况、瓦斯及其他有害气体含量等。

施工阶段，监理工程师可以采用技术、组织、管理等各种方法进行质量控制。

四、矿井建设工程质量控制

质量控制贯穿于矿井质量形成的全过程和各个环节，具体表现在以下几个方面。

（一）决策阶段的质量控制

矿井建设工程项目决策阶段的质量控制主要是确定项目应达到的质量目标和水平。矿井建设工程项目决策阶段的质量控制是通过可行性研究和多方案论证，使项目的质量要求和标准符合投资人的要求，并与投资相协调；使建设项目与所在地区环境相协调，为项目今后投产使用创造良好的运行条件和环境，使项目的经济效益、社会效益和环境效益得到充分发挥。

（二）设计阶段的质量控制

设计阶段的质量控制主要通过设计招标，组织设计方案竞赛，从中选择优秀的方案和设计单位；保证矿、土、安各部分设计符合有关设计法规和技术标准的规定，并符合决策阶段确定的质量要求；保证设计文件、图纸符合现场和施工的实际条件，并满足施工要求和环境保护的要求。

（三）施工阶段的质量控制

施工阶段质量控制主要包括：通过施工招标择优确定承包商；严格监督施工单位按设计组织施工；严格工序质量和隐蔽工程验收等。

为确保工程质量，在施工之前应建立矿井建设工程施工质量控制点，并在过程中对其质量进行严格控制。

（四）质量控制点的设置与管理

质量控制点就是根据矿井建设项目的施工内容及其特点，所确定的重点控制对象、关键部位和薄弱环节。

1. 质量控制点的设置

设置质量控制点就是选择那些保证质量难度大、对质量影响大的或是发生质量问题时危害大的对象作为质量控制点。质量控制点设置的对象主要包括以下几个方面：

(1) 关键的分部、分项及隐蔽工程，如井筒表土、基岩掘砌工程，井壁混凝土浇筑工程等。

(2) 关键的工程部位，如地面办公、生活建筑的卫生间，关键工程设备的基础等。

(3) 施工中的薄弱环节，即经常发生或容易发生质量问题的施工环节，或在施工质量控制过程中没有把握的环节，如一些常见的质量通病（井壁渗、漏水）。

(4) 关键的作业，如混凝土浇筑中的振捣作业、锚喷作业中的钻孔和喷射混凝土作业。

(5) 关键作业中的关键质量特性，如混凝土的强度、巷道的方向、坡度、井筒涌水量等。

(6) 采用新技术、新工艺、新材料的部位或环节。

凡是影响质量控制点的因素都可以作为质量控制点的对象，因此，人、材料、机械设备、施工环境、施工方法等均可以作为质量控制点的对象，但是对于特定的质量控制点，它们的影响是不同的，应区别对待，重要因素应重点控制。

在设置质量控制点之后，要针对每个控制点进行控制措施的设计，然后实施。

2. 质量控制点的实施

(1) 将质量控制点的设置及控制措施向有关人员交底，使其真正了解控制意图和控制关键要点，建立预防为主的思想。

(2) 质量检查及监控人员要在施工现场进行重点检查、指导和验收，对关键的质量控制点要进行旁站监督。

(3) 严格要求操作人员按照作业指导书认真操作，保证各环节的施工质量。

(4) 按规定做好质量检查和验收，认真记录检查结果，取得准确、完整的第一手资料。

(5) 运用数理统计方法对检查结果进行分析，不断地进行质量改进，直至质量控制点验收合格。

(五) 施工现场质量管理的基本环节

现场施工质量管理的基本环节包括图纸会审、技术复核、技术交底、设计变更、隐蔽工程验收、三检制(自检、互检和专检)、级配管理、材料检验、施工日志、质保材料、质量检验、成品保护等。

对矿建、土建、安装三类工程的施工管理，都应通过这些基本环节的质量控制来达到控制整个项目工程质量的目的。

(六) 质量管理的统计分析方法

质量管理中常用的方法有七种：排列图法、因果分析图法、频数分布直方图法、控制图法、相关图法、分层法和统计调查法。这七种方法通常又称为质量管理的七种工具。

五、矿井工程质量管理要求

(一) 矿井工程质量管理与控制体系

1. 矿井工程质量保证体系的基本要求

(1) 建立矿井工程质量管理体系的基本原则

建立矿井工程质量管理体系通常遵循以顾客为关注焦点、领导的作用、全员参与、过程管理的方法、系统方法、持续改进、基于事实决策以及与供方互利关系等八项原则。

(2) 质量保证体系的主要内容

① 建立质量目标与质量计划。

质量目标和质量计划是形成质量保证体系的基础，也是各部门、各环节质量管理的行动纲领，由综合计划与目标，以及分项目、分时期、分部门的具体计划，形成质量计划体系。

② 建立质量责任制度。

除有专门的质量管理机构归口管理工程质量外，质量责任制度还应规定企业的其他管理部门及全体员工均对本部门及本职工作负有相关的质量责任。

③ 设立专职质量管理机构。

专职质量管理机构是经理、处长执行质量管理职能的参谋、助手和办事机构，协助进行日常质量管理工作，组织编制质量计划。公司、工程处应设专职机构，施工队(车间)有专管小组，班组应有质量管理员。

④ 健全的质量检验制度和手段。

健全的质量检验制度，要求检验工作贯穿整个过程，从材料、设备订货进场开始，到工序检验、竣工验收的每个过程；也要求质量检验部门和专职人员的例行检验，以及施工人员的自行检验。

2. 质量管理与控制体系的实施

(1) 质量管理机制

我国的建设工程质量管理，实行政府监督、项目监理、企业自控的管理机制。

(2) 项目主要管理人员的质量责任

① 项目经理的质量责任

a. 对本项目的工程质量负责，坚持“质量第一”方针，正确处理进度与质量的关系。

b. 制订有质量否决权的经济责任制，认真执行各项质量制度，严格执行“三检制”，对本单位人员违反工序造成的质量问题负有领导责任。

c. 组织质保体系的现场实施工作。

d. 组织做好各种原始记录及统计等资料工作，保证其完整性、准确性和可追溯性。

② 技术人员、施工员（工长）的质量责任

a. 负责技术交底工作，并在实施过程中认真检查和贯彻。

b. 掌握施工工程的全部质量状况，负责隐蔽工程的检查验收，申报办理检验签证手续，负责整理上报竣工资料和填报工程质量报表。

c. 制止施工中的违反规范、操作规程、技术措施的行为。协助质量管理员建立质量档案。

(3) 质量管理的基本理念与方法

① 实施矿井工程质量管理程序的要点

质量管理过程可以表示为计划、实施、检查、处理的循环过程，称为 PDCA 循环。

a. 矿井工程中的 PDCA 循环系统。

矿井工程项目是由复杂内容构成的一个有机整体，各级质量管理均应有自己的程序系统，也运行于各个相关主体和人员之中。整个矿井工程项目的质量管理就要由大小不同的 PDCA 循环完成，上一级循环是下一级循环的依据，下一级循环是上一级循环的具体实现和保证。

b. PDCA 循环与循环周期。

有的质量问题可能要经过若干次管理过程的循环程序，每一次循环周期与项目的性质及其阶段性以及具体的质量问题内容有关。同时每个循环又会发现或出现新的问题，所以新的循环应有更高的收获。

② 全面质量管理（TQC）原理在矿井工程质量管理中的应用

矿井工程项目质量管理需要强化以下几个重要思想：

a. 质量与效益的辩证思想。

质量与效益的关系既是统一又是矛盾的。矛盾的一面体现在，质量越高，需要的费用、投入就越高，项目的效益可能就会降低。但是，矿井工程项目更体现了效益寓于质量之中的关系，质量不仅关系施工企业效益，也影响今后生产单位的效益。例如，保证井巷工程质量和减少质量事故，可以降低其返工费和维修费，降低后续施工难度以及今后的运营费用。

b. 以人为本的思想。

人的因素是关系工程质量的首要因素。矿井工程项目涉及人员的性质多、工种多、层次多、相互影响多，因此要特别注重人的质量因素，注重质量与涉及人员的利益关系，充分调动人的积极性和创造性。

c. 预防为主的思想。

因为影响矿井工程项目质量因素更多、更复杂，因此“预防为主”对矿井工程项目质量管理尤为重要。预防为主，就是要预先分析影响项目质量的各种因素，切实采取有效的预防施加以避免不利因素的影响，做到防患于未然。

d. 技术与管理并重的思想。

矿井工程项目质量与项目所采用的技术是密切相关的。这里所指的技术包括专业技术、实施方法和管理技术等。合理的技术方案可以避免许多解决质量问题的“困难”，再加上科学、完善的管理，使工程质量更容易得到保证。

e. 注重过程的思想。

项目的质量体现在最终，却是项目工序质量和工作质量综合影响的结果。工序质量，是指人员、机械、材料、方法和环境五个方面的综合质量。工作质量，是指项目参与者在完成项目的过程中其工作符合要求的程度。能够保证这种过程质量，最终质量才能得到保证。

【案例 4-13】

(1) 工程背景

某施工项目部通过井下巷道的喷射混凝土试验结果发现其强度达不到要求。在专门会议上施工队长认为材料不合格；材料部门认为水泥有标号确定，没有问题，主要是操作手技术不过关；安全检查人员说一次发现现场搅拌尘灰大而影响拌料工的工作；各说不一。最后会议不能形成结论，只要求各方面负责人回去分别检查改正。经过一段时间后分析原有问题改观不大，最终收到监理方要求改进的书面通知。

(2) 问题

① 造成喷射混凝土强度不合格有哪些可能的原因？

② 从背景看，项目部在解决该质量问题上存在哪些问题？

③ 利用 PDCA 和 TQC 原则，分析并提出处理喷射混凝土质量问题的方法。

(3) 分析与答案

本案例通过具体工程背景说明利用 PDCA 和 TQC 原则解决质量问题的方法。

① 现场直接影响喷射混凝土质量的因素主要是材料、操作以及环境等，如水泥标号是否正确及是否过期，砂石级配和粒径是否过大，速凝剂品质以及是否适量，用水量是否合适，施工人员的作业程序和操作是否正确合理，以及井下喷射混凝土的环境是否过于恶劣而影响操作等。

② 有获得明确的结论和意见。会上缺少有效的落实措施，缺乏督促和检查。表现在会议上负责人对喷射混凝土质量问题分析不够；与会者的观点分散而且有推诿责任的成分；会议上没有明确质量问题的主要原因和要采取的针对性措施；“议而不决”，泛泛的措施也没有具体的要求，难以落实和检查。

③ 根据 PDCA 和 TQC 原则，要保证喷射混凝土质量，首先是设计(P)，要根据具体状况分析并确定主要影响因素和确定措施，并明确落实措施的方法、时间、责任人。例如，当发现喷射混凝土回弹量大，就要从材料(水泥、速凝剂、石子粒径等)、操作等方面明确设计和规程要求，提出解决问题的具体措施；其次是执行(D)，交代相关人员具体的要求内容并严格

执行；然后是检查(C)，不仅要检查结果，而且要对每个方面、每个步骤检查落实情况；最后是处理(A)，评价措施的效果、总结经验，进一步落实责任。当仍有残余问题时，就要进入下一轮 PDCA 循环；案例中负责人仅关注标号，没有注意更小的系统，例如，如材料有问题，要明确是供应或是保管，还是使用问题，为解决材料影响又需要一个 PDCA 小循环。这就是循环系统和循环周期等观念。

解决这样的质量问题涉及若干个部门和从材料准备到施工、检验处理的实施全过程，这就要求有全面质量管理的观念，提高相关人员的质量意识，做好过程中的每一步工作，解决工程质量问题。这也是 TQC 原则的基本精神。

(二) 矿井工程施工质量检验与验收程序的相关规定

1. 批检验

(1) 批检验的基本内容

① 批检验的概念

根据建筑工程施工质量验收统一标准，工程检验验收的最小单位称为批检验，它是更大的批检验以及分项工程，乃至整个建筑工程质量验收的基础。设立批检验单元，体现了质量的过程控制和及时控制原则，可以及早发现和处理质量问题，尽量避免因质量造成的损失。

② 批检验的划分

各分项工程可根据与施工方式一致且便于控制施工质量的原则，按工作班、结构关系或施工段划分为若干检验批；或者根据分项工程中的施工循环、质量控制或专业验收需要等原则来划分。(煤)矿山井巷工程没有建立检验批的检验单元，但是以每个施工循环中的分项工程作为自检的最小单元。

(2) 批检验的检验内容

批检验的检验内容包括实物检查和资料检查。

① 实物检查。

a. 对原材料、构配件和器具等产品的进场复验，应按进场的批次和产品的抽样检验方案执行。

b. 混凝土强度、预制构件结构性能等，应按国家现行有关标准和规范规定的抽样检验方案执行。

c. 对规范中采用计数检验的项目，应按抽查总点数的合格率进行检查。

② 资料检查。

资料检查包括原材料、构配件和器具等的产品合格证(中文质量合格证明文件、规格、型号及性能检测报告等)及进场复验报告、施工过程中重要工序的自检和交接检记录、抽样检验报告、见证检测报告、隐蔽工程验收记录等。

2. 质量检验与合格验收

(1) 项目验收程序与组织

① 检验与验收对象的划分

a. 项目检验验收过程分为检验批检验、分项工程检验、分部(子分部)工程检验、单位(子单位)工程检验。

b. 工程施工中有较多的内容相同的单位工程时，可将其具有独立施工条件的部分作为一个子单位工程。

c. 当分部工程较大或较复杂、工期较长时，可按材料种类、施工特点、施工程序、专业系统等划分为若干个子分部工程。

d. 分项工程可以由一个或者若干个检验批组成。检验批不宜划分太多。

② 检验验收的组织要求

a. 施工班组应将其每道工序和每个作业循环设置为一个检查点，并对其中的测点进行检查；矿山井巷工程的施工单位应对每个循环的分项工程的质量进行自检。这些自检工作都应做好施工自检记录。

b. 检验批和分项工程应由监理工程师（建设单位技术负责人）组织施工单位项目专业质量（技术）负责人等进行验收。

c. 分部工程应由总监理工程师（建设单位项目负责人）组织施工单位项目负责人和技术负责人、质量负责人等进行验收。

d. 单位工程完工后，施工单位应自行组织相关的人员进行检查评定，根据需要，自检可以分为基层自检、项目自检和公司（或分部门）预验三个层次，最终向建设单位提交工程竣工报告。建设单位收到报告后应由建设单位（项目）负责人组织施工（含分包单位）、设计、监理等单位（项目）负责人等进行验收。

e. 单位工程竣工验收合格后，建设单位应在规定时间内向有关部门报告备案。矿山建设单位则应向建设工程质量监督机构申请质量认证。井巷工程不经单位工程质量认证，不得进行工程竣工结（决）算及投入使用。

f. 在全部单位工程质量验收合格后，方可进行单项工程竣工验收及质量认证。

（2）质量合格检验的基本方法

① 项目的合格检验应逐级进行。分项工程的验收是在批检验的基础上进行的，分部工程的验收是在其所含分项工程验收的基础上进行的；单位工程验收在其各分部工程验收的基础上进行，有的单位工程验收是投入使用前的最终验收（竣工验收）。

② 检验批或矿山井巷工程的分项工程应按主控项目和一般项目验收。主控项目是对基本质量起决定性影响的检验项目。

（3）其他一些注意事项

参加工程施工质量验收的各方人员应具备规定的资格。

项目有分包单位施工时，总包单位应参加分包单位对承建项目的检验；检验合格时分包单位应将有关资料移交总包单位，并由负责人参加整个项目的验收工作。

单位工程竣工验收进行质量评定时，抽查质量检验结果如与分部工程检验评定结果不一致，应分析原因，研究确定工程最终质量等级。

隐蔽工程质量检验评定，应以有建设单位（含监理）和施工单位双方签字的工程质量检查记录为依据。

当混凝土试件强度评定为不合格时，可采用非破损或局部破损的检测方法，按国家现行有关标准进行推算，并作为处理的依据。

3. 质量问题的返修与非正常验收

（1）处理原则

不合格现象应在最基本的验收单位（检验批）检验时发现并及时处理。

① 在检验批验收时出现不合格现象时，应及时对其处理。其中，严重的缺陷应推倒重

来；一般性缺陷通过翻修或者更换器具、设备予以解决，应允许施工单位在采取相应的措施后重新验收。如能够符合相应的专业工程质量验收规范，则应认为该检验批合格。

② 个别检验批发现试块强度等不满足要求等问题，难以确定是否验收时，应请具有资质的法定检测单位检测。当鉴定结果能够达到设计要求时，该检验批仍应认为通过验收。

③ 如经检测鉴定达不到设计要求，但经原设计单位核算，仍能满足结构安全和使用功能时，该检验批可以予以验收。

④ 当存在更严重的缺陷或者超过检验批的更大范围内的缺陷时，可能影响结构的安全性和使用功能。若经法定检测单位检测鉴定认为达不到规范标准的相应要求，即不能满足最低限度的完全储备和使用功能，则必须按一定的技术方案进行加固处理，使之能保证其满足安全使用的基本要求。在不影响安全和主要使用功能条件下可按处理技术方案和协商文件进行验收，责任方应承担经济责任。

(2) 非正常验收与处理原则

① 经返工重做或更换器具、设备的检验批，应重新进行验收。

② 经有资质的检测单位检测鉴定能够达到设计要求的检验批，应予以验收。

③ 经有资质的检测单位检测鉴定达不到设计要求，但经原设计单位核算认可能够满足结构安全和使用功能的检验批，可予以验收。

④ 经返修或加固处理的分项、分部工程，虽然改变外形尺寸但是仍能满足安全使用要求，可按技术处理方案和协商文件进行验收。

(3) 禁止验收要求

通过返修或加固处理仍不能满足安全使用要求的分项工程、分部工程、单位(子单位)工程，严禁验收。

【案例 4-14】

(1) 工程背景

某井筒工程井深 820 m，采用地面注浆堵水。注浆专业队认为当时不能检查注浆效果，没有严格遵守操作程序；井筒施工单位责怪注浆效果差，没有采取积极态度。当测量检查预注浆工作质量时，发现工作面漏水量超过 8 m^3/h。建设单位为避免延误井筒施工，要求在井筒建成后处理。在井筒后续施工中，因为井筒漏水量越来越大，井壁质量更无法保证，造成已建的许多部位井壁混凝土强度低于设计要求，井筒涌水严重，注浆单位采用壁后注浆后仍无济于事，最后建设方只能要求采用套壁补强的方法处理。

(2) 问题

① 哪些原因造成背景中的井筒质量问题？应怎样进行注浆工作和井壁质量检验验收工作？

② 该井筒应怎样验收？验收后的井筒对今后生产有何影响？

(3) 分析与答案

本案例强调，控制施工质量的重要手段就是实施过程控制和及时控制原则，及早发现和处理质量问题，以避免质量事故的损失。

① 案例中的事故原因是比较清楚的，即注浆效果差，造成井筒施工条件差，使处理漏水困难；井筒施工单位又未采取积极措施；同时建设单位对漏水和井壁质量问题不及时处理，堆积的质量问题造成最终严重的质量事故。这些原因都和没有很好地实施过程控制与及时

控制有关，延误了发现问题和处理问题的时机。因此及时检验是非常重要的。对于注浆工程的检验和井筒工程，要充分强调分项工程的自检，对当时无法检验的内容，要重视和检查当时的施工记录、检查和试验数据，必要时可以采取抽检等方法。

② 井筒套壁后如井筒运行安全没有问题，则该井筒可以进行非正常验收，因此造成的经济损失应由责任的三方，即注浆、井筒施工及建设方共同承担。套壁后的井筒影响矿井的生产能力，将对矿井的设计的生产能力、设备能力、生产布局等多方面产生严重影响。

（三）矿井工程施工与质量验收依据

质量验收的依据主要是相关内容的施工规程和施工验收规范。本条目列出了相关内容的主要规范名目，作为质量检验和验收的基本依据。

1. 国家质量管理条例

《建设工程质量管理条例》。

2. 工程建设标准强制性条文

《工程建设标准强制性条文》(矿山工程部分)。

《工程建设标准强制性条文》(房屋建筑部分)。

3. 有关建设工程统一要求

《建筑工程施工质量验收统一标准》(GB 50300—2013)。

《建设工程项目管理规范》(GB/T 50326—2017)。

4. 矿山工程质量检验与验收的主要依据

《煤矿井巷工程施工规范》(GB 50511—2010)。

《煤矿井巷工程质量验收规范》(GB 50213—2010)(2022 年版)。

《岩土锚杆与喷射混凝土支护工程技术规范》(GB 50086—2015)。

《露天煤矿工程质量验收规范》(GB 50175—2014)。

《煤矿安装工程质量检验评定标准》(MT 5010—95)。

《有色金属矿山井巷工程施工及验收规范》(YSJ 413—93)。

《有色金属矿山井巷安装工程施工及验收规范》(YSJ 414—93)。

《建材矿山工程施工及验收规范》(JCJ 07—94)。

《冶金矿山井巷工程质量检验评定标准》(YBJ218—89)。

《尾矿设施施工及验收规范》(YS 5418—95)。

5. 建筑工程施工质量与验收主要依据

《通用硅酸盐水泥》(GB 175—2023)。

《砌体结构设计规范》(GB 50003—2011)。

《混凝土强度检验评定标准》(GB 50107—2010)。

《地下工程防水技术规范》(GB 50108—2008)。

《混凝土外加剂应用技术规范》(GB 50119—2013)。

《混凝土质量控制标准》(GB 50164—2011)。

《建筑地基基础工程施工质量验收标准》(GB 50202—2018)。

《砌体结构工程施工质量验收规范》(GB 50203—2011)。

《混凝土结构工程施工质量验收规范》(GB 50204—2015)。

《钢结构工程施工质量验收标准》(GB 50205—2020)。

《地下防水工程质量验收规范》(GB 50208—2011)。

《建筑地面工程施工质量验收规范》(GB 50209—2010)。

《预应力混凝土用钢绞线》(GB/T 5224—2023)。

《高强高性能混凝土用矿物外加剂》(GB/T 18736—2017)。

《钢筋焊接及验收规程》(JGJ 18—2012)。

《普通混凝土用砂、石质量及检验方法标准》(JGJ 52—2006)。

《混凝土用水标准》(JGJ 63—2006)。

《建筑地基处理技术规范》(JGJ 79—2012)。

(四) 矿井工程质量事故分类与处理规定

1. 质量事故分类

按照质量事故所造成的危害程度,一般可将质量事故分为一般事故和重大事故。

重大事故是指在工程建设过程中由于责任过失造成工程坍塌或报废、机械设备毁坏、造成人员伤亡或重大经济损失的事故。

2. 质量事故的处理规定

按照《建设工程质量管理条例》的规定,建设工程发生质量事故,有关单位应在 24 h 内向当地建设行政主管部门和其他有关部门报告。对于重大质量事故,事故发生地的建设行政主管部门和其他有关部门应当按照事故类别和等级向当地人民政府和上级建设行政主管部门和其他有关部门报告。特别重大质量事故的调查程序应按照国务院有关规定办理。发生重大工程质量事故隐瞒不报、谎报或者拖延报告期限的,对直接负责的主管人员和其他责任人员依法给予行政处分。

质量事故发生后,事故发生单位和事故发生地的建设行政主管部门,应严格保护事故现场,采取有效措施防止事故扩大。

质量事故发生后,应进行调查分析,查找原因,吸取教训。分析的基本步骤和要求是:

(1) 通过详细的调查,查明事故发生的经过,分析事故原因,如人、机械设备、材料、方法和工艺、环境等。经过认真、客观、全面、细致、准确分析,确定事故的性质和责任。

(2) 在分析事故原因时,应根据调查所确认的事实,从直接原因入手,逐步深入到间接原因。

(3) 确定事故的性质。事故的性质通常分为责任事故和非责任事故。

(4) 根据事故发生的原因,明确防止发生类似事故的具体措施,并应定人、定时间、定标准,完成措施的全部内容。

【案例 4-15】

(1) 工程背景

某井工矿主井井筒设计深度 560 m,井筒净直径 6 m,建设单位经过公开招标同某施工单位签订了施工合同,合同专用条款规定工程造价和工期的基础井筒涌水量为 20 m^3/h。井筒施工到 368 m 位置处时,爆破后井筒涌水量达到 18 m^3/h。施工单位在没有采取措施的情况下进行混凝土浇筑。脱模后发现井壁质量蜂窝麻面严重,井筒一侧半径偏差达到 −20 mm。建设单位提出返工处理,施工单位为此额外支出 3 万元,影响工期 2 天。

(2) 问题

① 建设单位做出返工处理意见的主要依据是什么?

② 你认为影响井筒净半径误差的原因主要有哪些？

③ 在该案例中造成蜂窝麻面的主要因素可能有哪些？施工过程中处理井壁淋水有哪些常用措施？

④ 按严重程度划分，上述背景材料中的质量事故属于哪一类？对质量事故处理检查和鉴定的结论有哪几种？

（3）分析与答案

① 主要依据是半径偏差不合格。根据《煤矿井巷工程质量验收规范》(GB 50213—2010)的规定，当井筒采用混凝土支护且井内有提升装备时井筒内半径的允许偏差为±50 mm。

对施工单位的索赔不予支持，因为涌水量超出 20 m^3/h 不会造成井筒半径尺寸的不合格，不是影响工期和费用的原因。

② 通常影响井筒半径尺寸误差的原因有模板变形，造成井筒不同方向半径尺寸有大有小；支模板时测量偏差，或是支模板人不负责任造成模板偏向一侧；如果混凝土未对称浇筑，在一侧浇注过高时会对模板形成挤压，使模板跑偏，造成井筒半径尺寸产生误差。

③ 影响井壁蜂窝麻面的主要原因：涌水直接进入混凝土冲走水泥浆；混凝土振捣问题；粘模，没有及时清理，没有刷脱模剂等。

施工中处理井壁淋水的一般措施有：截水和导水。截水就是在吊盘上方设置一圈截水槽，将井壁淋水截注并用软管引到吊盘上的水箱中；导水就是在浇注混凝土井壁时设置挡水层，在挡水层后面埋设导水软管，将岩帮涌水导出至模板外面，不至于进入混凝土，在混凝土强度达到一定要求后，再注浆将井壁后面充实堵水。

④ 按事故的严重程度，事故可以划分为：a. 一般质量事故，通常指经济损失在 0.5 万～10 万元以内的质量事故；b. 重大质量事故，一种情况是超过规范规定或设计要求的结构开裂或主体结构强度严重不足，影响结构的寿命，造成不可补救的永久性质量缺陷事故；或者影响急需设备及相应系统的使用功能，造成永久性质量缺陷者；经济损失在 10 万元以上者。

该工程背景中的事故没有造成永久缺陷，损失为 3 万元，因此属于一般质量事故。

对于质量事故，严重的应推倒重来，一般的缺陷通过返修或更换器具、设备予以解决，如果能符合相应的验收规范，则应认为该工程合格。检查和鉴定的结论通常有以下几种：

① 事故已处理，可继续施工。

② 隐患已消除，结构安全有保证。

③ 经修补处理后，完全能够满足使用要求。

上述 3 项属于“允许施工单位在采取相应的措施后重新验收”的内容。

④ 基本使用满足要求，但使用时应加附加的限制条件。

此项属于为了避免社会财富产生更大的损失，在不影响安全和主要使用功能的条件下可以按处理技术方案和协商文件进行验收的内容。

⑤ 对短期难以作出结论者，提请设计单位验证或专门检验机构检验。

此项属于“如经检测鉴定达不到设计要求，但经原设计单位核算，仍能满足结构安全和使用功能的情况，该检验可以予以验收”的内容。

⑥ 其他鉴定结论。

六、矿井工程施工质量检查与检验

（一）工程材料的质量检验要求

1. 材料验收、质量检验与使用

（1）材料验收

建筑工程采用的主要材料、半成品、成品、建筑构配件等应进行现场验收。凡涉及安全、功能的有关产品，应按各专业工程质量验收规范的相关规定进行复验，并应经监理工程师（建设单位技术负责人）检查认可。

施工单位应对建筑材料（包括建筑构配件等）实行进场联合验收制度。材料员、工程技术人员以及监理工程师必须对进场的设备和主要建筑材料、建筑构配件联合验收，并承担相应的质量责任。

（2）材料的质量检验

① 原材料质量检验要把住三关：

a. 入库（场）检验关。根据具体情况，对进场入库的原材料按质量标准进行全检或抽检，对不合格材料采取拒收或退货，避免不合格产品进场入库。

b. 定期检查关。原材料库存期间，应定期检查，发现问题及时处理，要避免由于管理不善或其他原因，出现变质等影响材料质量的情况。

c. 使用前检验关。对将要使用的材料，要进行用前检验，不合格的不能用于施工。

② 材料质量检验程度和检验方法

a. 根据材料信息和保证资料的具体情况，其质量检验程度可以分为免检、抽样检验和全数检验三种。

b. 材料质量检验的方法有书面检验、外观检验、理化检验和无损检验四种。

（3）材料的保管和使用

① 加强材料的运输、保管工作，健全现场材料管理制度，避免发生材料损失、变质、过期等情况。

② 对新工艺、新材料、新技术的使用，应预先进行模拟试验，通过掌握新材料性能和操作要领，保证在使用中不影响工程质量。

③ 重视材料的使用认证工作，材料使用前必须进行材料的品种、规格、型号、性能等的核对、认证；新材料使用前必须通过试验和鉴定；代用材料必须通过计算和论证，并符合规范要求。认证不合格的材料不能使用。

2. 常用材料的质量检验内容与要求

（1）混凝土骨料（包括掺合料）

① 主控项目

a. 水泥进场时应对其品种、级别、包装或散装仓号、出厂日期等进行检查，并应对其强度、安定性及其他必要的性能指标进行复验，其质量必须符合相应的现行国家标准。

b. 混凝土中氯化物和碱的总含量以及混凝土中掺用外加剂的质量及应用技术，应符合现行国家标准的规定。钢筋混凝土结构、预应力混凝土结构中严禁使用含氯化物的水泥。

c. 井巷工程中，混凝土中掺用矿物掺合料（外加剂）的质量应符合现行国家标准的规定。

② 一般项目

a. 普通混凝土所用的粗细骨料的质量、混凝土中掺用矿物掺合料的质量，应符合相应的国家现行标准。

b. 拌制混凝土宜采用饮用水；当采用其他水源时，水质应符合国家相应规定。

(2) 钢筋及钢绞线

① 主控项目

a. 钢筋和钢筋加工件的品种、规格、质量、性能必须符合设计要求和规范规定。

b. 钢筋、预应力钢筋进场时，应按现行国家标准规定的要求抽取试件进行力学性能检验，其质量必须符合有关标准的规定。当发现钢筋脆断、焊接性能不良或力学性能显著不正常等现象时，应对该批钢筋进行化学成分检验或其他专项检验。

c. 钢筋表面必须清洁，不得有裂缝、断伤、刻痕。

d. 对有抗震设防要求的受力钢筋，其强度应满足现行规范的规定要求。

e. 无黏结预应力筋的涂包质量应符合无黏结预应力钢绞线标准的规定。

② 一般项目

a. 钢筋应平直，表面不得有裂纹、油污、颗粒状或片状老锈。

b. 预应力筋使用前应进行外观检查，有黏结预应力筋展开后应平顺，不得有弯折，表面不应有裂纹、小刺、机械损伤、氧化铁皮和油污等；无黏结预应力筋护套应光滑，无裂缝，无明显褶皱。

【案例 4-16】

(1) 工程背景

某工业厂房采用地梁基础，按照已审批的施工方案组织实施。在第一区域施工过程中，材料已送检。为了在停电(季度)检查保养系统电路之前完成第一区域基础的施工，施工单位负责人未经监理工程师许可，在材料送检还没有得到检验结果时，擅自决定进行混凝土施工。待地梁混凝土浇筑完毕，发现水泥试验报告中某些检验项目质量不合格。造成该分部工程返工拆除重做，工期延误 16 天，经济损失达 2 万元，并造成一定的信誉影响。

(2) 问题

① 施工单位未经监理工程师许可即进行混凝土浇筑，该做法是否正确？如果不正确，正确做法是什么？

② 为了保证该工业厂房工程质量达到设计和规范要求，施工单位应如何控制进场原材料的质量？

③ 如何做好材料的质量管理工作？

(3) 分析与答案

本案例涉及部分质量控制的基本要求、内容，以及一些合理的做法。

① 施工单位未经监理工程师许可即进行地梁基础的混凝土浇筑的做法是完全错误的。

正确的做法：施工单位在水泥运进场之前，应向监理单位提交《工程材料报审表》，并附上该水泥的出厂合格证及相关的技术说明书，同时按规定将此批号的水泥检验报告附上，经监理工程师审查并确定其质量合格后方可进入现场。

② 进场材料的质量控制要点：

a. 掌握材料信息，优选供货厂家。建立长期的信誉好、质量稳定、服务周到的供货商。

b. 合理组织材料供应。通过经评审选定的供应商购货，并确保按计划供应。

c. 加强材料的检查和验收，严把材料入场的质量检验关。

③ 材料质量控制的主要内容包括严格检查验收；进场材料要建立管理台账，进行收、发、储、运等环节的技术管理；正确的保管和使用方法，避免混料，避免使用过期和不合格材料；要使其形成闭环管理，具有可追溯性。

（二）矿井工程的分部分项工程的质量检验要求

1. 分项工程质量检验验收合格要求

分项工程质量验收合格应符合以下要求：

（1）分项工程所含的检验批均应符合合格质量的规定。检验批的质量合格的条件：

① 主控项目和一般项目经抽样检验合格。

② 具有完整的施工操作依据、质量检查记录等两项。

（2）分项工程所含的检验批的质量验收记录应完整。

（3）主控项目和一般项目的合格要求：

① 主控项目一般必须全部符合有关专业工程验收规范的规定；矿山井巷工程的主控项目的抽样检验要求其抽样点（断面）应有 75％以上测点检验合格，其余测点不影响安全使用。

② 一般项目的质量抽检合格，当采用计数检验时，其合格率应符合各专业工程的规范规定（混凝土结构工程的一般项目的合格率应达到 80％以上，矿山井巷工程应达到 70％以上），且不得有严重缺陷或影响安全使用。

③ 具有完整的施工操作依据和质量验收记录。

2. 分部（子分部）工程质量验收

（1）一般建筑工程的分部（子分部）工程质量验收合格要求

① 分部（子分部）工程所含工程的质量均应验收合格。

② 质量保证资料应基本齐全。

③ 地基与基础、主体结构和设备安装等分部工程有关安全及功能的检验和抽样检测结果应符合有关规定。

④ 观感质量验收应符合要求。

（2）矿山井巷工程分部（子分部）工程验收合格要求

① 分部（或子分部）工程所含分项工程的质量均应验收合格。

② 质量保证资料应基本齐全。

3. 单位（子单位）工程质量验收合格条件

单位（子单位）工程质量验收合格的条件有五项：

① 构成单位工程的各分部（或子分部）工程均应合格。

② 质量控制资料文件应完整。

③ 单位（子单位）工程所含分部工程有关安全和功能的检测资料应复查完整。

④ 主要功能项目的抽查结果应符合相关专业质量验收规范的规定，其中抽查项目应在检查资料的基础上由参加验收的各方商定。

⑤ 观感质量验收应符合要求，矿山井巷工程的得分率应达到 70％及以上。

（三）矿（厂）区地基与基础工程质量检验要求

1. 地基工程施工质量检验工作要点

（1）地基施工质量与检验基本要求

① 一般规定

地基上施工的原材料，包括砂、石、水泥、钢材、石灰、粉煤灰等的检验应符合国家标准要求。

地基施工结束，宜在一个间歇时间后进行质量验收，间歇期由设计确定。

地基加固工程应在正式施工前进行试验段施工，论证设定的施工参数及加固效果，为验证加固效果的试验荷载，应不低于设计荷载的 2 倍。

② 换土垫层、强夯等方法的检验基本要求

对灰土地基、砂和砂石地基、土工合成材料地基、粉煤灰地基、强夯地基、注浆地基、预压地基，其竣工后的结果（地基强度或承载力）必须达到设计要求。

每个单位工程的检验数量不应少于 3 个点，1 000 m^2 以上工程，每 100 m^2 应至少有 1 个点，3 000 m^2 以上工程，每 300 m^2 至少有 1 个点。每个独立基础下至少应有 1 个点，基槽每 20 延米应有 1 个点。

③ 复合地基等处理方法的检验基本要求

对水泥土搅拌桩等各种复合地基，其承载力检验，数量为总数的 0.5%～1%，但不应少于 3 处。有单桩强度检验要求时，数量为总数的 0.5%～1%，但不应少于 3 根。

（2）地基处理质量检验方法要点

① 垫层的施工

垫层的施工质量检验必须分层进行，在每层的压实系数符合设计要求后，铺填上层土。

② 预压法验收检验规定

排水竖井处理深度范围内和竖井底面以下受压土层，经预压所完成的竖向变形和平均固结度应满足设计要求。

应对预压的地基土进行原位十字板剪切试验和室内土工试验。

③ 当强夯施工所产生的振动对邻近建筑物或设备产生有害影响时，应设置监测点，并采取挖隔振沟等防振或隔振措施。

2. 桩基础施工质量检验要点

（1）桩位检查和验收

① 桩位放样偏差、打（压）入桩的桩位偏差、灌注桩的平面和垂直度偏差以及斜桩的倾斜度偏差应符合规程要求。

② 当桩顶的设计标高与施工场地相同时，或桩基施工结束后可对桩位进行检查时，桩基工程的验收检查应在施工结束后进行。灌注桩的桩顶标高至少要比设计标高高 0.5 m。

（2）承载力检验和验收

① 所有形式的桩均要求进行承载力检验。地基基础设计等级为甲级或地质条件复杂，成桩质量可靠性低的灌注桩，应采用静载荷试验方法进行承载力检验。抽样检验的桩的数量应符合规程要求。

② 灌注桩还要求每 50 m^3 留一组试件，小于 50 m^3 时每根桩必须有一组试件。

（3）桩身质量检验与验收

桩身质量采用抽检。抽检数量应符合规程规定。规程规定成桩质量可靠性差的桩(如地下水位以下的灌注桩),其抽检数量较多;但是其他桩的桩身质量抽检数量至少在10根以上,且每个柱子承台下不少于1根。

3. 土方工程

(1) 挖方工作的质量检验与验收要点

① 开挖工作的质量检验包括标高和长度、宽度的尺寸偏差,以及坡度符合规程的允许偏差要求,同时保证平整性和基底土性应符合设计要求。

② 临时性挖方的边坡值应符合规范规定,对于开挖深度,要求软土不超过4 m,硬土不超过8 m。

(2) 填方工作质量要求

① 填方工作要求标高偏差符合规范规定,分层压实系数达到设计要求;其他还包括回填土料、分层厚度及含水量满足设计要求、表面平整度符合偏差限制要求。

② 填方土料应按设计要求验收后使用;填土过程应检查排水措施。

4. 基坑工程

(1) 一般性规定

① 基坑(槽)、管沟开挖前应根据相关资料制定施工方案、环境保护措施、监测方案,经审批后方可施工。

② 降、排水施工质量要求。

土方工程施工前,应完成降排水措施设计,及其系统检查和试运转的工作。降排水工作的施工质量检验内容包括排水沟坡度,井管(点)的垂直度、间距及其插入深度等。

当在基坑外降水时要有降水范围估算以及对周围重要建筑物的监测。

③ 基坑的验槽和变形监测。

基坑(槽)、管沟开挖至设计标高后,应对坑底进行保护,验槽合格后方可进行垫层施工。对于特大基坑,宜分区分块开挖至设计标高,分区分块浇筑垫层。

基坑(槽)、管沟土方工程验收必须确保支护结构和周围环境的安全。当设计有指标要求时应符合设计规定,无设计指标时,应以相关规范要求的最大位移为标准。

(2) 桩墙支护、钢或混凝土支撑系统

① 构成各类桩墙支护的桩,应符合相应桩的质量要求。混凝土板桩应检查桩长度和板桩弯曲度符合允许偏差要求。

② 支撑施工应严格控制与开挖的顺序和时间的关系,以及支撑的布置位置、每层开挖深度、预加顶力等内容。钢或混凝土支撑的平面和水平位置的偏差,预撑力偏差应符合规定。

(3) 锚杆及土钉墙支护工程

① 施工过程中应对钻孔直径、深度及角度,锚杆或土钉位置及插入长度、应力,注浆配合比、压力及注浆量,喷层厚度与强度等进行检查。其中锚杆土钉长度、锚杆锁定力为检查的主控项目。

② 每段施工完成后应检查坡顶或坡面的位移,坡顶沉降和周围环境变化,如有异常则应及时采取措施,待正常后方可恢复施工。

(4) 地下连续墙

① 施工中应检查成槽的垂直度、槽底淤积物厚度、泥浆比重、钢筋笼尺寸、浇筑导管位置、混凝土上升速度、浇注面标高、地下墙连接面清洗程度、商品混凝土坍落度、锁扣管或接头箱的拨出时间与速度等。

② 成槽结束后应对成槽宽度、深度、倾斜度进行检查，检查数量应符合规程规定。墙体每 50 m^3 混凝土应有一组试件，且每幅槽段不少于一组；强度符合要求后方可开挖土方。墙体的强度及其垂直度是连续墙检验的主控项目。

（四）矿山井巷掘进施工质量检验要求

1. 掘进施工和裸体井巷工程

（1）冲积层掘进工程验收工作要点

临时支护是施工组织设计和作业规程所规定的重要内容，对施工安全有重要影响，因此验收强调遵守对施工组织设计和作业规程的要求。

冲击层的掘进要求不准欠挖，超挖量的偏差根据施工方法、井筒形式等分别在 200～400 mm 之间。

（2）基岩和裸体井巷掘进工程验收工作要点

基岩掘进工程验收的主控项目包括爆破法施工时采用光面爆破，要求有合理的爆破作业规程（爆破图表和说明书），并适应围岩的变化条件；爆破施工时要求严格遵守。

基岩掘进规格偏差要求欠挖不超过 30 mm，超挖量根据井巷形式不同在为 150～250 mm 之间；对于软岩（含破碎带）掘进，则要求不得欠挖；井巷掘进的坡度偏差为±1°。立井壁座、巷道水沟、硐室的设备基础等掘进断面的规格偏差应符合规程相应要求。

裸体井巷掘进采用光面爆破，其周边眼的眼痕率不应小于 60%。裸体井巷掘进规格的允许偏差较一般基岩掘进要小，巷道的坡度允许偏差与基岩巷道一致。

2. 支护工程

（1）混凝土支护与钢筋混凝土支护验收工作要点

① 矿山井巷工程的混凝土、钢筋混凝土工程所涉及的混凝土与钢筋施工，施工的原材料（包括外加剂、焊条等）、混凝土强度等内容的检验验收要求，与《混凝土结构工程施工质量验收规范》（GB 50204—2015）等相应的规范要求基本一致。

② 矿山井巷工程混凝土与钢筋混凝土工程的模板应有设计，使用前应对模板验收，安装后及施工中应注意观察和维护，保证良好的使用状态。模板的材质、规格、刚度应符合设计和规程要求。厂家生产的模板应有合格证、说明书，并在使用前进行组装效验；自行设计加工的非定型模板应在出厂前进行整体组装、调试、检测，由监理、建设、施工、加工等单位组织验收；经检修、整形后重复使用的模板也应经上述检验方法检查。模板组装后的规格偏差应符合规程要求。

③ 混凝土支护的断面规格、厚度规格、钢筋布置规格等尺寸偏差应符合验收规范要求，壁厚充填材料符合设计要求，立井壁后充填密实，巷道等充填应无明显空顶、空帮现象。

④ 防水、防渗混凝土应符合设计和相应国家规范要求。

（2）锚喷支护与锚索支护

① 锚杆与锚索支护工程验收工作要点

a. 锚杆的杆体及配件的材质、品种、规格、强度，水泥卷、树脂卷和砂浆锚固材料的材质、规格、配合比、性能，以及锚索材料、规格、承载力和锚索的锚固材料、锚固方式等必须符合设计要求。

b. 锚杆安装质量要求安装牢固，托板基本密贴壁面，不松动。锚杆的拧紧扭矩不得小于 100 N·m。锚杆的抗拔力最低值不小于设计值的 90%；锚索锁定后的预应力不小于设计值的 90%。

c. 锚杆孔的深度允许偏差应为 0～50 mm，锚索安装的有效深度不应小于设计值的 95%。锚杆安装的间、排距，与井巷轮廓线或与层理面、节理面、裂隙面夹角，以及锚索钻孔方向与设计方向的偏斜角，应符合规定的偏差要求。

② 喷射混凝土支护工程验收工作要点

a. 喷射混凝土所用的水泥、水、骨料、外加剂的质量，应符合施工组织设计的要求；混凝土配合比和外加剂掺量应符合相应的国家标准要求。

b. 喷射混凝土厚度不应小于设计值的 90%。

c. 喷射混凝土的表面平整度不大于 50 mm；基础深度不小于设计值的 90%。

(3) 砌块支护工程验收工作要点

① 钢筋混凝土预制弧板应按《混凝土结构工程施工质量验收规范》(GB 50204—2015)的相关规定验收，混凝土预制块、料石的材质、强度、规格，砂浆品种，以及预制弧板的壁后充填材料质量，必须符合设计要求。

② 砌体的壁后充填必须严实，无空顶、空帮现象。

③ 砌体用的砂浆强度必须符合下列规定：

a. 同一批砂浆试块抗压强度平均值必须大于或等于设计值。

b. 同一批砂浆试块抗压强度的最小一组平均值严禁小于设计值的 85%。

④ 预制弧板接茬尺寸、砌体厚度的允许偏差应符合规程要求。

(4) 支架支护工程验收工作要点

① 各种支架的构件、配件齐全，支架及构配件以及背板和充填材料的材质、规格必须符合设计要求。

② 支架柱窝挖到实底，底梁铺设在实底上，其深度不得比设计值小 30 mm。当支架柱窝或底梁不能落在实底上时应有专门的措施。

③ 偏差应符合规程规定。

④ 支架架设符合规格，支架梁的水平度、扭转、支架间距、立柱斜度、棚梁的接口错位等的偏差应符合规程规定。

(五) 地面建筑工程质量验收要求

1. 一般规定

(1) 地面建筑工程质量验收的划分

① 建筑工程的结构主体分部工程可以分为混凝土结构、砌体结构、钢结构等子分部工程。

混凝土结构子分部工程可以划分为现浇混凝土和装配式混凝土结构子分部工程或钢筋混凝土与预应力混凝土子分部工程。

② 混凝土结构子分部工程可以分为模板、钢筋、混凝土、预应力、现浇结构、装配结构分项工程。钢结构子分部工程可以分为焊接，紧固件连接，钢零部件加工，各种安装、组装、拼装、涂装等。

③ 地面建筑工程检验批可以根据各类面层的分项工程的施工质量验收应以每一层次或每层施工段(或变形缝)作为检验批。每检验批应以所划分的分项工程按自然间(或标准间)检验;抽检数量和方法按相应规程要求确定。

④ 建筑地面工程的分项工程合格验收要求:建筑地面工程的分项工程施工质量检验的主控项目,必须达到规定的质量标准,认定为合格;一般项目80%以上的检查点(处)符合本规范规定的质量要求,其他检查点(处)不得明显影响使用,并不大于允许偏差值的50%,为合格。

2. 现浇钢筋混凝土工程施工质量检验与验收

(1) 模板工程检验验收工作要点

① 各种模板材质、结构、规格、强度必须符合设计、作业规程及有关规范的规定。

② 模板组装和安设必须牢固可靠,模板的承力层必须有足够的承载能力,必要的支架安设合适。模板应按规定起拱。

③ 底模及支架拆除时的混凝土强度符合设计要求;侧模拆除时混凝土表面和棱角不受损伤。

④ 模板组装和接缝宽度的允许偏差及相应的检验方法应符合有关规定。接缝不漏浆。模板内无杂物,木模板应浇水。涂刷模板隔离剂不得玷污钢筋和混凝土接槎处。

⑤ 固定在模板上的预埋件、预留孔(洞)均不得遗漏,并安装牢固,偏差符合要求。

(2) 钢筋工程检验验收工作要点

① 钢筋进场时应按规定抽件检验;钢筋的品种、规格、质量、性能必须符合设计要求和规范的有关规定。焊条焊剂的牌号和性能必须符合设计要求和规范的有关规定;钢筋表面必须清洁,严禁使用有裂缝、断伤、刻痕的钢筋。钢筋有脆断等情况时,应有化学成分等专项检验。

② 钢筋的弯折和末端的弯钩加工应符合规程要求;钢筋加工的形状尺寸符合设计,其偏差应符合规范要求。

③ 受力钢筋接头布置、钢筋的绑扎搭接长度和方式,钢筋和钢筋网片的绑扎质量、焊接质量等应符合有关规定。

④ 钢筋安设位置的允许偏差和检验方法应符合规定。

⑤ 在浇筑混凝土之前,应进行钢筋隐蔽工程验收,内容包括:

a. 纵向受力钢筋的品种、规格、数量、位置等;

b. 钢筋的连接方式、接头位置、接头数量、接头面积百分率等;

c. 箍筋、横向钢筋的品种、规格、数量、间距等;

d. 预埋件的规格、数量、位置等。

⑥ 当钢筋的品种、级别、规格需作变更时,应办理设计变更文件。

(3) 混凝土工程和现浇结构的检验验收工作要点

① 水泥进场时应按规定进行检验,对强度、安定性等必要的指标进行复验。当对水泥质量有怀疑或出厂已超过3个月时,应进行复验。钢筋混凝土结构和预应力混凝土结构中严禁使用含氯化物的水泥。

② 混凝土工程所用骨料、水、外加剂质量符合质量标准要求。

③ 应有专门的混凝土配合比设计,设计符合有关规范要求,并确定施工配合比。原材料的称量偏差不超过规程规定。

④ 混凝土运输、浇筑、间歇时间的总和不超过混凝土初凝时间，上层混凝土应在底层混凝土初凝前浇筑完成，否则应按施工缝处理。

⑤ 混凝土强度等级必须符合设计要求，其强度检验的取样和试验方法必须符合有关规定要求。混凝土结构工程质量验收规程规定：同配合比每 100 盘（不超过 100 m^3）或每 100 m^3 取样不少于一组（一次连续超过 1 000 m^3 时以每 200 m^3 计）；每层楼同配合比不少于一组，层面积超过 1 000 m^2时应按每 1 000 m^2一组要求。混凝土强度试验也可以根据合同约定，采用非破损或局部破损的试验方法。

⑥ 混凝土浇筑后 12 h 内进行覆盖和保湿养护，硅酸盐水泥、普通硅酸盐水泥和矿渣水泥的洒水养护不少于 7 d，掺有缓凝外加剂或为抗渗混凝土不少于 14 d。混凝土强度达到 1.2 N/mm^2之前不允许被踩踏。

⑦ 现浇混凝土结构拆模后不应有影响结构性能和使用功能的尺寸偏差，混凝土设备基础，不应有影响结构性能和设备安装的尺寸偏差；一般性偏差不超过规程允许值。混凝土结构的外观质量不应有严重的缺陷，一般性缺陷可进行技术处理，并重新检查验收。

⑧ 结构实体的检验内容有混凝土强度、钢筋保护层厚度以及合同约定的项目，必要时可检验其他项目。

⑨ 钢筋保护层厚度的检验，可采用非破损或局部破损的方法，也可以采用非破损方法并用局部破损方法进行校准。梁类构件的纵向受力钢筋保护层厚度允许偏差为＋10 mm、－7 mm；板类构件为＋8 mm、－5 mm。全部检查点的合格率不得低于 90％。但是当合格率不到 90％而不低于 80％时，可以再抽取相同数量的构件进行检验。两次的平均合格率值应不低于 90％。

3. 砌体工程质量检验与验收

（1）一般性要求

① 砌体工程所用材料应有合格证书、产品性能检验报告，块体、水泥、钢筋、外加剂等应有进场复验报告。严禁使用国家明令淘汰的材料。

② 同一验收批的砌筑砂浆试块的平均强度不得低于设计值，同批的最低一组强度不低于设计强度的 0.75 倍。每检验批同类型的砂浆试件不得少于 3 组。当试件强度缺乏代表性试验，结论有怀疑或结果不满足设计要求时，可进行现场原位试验。

（2）各类砌体工程质量检验验收要点

① 各类砌体的位置（或轴线位置）、垂直度，配筋砌体构造柱位置与垂直度及其钢筋布置位置的偏差，以及各类砌体规格尺寸的偏差应符合规程的相应允许偏差要求。

② 各类砌体灰缝横平竖直等形式要求，以及厚度、灰浆饱满度应符合相应规定。

③ 砌块的错缝搭接、墙体转角及纵横墙连接等砌筑与连接方式、配筋砌体的构造柱与墙体连接、搭接钢筋设置等构造要求必须符合规程的规定。

④ 对砌体子分部工程验收时，应对砌体工程的观感质量作出总体评价。

⑤ 对有裂缝的砌体应按下列情况进行验收：

a. 对有可能影响结构安全性的砌体裂缝，应由有资质的检测单位检测鉴定，需返修或加固处理的，待返修或加固满足使用要求后进行二次验收。

b. 对不影响结构安全性的砌体裂缝，应予以验收，对明显影响使用功能和观感质量的裂缝，应进行处理。

（六）矿山立井工程验收要求

1. 井筒竣工验收的检查内容

（1）矿建工程检查工作内容

① 井筒位置与几何尺寸

井筒中心坐标、井口标高、井筒的深度以及与井筒连接的各水平或倾斜的巷道口的标高和方位；井筒的断面和井壁的垂直程度。

② 井壁质量

混凝土、钢筋材料，隐蔽工程。

③ 井筒的总漏水量（一昼夜应测漏水量 3 次，取其平均值）。

（2）井筒装备工程检查工作内容

① 基本工作内容

罐道梁与罐道的位置、垂直度及管路系统等设施的质量，并绘制纵、横断面图。

② 梁的检查

a. 罐道梁与井筒平面十字中心线的相对位置；同一提升容器两侧的罐道梁的平面相对位置；每根梁的上平面的水平情况；罐道梁的层间距偏差。

b. 梁埋入井壁的深度。

c. 当采用树脂锚杆固定托架时的托架水平度、托架层间距等。

③ 罐道

罐道的垂直情况；同一容器的两个罐道的间距；同一容器的两个罐道的平面中心线偏差；两节钢罐道的接头中心线的偏差；罐道卡子与钢轨底板斜面接触的间隙。

④ 管路

管路的垂直度，要求不漏水、不漏风。

2. 井筒竣工验收时应提供的资料

（1）矿建工程要求

① 实测井筒的平面布置图，应标明井筒的中心坐标、井口标高，与十字线方向方位，与设计图有偏差时应注明造成的原因；实测井筒的纵、横断面图。

② 井筒的实际水文资料及地质柱状图。

③ 测量记录。

④ 分项、分部工程验收记录、观感质量验收记录、主要功能项目的抽查记录等。

⑤ 设计变更文件、隐蔽工程验收记录、工程材料和试块试验报告等；重大质量事故的处理记录。

（2）井筒装备工程要求

设计施工图和安装后的实测竣工图；主要原材料出厂合格证或材料试验报告；隐蔽工程验收记录（梁埋入井壁深度、梁窝内垫用的材料、填堵梁窝的混凝土强度记录）；第一层罐道梁的验收记录等。

3. 井筒竣工验收时的质量要求

（1）矿建工程要求

① 建成的井筒规格允许偏差，应符合规程规定。

② 砌块、混凝土的井壁质量、锚喷支护的质量，应符合设计要求。

③ 井筒建成后的总漏水量，符合表 4-6 规定。

④ 施工期间，在井壁内埋设的卡子、梁、导水管、注浆管等设施的外露部分一并切除；废弃的孔口、梁窝等，应以不低于永久井壁设计强度的材料封堵。

⑤ 井筒施工中所开凿的各种临时硐室，需废弃的，应封堵。

表 4-6　立井井筒建成后总漏水量的标准和检验方法

<table>
<tr><th>序号</th><th colspan="2">项　目</th><th colspan="2">总漏水量/(m^3/h)</th><th>检验方法</th></tr>
<tr><td rowspan="2">1</td><td rowspan="2">普通法
全井筒</td><td>井筒深度≤600 m</td><td>≤6.0</td><td rowspan="2">不得有 0.5 m^3/h 以上的集中出水孔</td><td rowspan="5">一昼夜实测 3 次井筒漏水量，取平均值，并观察检查</td></tr>
<tr><td>井筒深度>600 m</td><td>$6+\frac{H-600}{100}$</td></tr>
<tr><td>2</td><td colspan="2">钻井法施工的井筒段</td><td>≤0.5</td><td rowspan="3">不得有集中出水孔和含砂的水孔</td></tr>
<tr><td rowspan="2">3</td><td rowspan="2">冻结法施工的井筒段</td><td>≤400 m</td><td>≤0.5</td></tr>
<tr><td>>400 m，每百米漏水增加量≤0.5 m^3/h</td><td>$\leqslant 0.5(1+\frac{H-400}{100})$</td></tr>
</table>

注：H 为冻结法施工的井筒段深度，$H>400$ m。

（2）井筒装备工程要求

工程验收时，井筒内梁的安装、罐道的安装、管路的安装的偏差要求满足规程要求，堵梁窝的混凝土强度等级以及井筒装备材料的防腐处理等均应符合有关规定和要求。

4. 立井施工现浇混凝土井壁的质量检查

立井井筒现浇混凝土井壁的施工质量检查主要内容包括井壁外观及厚度的检查和井壁混凝土强度的检查两个方面。

（1）井壁外观及厚度

对于现浇混凝土井壁，其厚度应符合设计规定，局部厚度的偏差不得小于设计厚度 50 mm，其连续周长不应超过井筒周长的 1/10，纵向高度不应超过 1.5 mm；井壁的表面不平整度不得大于 10 mm，接槎部位不得大于 30 mm。

（2）混凝土强度检查要求

对于井壁混凝土的强度检查，施工中应预留试块，每 20～30 m 不得小于 1 组，每组 3 块，并采用标准条件进行养护，试块的混凝土强度应符合国家标准和设计要求。当井壁的混凝土试块资料不全或者对判定质量有异议时，可以从结构中钻取混凝土芯样或者用非破损检验方法进行检查。如仍不符合要求，应对完成的结构，按实际条件验算结构的安全度并采取必要的补强措施。

（七）矿山巷道工程验收要求

1. 巷道工程检查内容和验收材料

（1）检查内容

① 标高，坡度和方向，起点、终点和连接点的坐标位置；中线和腰线及其偏差。

② 永久支护规格质量；水沟的坡度、断面和水流畅通情况。

（2）验收材料

① 实测平面图，纵、横断面图，井上下对照图。

② 井下导线点、水准点图及有关测量记录成果表；地质素描图、柱状图和矿层断面图。

③ 主要岩石和矿石标本，水文记录和水样、气样、矿石化验记录。

④ 分项、分部工程验收记录，观感质量验收记录，主要功能项目的抽查记录等。

⑤ 隐蔽工程验收记录，材料和试块试验报告。

2. 主要质量要求

(1) 一般要求

① 巷道起点的标高与设计规定值相差不应超过 100 mm。

② 主要运输巷道轨道的敷设必须符合有关要求；水沟深度和宽度应符合相应偏差要求。

③ 架线电机车的导线吊挂应符合要求。

④ 巷道底板应平整，局部凸凹不应超过设计规定 100 mm。巷道坡度必须符合设计规定。

(2) 砌碹巷道规格

① 净宽：中线至一帮的距离，主要运输巷道不得小于设计值；其他巷道不得小于设计值 30 mm，且均不应大于设计值 50 mm。

② 巷道净高：主要运输巷道腰线上下均不得小于设计值，一般巷道腰线上下均不得小于设计值 30 mm，同时都不应比设计值大 50 mm。

③ 砌体厚度：局部不得比设计值小 30 mm。

(3) 支架巷道

① 净宽：从中线至任何一帮的距离，主要运输巷道不得小于设计值；其他巷道不得小于设计值 30 mm，均不应大于设计值 50 mm。

② 巷道净高：巷道腰线上下均不得小于设计规定 30 mm，同时都不应大于设计规定 50 mm。

③ 支架规格

支架立柱斜度的允许偏差为±1°；支架梁应水平，两端高差，主要巷道不应超过 40 mm，一般巷道不应超过 50 mm。

支架应垂直于巷道中心线，梁端的扭距，主要巷道不应超过 50 mm，一般巷道不应超过 80 mm，曲线巷道支架的方向应与曲线半径一致；梁与立柱的结合面应严密。

两支架的间距允许偏差为±50 mm。背板与岩帮间应充填严实；倾斜巷道支架间的横撑和拉条应齐全、牢固。

(4) 裸体巷道与喷射混凝土巷道

① 巷道净宽，从中线至任何一帮最凸处的距离，主要运输巷道不得小于设计值，其他巷道不得小于设计值 50 mm，均不应大于设计值 150 mm。

巷道净高，主要巷道腰线上下均不得小于设计值，一般巷道均不得小于设计值 50 mm，且都不应大于设计值 150 mm。

② 喷射混凝土厚度

喷射混凝土厚度应达到设计要求，局部的厚度不得小于设计值的 90%。

(八) 尾矿设施质量检验与验收要求

1. 初期坝

(1) 开挖施工的质量检验验收要点

① 开挖的坝基，在纵断面上不得出现台阶或大于 20°的急剧变坡。

② 开挖易风化、易崩解的岩土坝基且不能及时回填者，应留保护层；黏性土坝基施工应采取防冻措施；对于软黏土、湿陷性黄土、膨胀土、粉细砂中岩溶等特殊岩土的坝基，应按设计要求认真处理，并符合国家现行有关标准和规范的规定。

(2) 筑坝材料和反滤料的质量要求

① 坝料性质符合规定。黏性土、砾质土的现场含水量，应用烘干法测定。

② 反滤料铺筑前应取样检查颗粒级配和含泥量，并经检验合格后方可使用。

(3) 坝体砌筑的质量检验验收要点

① 坝体填筑应在坝基处理及隐蔽工程验收合格后进行。

② 坝土厚度、含水量以及碾压参数符合要求，铺土不得超厚。坝体压实检查取样测定的干重度，其合格率不应低于 90%，不合格样的干重度不应低于设计值的 95%，且不得集中。

③ 坝体与坝基、岸坡、刚性建筑物等的结合部及纵、横向接缝处的压实与施工质量符合要求。

④ 坝坡坡比符合要求。

(4) 反滤层砌筑质量检验验收要点

沙砾料反滤层或土工布保护层各层的局部厚度，不得小于设计厚度的 85%。

2. 排水井和排水管(槽)

(1) 排水井施工的质量检验验收要点

① 基坑开挖后应按隐蔽工程进行认真检查和中间验收，合格后方可浇筑基础。

② 排水井的井筒中心线和框架式排水井立柱位置、窗口式排水井的窗口直径等偏差应符合规程的允许量要求。

(2) 排水管(槽)施工的质量检验验收要点

① 管(槽)基开挖后，应按隐蔽工程进行认真检查和验收，验收合格后方可浇筑管(槽)基础。

② 管(槽)壁厚偏差不允许出现负值；孔径或断面尺寸允许偏差为±1%。

③ 管(槽)敷设坡度的允许偏差为设计坡度的±10%。

3. 排水隧洞

(1) 隧洞开挖与掘进的质量检验验收要点

① 采用光面爆破的炮孔痕迹保存率对于硬岩不宜低于 80%，中硬岩不宜低于 70%，软岩不宜低于 50%。预裂爆破的预裂缝宽度不宜小于 5 m。

② 隧洞掘进完成后，在进行衬砌之前应进行中间验收。

(2) 隧洞衬砌的质量检验验收要点

① 隧洞衬砌断面尺寸允许偏差为±2%，衬砌厚度不应小于设计值，不得出现平坡和反坡。

② 隧洞衬砌施工除应取混凝土试块进行有关试验外，尚应对已完工衬砌进行现场强度检验，其值不得低于强度设计值的 95%。

③ 喷射厚度应满足设计要求。强度试验试样应每班至少取一组，试件的平均抗压强度不应低于强度设计值，任一组试样的抗压强度的平均值不应低于强度设计值的 85%。

④ 锚杆锚固力应抽样检查，每 300 根锚杆为一组，当围岩条件或原材料变更时必须另做一组。平均值不得低于设计值，任意一组试件的平均值不得低于设计值的 90%。

4. 溢洪道、尾矿管(槽)与回水管(槽)

(1) 溢洪道质量检验验收要点

① 对基槽开挖质量进行检查并中间验收。其质量要求为:岩面起伏差应小于 150 mm,围岩不应有明显可见的爆破裂隙。

② 有砌护的溢洪道,其表面应平整,砌护厚度不应出现负误差。浆砌块石护面不得有薄片片石铺于表面,缝间砂浆应饱满。混凝土护面应振捣密实,无蜂窝麻面,表面无裂缝。

③ 溢洪道断面尺寸允许偏差为±3%;纵向坡度允许偏差为设计坡度的±10%。

(2) 尾矿管(槽)与回水管(槽)质量检验验收要点

① 管(槽)纵断面的标高和坡度符合要求;压力管道的耐压强度和严密性符合要求;流槽断面尺寸及砌筑质量符合要求。

② 管(槽)敷设坡度的允许偏差为设计坡度的±10%,并不得出现平坡或反坡。

③ 流槽净断面尺寸的允许偏差为设计尺寸的±2%;槽壁壁厚偏差不应出现负值。

七、矿井工程质量控制

(一) 工程施工质量管理要求与控制要点

施工阶段质量控制的重点是施工工艺和施工工序。

1. 施工工艺质量管理与控制

一个成熟的工艺应包括工艺目标(指标)和技术条件、工艺流程、机具设备、操作要求、质量标准和检验方法以及成品保护和使用要求等内容。保证实现工艺的质量,包括对这些内容的计划、执行和检查反馈,体现了质量管理的基本原则。工艺质量控制循环过程可以用图 4-15 表示。

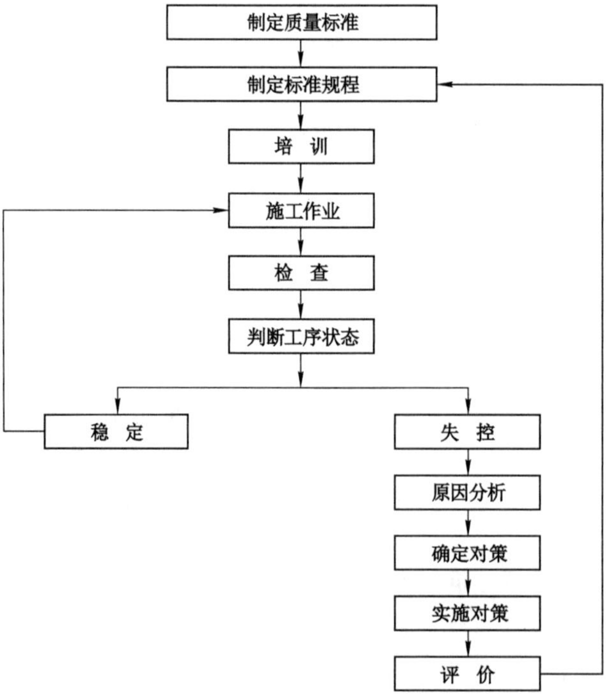

图 4-15 施工工艺质量控制循环系统

2. 施工工序质量管理与控制

施工工序构成工艺过程，工序中又有进一步的工艺内容。对于工序的质量控制，也和质量管理基本原则一样，构成一个循环系统。

工序质量控制应特别注意明确影响工程质量的关键工序和每一项工序中影响质量的关键部位和关键工作内容；工序质量控制还特别关注工序之间衔接的要求，控制上下工序之间的交接工作。

影响具体工序的质量因素包括操作人员、机具、原材料、监测技术、工艺方法、生产环境等。

每个工序的质量改善是从掌握现状开始的。工序的现状可以通过采用工序能力分析、控制图等方法分析得到。

【案例 4-17】

(1) 工程背景

某矿井主要运输大巷，采用锚杆喷射混凝土支护方式。设计锚杆间、排距为 700 mm×700 mm，锚杆抗拔力为 80 kN，喷射混凝土强度为 20 MPa，喷射混凝土层厚度为 100 mm。施工过程中检查发现：锚杆间、排距及锚杆抗拔力符合设计要求；但喷射混凝土强度和厚度均不符合设计要求，10 个检查点的平均喷射混凝土强度为 16.2 MPa，平均喷射混凝土层厚度为 86.9 mm，且部分喷射混凝土有离层现象。检查施工中水泥和骨料质量正常，但喷射混凝土用量大大超过定额。

(2) 问题

① 可能有哪些主要原因造成该工序的质量问题？应如何改进？

② 针对该工序简述质量控制程序。

③ 什么是质量控制变量？请根据该案例背景确定质量控制变量。

(3) 分析

本案例要求掌握施工工序质量控制的基本方法，学会对质量问题的分析，工序质量控制变量的选择，以及针对相应的问题采取改善工序状态的主要步骤。

① 喷射混凝土强度不够、喷层离层、喷厚不够且用量过高，直接原因有：a. 配合比不当；b. 回弹量过大；c. 混凝土的黏结效果不好，喷层脱落等。因此，可以针对其可能的主要原因采取措施。这些原因有：喷射混凝土配合比有缺陷；石子过多或粒径过大，速凝剂配合比不合理，混合不均匀；喷射混凝土时喷浆手喷射顺序掌握不当；喷射混凝土之前没有用水冲洗岩面等。

② 造成这些问题的主要原因是工序质量控制程序不当、未能及时确定质量控制变量并对其进行质量预控、未能及时掌握喷射混凝土质量动态。工序的质量控制程序如图 4-16 所示。

③ 工序质量控制，主要是对影响作业效果的某些指标加以控制，这些用来控制的质量指标称为控制变量。

根据该案例背景选择喷射混凝土强度、喷层厚度、锚杆间排距、锚杆抗拔力 4 个质量指标作为控制变量。

④ 利用数理统计工具进行喷射混凝土强度动态控制的基本思路是取样、统计、分析、针对问题提出措施。在喷射混凝土施工过程中，每 3 天应至少取 1 组喷射混凝土试样，进行强

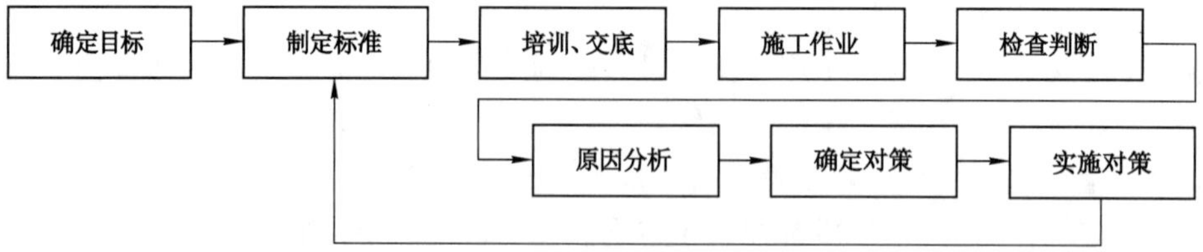

图 4-16　控制程序图

度试验，并对试验数据进行统计分析。

选用单值-移动极差控制图，利用正常施工积累的混凝土强度数据，计算控制图参数。将测得的混凝土强度数值随时在控制图上打点，并根据控制图的判断规则，分析点的分布排列状况，以确定工序是否处于控制状态，一旦处于失控状态，应分析影响因素，并采用因果分析图、排列图等数理统计工具确定主要影响因素，并采取对应对策。

【案例 4-18】

（1）工程背景

某巷道围岩以砂质泥岩为主，采用光面爆破和砂浆锚杆支护。施工过程中大部分围岩变成泥岩，岩性变软，但是施工队仍采用原有的施工技术措施，结果使巷道成型差。在质量检查时发现巷道锚杆受力小，锚盘不紧贴，锚杆外露长；现场锚杆安装工人回答询问时认为锚杆孔长度不够。检查锚杆的锚固力，达不到要求。监测变形数据表明巷道变形速率已经超过稳定要求的大小。项目部要求施工队采取措施。

（2）问题

① 巷道支护工艺有哪些质量指标？有何意义？怎样建立巷道支护工艺的质量目标？

② 案例中支护工艺的质量关键工序是什么？工序之间的衔接有什么问题？

（3）分析与答案

本案例主要了解工艺和工序方面的质量控制内容。

① 巷道支护工艺的目标是保证巷道安全稳定并满足使用要求；这个工艺目标要求许多质量指标保证，包括光面爆破成型指标、锚杆锚盘质量和锚固力指标等。一个成熟工艺的质量指标往往在规程中体现，所以规程的质量要求是实现项目目标的重要内容。

建立支护工艺质量指标，还需要明确许多条件和要求，包括环境条件、技术准备要求、材料品质要求、作业条件要求、技术素质要求等。案例疏忽了围岩岩性变化及其影响，没有对这种变化采取新的技术措施，以适应新的条件。例如，泥岩自撑时间不够就要采用喷锚工艺；砂浆锚杆在泥岩中达到高锚固力就要采用树脂锚固；为保证巷道成型，在岩石变软时则要改变装药结构等。

② 本案例支护工艺的关键工序是锚杆支护，锚杆工序的质量关键包括锚固力、托盘质量以及锚杆布置。锚杆钻孔长度不够，造成锚杆外露长和托盘不能紧贴岩面，说明钻孔与锚杆安装没有衔接好。

（二）矿井工程常见质量问题的预防方法

1. 一般概念

（1）常见的造成质量问题的原因

① 质量意识不够。

② 技术水平因素，抓不住质量关键，包括设计意图、施工要领不清楚，操作不正确等。

③ 技术方案因素，技术方案不合理导致质量问题。

④ 管理不力和施工管理水平低。

⑤ 施工条件恶劣。

(2) 预防常见质量问题的基本要求

① 思想重视，严格遵守施工规程要求是预防质量问题的关键。

② 注意提前消除可能的事故因素。施工前应有充分的准备工作；前续工序要为后续工序创造良好的施工质量条件，后续工序要严格验收前续工序的质量。

③ 选择合理的技术方案。

④ 技术人员要明确保证质量的关键技术和要求，严肃对待。

⑤ 认真进行技术交底，特别是质量的关键内容。要使操作人员明确操作过程的重点、要点，提高操作人员的技术水平。

⑥ 对可能出现的紧急情况有应急措施和应急准备，随时注意施工条件的变化，及时正确应对。

2. 矿山工程施工中的一些常见质量问题分析

(1) 质量意识不够引起的质量问题

① 为了赶进度，在混凝土没有足够的强度时，要求拆模进入下一道工序。

② 施工方法对井巷施工质量有重要影响。例如，为了缩短钻眼时间，采用少钻眼、多装药的方法，结果严重破坏了围岩，使巷道需要反复维修。为了赶工，提前拆模，造成大梁变形、破坏。

③ 对隐蔽工程的质量轻视、疏忽。例如，衬砌支护的壁后充填不充分，使支护提前失效、破坏。

(2) 施工方案或设计失误的影响

① 施工方案是影响施工质量的重要因素。例如，基坑降水、井筒注浆是控制水患的重要方法，常常因为方法不当，造成施工条件恶劣，混凝土质量难以得到保证。

② 基坑设计的支撑结构的安全度不够，通常是因为设计方法自身的缺陷、对设计方法的认识不足，对工程地质与水文地质资料掌握不充分，不正确地引用了设计方法或设计参数等。

(3) 施工措施或操作不当引起质量问题

① 混凝土浇筑中经常出现蜂窝、麻面。这和混凝土施工浇捣不充分、没有严格执行分层振捣或振捣操作不正确等有关。

② 对施工要领认识不足。例如，没有了解和控制锚杆支护的两个要领，即锚固力和托盘挤实围岩，使锚杆形同虚设。

③ 基坑施工中没有注意避免对基坑底部土的扰动，使土体强度等受到严重损失，或者由于打桩，使淤泥等高含水土层形成超静空隙压，以及支撑的过大变形使原来设计的支撑结构能力大幅度降低。

④ 可能由于对工程地质与水文地质情况认识不清，或者是经验不足出现决策错误，或者因为重视程度不够，从而施工措施导致失误。

（4）对质量控制的投入不足

对质量控制的投入不足的表现是多方面的，或是通过省料、省工来减少资金投入，或是没有将控制质量的措施落实，或是对工程监测的投入不足等。

【案例4-19】

（1）工程背景

某冶建公司承接了一个大型烧结厂的公辅项目。在项目开工前，建设单位要求施工单位在确保建设单位正常生产的条件下进行施工并确保施工质量。在挡土墙施工期间，施工单位发现其施工用机械未能按时进场且现场技术工人人数不足，经项目经理部研究决定，将挡土墙混凝土浇筑分包给了某个体施工队。在挡土墙拆模时发现许多地方因漏振产生了大量的空洞。

（2）问题

① 按照建设单位的要求，施工单位应采取哪些质量控制的对策来保证工程质量？

② 预防常见的质量问题应注意哪些问题？

（3）分析与答案

① 质量控制的对策主要有：以人的工作质量确保工程质量；严格控制投入品的质量；全面控制施工过程，重点控制工序质量；严把分项工程质量检验评定关；贯彻“预防为主”的方针；严防系统性因素的质量变异。

② 首先要根据施工条件，落实施工方案。施工单位虽然有施工同样工作的经验，但是不同项目可能有不同条件，例如案例表示在临开工前建设单位要求不能影响正常生产等，所以施工方案应结合具体工程条件提出合理施工方案。其次要思想上重视。项目技术难度不高，也应有足够的技术力量，以控制影响质量的关键部位。案例反映的另一个关键因素是管理缺失，分包不当或者分包管理不落实。分包单位技术素质低，虽然有“经济效益”，但是管理工作会增加许多，承担分包单位更多的质量责任。经常要处理的质量问题还包括正确对待进度与质量关系，包括案例中因准备工作不足、施工机具没有按时进场造成施工进度紧张而影响质量工作的落实，等等。

【案例4-20】

（1）工程背景

某井筒工程，地质报告表示在井深240 m以浅多处有含水层，其中240 m处的含水层厚6 m，涌水量估计为16 m^3/h。实际在浅部施工时井筒内几乎没有涌水量，与原地质报告不符。因此，施工队以为地质报告有误，一直施工到236 m处仍按正常循环施工，结果放炮后虽未有突水事故，却在井壁岩石裂隙中四处出水。施工队为了抢进度匆匆处理后就进行井壁砌筑。

（2）问题

① 分析施工队的错误行为。

② 讨论岩壁大量涌水对井壁混凝土施工质量的影响及正确措施。

（3）分析与答案

本案例说明通常影响施工质量的因素。

① 造成此质量事故的根本原因是没有按照规程施工。规程要求井筒穿过涌水量超过10 m^3/h的含水层时，应进行注浆等治水措施。施工队凭经验对地质报告指出的含水

层的情况不以为然，没有按规定"有疑必探、先探后掘"；其次是为了抢进度，当有较大的涌水出现后仍没有采用专门的堵水措施，冒险强行通过，这就势必给施工和工程质量造成伤害。

从本案例可以看出：掌握地质条件，并根据地质条件采取合理的施工措施是矿山工程保证施工质量的重要环节。因此，当对地质条件有疑问时，更要注意贯彻"有疑必探"的原则。矿山工程质量与地质因素的影响和掌握地质条件的程度关系密切。

② 岩壁涌水量过大，首先使操作人员处于恶劣的施工环境下，就可能难以保证正常施工程序和正确的操作要求，影响掘进、立模、井下搅拌、浇筑等工作；其次是岩壁涌水影响混凝土的搅拌质量，也影响浇筑的井壁混凝土质量，降低了强度、密实程度、抗渗性能等重要性能。因此，采用"干打井"技术是一个有利于进度和质量的有效方法。

（三）工程质量检验与分析方法

1. 基本知识

（1）矿井工程质量检验方法种类

矿井工程质量检验可以分为四个类型：抽查、全检、合格证检查、抽样验收检查。抽样验收检查的理论依据是概率论和数理统计，其科学性、可靠性均较强，采用控制的费用较低，是一种比较理想的控制方法，在矿井工程项目检验中应优先使用。

（2）矿井工程质量抽样检验方案

样本容量及判别方法的确定属于抽样检验方案问题。矿井工程质量抽验质量方案可以分为：计数型抽检方案和计量型抽检方案。

① 计数型抽检方案

计数型抽检方案是从待检对象中抽取若干个"单位产品"组成样本，按检验结果将单位产品分为合格品和不合格品，或者计算单位产品的缺陷数，用计数作为产品批的合格判断标准。计数方案的要点是确定样本容量 n 和合格判别界限 c。通常用 (n,c) 表示一个计数抽检方案。

② 计量型抽检方案

计量型抽检方案：用计量值作为产品批质量判别标准的抽检方案。该类方案的要点是确定样本容量 n、验收函数 Y 和验收界限 k。

2. 矿井工程项目质量检验数据统计与质量分析

（1）数据统计方法与相关分析

通过随机抽样获得的质量数据，经过一定的整理和采用统计方法处理后，就可能从中确定质量数据的分布状态，常用的方法有以下几种：

① 频数分布表

对获取的质量数据进行再次整理：设不同的数据为一个变量，以 x 表示，则这批数据即 x 的一个变异数列。用 x_i 表示任一变量，f_i 表示 x_i 出现的次数，在统计学中称 f_i 为频数；全部频数之和为 $\sum f_i$；变量 x_i 的频数 f_i 占全部频数之和 $\sum f_i$ 的比值称为 x_i 的频率，用 P_i 表示，称为相对频数。依次对上述数据进行处理可得到频数分布表。

② 直方图方法

各组频数或频率的大小用直方柱的高度表示，如图 4-17 所示，这种图形称为直方图。

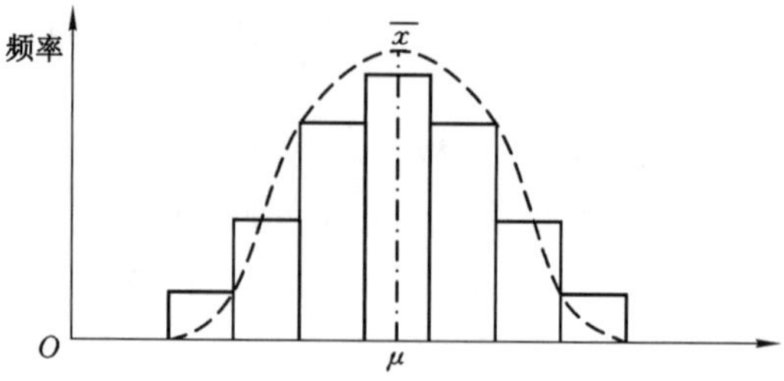

图 4-17　质量特征值(X)

以频数为纵坐标的直方图称为频数直方图，直接反映了质量数据的分布情况，故又称为质量分布图。

以频率为纵坐标的直方图，称为频率直方图。在该图中，各直方柱面积之和为 1。其纵坐标值的分布与正态分布的密度函数趋于一致，故可在同一幅图中画出标准正态分布曲线(按 $\mu\approx\overline{x}$，$\sigma\approx s$ 计算)，可以形象地看出直方图与正态分布曲线的差异。

通过直接观察直方图的形状能达到判断实施过程是否稳定正常的目的。进一步将直方图与公差或标准差对比，可以观察直方图是否都落在规格或公差范围内，是否有相当的余地以及偏离程度如何。

(2) 矿井工程项目工序能力分析方法

工序能力，是指工序处于稳定状态下的实际加工能力。稳定状态是指按照有关标准要求提供原材料或上一道工序的加工成果，本工序按作业规程规定实施并处于形成工序质量的各主要因素无异常的条件下的状态。在此状态下，代表工序质量的质量特性值近似服从正态分布，在($\mu\pm3\sigma$)范围内可包括全部质量特性值的 99.97%，即 6σ 几乎包括质量特性值的整个变异范围，代表该工序能够达到的质量水平。因此，作为工序能力有足够可靠性的量化指标，通常以 6σ 为标准衡量工序能力。计算工序能力的公式一般为：

$$A = 6\sigma \tag{4-2}$$

式中　A——工序能力；

σ——处于统计控制状态下的工序质量特性的标准差。

显见，6σ 值越大，工序能力越小；6σ 值越小，工序能力越大。因此，提高工序能力，关键是降低 σ 的数值。对于控制统计困难的工程(如矿井工程)，有时可以将系数适当取较小的值。

在工程项目实施过程中，工序使用设备的适应性和可靠性，原材料的质量或上一道工序的合理性和适应性，项目操作人员的思想状况和技术水平等，都是影响工序能力的重要因素。对工序能力的分析，就是要在项目实施过程中的各道工序上，考察为了使项目质量达到要求而提出的设备、原材料、方法、人员等对每道工序质量的适应程度。

工序能力状态一般用工序能力指数描述。

$$C_p = (T_u - T_l)/(6\sigma) \tag{4-3}$$

式中　T_u——公差上限；

T_l——公差下限；

σ——工序质量标准差。

较为理想的工序能力指数是1.33，工序能力指数小，表明工序能力不足。

(3) 影响矿井工程质量的原因分析方法

① 因果分析图法

为清晰有效地分析影响矿井工程质量的众多因素，通常采用因果分析图法。

因果分析图如图4-18所示。

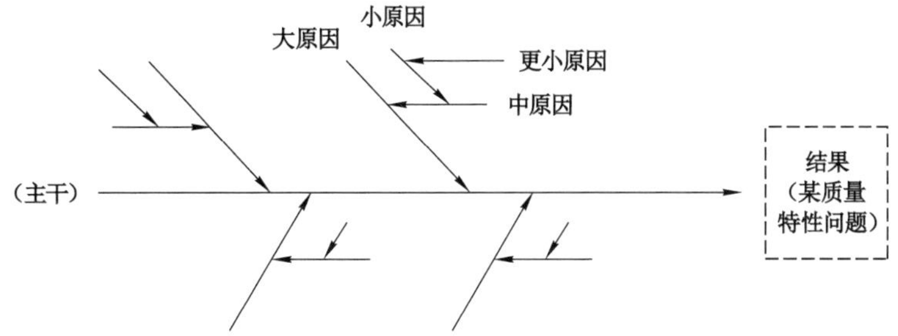

图4-18　因果分析图

② 排列图法

a. 排列图的基本原理

排列图是用于找出影响项目质量主要因素的一种常用的统计分析工具。排列图又称为主次因素排列图，由两个纵坐标(频数纵坐标和频率纵坐标)、一个横坐标(项目排列)以及若干个根据频数大小依次排列的直方柱和一条累计频率曲线所组成，如图4-19所示。

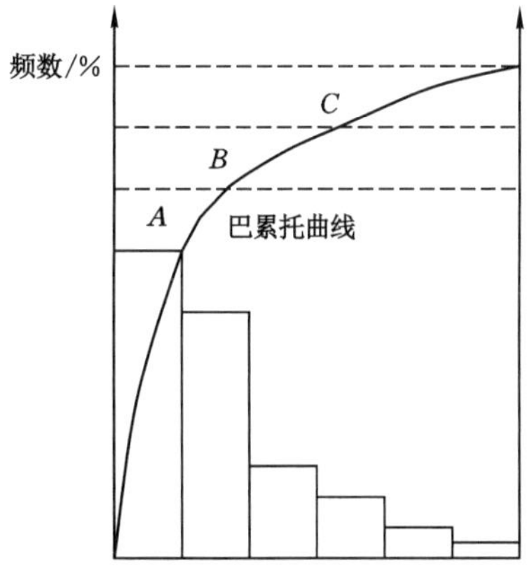

图4-19　排列图

绘制排列图的目的是找出影响项目质量的主要因素，因此，习惯上通常将影响因素分为三类：

Ⅰ. 将累计频率在0～80%范围内的有关因素视为A类，这是影响质量的主要因素。

Ⅱ. 将累计频率在80%～90%范围内的因素视为B类，是次要因素。

Ⅲ. 将累计频率在90%～100%范围内的因素视为C类，是一般因素。

b. 注意事项

Ⅰ. 按不同的项目(因素)进行分类，分类项目要具体明确，尽量使各个影响质量的分类因素之间的统计数据有明显差别，以便突出主要因素。

Ⅱ. 数据要取足，代表性要强，以确保分析判断的可靠性。

Ⅲ. 适当合并一般因素。通常情况下，不太重要的因素可以列出很多项，为简化作图，常将这些因素合并为其他项，放在横坐标的末端。

Ⅳ. 对影响因素进行层层分析。在合理分层的基础上，分别找出各层的主要矛盾及其相互关系。分层绘制排列图可以步步深入，具体找出影响质量的根本原因。

【案例 4-21】

(1) 工程背景

某巷道工程，断面面积为 10 m^2，分别要穿过砂岩层(普氏系数 $f=8\sim12$)和泥岩层(普氏系数 $f<4$)。采用钻眼爆破方法掘进施工，断面布置 46 个炮眼，设计要求光面爆破后巷道宽度的最小值为 3 800 mm，最大值为 3 940 mm。经过施工一段时间后，发现实际光面爆破效果不好。为分析原因，采集了 100 个爆破后巷道宽度数据，并进行分组整理，结果见表 4-7。

表 4-7 巷道宽度数据状态表

区间/mm	3 810～3 830	3 830～3 850	3 850～3 870	3 870～3 890	3 890～3 910	3 910～3 930	3 930～3 950
数据个数	5	20	15	25	20	5	10

(2) 问题

① 根据表 4-8 绘制直方图，并统计该批数据的分布范围。

② 通过直方图说明钻眼爆破施工存在的问题。

③ 根据上述分析，请说明可能有哪些原因造成案例中的光爆质量问题?

(3) 分析与答案

本案例要求掌握直方图的绘制方法，并能利用直方图与数据分布进行质量分析。

① 绘制直方图，如图 4-20 所示。该批数据的分布范围为：3 950－3 810＝140 (mm)。

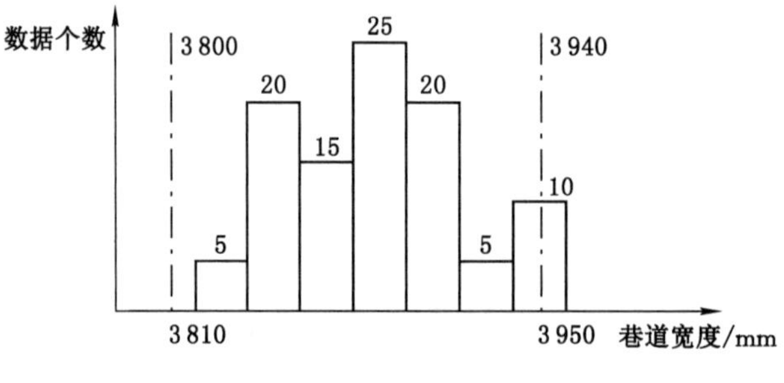

图 4-20 巷道宽度数据分布直方图

② 该直方图显示光爆施工属于异常型。首先，如图中标注所示，该批数据已经超限，3 940～3 950 之间的数据都属于超限部分，有一部分超挖断面。同时，爆破效果欠佳，断面数据分布的下限与要求下限相比无太多余地，分布偏心，即爆破断面相对偏小。另外，从数据分布来看，不服从理想的正态分布，数据不稳定，说明爆破质量控制水平相对较低。

③ 根据本案例的情况，因为巷道穿过两种岩性巷道，且泥岩普氏系数 $f<4$，砂岩 $f=8\sim12$，岩性相差较大。而提供的是一个爆破技术设计内容，可见，没有根据岩性情况选用合理的爆破设计是造成爆破质量的关键。从实际效果来看，该设计可能更适合砂岩，而在软弱的泥岩中造成了超挖。

上述统计数据没有将不同岩性巷道的爆破效果分别统计，这是统计工作中的一个缺陷。若能分别统计，则能进行更仔细的分析和得到更有效的结论。

【案例 4-22】

(1) 工程背景

某砌碹巷道净宽度的要求下限为 3 940 mm，上限为 4 100 mm。巷道净高的要求下限为 3 010 mm，上限为 3 060 mm。该巷道采用光面爆破法掘进施工，混凝土衬砌(砌碹)支护。巷道验收时提供掘进施工各工序质量检验合格单据，支护(衬砌)施工有支模、浇筑规格尺寸的检验合格单据。实际检查发现：巷道出现尖拱，局部出现开裂。在巷道断面上进行净高净宽测量，各取 50 个测点，测得巷道净宽的平均值为 3 960 mm，标准差为 32 mm；净高的平均值为 3 110 mm，标准差为 60 mm。

(2) 问题

① 分析混凝土浇筑支护的巷道的主要工序。

② 根据案例数据，计算工序能力指数，评判该工序能力指数是否满足要求？

③ 说明该巷道混凝土支护质量问题的原因。

(3) 分析与答案

本案例要求针对具体工程内容，掌握工序能力指数的计算方法和利用工序能力指数分析工序质量控制中的问题。

① 混凝土浇筑支护巷道施工包括钻眼、爆破、混凝土支护等主要工序。混凝土浇筑又包括立模、混凝土搅拌、浇筑等内容。

② 工序能力计算。

宽度方向反映的工序能力：$A=6\sigma=6\times32=192$ (mm)。

工序能力指数计算：$T_l=3\ 940$ mm，$T_u=4\ 100$ mm。

$C_p=(4\ 100-3\ 940)/(6\times32)=0.83$。

高度方向的工序能力：$C_p=(3\ 060-3\ 010)/(6\times60)=0.14$。

工序能力指数小于 1.33，表明工序能力不足。该项工序能力指数均远低于要求值，说明工序能力不足。

③ 由工序过程分析得出该巷道混凝土质量问题的原因是工序能力不足。从案例的情况来看，钻眼爆破的掘进施工有完全的质量检验单据，因此，质量问题主要在于支护施工过程。虽然背景中提供了立模与混凝土浇筑完成后的规格检查记录，但是因为混凝土浇筑是对衬砌壁后充填的隐蔽，因此工序检验中缺此隐蔽工程检查记录。实际情况是巷道宽度不够、高度超限，顶部出现尖拱、局部开裂，也反映了巷道充填不均和顶部充填不实的情况。

【案例 4-23】

(1) 工程背景

某矿井下轨道运输大巷设计断面形式为半圆拱，断面宽度为 4 200 mm，墙高为 1 800 mm，设计支护方式为锚杆、喷射混凝土与钢筋网联合支护方式，采用直径为 22 mm

的钢筋锚杆,树脂药卷端头锚固方式,锚杆间、排距为800 mm×800 mm,喷射混凝土强度等级为C20,钢筋网由直径8 mm的钢筋焊接,间、排距为100 mm×100 mm。该巷道长500 m,在施工完成100 m巷道时,施工单位组织人员对其进行全面质量检查,其结果是:喷射混凝土强度不合格出现12次,厚度不合格出现8次;锚杆抗拔力不合格出现3次,锚杆间、排距不合格出现2次;断面尺寸不合格出现25次。

(2) 分析与答案

本案例要求掌握排列图的绘制方法及判断方法。

① 按照不合格出现次数的大小进行排列,并计算累计频率,见表4-8。

② 根据排列图可以看出影响质量的主要因素是断面尺寸、喷射混凝土强度,其累计出现频率在0～80%之间;次要因素为喷射混凝土厚度,因为其累计频率在80%～90%之间;一般因素是锚杆抗拔力和锚杆间、排距,因为其累计频率在90%～100%之间。

表4-8 频数及频率

因素	不合格次数	频率/%	累计频率/%
断面尺寸	25	50	50
喷射混凝土强度	12	24	74
喷射混凝土厚度	8	16	90
锚杆抗拔力	3	6	96
锚杆间、排距	2	4	100

根据表4-8绘制排列图,如图4-21所示。

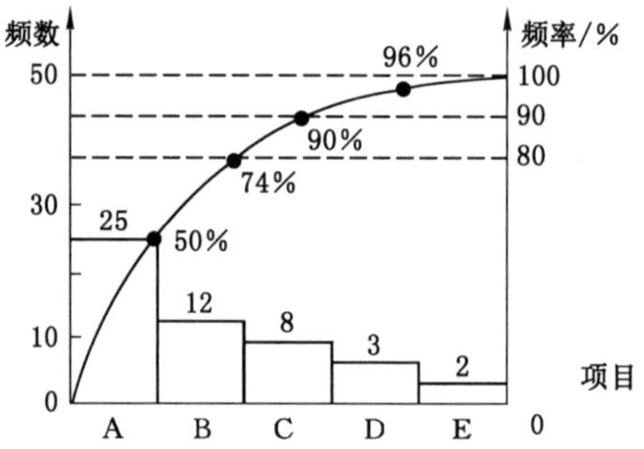

A—巷道尺寸;B—混凝土强度;C—混凝土厚度;D—锚固力;E—间、排距。

图4-21 排列图

(四) 矿井工程分部分项工程质量检验方法

1. 重要分项工程的质量检测技术与方法

(1) 混凝土强度检测

混凝土强度是评价其质量的主要指标。混凝土强度检测的基本方法是在现场预制试块并进行强度试验。混凝土的强度等级按立方体抗压强度(以N/mm^2或MPa)标准值划分。立方体抗压强度标准值是指对采用标准方法制作和养护的边长为150 mm试件,在28 d龄期时用标准试验方法测得的抗压强度总体分布中的一个值。当需要采用其他尺寸的试件时，可以按规定折算。

对已经完工的混凝土结构，可采用无损检测方法，包括回弹法、超声脉冲法、超声回弹综合法等。此外，还可以采用微破损检测技术，如拔出试验法等。

试验强度的计算方法和合格评定按照《混凝土强度检验评定标准》(GB 50107—2013)规定执行。

(2) 锚杆施工项目

① 锚杆抗拔力检测

锚杆(锚索)抗拔力是指其抵抗从岩体中拔出的能力，单位为 kN 或 N。抗拉拔力是表征锚杆(锚索)支护能力的重要指标，也是其施工质量的重要指标。检测锚杆或锚索抗拔力的常规方法是用锚杆拉力计或扭力矩扳手进行拉力试验。

② 锚杆安装的间、排距检测

如果锚杆未被喷射混凝土覆盖，则可以直接用尺量测，所得数据作为评价锚杆布置质量的依据。如果锚杆已被混凝土覆盖，则需使用锚杆探测仪。

③ 托盘质量检测

据《锚喷支护工程质量检测规程》(MTT 5015—96)的相关规定，锚杆托板要求安装牢固，密贴壁面或与岩面楔紧。未被喷射混凝土覆盖的锚杆托盘检测，可直接进行现场扳动、观察实查；对于已被混凝土覆盖的锚杆，则按照隐蔽工程处理，抽查检查点上的施工检查记录。锚杆托板安装质量检查记录由班组逐排完成；中间阶段或竣工验收时，立井要求不超过 15 m、巷道不超过 20 m 设置一个检查点。在每个检查点处检测其前一排锚杆托板的安装质量。

④ 锚杆孔深度、角度检测

锚杆孔深度、角度同样是反映锚杆支护质量的重要指标，目前仍然按照隐蔽工程的方法进行检测。

锚杆安装质量包括锚杆托板安装质量，锚杆间排距，锚杆孔的深度、角度，锚杆外露长度等方面的质量。

(3) 喷射混凝土施工项目

① 喷射混凝土强度检测

a. 喷射混凝土强度试验

评价喷射混凝土强度可以采用和普通混凝土相同的方法，采用标准试验方法获取 28 d 龄期的抗压强度，并通过比较同批试验各组平均值及其最低值与设计规定值的差进行合格评定，规程规定了具体的计算方法。

喷射混凝土还可以采用点荷载和拔出试验法确定其强度。

b. 取样

喷射混凝土强度检测试件采用现场取样方法，包括喷大板法、钻取法和凿方切割法。

Ⅰ. 钻取法。在已经养护 28 d 的实际结构物上钻取直径 50 mm、长度大于 55 mm 的喷射混凝土芯，经两端切割平整后试验。

Ⅱ. 喷大板法取样。用 350 mm×450 mm×120 mm 的模具(短边敞开)，置于喷射混凝土作业现场墙脚；待操作正常后，由下而上逐层向模具内喷射，1 d 后脱模置于标准条件下养护 7 d，加工成标准试件，养护 28 d 后进行试验。

Ⅲ. 凿取法。在已经喷好的并经过 14 d 养护的混凝土结构物上，钻凿出长 350 mm、宽 150 mm 的混凝土块。将其加工为 100 mm×100 mm×100 mm 的立方体试块，养护至 28 d，即可在压力机上进行抗压试验。

工程性质不同，每批喷射混凝土的试验组数不同。

(2) 喷射混凝土厚度

喷射混凝土厚度检测常采用针探法、打孔尺量或取芯法。

(3) 喷射混凝土工程规格尺寸

① 用于喷射混凝土工程断面规格尺寸的检测方法主要有：挂线尺量法、激光测距法、超声波测距法等。喷射混凝土表面平整密实，用 1 m 的靠尺和塞尺量测，测点 1 m^2 范围内凹凸不得大于 50 mm。

② 喷射混凝土基础深度一般采用尺量法检测。

(4) 锚喷混凝土观感质量检测

锚喷工程观感质量检测主要包括无漏喷、离鼓现象，无仍在扩展或危及使用安全的裂缝；漏水量符合防水标准；钢筋网(金属网)不得外露；成型好，断面轮廓符合设计要求，做到墙直，拱平滑。

(五) 勘察设计管理与质量保障的要求

1. 建设工程勘察质量管理要求

(1) 资质要求

根据《建设工程勘察质量管理办法》的要求，工程勘察单位必须依法取得工程勘察资质证书，并在资质等级允许的范围内承揽勘察业务；勘察单位应按照法律、法规、规范和合同要求进行勘察工作，对勘察质量负责。

(2) 勘察深度

① 勘察文件应当符合国家规定的勘察深度要求，必须真实、准确。

② 作为矿山建设工程设计依据的地质勘察报告应达到勘察阶段水平。勘探阶段应详细查明矿区水文地质和工程地质条件，评价地质环境，为矿床的技术经济评价和矿山建设可行性研究及设计提供依据。

③ 在水文地质或工程地质复杂地区建设矿山，如勘探阶段工作不能满足要求，应根据实际需要，针对性地进行专门的水文地质或工程地质勘探。

(3) 勘察工作实施与要求

工程勘察单位应确保仪器设备完好，符合规程要求。

工作的原始记录应当在勘察过程中及时整理核对，确保取样、记录的真实性和准确性，严禁离开现场的追记和补记；勘察过程中形成的所有资料必须整理编目，归档保存。

勘察文件必须符合国家现行的有关法律、法规和工程勘察技术标准、规程、规范及合同的规定。

工程勘察文件应准确反映工程地质、水文地质及地形地貌状况，数据可靠，评价准确。

(4) 质量监督

工程勘察文件应经勘察质量监督部门审查，发现勘察质量问题应及时报告有关部门依法处理。

2. 设计工作质量管理要求

(1) 资质要求和责任制度

① 工程设计单位必须按资格等级和业务范围承担相应的设计任务,不得超越资格等级和业务范围。严禁无证单位或个人承担设计业务,不得委托无资格的单位或个人进行勘察设计,也不得使用其提供的勘察设计文件。

② 工程设计单位对所编制设计文件的质量负责;单位的法定代表人对本单位编制的设计文件质量全面负责;总工程师和总建筑师对所编制的设计文件质量承担技术责任;设计项目负责人和各工种设计责任人对设计质量负直接责任。

③ 建设单位、施工单位、监理单位不得修改设计文件。确需修改的,应经原设计单位及其责任人书面同意。如有重大修改,建设单位应报原审批机关批准。

(2) 设计依据

① 工程设计必须依据可靠的工程勘察报告进行,未经勘察不能进行设计。

② 矿山建设设计使用的勘探报告必须有相应矿产储量审批机构负责审查批准的勘探报告,未经批准的勘探报告不得作为设计依据。

(3) 设计深度要求

工程设计根据不同的设计阶段而提供不同深度的设计。编制方案设计文件,应当满足编制初步设计文件和控制概算的需要;编制初步设计文件,应当满足编制施工招标文件、主要设备材料订货和编制施工图设计文件的需要;编制施工图设计文件,应当满足设备材料采购、非标准设备制作和施工的需要,并注明建设工程合理使用年限。

(4) 设计优化和评审

工程设计单位应进行优化设计,在保证工程质量的前提下积极采用新技术、新工艺、新材料、新设备。

设计单位应对项目设计进行评审。评审的目的内容是使设计的结果满足要求的能力,并识别和解决设计中存在的问题。

设计单位应建立质量评定制度,应有信息反馈制度和质量回访。

(5) 质量管理和监督制度

设计单位应建立健全质量保证体系,加强全过程的质量控制,严格执行校对、审核、会签制度,确保勘察设计文件的正确性、科学性。

单位应接受各级建设行政主管部门、专业主管部门或勘察设计质量监督机构的质量监督和检查。

(六) 施工过程的质量评价方法——控制图法

1. 控制图法的用途和原理

(1) 用途

控制图是一种利用统计原理的方法,质量控制工作中常利用该原理来进行工序能力分析和工序过程分析。

(2) 控制原理

当项目实施过程处于正常状态时,项目的作业活动是稳定的,或者是一个按照标准化操作的过程。这时的质量控制点的大部分应该处于某不大的界线范围内(这一界线通常采用±3 倍标准差,如果要求低,则可以放大),或者排列是有规律的。质量水平越高,越出控制界限或排列有缺陷的可能性就越小。而一旦点超出控制界限或排列有缺陷,则可以认为维持项目正常进行的良好状态和标准作业条件极有可能已被破坏。因此,就可以通过这种反映质量状态的控制图控制质量,即对工序过程中的质量点测量,当发现异常时就可以通过进一步观察、调查,弄清产生异常原因,采取措施消除异常因素。反之,控制点处于正常或采取措施处理后处于正常,可以得到良好的控制效果。

2. 控制图法在矿山工程项目质量管理中的应用

(1) 基本方法

影响项目质量的因素主要有人、材料、设备、方法和环境五个方面。当通过控制图法发现某工作处于不合理状态时就可以对该工作的五个方面进行详细分析,检查出具体的问题,然后落实措施,并进一步统计以进行控制图分析,直到正常。如果这五个方面没有问题,则需要检查技术方案或设计问题。也可以通过比较获得结果。例如,认为影响矿山工程项目质量的环境因素较多,包括有项目技术环境、项目管理条件、劳动组织状态等。对于一个项目的不同工程内容,或者对于不同项目同类工程,有的影响因素相同,有的影响因素不同,如工程地质和水文地质条件可能不同,质量管理体系、质量管理制度等相同,或者地质条件基本一致,而劳动组合方式不同,这时所反映的质量控制点的状态不同,于是可以通过控制图法分析获得施工过程中的质量波动情况后,有针对性地分析主要影响因素并采取对应措施。

(2) 实施过程

根据控制对象(不同的统计量)不同,控制图可分为计量值控制图和计数值控制图。以下以计量值控制图中的平均值与极差控制图为例,介绍在矿井工程质量控制中控制图的应用方法和过程。

平均值($\overline{x}$)与极差(R)控制图($\overline{x}$-R 图)是将 $\overline{x}$ 图与 R 图并排联用的一种形式,一般将 $\overline{x}$ 图置于 R 图之上,用来观察平均值的变化情况;R 图则用于观察数据的离散波动状况。

其中,根据 3 倍标准差的分布规律,$\overline{x}$ 图的中心线 CL 和上下(分别为 UCL 和 LCL)控制界限分别为:

$$\begin{cases}\mathrm{CL}=\overline{\overline{x}}\\ \mathrm{UCL}=\overline{\overline{x}}+A_2\overline{R}\\ \mathrm{LUL}=\overline{\overline{x}}-A_2\overline{R}\end{cases}\tag{4-4}$$

式中 $\overline{\overline{x}}$——平均值 $\overline{x}$ 的平均值;

$\overline{R}$——极差的平均值;

A_2——根据样本容量 n 所确定的值,由表 4-9 查得。

表 4-9 A_2 数值

n	2	3	4	5	6	7	8	9	10
A_2	1.88	1.02	0.73	0.58	0.48	0.42	0.37	0.34	0.31

同样可以获得 R 图的中心线和上下控制界限:

$$\begin{cases}\mathrm{CL}=\overline{R}\\ \mathrm{UCL}=D_4\overline{R}\\ \mathrm{LCL}=D_3\overline{R}\end{cases}\tag{4-5}$$

D_3、D_4是根据样本大小 n 确定的系数，可由表 4-10 查得。

表 4-10　D_3、D_4 数值

n	2	3	4	5	6	7	8	9	10
D_4	3.27	2.57	2.28	2.12	2.00	1.92	1.86	1.82	1.78
D_3	—	—	—	—	—	0.08	0.14	0.18	0.22

当 $n \leqslant 6$ 时，D_3 为负值，但 $R \geqslant 0$，所以这时 LCL 不存在。

【案例 4-24】

(1) 工程背景

某巷道掘进施工，设计掘进断面宽度为 4 200 mm，高度为 4 100 mm，拱半径 2 100 mm，要求掘进超、欠挖量不大于 100 mm。为了对掘进断面质量进行动态控制，对断面的超、欠挖量进行了检查。检查方法是根据施工顺序，每一个掘进循环采集一组数据，每组 5 个数据，以同一断面所取数据作为一组，其中墙部 2 个(一侧 1 个)，拱部 3 个。超挖量数据取为正，欠挖量数据取为负。将采集的数据填入 $\bar{x}$-R 控制图数据表，见表 4-11。

表 4-11　超欠挖 $\bar{x}$-R 控制图数据表

组号	量测数据					合计 $\sum x$	平均值 $\bar{x}$	极差 R
	x_1	x_2	x_3	x_4	x_5			
1	93	−20	76	24	−30	143	28.6	123
2	39	70	52	43	97	301	60.2	58
3	−15	66	82	−37	27	123	24.6	119
4	−50	−35	23	77	−60	−45	−9	137
5	53	67	32	−70	39	121	24.2	137
6	99	83	−51	68	−13	186	37.2	150
7	51	48	92	63	45	299	59.8	47
8	38	29	−41	93	26	145	29	134
9	32	47	85	−61	−40	63	12.6	146
10	70	84	−25	39	77	245	49	109

(2) 问题

① 制作 $\bar{x}$-R 控制图，以实施对掘进超、欠挖量的动态控制。

② 简述利用控制图判断项目实施过程处于控制状态的标准，请对断面超、欠挖施工状况进行评价。

(3) 分析与答案

本案例以掘进过程的超、欠挖量状况为例，要求掌握对施工质量进行动态控制的方法。

① 首先计算相关数据，制作 $\bar{x}$-R 控制图

a. 计算各组的平均值 $\bar{x}$。

由 $\bar{x}=(x_1+x_2+x_3+x_4+x_5)/n$,得:

$$\bar{x}_1=[93+(-20)+76+24+(-30)]/5=28.6$$

同理可得各组平均值,并填入表 4-11。

b. 计算各组的极差值 R 及相关值。

第一组数据极差值 $R_1=93-(-30)=123$。

同理,可得各组极差值,并填入表 4-11。

计算总体平均值 $\bar{\bar{x}}$:

$$\bar{\bar{x}}=[\bar{x}_1+\bar{x}_2+\cdots+\bar{x}_{10}]/10=(28.6+60.2+\cdots+49)/10=31.62$$

计算各组极差的平均值 $\bar{R}$:

$$\bar{R}=(R_1+R_2+\cdots+R_{10})/10=(123+58+\cdots+109)/10=115$$

c. 计算 $\bar{x}$ 图的中心线和控制界限。

由表 4-9 得:$n=5$ 时,$A_2=0.58$,$CL=\bar{\bar{x}}=31.62$。

则:

$$UCL=\bar{\bar{x}}+A_2\bar{R}=31.62+0.58\times115=98.32$$

$$LCL=\bar{\bar{x}}-A_2\bar{R}=31.62-0.58\times115=-35.08$$

d. 计算 R 图的中心线和控制界限。

由表 4-10 得:$n=5$ 时,$D_4=2.12$,$CL=\bar{R}=115$。

则 $UCL=D_4\bar{R}=2.12\times115=243.8$。$LCL=D_3\bar{R}$,因 $n=5<6$,故不考虑。

e. 作出控制图,如图 4-22 所示。

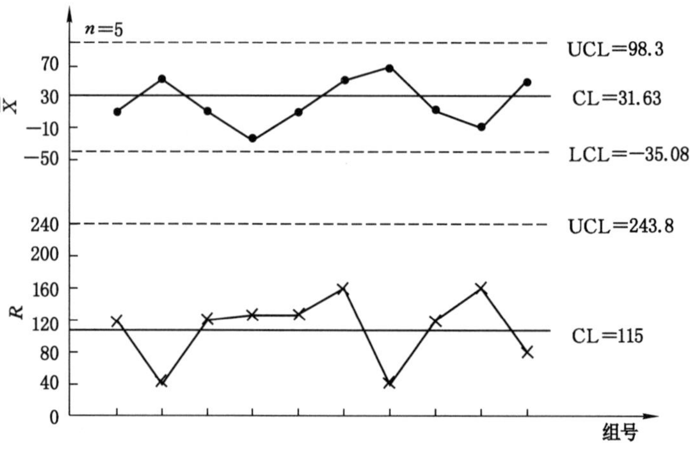

图 4-22　巷道掘进超欠挖控制图

② 对巷道掘进超欠挖控制图的分析

判定项目实施过程处于控制状态的标准,可归纳为以下两条:

a. 控制图上的点不超过控制界限。

b. 控制图上点的排列分布没有缺陷。没有缺陷是指分布应是随机的,当评价的质量点(案例采用平均值或极差值)偏在一边,或者呈现某种不正常规律时,则说明施工质量受到某种非正常因素影响，属于不正常情况。

本案例的巷道超欠挖情况虽然没有超过控制界限，但是其平均值控制图出现了周期性波动，说明目前质量处于受某种因素的影响状态。

建设项目的环境影响报告书应当包括建设项目概况、建设项目周围环境现状、建设项目对环境可能造成影响的分析、预测和评估；建设项目环境保护措施及其技术、经济论证；建设项目对环境影响的经济损益分析；对建设项目实施环境监测的建议；环境影响评价结论等。

第四节　费 用 管 理

一、矿井工程项目费用概述

煤炭建设单项工程造价，由建筑安装工程费(矿建工程、土建工程、安装工程)、设备及工器具购置费、工程建设其他费用、预备费、建设期间贷款利息组成。

二、建筑安装工程费

根据国家有关政策以及建设部和财政部2013年发布的《建筑安装工程费用项目组成》(建标〔2013〕44号)文件，国内不同行业、地方对工程费用的计费方法都进行了相应的规范，国家能源局于2016年8月发布了《煤炭建设工程费用定额》(NB/T 51063—2016)，于2016年12月1号开始实施。

一个完整的矿井工程项目的建筑安装费用包括矿山工程、地面建筑工程、机电安装三大项。

建筑安装工程费用项目组成可分为按费用构成要素划分和按造价形成划分。

(一) 建筑安装工程费(按照费用构成要素划分)

建筑安装工程费按照费用构成要素划分由人工费、材料(包含工程设备，下同)费、施工机具使用费、企业管理费、利润、规费和税金组成。

1. 人工费

人工费是指按工资总额构成规定，支付给从事建筑安装工程施工的生产工人和附属生产单位工人的各项费用，包括：

(1) 计时工资或计件工资：是指按计时工资标准和工作时间或对已做工作按计件单价支付给个人的劳动报酬。

(2) 奖金：是指对超额劳动和增收节支支付给个人的劳动报酬，如节约奖、劳动竞赛奖等。

(3) 津贴补贴：是指为了补偿职工特殊或额外的劳动消耗和其他特殊原因造成的支付给个人的津贴，以及为了保证职工工资水平不受物价影响支付给个人的物价补贴，如流动施工津贴、特殊地区施工津贴、高温(寒)作业临时津贴、高空津贴等。

(4) 加班加点工资：是指按规定支付的在法定节假工作日工作的加班工资和在法定日工作时间外延时工作的加点工资。

(5) 特殊情况下支付的工资：是指根据国家法律、法规和政策规定，因病、工伤、产假、计划生育假、婚丧假、事假、探亲假、定期休假、停工学习、执行国家或社会义务等按计时工资标准或计时工资标准的一定比例支付的工资。

2. 材料费

材料费是指施工过程中耗费的原材料、辅助材料、构配件、零件、半成品或成品、工程设备的费用。内容包括：

(1) 材料原价：是指材料、工程设备的出厂价格或商家供应价格。

(2) 运杂费：是指材料、工程设备自来源地运至工地仓库或指定堆放地点所发生的全部费用。

(3) 运输损耗费：是指材料在运输装卸过程中不可避免的损耗。

(4) 采购及保管费：是指为组织采购、供应和保管材料、工程设备的过程中所需要的各项费用，包括采购费、仓储费、工地保管费、仓储损耗。

工程设备是指构成或计划构成永久工程一部分的机电设备、金属结构设备、仪器装置及其他类似的设备和装置。

3. 施工机具使用费

施工机具使用费是指施工作业所发生的施工机械、仪器仪表使用费或其租赁费。

(1) 施工机械使用费：以施工机械台班耗用量乘以施工机械台班单价表示，施工机械台班单价应由下列七项费用组成：

① 折旧费：是指施工机械在规定的使用年限内陆续收回其原值的费用。

② 大修理费：是指施工机械按规定的大修理间隔台班进行必要的大修理，以恢复其正常功能所需费用。

③ 经常修理费：是指施工机械除大修理以外的各级保养和临时故障排除所需的费用。包括为保障机械正常运转所需替换设备与随机配备工具附具的摊销和维护费用，机械运转中日常保养所需润滑与擦拭的材料费用及机械停滞期间的维护和保养费用等。

④ 安拆费及场外运费：安拆费是指施工机械(大型机械除外)在现场进行安装与拆卸所需的人工、材料、机械和试运转费用以及机械辅助设施的折旧、搭设、拆除等费用；场外运费是指施工机械整体或分体自停放地点运至施工现场或由一施工地点运至另一施工地点的运输、装卸、辅助材料及架线等费用。

⑤ 人工费：是指机上司机(司炉)和其他操作人员的人工费。

⑥ 燃料动力费：是指施工机械在运转作业中所消耗的各种燃料及风、水、电等费用。

⑦ 税费：是指施工机械按照国家规定应缴纳的车船使用税、保险费及年检费等。

(2) 仪器仪表使用费：是指工程施工所需使用的仪器仪表的摊销及维修费用。

4. 企业管理费

企业管理费是指建筑安装企业组织施工生产和经营管理所需的费用，内容包括：

(1) 管理人员工资：是指按规定支付给管理人员的计时工资、奖金、津贴补贴、加班加点工资及特殊情况下支付的工资等。

(2) 办公费：是指企业管理办公用的文具、纸张、账表、印刷、邮电、书报、办公软件、现场监控、会议、水电、烧水和集体取暖降温(包括现场临时宿舍取暖降温)等费用。

(3) 差旅交通费：是指职工因公出差、调动工作的差旅费、住勤补助费、市内交通费和误餐补助费、职工探亲路费、劳动力招募费、职工退休退职一次性路费、工伤人员就医路费、工地转移费以及管理部门使用的交通工具的油料、燃料等费用。

(4) 固定资产使用费:是指管理和试验部门及附属生产单位使用的属于固定资产的房屋、设备、仪器等的折旧、大修、维修或租赁费。

(5) 工具用具使用费:是指企业施工生产和管理使用的不属于固定资产的工具、器具、家具、交通工具和检验、试验、测绘、消防用具等的购置、维修和摊销费。

(6) 劳动保险和职工福利费:是指由企业支付的职工退职金、按规定支付给离休干部的经费,集体福利费、夏季防暑降温、冬季取暖补贴、上下班交通补贴等。

(7) 劳动保护费:是企业按规定发放的劳动保护用品的支出,如工作服、手套、防暑降温饮料以及在有碍身体健康的环境中施工的保健费用等。

(8) 检验试验费:是指施工企业按照有关标准规定,对建筑以及材料、构件和建筑安装物进行一般鉴定、检查所发生的费用,包括自设实验室进行试验所耗用的材料等费用。不包括新结构、新材料的试验费,对构件进行破坏性试验及因其他特殊要求检验试验的费用和建设单位委托检测机构进行检测的费用,对此类检测发生的费用,由建设单位在工程建设其他费用中列支。但是对施工企业提供的具有合格证明的材料进行检测不合格的,该检测费用由施工企业支付。

(9) 工会经费:是指企业按《工会法》规定的全部职工工资总额比例计提的经费用。

(10) 职工教育经费:是指按职工工资总额的规定比例计提,企业为职工进行专业技术和职业技能培训,专业技术人员继续教育、职工职业技能鉴定、职业资格认定以及根据需要对职工进行各类文化教育所发生的费用。

(11) 财产保险费:是指施工管理用财产、车辆等的保险费用。

(12) 财务费:是指企业为施工生产筹集资金或提供预付款担保、履约担保、职工工资支付担保等所发生的各种费用。

(13) 税金:是指企业按规定缴纳的房产税、车船使用税、土地使用税、印花税等。

(14) 其他:包括技术转让费、技术开发费、投标费、业务招待费、绿化费、广告费、公证费、法律顾问费、审计费、咨询费、保险费等。

5. 利润

利润是指施工企业完成所承包工程获得的盈利。

6. 规费

规费是指按国家法律、法规规定,由省级政府和省级有关权力部门规定的必须缴纳或计取的费用,包括:

(1) 社会保险费:

① 养老保险费:是指企业按照规定标准为职工缴纳的基本养老保险费。

② 失业保险费:是指企业按照规定标准为职工缴纳的失业保险费。

③ 医疗保险费:是指企业按照规定标准为职工缴纳的基本医疗保险费。

④ 生育保险费:是指企业按照规定标准为职工缴纳的生育保险费。

⑤ 工伤保险费:是指企业按照规定标准为职工缴纳的工伤保险费。

(2) 住房公积金:是指企业按规定标准为职工缴纳的住房公积金。

(3) 工程排污费:是指按规定缴纳的施工现场工程排污费。

其他应列而未列入的规费,按实际发生的费用计取。

7. 税金

税金是指国家税法规定的应计入建筑安装工程造价的营业税、城市维护建设税、教育费附加以及地方教育附加。营业税改征增值税后，建筑安装工程费用的税金是指国家税法规定应计入建筑安装工程造价内的增值税销项税额；城市维护建设税、教育费附加以及地方教育附加则计入企业管理费。

（二）建筑安装工程费（按照工程造价形成划分）

建筑安装工程费按照工程造价形成由分部分项工程费、措施项目费、其他项目费、规费、税金组成。分部分项工程费、措施项目费、其他项目费包含人工费、材料费、施工机具使用费、企业管理费和利润，如图 4-23 所示。

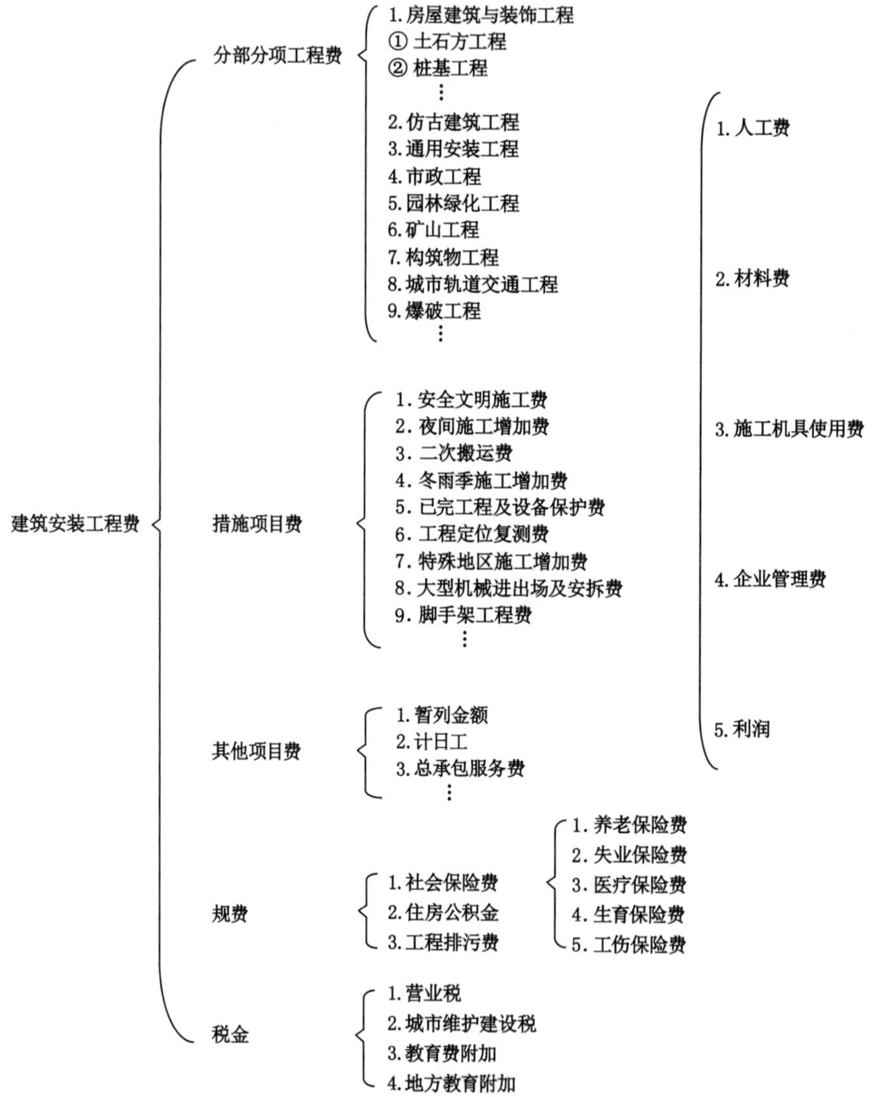

图 4-23 矿山工程建筑安装工程费用组成

1. 分部分项工程费

分部分项工程费是指各专业工程的分部分项工程应予列支的各项费用。

(1) 专业工程：是指按现行国家计量规范划分的房屋建筑与装饰工程、仿古建筑工程、通用安装工程、市政工程、园林绿化工程、矿山工程、构筑物工程、城市轨道交通工程、爆破工程等各类工程。

(2) 分部分项工程：是指按现行国家计量规范对各专业工程划分的项目。如房屋建筑与装饰工程划分为土石方工程、地基处理与桩基工程、砌筑工程、钢筋及钢筋混凝土工程等。

各类专业工程的分部分项工程划分见现行国家或行业计量规范。

2. 措施项目费

措施项目费是指为完成建设工程施工，发生于该工程施工前和施工过程中的技术、生活、安全、环境保护等方面的费用，包括：

(1) 安全文明施工费：

① 环境保护费：是指施工现场为达到环保部门要求所需要的各项费用。

② 文明施工费：是指施工现场文明施工所需要的各项费用。

③ 安全施工费：是指施工现场安全施工所需要的各项费用。

④ 临时设施费：是指施工企业为进行建设工程施工所必须搭设的生活和生产用的临时建筑物、构筑物和其他临时设施费用。包括临时设施的搭设、维修、拆除、清理费或摊销费等。

(2) 夜间施工增加费：是指夜间施工所发生的夜班补助费、夜间施工降效、夜间施工照明设备摊销及照明用电等费用。

(3) 二次搬运费：是指受施工场地条件限制而发生的材料、构配件、半成品等一次运输不能到达堆放地点，必须进行二次或多次搬运所发生的费用。

(4) 冬雨季施工增加费：是指在冬季或雨季施工需增加的临时设施、防滑、排除雨雪，人工及施工机械效率降低等费用。

(5) 已完工程及设备保护费：是指竣工验收前，对已完工程及设备采取的必要保护措施所发生的费用。

(6) 工程定位复测费：是指工程施工过程中进行全部施工测量放线和复测工作的费用。

(7) 特殊地区施工增加费：是指工程在沙漠或其边缘地区、高海拔、高寒、原始森林等特殊地区施工增加的费用。

(8) 大型机械设备进出场及安拆费：是指机械整体或分体自停放场地运至施工现场或由一个施工地点运至另一个施工地点，所发生的机械进出场运输、转移费用及机械在施工现场进行安装、拆卸所需的人工费、材料费、机械费、试运转费和安装所需的辅助设施的费用。

(9) 脚手架工程费：是指施工需要的各种脚手架搭、拆、运输费用以及脚手架购置费的摊销（或租赁）费用。

措施项目及其包含的内容详见各类专业工程的现行国家或行业计量规范。

（三）其他项目费

(1) 暂列金额：是指建设单位在工程量清单中暂定并包括在工程合同价款中的一笔款项。用于施工合同签订时尚未确定或者不可预见的所需材料、工程设备、服务的采购，施工中可能发生的工程变更、合同约定调整因素出现时的工程价款调整以及发生的索赔、现场签证确认等的费用。

(2) 暂估价:是指招标人在工程量清单中提供的用于支付必然发生但是暂时不能确定价格的材料、工程设备的单价以及专业工程的金额。

(3) 计日工:是指在施工过程中,施工企业完成建设单位提出的施工图纸以外的零星项目或工作所需费用。

(4) 总承包服务费:是指总承包人为配合、协调建设单位进行的专业工程发包,对建设单位自行采购的材料、工程设备等进行保管以及施工现场管理、竣工资料汇总整理等服务所需费用。

(四) 规费

规费如图 4-23 所示。

(五) 税金

税金如图 4-23 所示。

三、工程建设其他费用

在矿井工程项目建设中,列入其他费用的除通常内容外,还应特别注意以下几项。

(一) 通用性项目

环境影响评价费、安全生产评价费等。

(二) 专业性项目

(1) 采矿权价款:是指建设单位获得采矿权后所支付由国家将其出资勘查形成的采矿权价款。

(2) 场地准备及临时设施费:包括场地准备费和临时设施费。

① 场地准备费:是指建设项目为达到工程开工条件所发生的场地平整和对建设场地余留的有碍于施工建设的设施进行拆除清理的费用。

② 临时设施费:是指为满足施工建设需要而供到场地界区的临时水、电、路、气等工程费用和建设单位的现场临时建(构)筑物的搭设、维修、拆除、摊销或建设期间租赁费用,以及施工期间专用公路养护费、维修费。此费用不包括已列入建筑安装工程费用中的施工单位临时设施费用。

③ 场地准备及临时设施应尽量与永久性工程统一考虑。建设场地的大型土石方工程应进入工程费用中的总图运输费用中。

(3) 井筒地质检查钻探费:是指建设工程在井筒开工前为了解井筒所在位置的地质及水文情况所需的钻探费用。

(4) 探矿权价款:是指建设单位获得探矿权后所支付由国家出资勘查形成的探矿权价款。

(5) 维修费:是指井下锚喷支护巷道、木支架巷道和工业广场永久建筑工程及外部公路建成后至移交生产前,由施工单位使用和代管期间的维修费。

【案例 4-25】

(1) 工程背景

某矿井井下排水系统水仓采用锚喷支护结构,水仓内仅安设轨道,无其他设备,采用钻眼爆破法进行施工。

(2) 问题

① 试说明该水仓工程造价的组成。

② 说明计算该水仓工程造价的基本步骤。

(3) 分析与答案

① 该水仓的工程造价由建筑安装工程费、设备及工器具购置费、工程建设其他费用和预备费组成。

② 水仓工程造价计算步骤如下：

a. 根据水仓施工方法划分施工作业步骤；

b. 对每一施工步骤计算分部分项工程费、措施项目费、其他项目费、规费、税金；分部分项工程费、措施项目费、其他项目费包括人工费、材料费、施工机具使用费、企业管理费和利润。

c. 合计计算每一施工步骤的总费用；

d. 对各施工步骤的费用进行累加，即可得到水仓工程的总造价。

【案例 4-26】

(1) 工程背景

某施工单位承担了某井筒的施工，井深 500 m，工程费总计 3 000 万元，主要包括：人工费 780 万元，材料费 600 万元，税金 120 万元，利润 150 万元，措施费 210 万元，规费 420 万元。合同还约定施工机械使用费：折旧 180 万元，大修及维修 30 万元，动力费 270 万元，机械人工费 90 万元，拆装及运输 60 万元。工程工期为 15 个月。如果工程量增减在 5%以内时，仅有直接工程费做调整。工程停工时的计费与正常相同。工程施工中，发生下述三个事件：

事件 A：井筒穿过一含水层，施工单位凭经验通过，但发生了淹井，造成设备损失 10 万元，返修井壁 20 万元，事故处理 80 万元，停工 0.5 个月，处理 1 个月。

事件 B：由于井壁地压突然增大，发生井壁破裂，造成设备砸坏损失 8 万元，施工单位工伤10 万元，建设单位工伤 10 万元，井壁修复 20 万元，停工 0.5 个月，影响工期 1 个月。

事件 C：建设单位提出井筒加深 10 m，需要材料费 7 万元，人工费 8 万元，增加工期 0.2 个月。

(2) 问题

① 工程费用组成还缺哪一项？数量是多少？

② 事件 A 造成的施工单位直接损失费包括哪些？说明理由。

③ 针对事件 B，施工单位可索赔什么？

④ 针对事件 C，工程变更应如何调价？

(3) 分析与答案

① 工程费用组成包括人工费、材料费、施工机具使用费、企业管理费、利润、规费和税金。因此本工程费用组成还缺少企业管理费。

企业管理费＝3 000－780－600－(180＋30＋270＋90＋60)－420－120－150＝300 (万元)。

② 事件 A 造成施工单位的直接损失费：施工设备损失费、事故处理及相关费用、井筒修复费，还有人工费、施工机械使用损失费、企业管理费损失。因为这是处理事件 A 的费用和因为事件 A 施工单位无法得到的费用，而事件 A 完全是施工单位措施不当造成的，因此这

些费用损失需要全部由施工单位承担。

③ 针对事件B,施工单位可索赔费用和工期。但是如果是施工单位的责任,就不可索赔;如果不是施工单位的责任,就可以索赔设备费8万元,施工单位工伤10万元,井壁修复费20万元,另外还有停工的相关损失费,根据停工时间半个月按比例计算得到:

停工人工费0.5×780/15=26(万元)。

机械使用费0.5×(180+30+90)/15=10(万元)。

企业管理费0.5×300/15=10(万元)。

④ 针对事件C,井筒加深10 m,工程量增减在5%以内,仅有直接工程费做调整。材料费7万元,人工费8万元应增加。另外,工期0.2个月的施工机械折旧、大修及维修,动力费,机械人工费应当按比例补偿,其值为0.2×(180+30+270+90)/15=7.6(万元)。

合同总价应增加:7+8+7.6=22.6(万元)。

四、矿井工程项目费用计算方法

(一)费用标准的适用范围

(1) 井巷工程

井巷工程:适用于井工开采煤矿的井筒、巷道、硐室等工程。

(2) 井下其他工程

井下铺轨工程:适用于井下铺轨、道岔铺设工程等。

(3) 其他矿山工程

① 特殊凿井工程:适用于井筒冻结、地面预注浆等特殊措施工程和大钻机钻井工程。

② 露天剥离工程:适用于露天矿建设爆破、采装、运输等工程。

(4) 地面土建工程

地面土建工程包括一般工业与民用建筑工程、桩基工程、金属结构制作及安装工程、地面轻轨铺设工程、大型土石方工程等。

(5) 安装工程

安装工程包括地面安装工程与井下安装工程。井下安装工程包括井筒装备(含辅助工程)安装、井下机电设备设施安装和管线敷设等工程。

(二)矿井工程费用计算原则的重要内容

1. 井下与露天矿施工

(1) 井巷工程(含井下铺轨工程)、露天剥离工程的企业管理费,按定额人工费与定额机械费之和的费率计取。

(2) 井巷工程(含井下铺轨工程)、露天剥离工程的利润,按定额人工费与定额机械费之和的费率计取。

(3) 井巷工程(含井下铺轨工程)、露天剥离工程的冬雨季施工,夜间施工,二次搬运,工程定位、点交、清理,特殊地区施工增加费等内容的计算,按定额人工费与定额机械费之和的费率计取。

(4) 井巷工程(含井下铺轨工程)、露天剥离工程的安全文明施工费(含安全施工费、文明施工费、环境保护费、临时设施费)的计算,按税前工程造价的费率计取。

2. 特殊凿井工程和安装工程

(1) 特殊凿井工程的企业管理费，利润，冬雨季施工，夜间施工，二次搬运，工程定位、点交、清理，特殊地区施工增加费等内容的计算均同安装工程(包括井下安装工程)，按人工费的费率计取。

(2) 特殊凿井工程、安装工程(包括井下安装工程)的安全文明施工费计算与井巷工程类似，按税前工程造价的费率计取。

3. 地面建筑工程

地面建筑工程(不含人工大型土石方)的相关费用计算与井巷工程类似，人工大型土石方工程的相关费用计算与特殊凿井工程和安装工程类似。

五、矿井工程定额体系

(一) 工程定额体系的构成

矿井工程定额体系可以按照不同的原则和方法对其分类(图 4-24)。

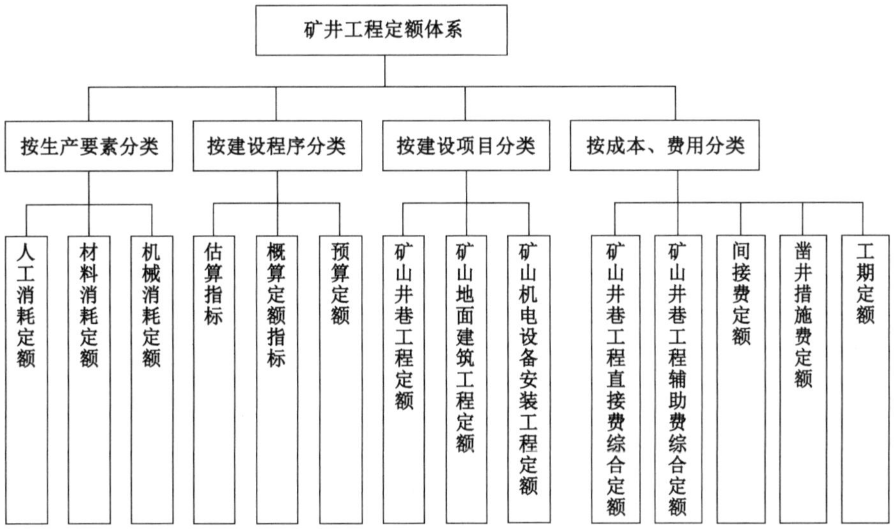

图 4-24　矿井工程定额体系

(二) 矿井工程常用定额分类

1. 按反映的物质消耗的内容分类

(1) 人工消耗定额：完成一定合格产品所消耗的人工的数量标准。

(2) 材料消耗定额：完成一定合格产品所消耗的材料的数量标准。

(3) 机械消耗定额：完成一定合格产品所消耗的施工机械台班数量标准。

2. 按建设程序分类

(1) 预算定额

预算定额是完成规定计量单位分项工程计价的人工、材料、施工机械台班消耗量的标准，是统一预算工程量计算规则、项目划分、计量单位的依据，是编制地区单位计价表、确定工程价格、编制施工图预算的依据，也是编制概算定额(指标)的基础；也可以作为制定招标工程标底、企业定额和投标报价的基础。预算定额一般适用于新建、扩建、改建工程。

(2) 概算定额(指标)

概算定额是在预算定额基础上以主要分项工程并综合相关分项的扩大定额,是编制初步设计概算的依据,还可以作为编制施工图预算的依据,也可以作为编制估算指标的基础。

(3) 估算指标

估算指标是编制项目建议书、可行性研究报告及投资估算的依据,是在现有工程价格资料的基础上,经分析整理得出的。估算指标为建设工程的投资估算提供依据。

3. 按建设工程的内容分类

(1) 矿山地面建筑工程定额

矿山地面建筑工程定额采用我国通用的土建定额、装饰定额等。

(2) 矿山机电设备安装工程定额

矿山机电设备安装工程定额采用国家同类内容。矿山特殊凿井工程按定额计算时的计价程序与安装工程相同。

(3) 井巷工程定额

井巷工程定额是矿山专业定额。井巷(包括露天)工程的计价程序与土建工程相同。井巷工程定额形式可采用表 4-12 形式。

表 4-12　矿山井巷工程定额形式

定额编号						
特征						
项目	单位	单价	定额			
人工(井下直接工)	工日					
材料(水胶炸药)	kg					
机械(风镐)	台班					
基价		元				
人工费		元				
材料费		元				
机械费						

4. 按定额的适用范围分类

矿井工程常用定额按适用范围分类可分为国家定额、行业定额、地区定额和企业定额。

(1) 国家定额是指由国家建设行政主管部门组织的在全国范围内使用的定额。目前我国的国家定额有土建工程基础定额、安装工程预算定额等。

(2) 行业定额是指由行业建设行政主管部门组织,在本行业范围内使用的定额。目前我国的各行业几乎都有自己的行业定额。

5. 按构成工程的成本和费用分类

定额按构成工程的成本和费用可分为构成直接工程成本的定额(直接费定额、其他直接费定额和现场经费定额等)、构成间接费的定额(企业管理费定额、财务费用定额和其他费用定额等)以及构成工程建设其他费用定额(土地征用费定额、拆迁安置费定额、建设单位管理费定额等)。

六、矿井工程项目投资特点

（一）矿井工程项目投资构成及特点

1. 矿井工程项目投资构成

矿井工程项目投资一般包括的内容如图 4-25 所示。

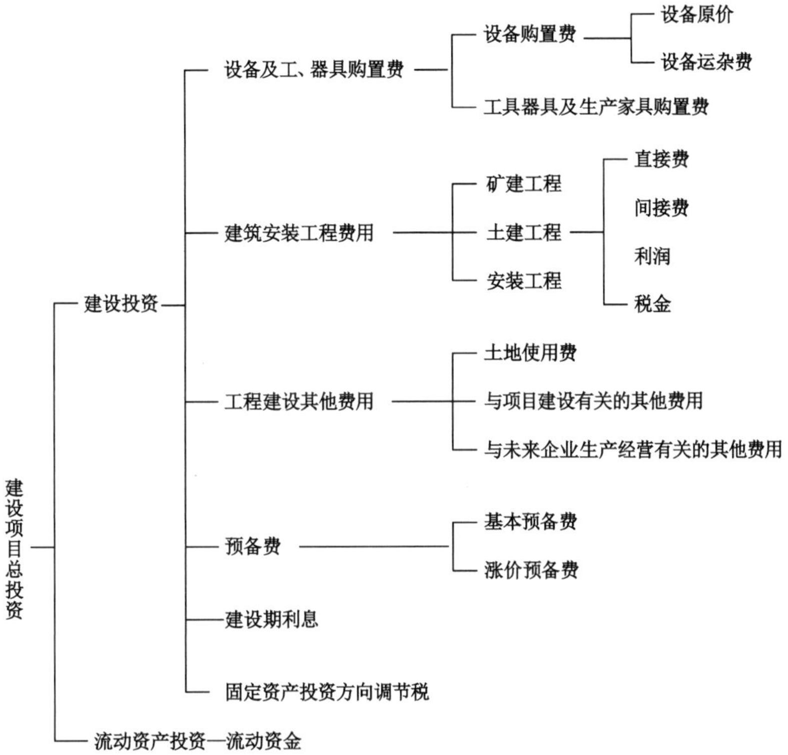

图 4-25　矿井工程项目投资构成图

2. 矿井工程项目投资构成特点

(1) 矿井工程基本建设投资数额巨大

矿井工程基本建设由矿建工程、土建工程、安装工程等单项工程组成，因此，相比一般的建设工程项目，其投资数额巨大，动辄上千万，数十亿。建设工程投资数额巨大的特点使其关系国家、行业或地区的重大经济利益，对国计民生也产生重大的影响。

(2) 矿井工程基本建设投资项目之间、项目的内容之间差异明显

每个建设工程都有其特定的用途、功能、规模，每项工程的结构、空间分割、设备配置和内外装饰都有不同的要求，工程内容实物形态都有其差异性。

矿井工程每个建设工程都有专门的用途，如地面工程、矿山井巷工程、井上下的机电设备安装工程等，所以其结构、面积、造型和装饰也不尽相同。因此，建设工程只能通过不同的程序，就每项工程单独计算其投资。

(3) 矿井工程基本建设投资确定依据复杂

矿井工程在不同的建设内容和不同的建设阶段有不同的确定依据，且互为基础和指导，

互相影响，包括预算定额、概算定额(指标)、估算指标之间以间接费定额与直接费定额的关系等；还有矿建工程的定额及投资估算指标与土建安装工程的定额及投资估算指标等。

(4) 基本建设投资确定层次繁多

矿业基本建设由矿建工程、土建工程、安装工程等单项工程组成。各单项工程又可以分解为各个能独立施工的单位工程，如矿建工程又可以分为井筒工程、井下巷道工程、井下硐室工程等。以下又分解为分部工程。然后还可以按照不同的施工方法、构造及规格，把分部工程更细致地分解为分项工程。可见基本建设投资的确定层次繁多。

(5) 基本建设投资风险大、调整状况较多

矿业项目经过的环节多，从勘察开始，到建设投产，涉及资源、地质、政策、环境等方面的风险。项目建设从立项到竣工期间，都会出现一些不可预料的变化因素并对项目投资产生影响。仅以地质风险而言，目前不能掌握项目所需要地质资料和不能控制或解决的地下施工困难的状况相对比较多。由此造成的工程设计变更，设备、材料、人工的价格变化，国家利率、汇率调整，以及因不可抗力或因人为原因造成的索赔事件等，必然会引起建设工程投资的变化。所以，矿山建设项目投资在整个建设期内都有较多变化。

(二) 影响矿井工程项目投资的因素

1. 项目决策阶段影响工程投资的因素

(1) 项目合理规模的确定

制约项目规模合理化的因素有矿产资源和资源条件因素、市场因素、技术因素、环境因素等。

① 矿产资源和资源条件因素

矿产作为国家资源首先要根据国家政策的要求，包括整体经济政策、资源开发与资源保护政策等，并按照相应的开发计划确定项目的合理规模；矿山项目规模的确定还要考虑井田地质构造、可采的矿产资源储量、矿层的稳定性及开发技术的可行性等资源条件因素。

② 市场因素

项目产品的市场需求状况是确定项目生产规模的前提。一般情况下项目的生产规模应以市场预测的需求量为限，并根据项目产品市场的长期发展趋势进行相应调整。矿产市场和整个国家经济状况及国家政策有很大关系。

③ 技术因素

先进的生产技术及技术装备是项目规模效益的基础，而相应的管理技术水平则是实现规模效益的保证。当然，先进技术和高水平管理需要有较高的投入，因此技术水平的投入总是和规模效益联系在一起的。

④ 环境因素

环境因素主要有政策、燃料动力供应、协作及土地条件、运输及通信条件等，其中政策包括产业政策、投资政策、金融政策、地区及行业经济发展规划等，对投资矿山建设有较大影响。

(2) 建设标准水平的确定

建设标准的主要内容包括建设规模、占地面积、工艺装备、建筑标准、配套工程、劳动定员等方面的标准或指标。建设标准是编制、评估、审批项目可行性研究的重要依据，是衡量工程造价是否合理及监督检查项目建设的客观尺度。

建设标准水平应从我国目前的经济发展水平出发，区别不同地区、不同规模、不同等级、

不同功能，合理确定。

(3) 建设地点的选择

矿山建设项目地点首先由资源条件所决定。项目建设的地点选择还受建设条件、产品销售等社会、政治、经济、国防等多因素的制约。同时，建设的地点选择还直接影响项目的建设条件，矿山项目的建设地点甚至还关系开发地的城乡建设规划与发展。

(4) 工程技术方案的确定

工程技术方案的确定主要包括生产工艺方案的确定和主要设备的选择两个部分内容。

生产工艺方案的确定主要有两项标准：先进适用和经济合理。

主要设备的选择应注意先进性外，还应特别考虑配套问题，注意进口设备之间以及与国内原材料、设备、维修配件、维修能力等方面的配套问题。

2. 项目设计阶段影响工程投资的因素

(1) 总平面设计

总平面设计是否合理对整个设计方案的经济合理性有重大影响。正确合理的总平面设计不仅可以减少建筑工程量、节约用地、加快建设进度、降低造价和项目运行后的使用成本，并可以为企业创造良好的生产条件和工作环境。

(2) 工艺设计

工艺设计包括建设规模、标准和产品方案，工艺流程和主要设备的选型，主要原材料、燃料供应，“三废”治理及环保措施，生产组织及劳动定员情况等。它是确定企业技术水平的主要因素。

(3) 建筑设计

建筑设计要在合理考虑生产组织和施工条件的基础上，决定项目的平面、立体设计和结构方案的工艺要求。建筑设计不仅要满足各建(构)筑物的功能要求，还应使项目建筑形成良好的风格。

【案例 4-27】

(1) 工程背景

经初步勘察发现某地区境内有一储量较大的煤田，出于对地区经济发展的考虑，决定在该地建设大型矿井。经批准后，组织相关部门参照已有的地区资料确定了投资规模。在项目实施过程中发生以下一些事情：

① 由于采取了边勘察边设计边施工，在资源勘探深度不足的情况下就正式启动了项目。最初投资按照低瓦斯矿井估算，矿井规模大、开发力度强。结果在对煤层鉴定后发现该矿属于有煤和瓦斯突出的双突矿井，不仅要追加投资 80%，且在考虑矿井通风等因素后发现要缩小矿井规模才能达到投资效益。

② 该项目方案的工业场地占用较多良田，由于提前透漏消息，使得部分村民在拟选址上进行了大量植树插枝，造成拆迁补偿费大量增加。

③ 由于下游兴修水电站，施工拦河大坝造成工业场地位置最高洪水位提高 1 m，使得工业场地永久设计标高抬高 1 m，追加投资 3 000 万元。

④ 在矿井施工完井底车场之后发现附近的小煤窑滥开滥采，造成部分列入矿井范围的井田无法开采。

(2) 问题

① 针对本案例，说明项目决策阶段存在的失误。

② 说明项目设计阶段影响投资的因素。

(3) 分析与答案

本案例要求通过掌握矿井工程项目的特点，熟悉影响矿井工程项目投资的因素，了解容易造成投资决策失误的内容。

① 项目决策中应合理确定项目规模、建设地点、建设标准、工程技术方案等内容。本案例的失误是：在资源情况、环境条件不明情况下，采用边勘探边设计边施工的做法，没有对可能影响项目投资的因素充分考虑，造成了项目规模的决策失误。小煤窑等资源情况不明使井田范围缩小；技术方案的失误，从低瓦斯矿井不得不改为“双突”性质的矿井以及工业场地设计标高需要抬高、井田范围改变可能造成开采能力及生产系统的改变等。这些必然会带来无法估计的后果，而且可能在后续工作中仍会出现严重情况。

除此以外，项目决策还应根据资源、市场、环境等条件，从国民经济和地区经济实际情况出发，合理决定建设标准。

② 本案例为占用较多良田的方案，不仅不利于地方经济，还提高了投资成本，应慎重处理。

七、矿井工程施工成本与计价方法

(一) 工程量变更及其计算的规定

1. 矿井工程项目工程量变更的条件

(1) 设计局部有修改，如局部修改单位工程技术特征、设备选型变更或工程量增加。

(2) 工程施工的客观条件变化引起施工图设计修改。

(3) 不超过本单项工程预备费费率部分的“三材”、设备、其他材料和工资所增加的价差。

(4) 因隐蔽工程量增加，如因地质条件变化需要修改基础设计或井巷施工中遇到特殊重大片帮冒顶等情况。

(5) 因材料代用所增加的费用。

(6) 因井巷工程施工的措施巷道工程量增加。

(7) 其他原因，如地质原因增加的巷道返修工程、预防井下灾害而采取的措施工程、隐蔽工程验收的施工费、客观原因造成一天内连续 8 h 以上的停电、停水所发生的损失等。

2. 矿山工程项目工程量变更的确定原则

(1) 工程量清单漏项或由于设计变更引起新的工程量清单项目，其相应综合单价由承包方提出，经发包人确认后作为结算依据。

(2) 由于设计变更引起工程量增减的部分，如增减幅度在合同约定范围以内的，执行原综合单价；在合同约定范围以外的，则综合单价由承包人提出，经发包人确认后作为结算依据。

(3) 如合同另有约定，应按照合同规定确定。

由于工程量的变更且实际发生了规定以外的费用，承包人可提出索赔，与发包人协商确认后给予补偿。

【案例 4-28】

(1) 工程背景

在某矿山工程项目实施过程中，施工单位遇到了如下几种情况：

① 建设单位没有施工井筒检查钻孔，而是将800 m附近的地质钻孔资料推断的井筒地质柱状图提供给施工单位，要求施工单位据此组织施工。在井筒施工到380 m深度时发现原地质资料没有显示的断层，围岩破碎严重，需要增加锚索及钢筋网喷射混凝土支护。由于断层落差达到20 m，如果按照原井筒设计深度继续施工，井底车场将落在含水层中，经研究决定井筒延深30 m，导致施工单位修改原施工方案，增加支护费用及额外的更换钢丝绳措施费、工程增加导致的费用增加和工期耽误等。

② 继续向下施工时由于断层导水导致某含水层水量突然增大，远大于原地质资料提供的井筒涌水量，由此造成井筒排水费用大幅度增加，井筒施工速度降低给施工单位导致施工成本上升。

③ 设计单位在施工过程中提出的多次其他内容的工程设计变更。

④ 其他来自建设单位和监理单位的变更指令，导致工程量的增加和部分返工。

(2) 问题

① 本案例出现了哪些可以进行工程变更的原因？

② 在工程结算时，本案例的工程变更可使用哪些结算处理原则？

③ 施工单位在工程结算时应如何确定变更价款？

(3) 分析与答案

本案例要求掌握工程量变更的重要规定，包括可以变更的类型、性质、内容，变更的处理办法，价款的确定依据等。

① 本案例可以列入变更的内容有：

a. 设计单位提出的多次设计更改、建设单位的变更要求等以及由于断层影响使井筒延深30 m的变更(属设计局部修改，并有涉及工程技术特征的局部修改)。

b. 井筒延深导致施工单位原施工方案更改，增加锚喷支护、锚索支护等措施(属于客观条件变化修改施工图设计而引起的更改)。

c. 涌水、断层引起的处理(可列入预防井下灾害采取的措施工程)。

d. 其他如提升设施更换、锚喷锚索材料及施工等。

② 矿井工程项目因工程量变更，除合同另有约定外应按照下列办法确定：

a. 本案例由于设计变更引起新的工程量清单项目(如锚喷锚索、涌水处理等)，其相应综合单价由承包方提出，经发包人确认后作为结算依据。

b. 由于井筒延深、排水量增加等引起工程量增减部分，属于合同约定幅度以内的，应执行原有的综合单价；增减的工程量属于合同约定幅度以外的，其综合单价由承包人提出，经发包人确认后作为结算的依据。上述问题除考虑约定幅度外，还应注意是否引起施工方法的实质性变化，否则可考虑单独调整或要求补偿。

c. 如由于设计变更、涌水处理及施工速度降低、处理破碎带等问题发生了规定以外的费用(成本)损失，可以向建设方提出索赔，协商确认后应给予补偿。

③ 计算变更工程价款应采用的费率或价格，可分为三种情况：

a. 变更工作在工程量表中有同种工作内容的单价，应以该费率计算变更工程费用。实施变更工作未导致工程施工组织和施工方法发生实质性变动，不应调整该项目的单价。

b. 工程量表中虽然列有同类工作的单价或价格，但是对具体变更工作而言已不适用，则应在原单价和价格的基础上制定合理的新单价或价格。

c. 变更工作的内容在工程量表中没有同类工作的费率和价格，应按照与合同单价水平相一致的原则确定新的费率或价格。任何一方不能以工程量表中没有此项价格为借口，将变更工作的单价定得过高或过低。

（二）矿井工程项目工程量清单的构成特点

工程量清单包括分部分项工程量清单、措施项目清单、其他项目清单、规费项目清单、税金项目清单。

(1) 分部分项工程量清单应包括项目编码、项目名称、项目特征、计量单位和工程数量五个部分。

(2) 措施项目清单应根据拟建工程的具体情况而定。

(3) 其他项目清单宜按照下列内容列项：

① 暂列金额：招标人在工程量清单中暂定的并包括在合同价款中的一笔款项，可列入暂列金额，包括施工合同签订时尚未确定或不可预见的所需材料、设备、服务的采购，可能发生的工程变更，可作为工程价款调整的费用以及索赔、现场签证确认等的费用。

② 暂估价：暂估价是指招标人在需要工程量清单中列出但是暂时不能确定价格的材料单价以及专业工程的金额。

③ 记日工：在施工过程中，完成发包人提出的施工图纸以外的零星项目或工作，按合同中约定的综合单价计价。

④ 总承包服务费：指总承包服务人为配合协调发包人对工程分包自行采购的设备、材料等进行管理、服务和施工现场管理、竣工资料汇总整理等服务所需的费用。

【案例 4-29】

(1) 工程背景

某矿井工程项目由井巷工程、地面工程、设备安装工程等组成。为便于工程项目的专业管理和工程项目招投标工作的开展，建设单位将矿井工程项目进行了相应划分，分成地面办公楼工程、办公楼水电安装工程、培训楼工程、培训楼水电安装工程、职工宿舍楼工程、联合建筑工程、地面安装工程、冻结工程、井筒工程、井下泵房变电所、井下炸药库、井底车场及大巷工程、井下安装工程等分别进行了发包。

(2) 问题

① 试根据建设单位划分的内容，举例说明哪些是单项工程、单位工程或分部分项工程？

② 简述工程量清单的构成。

③ 简述建设单位在发包过程中的不妥行为。

(3) 分析与答案

本案例要求掌握矿山工程项目的划分方法，并在此基础上明确工程量清单的构成内容。

① 矿山工程项目可划分为单项工程、单位工程、分部工程、分项工程。

a. 本案例中该项目为一个完整的矿井项目，应属于单项工程。

b. 单位工程是单项工程的组成部分。本案例中，地面办公楼工程、培训楼工程、职工宿舍楼工程、联合建筑工程、各项地面与井下安装工程、井筒工程、井下泵房变电所、井下炸药库、井底车场、大巷工程等应属于单位工程。

c. 分部工程按工程的主要部位划分。如立井井筒工程的分部工程为井颈、井身、壁座、井窝、钻井井筒、沉井井筒、冻结、混凝土帷幕等。本案例的冻结工程属于专门性分部工程。

② 工程量清单主要由分部分项工程量清单、措施项目清单和其他项目清单、规费项目清单、税金项目清单等组成(见本条目内容)。

③ 招标承包办法规定项目在发包过程中不得肢解发包。该建设单位在发包中将地面办公楼与培训楼的水电安装工程肢解单独发包不妥,将井下工程中的泵房变电所、井下炸药库等肢解单独发包也是不妥的。

(三) 矿井工程工程量清单计价的应用

1. 工程量清单计价的基本过程

工程量请单计价的基本过程参见《建设工程工程量清单计价规范》(GB 50500—2013)。

工程量清单计价的基本过程可以描述为在统一的工程量计算规则的基础上,制定工程量清单项目设置规则,根据具体工程的施工图纸计算出各个清单项目的工程量,再根据各种渠道所获得的工程造价信息和经验数据按工料单价法或综合单价法计算得到工程造价。

2. 工程量清单计价的方法

(1) 按工料单价计算

类似于矿山工程项目施工图预算的编制计算。

(2) 按综合单价法计算

① 分部分项工程费 $= \sum$ 分部分项工程量 × 分部分项工程单价。

其中分部分项工程单价由人工费、材料费、机械费、管理费、利润等组成,并考虑风险费用。人工费、材料费、机械费、管理费、利润等均按照施工工程对象性质的不同分别确定(表 4-13)。

表 4-13　工程量清单计价的综合单价计算表

序号	费用项目		工程类别	
			井巷、露天、土建	特凿、安装、人工土石方
(一)	分部分项工程		分部分项工程	分部分项工程
	直接工程费		$\sum$(人工费+材料费+机械费)	$\sum$(人工费+材料费+机械费)
	其中	(1) 人工费	$\sum$(人工消耗量×人工单价)	$\sum$(人工消耗量×人工单价)
		(2) 材料费	$\sum$(材料消耗量×材料单价)	$\sum$(材料消耗量×材料单价)
		(3) 机械费	$\sum$(机械台班消耗量×台班单价)	$\sum$(机械台班消耗量×台班单价)
(二)	企业管理费		[(1)+(3)]×相应费率	(1)×相应费率
(三)	利润		[(1)+(3)]×相应费率	(1)×相应费率
(四)	综合单价		(一)+(二)+(三)	(一)+(二)+(三)

工程量清单计价模式下,综合单价计算见表 4-13。

② 措施费。

措施费根据不同内容按可计量措施费和组织措施费分列。可计量措施费 $= \sum$ 措施项目工程量 × 措施项目单价,可计量措施项目综合单价的构成与分部分项工程单价构成类似

(表 4-14)。组织措施费=计费基数×费率,组织措施费费率中已包括相应的企业管理费和利润。

③ 单位工程报价=分部分项工程费+措施费+其他项目费+规费+税金。

④ 单项工程报价 $= \sum$ 单位工程报价。

表 4-14　工程量清单计价的可计量措施费计算表

序号	费用项目		工程类别	
			土建	安装、人工土石方
(一)	可计量措施项目		∑(人工费+材料费+机械费)	∑(人工费+材料费+机械费)
	其中	(1) 人工费	∑(人工消耗量×人工单价)	∑(人工消耗量×人工单价)
		(2) 材料费	∑(材料消耗量×材料单价)	∑(材料消耗量×材料单价)
		(3) 机械费	∑(机械台班消耗量×台班单价)	∑(机械台班消耗量×台班单价)
(二)	企业管理费		[(1)+(3)]×相应费率	(1)×相应费率
(三)	利润		[(1)+(3)]×相应费率	(1)×相应费率
(四)	技术措施费		(一)+(二)+(三)	(一)+(二)+(三)

⑤ 建设项目总报价 $= \sum$ 单项工程报价。

【案例 4-30】

(1) 工程背景

某煤矿地质资料显示该矿井为高瓦斯矿井,设计采用一对立井开拓方式,主井、副井布置在同一工业广场内。其中副井井筒设计深度为 910 m,井筒净直径为 7 m,表土段 170 m 为双层钢筋混凝土井壁,外壁厚 400 mm,内壁厚 600 mm,混凝土强度等级外壁为 C40,内壁为 C50。采用冻结法施工,基岩段岩石硬度 $f=4\sim6$,设计支护方式为素混凝土井壁,厚 450 mm,混凝土强度等级为 C50。在井筒施工过程中将穿过 3 层含水层,层厚分别为 15 m、25 m、40 m,含水层上层面标高依次为 −650 m、−675 m、−800 m(井口标高为 ±0.00 m),预计井筒最大涌水量小于 30 m^3/h。在井筒施工过程中还将穿过一正断层破碎带,断层落差为 5 m,倾角为 36°。施工地点需 5 个月取暖期。

(2) 问题

① 根据项目内容,请问该工程在计算投标报价中应包含哪些分部分项工程?

② 试说明工程投标计价方法。

③ 试说明该井筒工程按实物法编制投标报价过程。

(3) 分析与答案

本案例要求掌握计价的基本方法,包括计价的基础工作,即工程内容的划分及针对不同计价类型所采用的不同方法和过程。

① 根据本案例的具体项目的工程内容,以及所应采取的施工方案,该工程中所包含的分部工程应有井颈、井身、壁座、井窝、防治水、冻结等,分项工程应有冲积层掘进、基岩掘进、模板、钢筋、混凝土支护(基岩井筒施工)、锚杆支护、预应力锚索支护、喷射混凝土支护(断层处理)、工作面预注浆、壁后注浆、卷材防水层(含水层处理)、冻结钻孔、制冷冻结(冻结施工)等。分部分项工程内容和划分应根据相应的规定。

② 投标报价可以有以定额计价编制标底，包括单价法、实物法两种。可使用的定额包括：预算定额、概算定额、扩大综合定额、平方米造价指标等以及以工程量清单计价编制标底。按工程量清单计价模式编制标底（或投标报价）主要采用综合单价法编制。

③ 按实物法编制投标报价的过程主要是先用计算出的各分项工程的实物工程量，分别套取预算定额中的工、料、机消耗指标，并按类相加，求出单位工程所需的各种人工、材料、施工机械台班的总消耗量，然后分别乘以当时当地的人工、材料、施工机械台班市场单价，求出人工费、材料费、施工机械使用费，再汇总求和。对于其他直接费、间接费、利润和税金等费用的计算则根据当时当地政策和建筑市场的供求情况给予具体确定。

【案例 4-31】

（1）工程背景

某矿山地面土建基础工程，其土壤类别为三类土，为砖大放脚带形基础，垫层宽度为 920 mm，挖土深度为 1.8 m，弃土运距为 4 km，基础总长度为 1 590.6 m。采用人工挖土，土方量为 4 380.5 m^3，人工费 8.4 元/m^3。根据施工方案，除沟边堆土外，现场堆土 2 170.5 m^3，人工费 7.38 元/m^3，运距 60 m，采用人工运输。装载机装自卸汽车运距 4 km、土方量 1 210 m^3。电动打夯机 8 元/台班，装载机（轮胎式 1 m^3）280 元/台班，定额消耗量 0.003 98 台班/m^3；自卸汽车（3.5 t）340 元/台班，定额消耗量 0.049 25 台班/m^3；推土机（75 kW）500 元/台班，定额消耗量 0.002 96 台班/m^3；洒水车（400 L）300 元/台班，定额消耗量 0.000 6 台班/m^3；工业用水单价 1.8 元/m^3，定额消耗量 0.012 m^3。管理费率 34%，利润率 8%。

（2）问题

① 简述工程量清单综合单价的构成。

② 根据背景资料确定其综合单价。

（3）分析与答案

本案例通过计算实例说明工程量清单的计价方法。首先应明确清单的构成，然后是工程量的组成部分，最后是具体的计价方法。

① 工程量清单综合单价由人工费、材料费、机械费、管理费、利润等构成。

② 本案例的综合单价的具体确定方法：

a. 根据建设单位提供的设计图纸，工程量挖方量（清单工程量）：

基础挖土截面积：0.92×1.8=1.656 (m^2)。

土方挖土总量：1.656×1 590.6=2 634 (m^3)。

b. 由投标人根据地质资料和施工方案计算工程挖方量（定额工程量）：

基础挖土截面：1.53×1.8=2.75 m^3（工作面宽度为 0.25 m、放坡系数为 0.2）。

基础总长度：1 590.6 m。

土方挖土总量：4 380.5 m^3。

c. 单项费用计算

人工挖土、运土（60 m 内）：

人工费：4 380.5×8.4+2 170.5×7.38=52 814.49（元）。

机械费：电动打夯机 8 元/台班×0.001 8 台班/m^3×1 463.35 m^2=21.07 元。

合计：52 835.56 元。

装载机装自卸汽车运土（4 km）：

人工费：25 元/工日×0.006 工日/m^3×1 210 m^3×2＝363 元。

材料费(水)：1.8×0.012×1 210＝26.14 元

机械费(装载机)：280 元/台班×0.003 98 台班/m^3×1 210 m^3＝1 348.424 元。

自卸车(3.5 t)：340 元/台班×0.049 25 台班/m^3×1 210 m^3＝20 261.45 元。

推土机(75 kW)：500 元/台班×0.002 96 台班/m^3×1 210 m^3＝1 790.8 元。

洒水车(400 L)：300 元/台班×0.000 6 台班/m^3×1 210 m^3＝217.8 元。

小计：23 824.17 元。

d. 综合单价

直接费合计：77 048.87 元，人工费＋机械费＝77 022.73 元。

管理费：(人工费＋机械费)×34%＝26 187.73 元。

利润：(人工费＋机械费)×8%＝6 161.82 元。

总计：109 398.4 元。

综合单价：109 398.4 元/2 634 m^3＝41.53 元/m^3。

八、矿井工程成本控制

(一) 矿井工程成本控制方法

矿井工程成本控制方法主要有项目成本分析表法、工期-成本同步分析法、挣值法、价值工程法。

1. 项目成本分析表法

项目成本分析表法是指利用各种表格进行成本分析和控制的方法。应用成本分析表法可以清晰地进行成本比较研究。常见的项目成本分析表有月成本分析表、成本日报或周报表、月成本计算及最终预测报告表。

2. 工期-成本同步分析法

成本控制与进度控制之间有着必然的同步关系。成本应是伴随着工程进展而发生的，如果成本与进度不对应，说明项目进展中出现虚盈或虚亏的不正常现象。

施工成本的实际开支与计划不相符，往往是由两个因素引起的：一个是在某道工序上的成本开支超出计划；另一个是某道工序的施工进度与计划不符。因此，要想找出成本变化的真正原因，必须与进度计划的适时更新相结合。

3. 挣值法

挣值法是对成本、进度进行综合控制的一种分析方法。通过比较已完工程预算成本(BCWP)与已完工程实际成本(ACWP)之间的差值，可以分析由实际价格的变化而引起的累计成本偏差。通过比较已完工程预算成本(BCWP)与拟完工程预算成本(BCWS)之间的差值，可以分析由进度偏差引起的累计成本偏差。并通过计算后续未完成工程的计划成本余额，预测其尚需的成本数额，从而为后续工程施工的成本、进度控制及寻求降本挖潜途径指明方向。

4. 价值工程法

价值工程法是进行事前成本控制的重要方法，在设计阶段，用于探索在提高功能的同时降低成本的可能性与方法；在施工阶段，价值工程法对施工方案的技术经济进行分析，确定最佳施工方案，降低施工成本。

【案例 4-32】

(1) 工程背景

某工程项目由断面面积为 7 m^2 的锚喷巷道(A)、直径为 8 m 的主井井筒(B)、直径为 6 m 的风井井筒(C)和断面面积为 10 m^2 的主石门(D)四个分项工程组成。合同工期为 12 个月。其中前 6 个月的各月计划完成工程量及计划费用单价见表 4-15。

表 4-15 计划完成工程量及计划费用单价

分项工程名称	工程量/m						全费用单价/(元/m)
	1 月	2 月	3 月	4 月	5 月	6 月	
A(锚喷巷道,断面面积为 7 m^2)	130	150	60	160			680
B(主井井筒,直径为 8 m)		60	80	40			28 000
C(风井井筒,直径为 6 m)			50	80	80		16 000
D(主石门,断面面积为 10 m^2)					70	75	2 300

施工 3 个月时,对前 3 个月的实际各月完成工程量及实际费用平均单价统计见表 4-16。

表 4-16 1—3 月实际完成的工程量

分项工程名称	工程量/m						实际成本/(元/m)
	1 月	2 月	3 月	4 月	5 月	6 月	
A(锚喷巷道)	160	150					720
B(主井井筒)		40	65				26 000
C(风井井筒)			45				15 000
D(主石门)							2 500

(2) 问题

① 请计算该工程前 3 个月各月月末时的施工成本偏差和进度偏差。

② 请对上述偏差进行分析。

(3) 分析与答案

① 根据定义,成本偏差为已完成工程的实际施工成本与已完成工程的计划施工成本之差,若计算为正表示超支,负值表示盈余。

进度偏差为计划完成进度的施工成本与实际完成工程的施工成本之差。计算为正表示工期拖延,计算为负表示工期提前。计算结果见表 4-17。

表 4-17 1—3 月施工成本偏差和进度偏差 单位:元

项目	月份		
	1 月	2 月	3 月
施工成本偏差	+6 400	−67 600	−242 600
进度偏差	−20 400	+536 900	+1 039 600

② 由上述计算结果可以看出：从第二个月开始，成本和进度偏差开始突然增加，说明影响成本的关键因素是井筒施工。由于井筒的施工进度偏低，因此整个项目已经出现明显拖延，进度延后，施工工程量没有完成。

由以上数据可以看出一些问题，但是不易具体分析施工工程量没有完成的影响，可能是因为进度拖延造成的工程量问题，也可能是因为成本控制的某些作用使成本节省。因此，用此进行评价成本内容还需要其他控制条件。

（二）矿井工程施工成本控制环节

1. 矿井工程施工成本管理

（1）成本管理的基础工作

① 预算管理

施工图预算是安排施工计划、统计工作量、办理工程结算和考核工程成本的依据。施工前要认真编制施工图预算，做到每项工程有预算。施工中，施工条件或设计有较大变化时，应及时调整预算。

② 定额管理

对主要材料消耗、劳动工日耗用、工具使用及费用支出制定合理的定额和开支标准。

③ 计量工作

计量工作为企业组织生产和经济核算提供可靠数据，是进行经济活动的必要条件，应做到出、入库计量准确，定期盘点，保证账、物、卡相符。

④ 原始记录

原始记录反映企业经济活动的原始动态。原始记录有用工情况、主要材料消耗、机械设备运转、单位工程预算及班组核算等记录，应做到准确齐全、充分利用。

（2）成本预测和成本计划

成本预测内容包括总成本预测、成本项目预测和管理费预测。成本预测可为成本计划的编制提供依据。编制成本计划一般要经过 3 个阶段。

（3）成本控制与核算

成本控制是在成本形成过程中对各项施工生产经营活动进行指导、限制和监督，发现偏差，并采取措施纠正，使各项施工生产耗费控制在原来规定的范围之内。

成本核算时，要求按经济用途（即成本项目）对生产费用进行划分。

2. 矿井工程施工成本控制

（1）成本控制原则

成本控制要实行开源和节流相结合的原则，责、权、利相结合的原则和职能控制的原则。

（2）工程项目的成本控制

项目施工中对成本的控制最终都要落实到施工现场管理，加强对施工现场成本的有效控制的关键是建立项目部及全体人员参与的施工项目成本综合管理与控制的网络系统。

工程项目的成本控制的具体措施包括组织措施、技术措施、合同措施和经济措施。

【案例 4-33】

（1）工程背景

某矿山施工企业在实施某项矿山工程时，成本严重超支，企业为此成立了施工成本控制领导小组，要求其全面负责成本控制的任务。领导小组对此首先制定了“比较、分析、预测、纠偏”的成本控制步骤,并规定了成本控制方法采用偏差分析法,成本分析的依据是会计核算、业务核算和统计核算提供的资料;然后逐项对该项目计划工期内影响其成本变化的各个因素进行分析,比照近期已完工程项目成本,参考了合同报价书,施工预算,施工组织设计,人、料、机市场价格,公司内部的人、料、机价格,合同书,分包合同以及其他相关资料,对本项目的施工成本进行了预测和比较。根据检查结果,小组提出了“材料超支是成本超支的主要原因”的结论。据此,小组提交了成本计划并认为完成任务。

(2) 问题

① 该成本控制领导小组的任务还缺少什么?成本控制的步骤合适吗?

② 请对小组的结论进行评价,能否就能以此结论进行成本控制?提出正确的做法。

③ 如何进行材料的成本控制?

④ 试简述工程项目成本计划的编制程序。

(3) 分析与答案

本案例要求掌握矿业工程施工中的成本控制原则、措施及计划的编制,并以材料成本超支的情况为例,针对性地落实具体内容。

① 施工成本控制领导小组全面负责成本控制任务,从案例过程来看,小组的任务仅完成成本分析。成本控制的任务还应包括成本考核,即在项目完成后对项目成本形成中的各责任者按项目成本目标责任制的有关规定将成本的实际指标与计划、定额、预算进行对比和考核,并以此给以相应的奖励和处罚。

成本控制的步骤还缺少检查。检查是指对工程的进展进行跟踪和检查,及时了解工程进展状况以及纠偏措施的执行情况和效果,以制定新的纠偏措施。

② 该结论虽然提出材料问题,但引起材料超支的可能原因很多,项目也可以很多。因此,必须针对材料问题进行进一步的分析工作,落实具体原因、项目、内容,并提出针对性和可行的措施,包括组织措施、技术措施、合同措施和经济措施。

③ 通常的材料成本控制管理,要求材料费的使用严格处于计划控制范围内,材料员负责编制工程用料和施工用料计划并严格执行;供应员负责审核工程用料和施工用料计划;成本员负责主要材料、结构件的收、发、存的明细资料核算。除此以外,仍然包括组织措施、技术措施、合同措施和经济措施内容。例如,根据材料进出库管理制度执行不严,材料因保管不善而导致的失效、喷射混凝土回弹过多的技术处理等,应会同有关部门落实,并制定奖惩措施,落实检查。

④ 工程项目成本计划的编制。编制成本计划一般要经过 3 个阶段。

a. 收集、整理、分析资料:包括成本预测资料,上级下达的降低成本指标,技术组织措施纲要与技术经济定额,上年度实际成本与企业最好年度成本水平。

b. 试算平衡。试算是根据收集和整理的有关资料,初步计算可能实现的经济效果。平衡是对初步测算的降低成本措施效果与指标之间的差距进行调整。试算包括由劳动生产率提高超过工资增长,材料消耗额降低,生产增长超过管理费增长等带来的成本降低,以及施工机械使用费、其他直接费、辅助生产成本的减少。

c. 成本计划编制。成本计划一般由施工单位根据下达的降低成本率指标,编制年、季、月成本计划,并分解指标到班组,作为控制施工消耗的依据。

(三) 永久建筑物利用和已竣工工程的实物管理方法

1. 永久建筑物利用的一般概念

(1) 利用永久设施建井的条件

① 利用永久设施的意义

矿井工程建设的辅助生产系统与采矿生产有许多相似的内容,利用这些辅助设施,既为矿井建设工程的施工提供便利,也为这些设施早日发挥作用提供了条件。矿井工程建设是有一定建设周期的,建设工程投资是一个渐进过程,对于已经建成的竣工工程,在该项目建成移交前存在维护看管问题。因此利用已竣工工程和永久设备服务于基建工程,有利于减少建设成本的重复投入,也赢得施工准备的时间,使建设、施工双方共赢。

② 利用永久设施的依据

为了明确建设方和承包施工方在利用永久建筑物、永久设备所连带的经济利益关系,国家有关主管部门颁布的文件指出,建设工程概算指标的“凿井措施工程费指标”项目的编制,应考虑利用部分永久工程的情况。

(2) 永久设施利用的要求

① 加强对已竣工的单位工程的实物管理

一般情况下竣工验收后的实物应由建设单位负责管理,必要时也可以委托施工单位代为管理。施工单位需要暂时使用的已竣工单位工程,应与建设单位签订协议,明确管理责任和经济责任,并在移交前重新全面整修,所有维修费用应由使用单位列入施工成本;如施工单位作为盈利性用途,应实行有偿使用的办法;补偿经费移交时一并纳入建设单位。

② 做好停建、缓建项目和工程报废的处理

对于矿山井巷工程因地质、自然条件变化造成部分设施失去使用价值时,应按规定做好技术鉴定工作,附相关技术文件(资料、图纸、价值计算以及报废原因等),报经主管部门批准,不得擅自处理。报废工程损失属无效投资支出,计入单项工程成本。

2. 实施的基本办法

(1) 可利用的永久工程和设备

常用的可利用的永久工程和设备可见表 4-18。

表 4-18　矿山施工可利用的永久工程和安装工程及其费用管理一览表

序号	单位工程名称	费用性质		费用来源				
		无偿	有偿	凿井措施费	临时设施	辅助费	现场经费	直接工程费
一	施工准备工程							
1	进矿出路(属四通一平工程,应由建设单位负责提供)	√						
2	轨电线路	√						
3	通信线路	√						
4	供排水管理	√						
二	永久工程							
1	主副井绞车房	√		√				

表 4-18(续)

序号	单位工程名称	费用性质		费用来源				
		无偿	有偿	凿井措施费	临时设施	辅助费	现场经费	直接工程费
2	主副提升机(包括设施和信号)	√		√				
3	主副井井口房	√		√				
4	主副井井口房(包括设备设施)	√		√				
5	主副井架(或井塔)	√		√				
6	排水系统工程或设备		√			√		
7	井上下变电所包括设备	√		√				
8	压风机房	√			√			
9	压风机设备、压风机管路		√			√		√
10	锅炉房	√		√				
11	锅炉房设备(施工用)		√			√		
12	锅炉房设备(生活用)		√		√			
13	机修厂及设备		√			√		
14	坑木加工房及设备		√	√				
15	地面火药库	√			√			
16	设备棚(库)		√			√		
17	办公楼		√		√			
18	矿灯房及设备		√			√		
19	浴室及更衣室		√		√			
20	任务交代及区段办公室		√		√			

表中所列并非全部和必需的项目，具体可利用的内容要根据施工组织安排需要与永久工程和设备的完工时间之间的吻合情况，并且征得建设单位的同意，在合同中明确双方的责任和权利、经济利益和费用来源等内容。

(2) 实施方法和内容

根据矿山工程造价费用定额的现行规定，施工单位利用永久建筑工程和设备的费用来源包括：

① 属于施工准备工程的工程和设备，指项目施工准备阶段的四通一平工程。四通一平工程属于发包人工作，也可以委托给承包人办理，但其费用应由发包人承担负责。承包方在利用这部分永久工程和设备时是可以无偿使用的。到移交生产前，由施工单位使用和代管期间的维护费用，可以列入建设工程其他费用指标，该项费用由建设单位安排使用。

② 承包方使用属于凿井措施工程费范围内的永久工程和设备，原则上是无偿使用的，在工程项目实施过程中建设单位应统筹安排，尽量提供给施工单位使用。

③ 属于临时设施费范围内的工程，中标工程报价或工程量清单报价中已包含此项费用，承包方在使用这部分永久工程时，其费用由承包方承担，具体支付数额和方式，双方在合

同中约定。

④ 利用永久压风管路供热、矿灯、充电电机车运输和永久轨道等永久工程和设备时，属于辅助车间服务费项的内容，应由承包方负责支出。

⑤ 利用永久压风机房设备，列入机械费，由承包方负责支出。

⑥ 利用永久建筑工程维修补助费：按工业广场内永久建筑工程造价的0.5%计算，由建设单位安排和使用。

（四）永久设备的利用和施工器具购置及管理方法

1. 永久设备、器具的购置和管理

(1) 设备购置管理

矿井工程项目的设备投入占有较大比例。因此设备购置和管理对项目的成本控制具有重要意义。除设备管理的一般工作外，矿井工程项目应特别注意以下问题：

① 设备购储的原则

设备购储应在保证适时供应建设需要的基础上，以尽量降低购置费用为原则，并做到账物清楚，避免损失浪费。矿山工程项目的大型设备安装一般都安排在项目的最后阶段，因此购置项目的大型设备应按工程计划和工程进度合理安排，避免因过早将设备费用投入而占挤工程费用，影响施工进度，或增加仓库保管费用和增加贷款利息费用。一般要求"专用设备优先于通用设备""成套设备优先于单体设备""大型设备优先于小型设备"。

② 控制设备价格

设备价格包括买价、运杂费、采购保管费、储备设备的储备借款利息、设备修配改费用、委托加工和自行加工费。

③ 施工器具的采购与管理

施工器具(包括材料)的采购，一般均应根据施工进度的年度计划和初步设计与所附设备清册编制的年度财务计划办理；购置后的器具与材料应有规范的仓库管理和供应管理，并与会计核算一致，做到账、卡、物相符。

(2) 实物管理

① 设备实物的正常管理包括库房管理、交付安装管理、竣工动用管理等内容。

② 因设计变更、缓停建工程、报废设备管理而出现设备变更，应及时调整设备订购与购置，以及退货工作；对已列报为投资完成的设备，应对账、卡进行及时处理，归入库存设备；对此类未动用的在库设备应列入设计变更积压设备，并积极设法利用或出售，其净损失列入待摊投资，计入本项目成本；对以后可用于其他项目的设备，应转为以后的年度储备设备。

2. 竣工工程和永久设备的使用管理方法

(1) 一般要求

① 永久单位工程竣工后，要进行组织验收，并填制单位工程验收单，承包方利用已竣工单位工程应签订使用合同，明确维护、维修责任以及费用承担责任。待建设项目竣工移交时进行复验和交接；对已完工未利用的单位工程要指定单位维护看管以确保完好无损。

② 对于已利用的单位工程和永久设备，按照谁使用、谁保管、谁维护的原则，在移交生产前由使用单位根据使用维护合同，负责维护和更新磨损的零部件刷油喷漆达到完好条件，永久房屋要粉刷清理完好如初，移交给发包方或建设单位。

(2) 入库与退库管理

① 不需要安装的设备、工器具由承包单位保管的，当设备和工器具到货后，承包方应负责验收入库，编制清册，填制代为保管账单妥善保管，建设单位和承包单位应事先签订保管合同，并支付设备工器具原价的一定比例的保管费用。

② 由于设计变更造成的不符合实际需要的设备和工器具，应及时办理退库手续，交还发包方或建设单位。如需承包方保管的按上述办法处理。

3. 承包单位自行购置器具管理的主要内容

对承包单位自行购置的施工器具的管理工作主要包括以下几个环节：

① 把好采购关：主要管理工作是严格清查库存情况，根据库存情况和项目之间的平衡、调剂，做好采购计划；严格执行能自行加工的不采购、有代用型号不采购、能改制利用不采购、有超储积压的不采购。

② 把好设备器具验收关：对进货设备和器具要严格进行验收，着重注意按设备器具清单和说明书严格检查验收质量、附件、备品、配件、附属工具。按订货合同检查到货时间是否符合合同要求，并办理入账登记手续，坚持验收和复查同时进行，保证入库设备数量准确，质量符合合同约定，备品附件不少。

③ 把好设备器具的发放关。对工具仪表等按使用年限实行交旧领新制度。

④ 加强仓库管理，严格执行验收、发放、盘点程序，确保账、卡、物和资金的统一。

矿井建设投资控制，就是在投资决策阶段、设计阶段、项目发包阶段和施工阶段，把矿井建设项目投资控制在批准的投资限额以内，随时纠正产生的偏差，以保证项目投资管理目标的实现。

（五）矿井工程成本构成

矿井建设总投资包括固定资产投资和流动资产投资两个部分。煤炭项目的工程造价由设备及工、器具购置费，建筑安装工程费用，工程建设其他费用，预备费，建设期贷款利息，固定资产投资方向调节税等构成。

施工成本是施工过程中发生的全部生产费用(包括矿建、土建、安装三类工程的直接工程费、间接费、利润和税金)的总和。施工成本是项目总成本的重要组成部分。

对于建设单位来说，所关心的是投资控制，主要是通过合同价和减少设计变更来控制成本支出，并认真履行合同，以减少或避免施工单位索赔。对施工单位来说，为获得最大利润，所关心的是施工成本控制，即在保证工程质量、工期等合同要求的前提下，对建设项目实际发生的费用支出采取一系列监控措施，及时纠正产生的偏差，把各项费用支出控制在成本规定的范围内。

（六）影响因素与控制措施

矿井建设的投资控制是从项目前期阶段开始并一直延续到竣工投产。建设项目周期长、影响因素多、资金投入大，项目管理者不可能在项目开始就确定一个具体明确、一成不变的投资控制目标，而只能设置一个大致的投资控制目标，即投资估算。然后随着项目的进展，投资控制目标一步步清晰、明确，从而形成设计概算、施工图预算、承包合同价等。因此，投资控制应分阶段进行，不同阶段影响投资控制的因素不同，所采取的控制措施也相应变化。

1. 各阶段影响投资的因素

(1) 项目决策阶段

项目决策阶段是指项目建议书阶段、可行性研究阶段、设计任务书阶段，这个阶段投资控制的主要目标是估算出比较准确的投资控制数额，作为矿井建设期投资控制的最高限额。

但是调查研究不足、规划深度不够、投资估算方法不当所造成的缺项、漏项、不配套、估算偏低等原因，容易造成估算投资控制不了初步设计的概算。

(2) 设计阶段

由于初步设计深度不够，概算采用指标有误，设计中有缺项，漏项，施工图设计有较大修改，或者由于地质、水文情况或煤层情况，与精查报告相差较大，从而被迫修改设计、增加工程量、增加装备，以致突破概算。从设计自身因素分析，往往由于没有认真推行“限额设计”，致使施工图预算超概算也是投资失控的原因之一。政策性的新增费用或定额变化也会造成投资概算突破计划目标。

(3) 施工阶段

施工阶段由于项目从设计开始到投产的几年时间内，原材料与设备价格上涨和设计变更与工程更改造成费用超预算；施工中不可预见因素频频发生超过概算的预备费用；施工中众多问题的影响相互干扰，使施工不能正常进行，造成各种形式的索赔或标外价的大幅度增加，导致结算价大幅度超出合同价。

2. 投资控制的基本方法和措施

项目投资控制，先要确定总目标与分目标，实施过程中及时收集、汇总各项分类费用的实际值，然后与计划值相比较，并分析造成失控的原因，最后采取有针对性的调控措施。

(1) 编制好投资规划

投资规划就是在项目总投资确定的基础上，对总投资进行分解和综合，把项目总投资按子项目切块划分，然后再按子项目的不同类型划分。如按项目进展阶段划分，再按各阶段的费用类别划分，最后按投资需用的时间划分，就构成了各种类型的投资计划，并得到控制投资闭环回路中的投资计划值。

(2) 及时收集信息并与计划值比较

在实际过程中要及时收集各类信息，如投资耗用情况、任务完成情况、投资环境、建筑市场价格、国家对市场宏观调控等，并将其分类、编码、存储、整理。然后对各子项、各单位工程的各类费用的计划投资额与实际支出值进行比较。这种比较是动态的比较，一般要求每月进行一次。通过数值比较进行定性和定量的分析。

(3) 采取针对性的调控措施

根据调查分析，找出投资失控(影响投资)的主要、次要原因，并按 ABC 法进行分类，然后根据不同情况，灵活运用组织、技术、经济和合同等各类调控措施和方法进行纠偏，其调控效果，要待下一个循环加以检查和验证。只有不断循环、定期及时调控，才有可能使实际值接近计划值，实现投资控制目标。

此外在投资控制中，还要有预见性地对近期和远期的投资控制做出预测，估计在哪些方面还有可能出现问题，并事先考虑相应的对策和调控措施，做到预控制，摆脱被动，走向并达到主动控制的良性循环。

(七) 项目管理各方对投资的控制

市场经济条件下，矿井建设在管理体制上实行了建设单位、监理单位、施工单位三位一体的管理模式。参建各方对投资、造价的使用和控制应各负其责。

1. 项目决策阶段的投资控制

决策阶段的项目建议书、项目可行性研究以及设计任务书是由建设单位负责和呈报的，设计任务书阶段提出的投资估算是整个建设项目的投资估算总额，包括从筹建、施工直至建成投产的全部建设费用。投资估算一经有关部门批准，即为建设项目投资控制的最高限额。因此，建设单位、监理单位和可行性研究编制的设计单位或咨询单位，都必须保证投资估算的相对准确性。

建设单位及其委托的监理单位，应对投资估算认真预审：审查投资估算方法的科学性和可靠性，分析投资估算所选用的时效性和适用性，审查投资估算项目中的主体工程、辅助工程等各项内容的全面性和准确性。在审查投资估算的基础上，做出对建设项目的经济评价，包括项目财务评价和国民经济评价。

2. 设计阶段的投资控制

在投资和质量之间，投资的多少和质量要求的高低直接相关。设计阶段的投资控制主要是通过限额设计来实现的，期间的主要控制工作包括：

(1) 概算审查

建设单位是项目设计的委托者，要对项目概算进行全面审查，也可以委托监理咨询单位代为审查。审查设计概算是为了便于合理分配投资，加强投资的计划管理。既要尽量准确、完整，防止出现漏项和减少投资缺口，缩小概预算之间的差距，又要避免故意压低概算投资，以致实际造价突破概算，造成投资失控。

概算审查通常采用会审方式，分头审查、集中研究、讨论定案。

(2) 设计招投标

在建设市场中，工程设计的方案竞赛和招投标是设计阶段对投资的有效控制方法。欲使投标在竞争中取胜，就必须使选用的设计方案有独创性和新的构思，切合实际、技术先进、经济合理并符合国家方针、政策。中标项目所做的投资估算必须控制在批准的投资估算范围内或接近招标文件所规定的投资范围。中标单位在与建设单位签订勘察设计合同时，应明确总概算要受投资估算的制约。

(3) 限额设计

限额设计是按已批准的可行性研究及投资估算控制初步设计，按批准的初步设计和总概算控制施工图设计。同时，在设计部门内部，各专业在保证达到使用功能的前提下，按分配的投资限额控制设计和不合理的设计变更，以保证总投资得到有效控制。通过层层限额设计使概预算的差距缩小，最终体现对投资限额的控制和管理，同时实现了对项目规模、设计标准、工程量、概预算指标等方面的有效控制。

对煤矿建设来讲，由于地下作业环境的多变性和复杂性，对于可能发生的设计变更要充分估计并提前进行。若在设计阶段变更，只需修改图纸；若在设备采购阶段变更，除修改图纸还要重新进行材料、设备采购和订货；若在施工阶段变更，则要使已施工的工程推倒重来，势必会造成重大的投资失控。

3. 施工阶段的投资控制

在施工阶段，建设监理单位和施工单位要共同对工程项目投资控制负责。施工阶段的投资控制，实际上是三大控制的综合表现。

对于工期长的矿井所签订的承包总价合同，一般均有调价因素的考虑，工程的结算价是由合同价和变更价(可调价项目价格)组成。变更价款的额度取决于施工阶段材料的上涨幅度、施工准备工作的完善程度、设计修改、工程变更、材料代用、隐蔽工程、地质水文条件的变化、工程索赔数额等多种因素。

为此,监理工程师在施工阶段所进行的投资控制,不单纯属于经济工作,还涉及各个方面的管理工作,不是单纯靠行使付款否决权所能做到,而应是积极主动地采用科学的方法对项目进行管理。例如,采用技术经济的方法通过及时调控,加强施工方案的优选审查、严格施工工序、优选施工工艺、加强质量监督,减少返工损失,保证和加快进度工期等综合措施,达到控制投资的目的。

4. 建设项目的监督与审计

为了使投资合理并取得预期的投资效益,确保贷款的按期偿还,投资部门、建设项目主管部门、施工单位的领导部门,必须对建设项目的投资使用进行监督与审计。

监督审计的重点:分析项目招标标底的合理性,影响造价因素的监督,索赔的监督与审计,项目决算的审计等方面。

第五节　现场安全管理

一、工程事故分级

工程安全事故是指在生产经营活动(工程建设施工)中造成人身伤亡或财产等直接经济损失的安全事故。工程事故分级由事故的严重程度和造成损失的大小确定。

(一) 工程事故分级依据

1.《生产安全事故报告和调查处理条例》

国务院在1989年公布了《特别重大事故调查程序暂行规定》和1991公布了《企业职工伤亡事故报告和处理规定》,近20年后国家根据经济发展的新形势和当前生产安全状况,于2007年重新制定了《生产安全事故报告和调查处理条例》,代替上述两项规定,并于当年6月生效。

2.《煤矿生产安全事故报告和调查处理规定》

在国家公布《生产安全事故报告和调查处理条例》之后,国家安全生产监督管理总局和国家煤矿安全监察局依据上述条例以及《煤矿安全监察条例》和国务院其他有关规定,于2008年颁发并实施了《煤矿生产安全事故报告和调查处理规定》。制定规定的目的是规范煤矿生产安全事故报告和调查处理,落实事故责任追究,防止和减少煤矿生产安全事故。规范适用于各类煤矿,包括与煤炭生产、建设直接相关的煤矿地面生产系统、附属场所等企业和作业经营活动范围,对其他各类矿山同样具有参考价值。

(二) 工程事故分级规定

1. 工程事故分级

上述国家条例和安监局制定的规定,统一规定将安全生产事故分为特别重大事故、重大事故、较大事故和一般事故计4级。

① 特别重大事故,是指造成30人以上(含30人,下同)死亡,或者100人以上重伤(包

括急性工业中毒，下同），或者 1 亿元以上直接经济损失的事故；

② 重大事故，是指造成 10 人以上 30 人以下（不包括 30 人，下同）死亡，或者 50 人以上 100 人以下重伤，或者 5 000 万元以上 1 亿元以下直接经济损失的事故；

③ 较大事故，是指造成 3 人以上 10 人以下死亡，或者 10 人以上 50 人以下重伤，或者 1 000 万元以上 5 000 万元以下直接经济损失的事故；

一般事故，是指造成 3 人以下死亡，或者 10 人以下重伤，或者 1 000 万元以下直接经济损失的事故。

2. 事故数据统计的相关事项

(1) 事故发生之日起 30 日内，事故造成的伤亡人数发生变化的，应当按照变化后的伤亡人数重新确定事故等级。事故抢险救援时间超过 30 日的，应当在抢险救援结束后重新核定事故伤亡人数或者直接经济损失。重新核定的事故伤亡人数或者直接经济损失与原报告不一致的，按照重新核定的事故伤亡人数或者直接经济损失确定事故等级。

(2) 事故造成的直接经济损失包括：

① 人身伤亡后所支付的费用，含医疗费用（含护理费用），丧葬及抚恤费用，补助及救济费用，歇工工资；

② 善后处理费用，含处理事故的事务性费用、现场抢救费用、清理现场费用、事故赔偿费用；

③ 财产损失价值，含固定资产损失价值和流动资产损失价值。

二、工程事故处理

(一) 事故报告

1. 报告的时效要求

事故发生后，事故现场有关人员应当立即报告本单位负责人；负责人接到报告后，应当于 1 h 内向事故发生地县级以上人民政府安全生产监督管理部门和负有安全生产监督管理职责的有关部门报告。

情况紧急时，事故现场有关人员可以直接向事故发生地县级以上人民政府安全生产监督管理部门和负有安全生产监督管理职责的有关部门报告。

安全生产监督管理部门和负有安全生产监督管理职责的有关部门接到事故报告后，应当依照下列规定上报事故情况，并通知公安机关、劳动保障行政部门、工会和人民检察院：

(1) 特别重大事故、重大事故逐级上报至国务院安全生产监督管理部门和负有安全生产监督管理职责的有关部门；

(2) 较大事故逐级上报至省、自治区、直辖市人民政府安全生产监督管理部门和负有安全生产监督管理职责的有关部门；

(3) 一般事故上报至设区的市级人民政府安全生产监督管理部门和负有安全生产监督管理职责的有关部门。

安全生产监督管理部门和负有安全生产监督管理职责的有关部门依照规定上报事故情况，应当同时报告本级人民政府。国务院安全生产监督管理部门和负有安全生产监督管理职责的有关部门以及省级人民政府接到发生特别重大事故、重大事故的报告后，应当立即报告国务院。

必要时,安全生产监督管理部门和负有安全生产监督管理职责的有关部门可以越级上报事故情况。

安全生产监督管理部门和负有安全生产监督管理职责的有关部门逐级上报事故情况,每级上报的时间不得超过 2 小时。

2. 报告内容和要求

报告的内容包括:

(1) 事故发生单位概况(单位全称、所有制形式和隶属关系、生产能力、证照情况等);

(2) 事故发生的时间、地点以及事故现场情况;

(3) 事故类别(顶板、瓦斯、机电、运输、水害、火灾及其他);

(4) 事故的简要经过,入井人数、生还人数和生产状态等;

(5) 事故已经造成的伤亡人数、下落不明的人数和初步估计的直接经济损失;

(6) 已经采取的措施;

(7) 其他应当报告的内容。

事故报告应当及时、准确、完整,任何单位和个人不得迟报、漏报、谎报或者瞒报事故。初次报告由于情况不明没有报告的,应当在查清后及时续报;报告后出现新情况的,应当及时补报或者续报。事故伤亡人数发生变化的,有关单位应当在发生的当日内及时补报或者续报。

(二) 事故现场处置和保护

(1) 事故发生单位负责人接到事故报告后,应立即启动事故相应应急预案,或者采取有效措施,组织抢救,防止事故扩大,减少人员伤亡和财产损失。

(2) 妥善保护事故现场以及相关证据。任何单位和个人不得破坏事故现场、毁灭证据。因事故抢险救援必须改变事故现场状况的,应当绘制现场简图并做出书面记录,妥善保存现场重要痕迹、物证。抢险救灾结束后,现场抢险救援指挥部应当及时向事故调查组提交抢险救援报告及有关图纸、记录等资料。

(3) 安全生产监督管理部门和负有安全生产监督管理职责的有关部门应当建立值班制度,并向社会公布值班电话,受理事故报告和举报。

(三) 事故调查

1. 事故调查形式和要求

事故的调查由专门成立的事故调查组负责进行;特别重大事故由国务院或国务院授权有关部门组织事故调查组进行调查。

重大事故、较大事故、一般事故分别由事故发生地省级人民政府、设区的市级人民政府、县级人民政府负责调查。省级人民政府、设区的市级人民政府、县级人民政府可以直接组织事故调查组进行调查,也可以授权或者委托有关部门组织事故调查组进行调查。

根据事故的具体情况,事故调查组由有关人民政府、安全生产监督管理部门、负有安全生产监督管理职责的有关部门、监察机关、公安机关以及工会派人组成,并应当邀请人民检察院派人参加。

事故调查组应当坚持实事求是、依法依规、注重实效的三项基本要求和“四不放过”(即事故原因没查清不放过、责任人员没处理不放过、整改措施没落实不放过、有关人员没受到教育不放过）的原则，做到诚信公正、恪尽职守、廉洁自律，遵守事故调查组的纪律，保守事故调查的秘密，不得包庇、袒护负有事故责任的人员或者借机打击报复。

2. 事故调查组职责和调查报告

事故调查组履行事故调查职责，具体包括：查明事故发生的经过、原因、人员伤亡情况及直接经济损失；有隐瞒事故的，应当查明隐瞒过程和事故真相；认定事故的性质和事故责任；提出对事故责任人员和责任单位的处理建议；总结事故教训，提出防范和整改措施，并于规定时间内提交事故调查报告。

调查报告的主要内容包括：事故发生单位概况；事故发生经过、事故救援情况和事故类别；事故造成的人员伤亡和直接经济损失；事故发生的原因和事故性质；事故责任的认定以及对事故责任者的处理建议；事故防范和整改措施等。

（四）事故处理

1. 处理程序

调查报告提交负责调查事故的应急管理部或者煤矿安全监察机构后，根据事故级别分别由相关部门负责，在规定时间内给出批复结案。

重大事故、较大事故、一般事故，负责事故调查的人民政府应当自收到事故调查报告之日起 15 日内做出批复；特别重大事故，30 日内做出批复，特殊情况下，批复时间可以适当延长，但是最长不超过 30 日。

有关地方人民政府及其有关部门或者单位应当依照法律、行政法规规定的权限和程序，对事故责任单位和责任人员按照事故批复的规定落实责任追究，负有事故责任的人员涉嫌犯罪的，依法追究其刑事责任。

煤矿安全监察机构依法对煤矿事故责任单位和责任人员实施行政处罚。

2. 法律责任

（1）事故发生单位对事故的发生负有责任的，按事故等级分别进行罚款，并依法暂扣或者吊销其有关证照等处分。

（2）事故发生单位主要负责人未依法履行安全生产管理职责而导致事故发生的，根据事故等级按年收入比例进行罚款；属于国家工作人员的，依法给予处分；构成犯罪的，依法追究其刑事责任。

（3）事故发生单位及其有关人员有下列行为之一的，对事故发生单位及主要负责人、直接负责的主管人员和其他直接责任人员处以罚款；为国家工作人员的，依法给予处分；构成违反治安管理行为的，由公安机关依法给予治安管理处罚；构成犯罪的，依法追究其刑事责任：谎报或者瞒报事故的；伪造或者故意破坏事故现场的；转移、隐匿资金和财产，或者销毁有关证据、资料的；拒绝接受调查或者拒绝提供有关情况和资料的；在事故调查中作伪证或者指使他人作伪证的以及事故发生后逃匿的。

【案例 4-34】

（1）工程背景

某矿副井井筒深 560 m。某年某月某日时值冬季，当罐笼上升到离井底 100 m 时，离井口 30 m 处突然落下一个大冰块，冰块落在罐顶一侧并将罐盖砸掉，巨大的冲击使运行中的罐笼剧烈颠簸，将罐内的 4 个工人从罐笼两端抛出，其坠落井底死亡。

（2）问题

① 请根据《生产安全事故报告和调查处理条例》的规定确定该事故的等级。

② 按照有关规定，该事故应如何处理？

③ 该事故发生的原因是什么？应如何杜绝此类事故的发生？

(3) 分析与答案

① 根据《生产安全事故报告和调查处理条例》，该事故为较大事故。

② 根据《生产安全事故报告和调查处理条例》，事故发生后，相关负责人应立即赶赴现场做好应急救援工作，抢救人员，保护现场，并在 1 h 内报告县级政府安全监管部门；然后企业主管部门要会同工程所在地的市（或区）劳动部门、公安部门、人民检察院、工会组成事故调查组，对事故进行调查，并作出处理。

③ 事故发生的主要原因是冬期施工井筒没有保温措施，又没有及时清除井筒内冻结冰块。为了杜绝此类事故的再次发生，应采取以下措施：

a. 加强冬期施工的安全教育，提高对立井井筒结冰危害的认识；

b. 立井井筒冬期施工前，必须提前做好井口采暖工作，防止井筒内冻结挂冰；

c. 无法解决暖风问题的，必须安排专人轮班检查、清除井筒挂冰；

d. 如果是瓦斯矿井，在保证瓦斯浓度不超限的情况下，适当限制井筒风速和风量，防止井筒大量结冰。

三、矿山企业安全管理工作内容与要求

（一）建筑施工安全生产管理基本内容

1. 安全生产投入

(1) 矿山、建筑施工单位和危险物品的生产、经营、储存单位，应当设置安全生产管理机构或者配备专职安全生产管理人员。

(2) 生产经营单位应当安排用于配备劳动防护用品和进行安全生产培训的经费。

(3) 生产经营单位必须依法参加工伤社会保险，为从业人员缴纳保险费。

(4) 生产经营单位必须为从业人员提供符合国家标准或者行业标准的劳动防护用品，并监督、教育从业人员按照使用规则佩戴、使用。

2. 安全培训

(1) 矿山、建筑施工单位的主要负责人和安全生产管理人员，必须具备与本单位所从事的生产经营活动相应的安全生产知识和管理能力，应经由有关主管部门对其安全生产知识和管理能力考核合格后方可任职。

(2) 生产经营单位应当对从业人员进行安全生产教育和培训，保证从业人员具备必要的安全生产知识，熟悉有关的安全生产规章制度和安全操作规程，掌握本岗位的安全操作技能。未经安全生产教育和培训合格的从业人员，不得上岗作业。

(3) 生产经营单位采用新工艺、新技术、新材料或者使用新设备，必须了解、掌握其安全技术特性，采取有效的安全防护措施，并对从业人员进行专门的安全生产教育和培训。

(4) 特种作业人员必须按照国家有关规定经专门的安全作业培训，取得特种作业操作资格证书，方可上岗作业。

(5) 生产经营单位应当教育和督促从业人员严格执行本单位的安全生产规章制度和安全操作规程，并向从业人员如实告知作业场所和工作岗位存在的危险因素、防范措施以及事

故应急措施。

3. 建立健全安全生产规章制度

(1) 必须建立健全各级安全管理保障制度。

(2) 对查出的事故隐患要做到“四定”,即“定整改责任人、定整改措施、定整改完成时间、定整改验收人”。

(3) 必须把好安全生产教育关、措施关、交底关、防护关、文明施工关、检查关、验收关。

(4) 必须建立安全生产值班制度,且有领导带班。

(5) 必须建立应急救援体系及响应机制,编制重大安全事故应急预案并进行演练。

4. 严格执行安全生产“三同时”规定

(1) 建设项目的安全设施,必须与主体工程同时设计、同时施工、同时投入生产和使用。安全设施投资应当纳入建设项目概算。

(2) 矿山、金属冶炼建设项目和用于生产、储存危险物品的建设项目,应当分别按照国家有关规定进行安全条件论证和安全评价。

(3) 建设项目安全设施的设计人、设计单位应当对安全设施设计负责。

(4) 矿山建设项目和用于生产、储存危险物品的建设项目的安全设施设计应当按照国家有关规定报经有关部门审查,审查部门及其负责审查的人员对审查结果负责。

(5) 矿山、金属冶炼建设项目和用于生产、储存危险物品的建设项目的施工单位必须按照批准的安全设施设计施工,并对安全设施的工程质量负责。

(6) 矿山、金属冶炼建设项目和用于生产、储存危险物品的建设项目竣工投入生产或者使用前,应当由建设单位负责组织对安全设施进行验收,验收合格后方可投入生产和使用。负有安全生产监督管理职责的部门应当加强对建设单位验收活动和验收结果的监督核查。

(二) 施工现场的安全管理工作

1. 施工现场安全管理的主要内容

施工现场的安全管理是实施安全管理工作的主要环节,要求在施工生产活动中采取相应的事故预防和控制措施,避免发生造成人员伤害和财产损失的事故,保证从业人员的人身安全,保证施工生产活动得以顺利进行。有关施工现场安全管理的主要内容包括:参与编制安全技术措施计划;落实施工组织设计或施工方案中的安全技术措施;进行多种形式的安全检查;贯彻执行企业各项安全管理工作要求等。

2. 施工过程中的安全管理工作要点

(1) 工程准备阶段

完成开工前的安全培训和技术交底,做好各项施工前的安全防护工作。

考查施工组织设计中的施工方案,确定施工安全防护方案,制定现场安全施工的统一管理原则。

根据安全管理规定并考虑天气、环境、地质条件等方面,确定现场的定期和不定期的安全检查制度、检查内容和检查重点。

严格执行对各种施工机械、设备的维修保养制度、使用制度和操作规程的检查。

保证施工现场的生活用房、临时设施、加工场所及周围环境的安全性。

(2) 工程实施阶段

检查落实安全施工交底、施工安全措施和安全施工规章制度。

明确各施工作业阶段的安全风险内容，并保证有充分的安全预防措施，例如高空作业施工、深基础施工、高边坡施工、立井或巷道施工等。

注意气候(高低温、降水)、地质和水文地质、环境条件变化对施工安全的影响，并有必要的应急预防措施。

注意工程对周围环境的影响，例如基础施工可能引起周围房屋、道路的开裂、变形，井巷开挖对周围岩土状态、工程稳定、有毒气体或高压水气赋存状态的影响等。

注意做好设备安全检查和安全运行工作。

做好防火安全工作。

坚持经常对现场工作人员进行安全生产教育，严格检查现场人员是否正确使用安全防护用品。

四、工程施工的安全检查工作要求

(一) 工程施工安全检查的目的

安全检查的目的是预知危险和发现隐患，以便提前采取有效措施，消除危险。

(1) 通过检查发现生产工作中人的不安全行为和物的不安全状态，分析安全因素，从而采取对策，保障安全生产。

(2) 通过检查，预知危险和及时采取措施，把事故频率和经济损失降低到最低范围。

(3) 通过安全检查对施工(生产)中存在的不安全因素进行预测、预报和预防。

(4) 发现施工中的不安全、不卫生问题。

(5) 利用检查，进一步宣传、贯彻、落实安全生产方针、政策和各项安全生产规章制度。

(6) 增强领导和群众的安全意识，纠正违章指挥、违章作业，提高搞好安全生产的自觉性和责任感。

(7) 可以互相学习、总结经验、吸取教训、取长补短，有利于进一步促进安全生产工作。

(8) 掌握安全生产动态，分析安全生产形势，为研究加强安全管理提供信息依据。

(二) 安全检查的基本内容及主要形式

安全检查的主要内容是查思想、查制度、查隐患、查措施、查机械设备、查安全设施、查安全教育培训、查操作行为、查劳保用品使用、查伤亡事故处理等。

安全检查的形式有很多种。从检查组织上分为国家及各级政府组织的检查，部、委组织的行业检查和企业组织的自行检查。从具体进行的方式上分为定期检查、专业检查、达标检查、季节检查、经常性检查和验收检查。

(三) 安全检查的要求

(1) 明确检查项目、目的、内容、标准、重点、关键部位。

要求采用检测工具进行检查，用数据说话。不仅要对现场管理人员和操作人员是否有违章指挥和违章作业行为进行检查，还要进行“应知应会”抽查，以便彻底了解管理人员及操作人员的安全素质。

(2) 及时发现问题，解决问题，对检查出来的安全隐患及时处理。

(3) 必须登记在安全检查过程中发现的安全隐患，作为整改的备查依据，提供安全动态分析，根据隐患记录和安全动态分析，指导安全管理的决策。

(4) 要认真、全面地进行系统、定性、认真分析，进行安全评价，以便受检单位根据安全评价对策进行整改和加强管理。

(5) 针对大范围、全面性的安全检查，应明确检查内容、检查标准及检查要求，并根据检查要求配备力量，要明确检查负责人，并抽调专业人员参加检查，明确分工。

(6) 针对整改部位整改完成后要及时通知有关部门派人进行复查，复查合格后方可销案。整改工作包括隐患登记、整改、销案。

(7) 要认真、详细地填写检查记录，特别要具体地记录安全隐患的部位、危险性程度及处理意见等。采用安全检查评分表的，应记录每项扣分的原因。

(8) 检查人员可以当场指出施工过程中发生的违章指挥、违章作业行为，责令其改正。

(9) 被检查单位领导应高度重视安全隐患问题，对被查出的安全隐患问题，应立即组织制定整改方案，按照“三定”(定人、定期限、定措施)把整改工作落到实处。

(10) 针对安全检查中发现的安全隐患，应发出整改通知书，引起整改单位重视。一旦发现有即发性事故危险隐患，检查人员应责令其立即停工整改。

五、矿山安全标准化规范主要内容与实施要求

(一) 颁发《金属非金属矿山安全标准化规范导则》的背景和意义

2016 年国家安全生产监督管理总局发布了安全生产行业标准《金属非金属矿山安全标准化规范导则》(AQ/T 2050.1—2016)(以下简称《导则》)，对提升企业的安全生产管理水平起到了重要的作用。

“安全生产标准化”是指通过建立安全生产责任制，制定安全管理制度和操作规程，排查治理隐患和监控重大危险源，建立预防机制，规范生产行为，使各个生产环节符合有关安全生产法律法规和标准规范的要求，人、机、物、环(境)处于良好的生产状态，并持续改进，不断加强企业安全生产规范化建设。这一定义涵盖了企业安全生产工作的全局，是企业开展安全生产工作的基本要求和衡量尺度，也是企业加强安全管理的重要方法和手段。体现了企业主体责任与外部监督相结合的思想。要求企业对安全生产标准化工作进行自主评定，自主评定后申请外部评审定级，并由安全生产监督管理部门对评审定级进行监督。

《导则》是国家实行“安全生产标准化”的一部分，是我国金属与非金属矿山安全生产标准体系的重要组成部分。《导则》以矿山风险控制为核心，注重全员参与、过程控制和持续改进，科学、全面、系统地对安全管理的全过程进行规范，充分体现了以人为本，以提升本质安全和提高安全管理水平为目的，是全新的矿山安全管理系统，对所有矿山企业的安全标准化和矿山安全生产管理工作都有着重要的意义。

(二)《导则》的主要内容

《导则》包括“导则”“地下矿山实施指南”“露天矿山实施指南”“尾矿库实施指南”“小型露天采石场实施指南”等 5 部分。本书要求熟悉《导则》规定的标准化系统基本内容、要求和做法。

1. 安全标准化系统的主要内容

本《导则》规定，矿山安全标准化系统应由十四个部分组成，内容包括：安全生产方针和目标；安全生产法律法规和其他要求；安全生产组织保障；危险源辨识和风险评价；安全教育

与培训;生产工艺系统安全管理;设备设施安全管理;作业现场安全管理;职业卫生管理;安全投入、安全科技和工伤保险;安全检查与隐患排查;应急管理;事故、事件报告、调查与分析;绩效测量与评价。

（1）安全生产方针和目标

① 企业应根据“安全第一、预防为主、综合治理”的方针,遵循以人为本、风险控制、持续改进的原则,制定本企业的安全生产方针和目标,并为实现安全生产方针和目标提供必要的资源。

② 安全生产方针的内容,应包含遵守法律法规、预防生产安全事故、持续改进安全生产绩效的承诺,体现企业安全生产特点和安全管理现状,并随着企业情况变化及时更新。

③ 安全生产目标的确定,应基于安全生产方针、现状评估的结果和其他内外部要求,适合企业安全生产的特点和不同职能、层次的具体情况。

④ 目标应具体,可测量,并确保能够实现。

（2）安全生产法律法规和其他要求

① 企业应建立相应机制,识别适用的安全生产法律法规与其他要求。

② 企业应建立获取渠道,确保使用最新的安全生产法律法规与其他要求。

③ 企业应将安全生产法律法规与其他要求融入责任制、规章制度、培训内容、日常安全活动等之中。

（3）安全生产组织保障

① 企业应设置安全管理机构或配备专职安全管理人员,明确规定相关人员的安全生产职责和权限。

② 企业应建立健全并严格执行安全生产管理制度。

③ 企业应认真组织开展安全标准化班组创建活动,并为安全标准化班组创建、员工参与企业安全生产工作提供必要的资源。

④ 企业应建立健全安全生产信息通报与沟通机制,及时通报或沟通相关安全生产事项。

⑤ 企业应定期评审安全标准化系统,确保其运行控制有效,资源保障充分。

⑥ 企业应做好供应商与承包商的选择与安全监督管理,确保供应商与承包商的现场服务安全可靠。

⑦ 企业应及时认可员工的安全表现,不断强化员工的安全意识和行为。

（4）危险源辨识和风险评价

① 危险源辨识与风险评价是安全生产管理工作的基础,是安全标准化系统的核心和关键。

② 危险源辨识与风险评价应覆盖生产工艺、设备、设施、环境以及人的行为管理等各个方面。

③ 危险源辨识与风险评价应能够获取充足的信息,为安全标准化策划与运行控制提供依据。

④ 危险源辨识与风险评价的结果应根据变化及时评审与更新。

（5）安全教育与培训

① 提供必要的教育培训,保证有关人员具备良好的安全意识和完成任务所需的知识与

能力。

② 培训应充分考虑企业实际需求。

(6) 生产工艺系统安全管理

① 建立管理制度，控制生产工艺设计、布置和使用等过程，以提高生产过程的本质安全水平。

② 应按规定执行安全设施“三同时”制度，保存有关文件和记录。

③ 通过改进和更新生产工艺系统，降低生产系统风险。

(7) 设备设施安全管理

① 建立设备安全管理制度，有效控制设备的设计、采购、制造、安装、使用、维护、拆除等活动。

② 应根据法律法规与其他要求进行设备设施的检测检验，建立设备设施管理档案，保存检测检验结果。

③ 检测检验手段、方法应有效。

(8) 作业现场安全管理

① 加强对作业现场的安全管理，对物料、设备、设施、器材、通道、作业环境等进行有效控制。

② 保证作业场所布置合理，现场标志、标识清楚并符合相关标准的规定。

(9) 职业卫生管理

① 建立职业病危害控制管理制度，充分识别并有效控制作业过程及作业环境的职业病危害，并遵照相关标准的规定，做好员工健康监护。

② 采取工程技术、管理控制、个体防护、教育培训等措施，消除或降低粉尘、放射性、高低温、噪声等职业病危害的影响。

(10) 安全投入、安全科技与工伤保险

① 企业应提供并合理使用安全生产所需的资源，以保障必要的安全生产条件。

② 积极采用新工艺、新技术、新设备、新材料，有效控制风险。

③ 根据法律法规与其他要求，建立并完善员工工伤保险和(或)安全生产责任保险管理制度，确保员工参加工伤保险和(或)安全生产责任保险，并为员工缴纳相关保险费。

(11) 安全检查与隐患排查

① 建立健全安全检查与隐患排查管理制度，并分级分类开展安全检查与隐患排查工作。

② 针对查出的问题，进行原因分析，制定有效纠正和预防措施并确保实施。排查出的重大隐患应按规定及时上报地方政府安全生产监督管理部门。

③ 安全检查与隐患排查的方式、方法应切实有效，并根据实际情况确定适合的检查周期。

(12) 应急管理

① 企业应识别可能发生的事故和紧急情况，确保应急救援的针对性、有效性和科学性。

② 提供必要的应急救援物资、人力和装备等，保证所需的应急能力。

③ 建立应急体系，并按照相关标准的规定编制应急预案，保证在事故或紧急情况出现时能够及时做出反应。

④ 应定期进行应急演练，检验并确保应急体系的有效性。

⑤ 应急体系应重点关注坍塌、滑坡、泥石流、透水、地压灾害、尾矿库溃坝、火灾、中毒和窒息等金属非金属矿山生产的重大风险。

(13) 事故、事件报告、调查与分析

① 建立和完善制度，明确有关职责和权限，报告、调查与分析各种事故、事件和其他不良安全绩效表现的原因、趋势与共同特征，为改进提供依据。

② 调查、分析过程应考虑专业技术需要和纠正与预防措施。

(14) 绩效测量与评价

① 建立并完善制度，对企业的安全生产绩效进行测量，为安全标准化系统的完善提供足够信息。

② 采用的测量方法应适应企业生产特点，选择的测量项目应能充分反映企业的安全生产现状与发展趋势。

③ 应定期对安全标准化系统进行评价，不断提高安全标准化的水平，持续改进安全绩效。

④ 内外部条件发生重大变化或突发重大事件时，应根据变化管理要求，及时评价安全标准化系统的运行控制状况，评价结果作为采取进一步控制措施的重要依据。

⑤ 企业内部评价每年至少进行一次。

2. 安全标准化建设原则

(1) 企业开展安全标准化建设，应充分考虑自身安全生产的现状与特点，并严格遵守安全生产法律法规与其他要求。

(2) 安全标准化建设应立足于危险源辨识和风险评价，充分体现风险管理和事故预防的思想，并与企业其他管理有机结合。

(3) 企业开展安全标准化建设，应确保全员参与，并充分听取相关方的意见及建议。

(4) 企业建立的安全标准化系统应满足规范化、系统化和程序化要求，并具有一致性、完整性、可操作性和持续改进性等特性。

(5) 企业应将不同类型(如露天开采、地下开采、尾矿库、选矿厂)和不同系统(有多个独立生产系统时)的安全标准化，统一建成一个系统，以便安全标准化系统的运行控制。

3. 安全标准化等级评定

(1) 企业应满足相关安全标准化评分方法规定的条件，方可参加安全标准化等级评定。

(2) 安全标准化等级，采取分类(如划分为露天开采、地下开采、尾矿库、选矿厂等类别)和分系统(有多个独立生产系统时)评定。

(3) 安全标准化等级根据其标准化评审得分确定。标准化得分采用百分制。

(4) 根据安全标准化评审得分，将安全标准化划分为三个等级(表4-19)，其中一级最高。

表4-19　安全标准化等级

标准化等级	标准化得分
一级	≥90
二级	≥75
三级	≥60

(5) 企业可以根据安全生产法律法规与其他要求申请安全标准化等级评定。

(6) 企业因出现工亡事故或其他不符合情形而被取消安全标准化等级时，应立即对安全标准化系统进行评价，查明不符合发生的原因，提出并实施相应的改进措施。

(7) 取消安全标准化等级的企业，满足安全标准化评分方法规定的条件后，可重新申请安全标准化等级评定。

六、矿井工程的相关工程安全管理体系

(一) 安全生产管理体系的基本内容

国家先后颁布了《中华人民共和国安全生产法》《建设工程安全生产管理条例》《中华人民共和国矿山安全法》等重要的法律法规，明确了安全生产管理的指导思想、目标和安全生产管理责任、安全生产管理的机制。

安全生产工作应当以人为本，坚持人民至上、生命至上，把保护人民生命安全摆在首位，树牢安全发展理念，坚持安全第一、预防为主、综合治理的方针，从源头上防范化解重大安全风险。

安全生产工作实行管行业必须管安全、管业务必须管安全、管生产经营必须管安全，强化和落实生产经营单位主体责任与政府监管责任，建立生产经营单位负责、职工参与、政府监管、行业自律和社会监督的机制。

生产经营单位必须遵守安全生产法和其他有关安全生产的法律、法规，加强安全生产管理，建立健全全员安全生产责任制和安全生产规章制度，加大对安全生产资金、物资、技术、人员的投入保障力度，改善安全生产条件，加强安全生产标准化、信息化建设，构建安全风险分级管控和隐患排查治理双重预防机制，健全风险防范化解机制，提高安全生产水平，确保安全生产。

生产经营单位的主要负责人是本单位安全生产第一责任人，对本单位的安全生产工作全面负责。其他负责人对职责范围内的安全生产工作负责。

(二) 安全生产管理体系的贯彻工作

安全生产管理体系的贯彻运行依靠一系列制度的落实。从国家到各个部门都建立了许多关于安全生产管理和要求的制度。企业和具体的项目管理机构，更应结合具体情况，有针对性地为落实这些规章制度和为实施安全生产建立相应安全生产措施和管理制度。

七、矿井工程施工安全规定

(一) 矿(厂)区地面建筑与基础工程施工安全规定

1. 高处作业

(1) 临边高处作业

① 防护栏杆的设置

在基坑周边、尚未安装栏杆或栏板的阳台、无外脚手架的屋面与楼层周边、水箱或水塔周边等处，井架与施工用电梯和脚手架等与建筑物通道两侧，必须设置防护栏杆；电梯井口应设栏杆或固定栅门。防护栏杆设置必须符合规定要求。

② 防护盖板

边长为1.5 m以上的洞口四周设防护栏杆，洞下张设安全平网；车辆行驶道旁的洞口、深沟与管道坑槽所设盖板应有足够的承载能力；对临近的人与物有坠落危险的其他竖向孔、洞口，均应有盖板或防护，并有固定其位置的装置。

(2) 悬空作业

① 作业人员

作业人员应从规定的通道上下，不得随意攀登，不得利用吊车臂架等设施进行攀登。悬空作业处必须有牢靠的立足处；应视具体情况设置安全设施；悬空作业必须按规定使用安全保险绳。

② 构件吊装

a. 当悬空安装大模板、吊装第一块预制构件、吊装单独的大中型预制构件时，必须在操作平台上进行。

b. 模板支撑和拆模应按规定的程序进行，模板未固定不得进行下一道工序；严禁在同一个垂直面上上、下同时装、拆模板；悬挑模板应有稳定的立足点。拆模高处作业应配置登高用具或搭设支架。

c. 悬空绑扎钢筋或安装钢筋骨架时，必须搭设脚手架和马道。2 m以上的混凝土浇筑应设操作平台。

2. 脚手架作业

① 脚手架的使用材料应牢靠，尺寸和表面质量符合要求。脚手架连接件符合要求。

② 脚手架搭设结构应符合规定。搭设尺寸(如立杆步距、纵距、横距、连墙件间距等)有变化时，一般都应经过验算。搭设场地平整坚实。

3. 起重与吊装作业

(1) 准备工作

① 起吊前应确认电力、物资供应等保障完善；确认被吊物质不超过起吊设备性能允许范围(重量和尺寸范围)，并经试吊检查受力情况，正常时方能正式起吊。

② 作业前必须检查作业环境、吊索具、防护用品。吊装区域内无闲散人员，障碍已排除。吊索具无缺陷，捆绑正确牢固，被吊物与其他对象无连接。

③ 吊装施工一般不得在雨雪天、露天或夜间工作，否则必须有防滑、充分照明措施，同时经主管部门批准。大雪、大雨、大雾及风力六级以上(含六级)等恶劣天气时，必须停止露天起重吊装作业。严禁在带电的高压线下作业。

(2) 起重与吊装操作

在施工过程中，应有统一指挥和指挥信号，参加施工的全体人员必须熟悉此信号。施工人员必须具体分工，明确职责，服从命令听指挥，不得擅自离开自己的工作岗位。

吊装物下严禁站人。

(3) 安全管理规定

① 非本工程施工人员严禁进入吊装施工现场。施工指挥和操作人员均必须佩戴标记。作业区域设有警戒标志，必要时派人监护。

② 作业平台与高处作业应设置防坠落措施。

③ 施工人员必须戴好安全帽，如冬期施工，应将防护耳放下。

4. 基坑施工

(1) 土方开挖

① 土方开挖时，应防止附近已有建筑或构筑物、道路、管线等发生下沉和变形。必要时应与设计单位或建设单位协商采取措施，在施工中进行沉降和位移观测。

② 基坑周边的堆载不得超过设计荷载的限制条件。

③ 土方开挖完成后应立即封闭，防止水浸和暴露，及时施筑地下结构。基坑土方开挖应严格按设计进行，不得超挖。

④ 土方作业只有符合安全作业条件时才可以进行施工。当填挖区土体不稳有坍塌危险，或发生暴雨、水位暴涨、山洪暴发灾害时，或地面出现涌水冒泥等异常情况，或附近有爆破情况等工作面净空不足以保护安全作业和保护设施失效时，土方作业应立即停工。

(2) 基坑施工

① 基坑(槽)或管沟需设置坑壁支撑时，应根据开挖深度、土质条件、地下水位、相邻建筑物和构筑物等情况进行选择和设计。支撑必须牢固可靠，确保施工安全。

② 当场地有地表水汇流、排泄或地下水管渗漏时，应对基坑采取保护措施。

③ 施工单位对因建设工程施工可能造成损害的毗邻建筑物、构筑物和地下管线等，应当采取专项保护措施。

④ 坚持施工监测工作。根据监测结果及时采取补强或应急措施。变形速率的警限值应根据具体条件确定，一般基坑表面横向变形与开挖深度之比的变形速率超过 1 mm/d 时，应充分注意。

(二) 运输与提升工作的安全规程内容

1. 平巷和斜井运输

(1) 一般性要求

① 机车司机必须按信号指令行车，开车前必须发出开车信号；机车运行中严禁将头或身体探出车外；司机离开座位时，应切断电源、取下控制手把、扳紧车闸，但是不得关闭车灯。

② 巷道内应装设路标和警标。机车行至道口、弯道、道岔、坡度较大或噪声大等地段，以及前面有车或视线有障碍时，都必须减速，并发出警告。

③ 严禁使用固定车厢式矿车、翻转车厢式矿车、底卸式矿车、材料车和平板车等运送人员。用人车运送人员时，列车行驶速度不得超过 4 m/s。

④ 人力推车时，1 次只准推 1 辆车。严禁在两侧推车。在轨道坡度不大于 5‰时，同向推车的间距不得小于 10 m；坡度大于 5‰时，不得小于 30 m。严禁在坡度大于 7‰的巷道中用人力推车。

⑤ 用钢丝绳牵引带式输送机等运送人员时，输送带宽度不得小于 0.8 m，运行速度不得超过 1.8 m/s，乘坐人员的间距不得小于 4 m。乘坐人员不得站立或仰卧，应面向行进方向。

(2) 瓦斯矿井运输设备的要求

① 在低瓦斯矿井进风的主要运输巷道内，可使用架线电机车，但巷道必须使用不燃性材料支护。

② 在高瓦斯矿井进风的主要运输巷道内，应使用矿用防爆特殊型蓄电池机车或矿用防爆柴油机车。

(3) 倾斜巷道运送人员的安全要求

① 人员上下的主要倾斜井巷，垂深超过 50 m 时应采用机械运送人员。

② 倾斜井巷运送人员的人车必须有跟车人，跟车人必须坐在设有手动防坠器把手或制动器把手的位置上，并可以在运行途中任何地点都能向司机发送紧急信号的装置。

2. 立井提升运输

(1) 一般要求

① 提升钢丝绳

a. 应定期检查提升装置使用的钢丝绳。

b. 运行期间的安全系数检查，有下列情况之一的，必须更换：

Ⅰ. 专为升降人员用的小于 7。

Ⅱ. 升降人员和物料用的钢丝绳：升降人员时小于 7；升降物料时小于 6。

Ⅲ. 专为升降物料和悬挂吊盘用的小于 5。

② 立井提升速度规定

用罐笼升降人员时的加速度和减速度都不得超过 0.75 m/s^2，其最大速度不得超过 12 m/s。立井中用吊桶升降人员的最大速度：使用钢丝绳管道时不超过 6 m/s；无罐道时不得超过 1 m/s。

③ 井口安全管理

a. 出入井口应遵守入井人员管理制度。

b. 井口和井底车场必须有把钩工。人员上下井时必须遵守乘罐制度。严禁在同一罐笼内人员和物料混合提升。

(2) 罐笼提升

① 立井中升降人员，应使用罐笼或带乘人间的箕斗。

② 专为升降人员或升降人员与物料的罐笼，其罐底及两侧用钢板挡严，并不得有孔；进出口的罐门或罐帘高度、下缘高度、罐帘横杆的间距应符合安全规定。

(3) 吊桶提升

凿井期间可采用吊桶升降人员，但是应遵守下列规定：

① 应采用不旋转提升钢丝绳。

② 吊桶必须沿钢丝绳升降。无罐道的吊桶升降距离不得超过 40 m；井筒深度超过 100 m 时，悬挂吊盘用的钢丝绳不得兼作罐道使用。

③ 吊桶上方必须装保护伞，吊桶边缘不得坐人。

④ 装有物料的吊桶不得乘人。

⑤ 用自动翻转式吊桶升降人员时，必须有防止吊桶翻转的安全装置。严禁用底卸式吊桶升降人员。

⑥ 只允许在吊桶停稳和井盖门关闭以后从井口平台进出吊桶。双吊桶提升时，井盖门不得同时打开。

3. 斜井提升速度的规定

(1) 升降人员时的速度不得超过 5 m/s，并不得超过人车设计的最大允许速度。升降人员时的加速度和减速度，不得超过 0.5 m/s^2。

(2) 用矿车升降物料时，速度不得超过 5 m/s。

(3) 用箕斗升降物料时，速度不得超过 7 m/s；当铺设固定道床并采用≥38 kg/m 钢轨时，速度不得超过 9 m/s。

4. 防坠、防砸和倾斜巷道施工与运输的安全规定

(1) 防坠、防砸的安全规定

① 井口安全设施

竖井、斜井和各水平的连接处必须按规定设置栅栏和金属网，以及阻车器。

天井、溜井、漏斗口等处必须设有标志和照明，并分别设置盖板、护栏及格筛。

开凿竖井时，必须有防止从井口、井壁、吊盘、吊桶等处坠落废石、工具及其他材料的安全措施。

在井筒内作业或因其他原因，需要使用普通箕斗或救急罐升降人员时，必须制定安全措施。

② 井内提升和装运要求

提升人员时不得超员；提升物料时不得超过规定的装满系数。

(2) 斜井防跑车的安全措施与规定

① 井口安全设施

在斜井井口或下山的上口安设制造简单、使用安全可靠、便于维修保养的井口阻车器。

② 提升设备的安全要求

合理地选用和使用提升钢丝绳，并有专人负责日常调整垫实工作；建立严格的检查制度等。

矿车连接装置应当使用强度高、不会自动脱出、摘挂方便的形式。

尽量采用重型钢轨和保证轨道铺设质量，使串车或箕斗运行平稳，不掉道。

(3) 倾斜巷道的施工

应设置防止跑车、坠物的安全装置和人行台阶。在斜井掘进工作面上方 20～40 m 处设置可移式井内挡车器。

在斜井井筒中部设置固定式井内挡车器。当斜井井筒长度较大时，在井筒中部安设悬吊式自动挡车器。

斜井(巷)施工期间兼作人行道时，必须每隔 40 m 设置躲避硐。

倾斜巷道的施工，采用耙斗装岩机装载时，必须固定牢靠，设置卡轨器，或应增设防滑装置。

(三) 井巷工程施工通风与防尘措施的规定

1. 井巷工程施工通风的规定

(1) 井巷内的风质、风速要求

① 采掘工作面的进风流中，氧气浓度不低于 20%，二氧化碳浓度不超过 0.5%。

② 井巷中的风速应符合表 4-20 的要求。

表 4-20　井巷中的允许风速

井巷名称	允许风速/(m/s)	
	最低	最高
无提升设备的风井和风硐		15
专为提升物料的井筒		12
风　桥		10
升降人员和物料的井筒		8
主要进、回风巷		8

表 4-20(续)

井巷名称	允许风速/(m/s)	
	最低	最高
架线电机车巷道	1.00	8
运输机巷,采区进、回风巷	0.25	6
采煤工作面、掘进中的煤巷和半煤岩巷	0.25	4
掘进中的岩巷	0.15	4
其他通风人行巷道	0.15	

(2) 矿井需要的风量计算及确定原则

① 风量计算

a. 按井下同时工作的最多人数计算,每人每分钟供给风量不少于 4 m^3。

b. 按采煤、掘进、硐室及其他地点实际需要风量的总和进行计算。各地点的实际需要风量,必须使该地点的风流中的瓦斯、二氧化碳、氢气和其他有害气体的浓度、风速、温度等都符合规程规定,每人每分钟供风量满足不少于 4 m^3 要求。

c. 按排尘风速计算,硐室采场的最低风速不得小于 0.15 m/s;巷道型采场和掘进巷道不得小于 0.25 m/s。

d. 按井下同时放炮使用的最多炸药量计算,每公斤炸药供给新鲜风量不得小于 25 m^3/min;如有内燃机设备运行的矿井,所需风量按同时作业台数每马力每分钟供给风量 3 m^3 计算。

② 确定原则

根据上述要求分别计算得到的结果,选取其中的最大值。

(3) 通风工作的重要要求

① 掘进巷道贯通前,综合机械化掘进巷道在相距 50 m 前、其他巷道在相距 20 m 前,必须停止一个工作面的作业,做好调整通风系统的工作。贯通后,必须停止采区内的一切工作,立即调整通风系统,风流稳定后方可恢复工作。

② 进风井口必须布置在粉尘、有害和高温气体不能侵入的地方。已布置在粉尘、有害和高温气体能侵入的地方的,应制定安全措施。

③ 高瓦斯矿井、有煤(岩)与瓦斯(二氧化碳)突出危险的矿井的每个采区和开采容易自燃危险的采区,必须设置至少 1 条专用回风巷道。

④ 压入式局部通风机和启动装置,必须安装在进风巷道中,距掘进巷道回风口不得小于 10 m。

⑤ 使用局部通风机通风的掘进工作面,不得停风;因检修、停电等原因停风时,必须撤出人员,切断电源。恢复通风前必须检查瓦斯。只有在局部通风机及其开关附近 10 m 以内风流中的瓦斯浓度不超过 0.5%时方可人工开启局部通风机。

⑥ 岩石巷道掘进一般采用局部通风机通风。采用压入式通风具有冲散和排除工作面炮烟及沼气速度较快,并且可以使用软且轻质的风筒等优点,所以采用较多;其缺点是工作面后部空气污染较严重,因此较长的独头巷道不宜采用。抽出式与压入式相比,其优缺点恰好相反,并且一般轻型轴流式通风机不能通过有沼气的气体,因此较少采用。混合式通风兼

有压入式和抽出式的优点，适用于沼气涌出量很低的独头长巷道通风，或者断面面积较大而且通风要求较高的巷道。设备布置时要注意，压入式通风机的吸风口与抽出风筒吸入口之间的距离应大于 15 m，以防造成循环风流。

2. 井巷工程施工粉尘防治的重要规定

(1) 矿尘的危害性

矿尘（在井巷工程施工过程中产生的岩尘、煤尘和水泥粉尘的总称）的危害极大，主要表现在不利于生产、危害人身健康和影响安全。煤尘能燃烧或爆炸，从而酿成火灾及人员伤亡事故。

(2) 综合防尘要求与措施

① 作业场所空气风尘含量限制规定

为了消除煤尘、岩尘和水泥粉尘的危害，必须采取综合措施，作业场所中的粉尘浓度、作业方式等必须符合有关规定。

② 矿山工程防尘工作要求

a. 掘进井巷和硐室时，必须采取湿式钻眼、冲洗井壁巷帮、水炮泥、爆破喷雾、装岩（煤）洒水和净化风流等综合防尘措施。

b. 在易产生矿岩粉尘的作业地点（矿岩粉碎、岩石爆破后与装矸、水泥搅拌施工、喷射混凝土等）均应采取专门的洒水防尘措施。产尘量大的设备和地点，要设自动洒水装置。

c. 凿岩、出渣前，应清洗工作面 10 m 内的岩壁。

d. 风流中的粉尘应采取净化风流措施予以防治。

e. 无法实施洒水防尘的工作地点，可用密闭抽尘措施来降尘。

f. 对在易产生矿尘作业点的施工人员，要加强个体防护。

g. 全矿通风系统应每年测定一次（包括主要巷道的通风阻力测定），并经常检查局部通风和防尘设施，发现问题时及时处理。

【案例 4-35】

(1) 工程背景

某岩石巷道断面面积 $A=19\ m^2$，一次爆破炸药用量 $G=35$ kg，沼气涌出量 $Q_c=1.7\ m^3/min$，巷道内最多施工人数 $N=35$ 人。选用直径为 1 m 的胶皮风筒压入式通风。

(2) 问题

试确定该工作面所需风量。

(3) 分析与答案

① 按人数计算

$$Q=4N=4\times35=140\ (m^3/min)$$

② 按沼气涌出量计算

$$Q=\frac{Q_c}{B_g-B_0}\cdot k \tag{4-6}$$

式中　B_g——工作面允许的沼气浓度，取 0.01；

B_0——送入工作面风流中的沼气浓度，因为采用压入式送风，所以 $B_0=0$；

k——沼气涌出不均衡系数，取 1.5。

将上述参数代入式(4-6)得：

$$Q=1.7\times1.5\times100=255\ (m^3/min)$$

(3) 按最低允许风速计算

根据表 4-20 的规定，掘进中的岩巷的最低允许风速 $v=0.15$ m/s，于是最低允许风速时所需的风量为：

$$Q=A\cdot v=19\times0.15\times60=171\ (m^3/min)$$

(4) 按排除炮烟所需的风量计算

因为每公斤炸药供给的新鲜风量不小于 25 m^3/min，因此，放一茬炮所需的排除炮烟的最小风量为：

$$Q=25\times35=875\ (m^3/min)$$

根据选择最大的风量原则，于是得到该巷道工作面的供风量应为 875 m^3/min。

验算：根据表 4-20 的规定，岩石巷道掘进中的最高允许风速 $v=4$ m/s。当供风量为 875 m^3/min 时，巷道内的风流速度为：

$$v=875/(19\times60)=0.77\ (m/s)<4\ (m/s)$$

故该工作面所需的风量为 875 m^3/min。

(四) 爆破工作的安全要求

1. 爆炸材料贮存与运输的安全管理重要规定

(1) 爆炸材料的贮存

① 地面爆破器材库

地面总库的总容量，炸药不应超过本单位半年生产用量，起爆器材不应超过 1 年生产用量。

地面分库的总容量，炸药不应超过 3 个月生产用量，起爆器材不应超过半年生产用量；地面单一库房(包括硐室式库)的最大允许存药量不应超过规定。

乡镇所属以及个体经营的矿场、采石场及岩土工程等使用单位，其集中管理的小型爆破器材库的最大贮存量应不超过 1 个月的用量，并应不大于限定量。

地面临时贮存应符合相关规定。

② 井下爆破器材库

井下爆破材料库应采用硐室式或壁槽式。

井下炸药库距井筒、井底车场和主要运输巷道、主要硐室以及影响全矿井或大部分采区通风的风门的法线距离：硐室式的不得小于 100 m，壁槽式的不得小于 60 m。

库房距行人巷道的法线距离：硐室式的不得小于 35 m，壁槽式的不得小于 20 m。

库房与外部巷道之间必须用 3 条互相之间呈直角的连通巷道相连。连通巷道相交处必须延长 2 m，断面面积不得小于 4 m^2，在连通巷道尽头必须设置缓冲砂箱隔墙，不得将联通巷道的延长段兼作辅助硐室使用。

每个爆炸材料库房必须有 2 个出口，一个出口供发放爆炸材料及行人，出口的另一端必须装有能自动关闭的抗冲击波活门；另一个出口布置在爆炸材料库回风侧，可铺设轨道运送爆炸材料，该出口与库房连接处必须装有 1 道抗冲击波密闭门。

井下爆炸材料库必须砌碹或用非金属不燃性材料支护，不得渗漏水，并采取防潮措施。库房地面必须高于外部巷道的地面，库房和通道应设置水沟。

井下只准建分库，库容量不应超过：炸药 3 昼夜的生产用量；起爆器材 10 昼夜的生产用量；电雷管和炸药必须分开贮存。

每个硐室贮存的药量不得超过 2 t，电雷管不得超过 10 天的需要量；每个壁槽贮存的炸药量不得超过 400 kg，电雷管不得超过 2 天的需要量。

库房的发放爆炸材料硐室允许存放当班待发的炸药，但是其最大存放量不得超过 3 箱。

任何人员不得携带矿灯进入井下爆炸材料库房内。库房内照明设备或线路产生路障时，在库房管理人员的监护下检修人员可以使用带绝缘套的矿灯进入库内工作。

（2）爆炸材料的装运

① 装卸爆炸材料

a. 装卸搬运应轻拿轻放，不得摩擦、撞击、抛掷、翻滚、侧置和倒置爆破器材；装载爆炸材料应做到不超高、不超宽、不超载。

b. 爆炸材料和其他货物不应混装；电雷管等起爆器材，不应与炸药同时同地装卸。

c. 装卸和运输爆破器材时，不应携带烟火和发火物品。

d. 接触爆炸材料的人员，必须穿棉布或抗静电衣服。

② 在竖井、斜井运输爆破器材

a. 必须事先通知绞车司机和井上、井下把钩工；禁止将爆破器材存放在井口房、井底车场或其他巷道内。

b. 电雷管和炸药必须分开运送。在装有爆炸材料的罐笼或吊桶内，除爆破工或护送人员外不得有其他人员。

c. 用罐笼运送硝化甘油类炸药或电雷管时，罐笼内只准放 1 层爆炸材料箱，不得滑动；运送其他类炸药时，爆炸材料箱堆放高度不得超过罐笼高度的 2/3。

如果将装有炸药或电雷管的车辆直接推入罐笼运送时，硝化甘油类炸药和电雷管必须装在专用的、带盖的有木质隔板的车厢内，车厢内部应铺有胶皮或麻袋等软质垫层，并只准放 1 层爆炸材料箱；其他类炸药箱可以直接放在矿车内，但堆高不得超过矿车上缘。

d. 用罐笼运输硝化甘油类炸药或电雷管时，升降速度不得超过 2 m/s；运送其他类炸药时，不得超过 4 m/s；吊桶升降速度，不论运送何种爆炸材料，都不得超过 1 m/s；司机在启动和停绞车时，应保证罐笼或吊桶不振动。

e. 严禁将起爆药卷与炸药装在同一爆炸材料容器内运往井底工作面。

③ 井内矿车（列车）、汽车运输爆破器材

a. 交接班、人员上下井的时间内严禁运送爆炸材料。

b. 炸药和电雷管不得在同一列车内运输。如用同一列车运输，装有炸药与装有电雷管的车辆之间，以及装有炸药或电雷管的车辆与机车之间，必须用空车分别隔开，隔开长度不得小于 3 m。

c. 爆炸材料必须由井下爆炸材料库负责人或经过专门训练的专人护送。跟车人员、护送人员和装卸人员应坐在尾车内，严禁其他人员乘车。

d. 列车的行驶速度不得超过 2 m/s。

e. 装有爆炸材料的列车不得同时运输其他物品或工具。

④ 由爆炸材料库直接向工作地点用人力运送爆炸材料

a. 电雷管必须由爆破工亲自运送，炸药应由爆破工或者在爆破工监护下由其他人员运送。

b. 爆炸材料必须装在耐压和抗撞冲、防振、防静电的非金属容器内。电雷管和炸药严禁装在同一容器内。

c. 严禁将爆炸材料装在衣袋内。

d. 领到爆炸材料后应直接送到工作地点，严禁中途逗留。

e. 携带爆炸材料上、下井时，在每层罐笼内搭乘的携带爆炸材料的人员不得超过4人，其他人员不得同罐上下。

f. 在交接班、人员上、下井的时间内严禁携带爆炸材料人员沿井筒上、下。

2. 爆破工作安全作业的规定

(1) 一般要求

① 所有爆破人员，包括爆破、送药、装药人员，必须熟悉爆炸材料性能和相关规程的规定。

② 爆破工作必须由专职爆破工担任。爆破作业必须执行“一炮三检制度”。在煤(岩)与瓦斯(二氧化碳)突出的煤层中，专职爆破工必须固定在同一工作面工作。

③ 在掘进工作面应全断面一次起爆，不能全断面一次起爆的必须采取安全措施。在有瓦斯或有煤尘爆炸危险的采掘工作面，应采用毫秒爆破。

④ 装药前和爆破前有下列情况之一的严禁装药、爆破：

a. 采掘工作面的控顶距离不符合作业规程的规定，或者支架有损坏。

b. 爆破地点附近20 m以内风流中瓦斯浓度达到1.0%。

c. 在爆破地点20 m以内，未清除的煤、矸或其他物体堵塞巷道断面1/3以上。

d. 炮眼内发现异状、温度骤高骤低、有显著瓦斯涌出、煤岩松散、透老空等情况。

e. 工作面风量不足。

(2) 爆破安全作业要求

① 装配起爆药卷时，必须在顶板完好、支架完整、避开电气设备和导电体的爆破工作地点附近进行。严禁坐在爆炸材料箱上装配起爆药卷。电雷管必须由药卷的顶部装入，严禁用电雷管代替竹、木棍扎眼。

② 装药前首先必须清除炮眼内的岩粉(碎渣)，再用木质或竹质炮棍将药卷轻轻推入，不得冲撞或捣实。炮眼内的各药卷必须彼此密接。有水的炮眼，应使用抗水型炸药。

③ 装药后必须把电雷管脚线悬空，严禁电雷管脚线、爆破母线与运输设备、电气设备以及采掘机械等导体接触。

④ 严格执行“一炮三检”制度，即在装药前、放炮前和放炮后，由瓦斯检查员检查瓦斯。爆破前，爆破母线连接脚线，检查线路和通电工作，只准爆破工一人进行。

⑤ 爆破前班组长必须清点人数，确认无误后方准下达起爆命令。爆破工接到起爆命令后，必须先发出爆破警号，至少再等5 s，方可起爆。装药的炮眼应当班爆破完毕。

⑥ 爆破后，待工作面的炮烟被吹散，爆破工、瓦斯检查工和班组长必须首先巡视爆破地点，检查通风、瓦斯、煤尘、顶板、支架、拒爆、残爆等情况。如有危险情况，必须立即处理。

3. 爆破事故

(1) 早爆事故

① 事故原因

爆破作业的早爆，往往造成重大恶性事故。在电爆网路敷设过程中，引起电爆网路早爆的主要因素是爆区周围的外来电场，包括雷电、杂散电流、静电、感应电流、射频电、化学电等。不正确地使用电爆网路的测试仪表和起爆电源也是电爆网路早爆的原因。另外，导火索、雷管的质量问题也可能引起早爆。

雷电对爆破的影响是各种外来电场中最大、最多的。雷电引起的早爆事故多数发生在露天爆破作业时，如硐室爆破、深孔爆破和浅孔爆破的电爆网路。

杂散电流是存在于起爆网路的电源电路之外的杂乱无章的电流；感应电流是由交变电磁场引起的，存在于动力线、变压器、高压电开关和接地的回馈铁轨附近，如果电爆网路靠近这些设备，就可能引起早爆事故。

静电是指绝缘物质上携带的相对静止的电荷，例如在爆破作业时，如果作业人员穿着化纤或者其他有绝缘性能的工作服，这些衣服互相摩擦就会产生静电荷，积累到一定程度时就可能导致电雷管爆炸。

射频电是指由电台、雷电、电视发射台、高频设备等产生的各种频率的电磁波，如电雷管或电爆网路处在强大的射频电场内也可能引发早爆。

② 事故预防

a. 杂散电流的防治：减少杂散电流的来源，检查爆区周围的各类电气设备，防止漏电；切断进入爆区的电源、导电体等；装药前应检测爆区内的杂散电流，当杂散电流超过 30 mA 时，禁止采用普通电雷管，采用抗杂散电流的电雷管或防杂散电流的电爆网路，或改用非电起爆法；防止金属物体及其他导电体进入装有电雷管的炮眼中，防止将硝铵炸药撒在潮湿的地面上等。

b. 静电的防治：爆破作业人员禁止穿戴化纤、羊毛等可产生静电的衣物；机械化装药时，所有设备必须可靠接地，防止静电积累；采用抗静电雷管；或在压气装药系统（当压气输送炸药固体颗粒时，可能产生静电）中采用半导体输药管；使用压气装填粉状硝铵类炸药时，特别在干燥地区，采用导爆索网路或孔口起爆法，或采用抗静电的电雷管。

c. 雷电的预防：在雷电区暂时停止地面或地下爆破作业；雷雨天和雷击区禁止采用电力起爆法；在雷电到来之前将所有装药起爆；在露天爆区不得不采用电力起爆系统时，应在爆破区设置避雷针或预警系统；对于电磁场感应和静电感应引起的早爆，最好的办法就是采用导爆管起爆系统；对炸药库和有爆炸危险的工房，必须安设避雷装置。

（2）盲炮事故

① 盲炮事故原因

盲炮（又叫拒爆、瞎炮），是指炸药未按设计预期发生爆炸的现象。产生盲炮的原因包括雷管因素、起爆电源或电爆网络因素、炸药因素和施工质量因素等。

② 盲炮的处理

a. 因连线不良、错连、漏连的雷管，可重新连线放炮。

b. 其他原因造成的盲炮，应在距瞎炮至少 0.3 m 处重新钻与盲炮炮眼平行的新炮眼，重新装药爆破。

c. 严禁用镐刨或从炮眼中取出原放置的起爆药卷或从起爆药卷中拉出电雷管。

d. 不论有无残余炸药，严禁将炮眼残底继续加深；严禁用打眼的方法向外掏药；严禁用压风吹拒爆（残爆）炮眼。

e. 在拒爆处理完毕之前严禁在该地点进行与处理拒爆无关的工作。

4. 爆破危害的预防

（1）矿山爆破施工危害的主要内容

矿山爆破工作可能产生的危害主要有爆破产生的地震效应、爆破飞石(个别飞散物)、爆破产生的冲击波、爆破噪声、爆破引起的瓦斯爆炸、爆破对岩体的破坏、爆破产生的有害气体以及爆破对生态环境的破坏和影响等。

(2) 预防措施

① 降低爆破地震效应的措施:

a. 采取微差爆破。实践证明,段间隔时间大于 100 ms,降振效果比较明显。

b. 采用预裂爆破或开挖减振沟槽,或在爆破体与被保护体之间钻凿不装药的单排或双排防振孔,防振孔孔径为 35～65 mm,孔间距不超过 25 mm。

c. 限制一次爆破的最大药量。在复杂环境中多次进行爆破作业时,应从确保安全的单响药量开始,逐步增大到允许药量,并按允许药量控制一次爆破规模。

② 降低爆炸冲击波的措施:在露天爆破中,合理确定爆破设计参数、选择微差起爆方式、保证合理的填塞长度和填塞质量等,可以有效防止爆破产生强烈的冲击波;在井巷掘进爆破中,可以采取毫秒微差爆破、扩大巷道断面等措施减弱巷道中的空气冲击波;对水下爆破,可以采取气泡帷幕技术削弱爆破冲击波。

③ 爆破个别飞石(飞散物)控制与防护措施:

a. 精心设计,特别是选择合理的最小抵抗线和爆破作用指数 n;精心施工,严格检查验收药室、炮孔位置。装药前认真校核各药包的最小抵抗线,如有变化,必须修正装药量,不得超装药量。

b. 设计和施工中要注意避免药包位于岩石软弱夹层或基础的接打面,避免从这些薄弱面冲出飞散物。

c. 保证填塞质量。不但要保证填塞长度,而且保证填塞密实,填塞物中避免夹杂碎石。

d. 采用低爆速炸药,不耦合装药、挤压爆破和毫秒延时爆破等,可以起到控制飞散物的作用。

e. 对爆破体覆盖和对保护对象采取保护措施等。

④ 减少爆破对岩体破坏的措施:

a. 爆破前要重视对爆区地质条件(如岩性、地质构造、水文地质、地应力、滑坡等)的调查,避免在不利于爆破的地质环境下采用不恰当的爆破设计与施工方案。

b. 精心设计,应严格按开挖轮廓范围布置药包,计算药量,控制一次爆破的总规模,或采取毫秒微差爆破。

c. 沿开挖轮廓采用预裂爆破、光面爆破,或设计防震孔,周边孔采用低爆速炸药或不耦合装药。

d. 爆破后应及时调查爆破对岩体的破坏情况及引起的其他工程地质问题,例如边坡稳定问题,滑坡体、危岩、危坡的稳定问题等。

⑤ 避免爆破引起瓦斯爆炸的措施:

a. 应选用许用安全炸药,许用瞬发或毫秒延期电雷管,确保从起爆到最后一段的延时时间不超过 130 ms。

b. 严禁使用导爆管、火雷管或普通导爆索;煤矿井下应使用防爆型发爆器。

c. 在掘进工作面应全断面一次起爆,不能全断面一次起爆的应采取安全措施。

d. 按有关规定严格执行“一炮三检”制度。

e. 炮孔填塞材料应用黏土或不燃性材料，不应有煤粉、块状材料或其他可燃性材料，炮孔填塞长度应符合下列要求：炮孔深度小于 0.6 m 时，不应装药爆破；炮孔深度为 0.6～1 m 时，封泥长度不应小于炮孔长度的 1/2；炮孔深度超过 1 m 时，封泥长度不应少于 0.5 m；炮孔深度超过 2.5 m 时，封泥长度不应小于 1 m。无封泥、封泥不实或不足的炮孔严禁爆破。

f. 通风良好，防止瓦斯积聚。

⑥ 防止爆生有害气体及爆破粉尘危害的措施：

a. 使用合格炸药，尽量使炸药组分做到零氧平衡，严禁使用过期、变质炸药。

b. 做好爆破器材防水处理，确保装药和填塞质量，避免半爆和爆燃。

c. 应保证足够的起爆能，使炸药迅速达到稳定爆轰和完全反应。

d. 井下爆破前后加强通风，应采取措施向死角盲区引入风流。

e. 矿井和地下爆破时应注意预防瓦斯突出，防止产生瓦斯爆炸事故。

f. 井下爆破时采用湿式凿岩，工作面喷雾洒水，降低爆破粉尘；地面爆破前，对爆破体预先进行淋水处理，并提前清理爆破体内部及周围可能引起爆破粉尘的“尘源”。

⑦ 爆破产生噪声的控制措施：

a. 在城镇、厂矿、居民区等对爆破噪声有限制的地区进行岩土爆破作业时，不允许采用裸露爆破，也不允许采用导爆索起爆网路。

b. 爆破设计时，对基础、石方爆破，一般应采用松动、松裂爆破，并实施毫秒爆破；严格控制单位耗药量、单孔药量和一次起爆药量。

c. 要精心施工，在施工中发现设计时未考虑的因素以及施工与设计有出入时，应及时按实际情况调整设计参数。

d. 在对爆破噪声敏感的方向，架设防噪声排架、屏障，必要时附以吸声性能好的材料。

e. 限制在居民对爆破噪声敏感的时段施工作业。

【案例 4-36】

(1) 工程背景

某矿井施工刚转入井底车场巷道施工不久，井底炸药库尚未建立。根据巷道爆破设计雷管、炸药用量，当班爆破员与一位炮工在办理了有关手续后，领取了该班所用的 45 kg 炸药和 230 发雷管，分别装入两只木箱。炮工找来一辆手推车，并在车板上铺了一层草垫，然后将两只装有雷管和炸药的箱子轻轻搬上车，固定好，推到副井口。此时正好有 3 个工人要下井，于是 2 人分别搬了一只箱子登上罐笼。到达井底后，有一列矿车正准备向他们所施工的工作面运送材料，于是二人将炸药箱和雷管箱分别搬上这列车尾部的两个车厢，其中放炸药的车厢内拉了几十根锚杆，放雷管的车内有五袋水泥、一卷铅丝和几个钻头。于是，两个人就跟着车到达工作面。到达后，二人将雷管、炸药搬下车，放在距工作面 30 m 的一个躲避洞内，然后一起到迎头看打眼工作的进展情况。

(2) 问题

在雷管、炸药的运输和保管过程中，有哪些违规行为？分别违反了什么规定？

(3) 分析与答案

本案例主要为熟悉爆破施工安全要求的主要内容。上述雷管、炸药运输过程中的违规行为有：

① 将雷管箱、炸药箱同时放在手推车上运输，违反了雷管炸药严禁同车运输的规定。

② 未向井口把钩工、信号工报告向井下运送爆炸器材的事情，违反了运送爆破器材应事先通知卷扬司机和信号工的规定。

③ 将炸药、雷管放在同一罐笼运往井下，违法了雷管炸药严禁同车运输以及不应同时装卸雷管、炸药的规定。

④ 在有其他三名工人乘坐罐笼的情况下，将雷管、炸药搬上并运输，违反了除爆破人员和信号工外，其他人员不应与爆破器材同罐乘坐的规定。

⑤ 把雷管箱放在罐笼上，未采取进一步的绝缘措施。

⑥ 将雷管和炸药装入放有其他材料的矿车，违反爆破器材不应与其他物品混装的规定。

⑦ 将雷管、炸药用同一列车运送，违反了不得用同一列车运送雷管、炸药，若同时运送时，炸药、雷管车辆之间的间隔不得小于 3 m 的规定。

⑧ 将雷管、炸药放到躲避硐后离开，无人看管，违反了爆破器材必须专人看管，不应乱丢乱放的规定。

（五）矿井工程电气设备安全运行的要求

1. 矿山工程供电与电气设备选型

（1）供电

① 每一个矿井施工，应有两回路电源线路，保证任何一个回路发生故障时仍可能担负矿井的供电负荷。矿井电源线路上严禁装设负荷定量器。

② 井下中央变电所、主排水泵房的供电线路，不得少于两个回路。立井绞车、通风机等重要设施，应各有两个直接由变电所馈出的供电线路回路。

③ 井下敷设电缆必须悬挂。倾角 30°以下巷道用吊钩，间距不超过 3 m；30°以上巷道用夹子、卡箍等方法，间距不超过 6 m；电缆不应挂在压风管或水管上，如在巷道同侧布置，则应布置在其上方。水平巷道或倾斜巷道中的电缆应适当松弛，并在遭意外重力时能自由坠落。

（2）矿山井下施工的电气设备选型

矿山井下施工的电气设备选型要求见表 4-21。

表 4-21　有爆炸危险矿井电气设备选择

类别	煤岩与瓦斯、二氧化碳突出矿井和瓦斯喷出区域	瓦斯矿井				
		井底车场、总进风道或主要进风道		翻罐笼硐室	采区进风道	总回风道、主要回风道、采区回风道、工作面及其进风回风道
		低瓦斯矿井	高瓦斯矿井			
高低压电机和电气设备	矿用防爆型（矿用增安型除外）	矿用一般型	矿用一般型	矿用防爆型	矿用防爆型	矿用防爆型（矿用增安型除外）
照明灯具	矿用防爆型（矿用增安型除外）	矿用一般型	矿用防爆型	矿用防爆型	矿用防爆型	矿用防爆型（矿用增安型除外）
通信、自动化装置和仪器仪表	矿用防爆型（矿用增安型除外）	矿用一般型	矿用防爆型	矿用防爆型	矿用防爆型	矿用防爆型（矿用增安型除外）

注：1. 表中高瓦斯矿井的井底车场、总进风道或主要进风道一栏，采用架线电机车运输的巷道和沿该巷道的机电硐室内各设备类型的选择均采用矿用一般型电气设备，包括照明灯具、通信、自动化装置和仪表、仪器。

2. 表中煤(岩)与瓦斯、二氧化碳突出矿井的井底车场，在其主要泵房内可采用矿用增安型电动机。

2. 安全用电和设备运行

（1）电气保护

① 提升机应设置电气保护系统

控制系统中应配置下列安全保护装置：限速与超速保护；短路及欠压保护；过卷保护；错向闭锁；松绳保护；闸瓦磨损保护；测速回路断电保护；直流主电机的失磁保护；制动油及润滑回路故障保护；电气制动电流消失保护；操纵手柄不在“0”位、工作制动不在安全抱闸位置，不能解除安全制动连锁；未接到工作信号，不能启动的连锁。

② 胶带输送机的电气控制系统

控制系统中应配置下列安全保护装置：沿胶带输送机人行道侧设置事故紧急停车装置；胶带跑偏保护或信号；胶带断带保护；胶带打滑保护；漏斗溜槽堵塞连锁；启动停车的预报及警告信号。

③ 提升机传动系统的保护

由交流变频器供电的提升机，其交流同步电动机传动系统应设置连锁保护，当出现下列情况之一时，安全制动回路必须断开：高压或低压电源断电；直流快速开关跳闸；主回路过电压或接地；电枢过电流；励磁回路失电源、过电流、磁场失磁；位置控制器故障；调节位置电源故障；变频继电器断电；零位继电器断电；错位操作；制动油路系统故障；监控器或深度指示器与主轴失联；同步电动机欠电压；微机故障。

（2）设备运行

① 井下高压电动机、动力变压器的高压控制设备，应具有短路、过负荷、接地和欠压释放保护。低压电动机的控制设备，应具备短路、过负荷、单相断线、漏电闭锁保护装置及远程控制装置。

② 采用机车运输时，应遵守下列规定：

a. 列车或单独机车都必须前有照明，后有红灯。

b. 正常运行时，机车必须在列车前端。

c. 列车通过的风门，必须设有当列车通过时能够发出在风门两侧都能接收到声光信号的装置。

d. 同一段轨道上不得行驶非机动车辆。如果需要行驶，必须经井下调度站同意。

e. 巷道内应装设路标和警标。机车行近巷道口、硐室口、弯道、道岔、坡度较大或噪声大等地段，以及前面有车辆或视线有障碍时，都必须降低速度，并发出警号。

f. 必须有用矿灯发送紧急停车信号的规定。非危险情况，任何人不得使用紧急停车信号。

g. 两机车或两列车在同一轨道同一方向行驶时，必须保持不少于 100 m 的距离。

h. 列车的制动距离每年至少测定 1 次。运送材料时不得超过 40 m；运送人员时不得超过 20 m。

【案例 4-37】

（1）工程背景

某矿井相对瓦斯涌出量为 11.5 m^3/t，施工企业已完成了井底车场及运输大巷的施工，并已展开采区工程的施工。由于施工时间较长，井下运输车辆已出现不同程度的损坏，有的是前面照明灯不亮，有的是车尾的红灯不亮，有的车辆的制动性能不好。鉴于工程目前工期紧、采区施工运输任务重的情况，施工单位把赶进度作为工作重点，加强管理，要求没有前灯的车辆采用矿灯作为前灯，不要开快车。刹车不好的车辆尽可能提前刹车，以免出现危险。确保按合同工期完成施工任务。

（2）问题

① 确定该矿井的瓦斯等级。

② 针对该矿井的实际情况，运输大巷和采区巷道掘进工作面应分别采用什么样的照明灯具？

③ 施工企业对现有车辆存在问题的处理存在什么问题？应该怎样处理？达到什么要求？

（3）分析与答案

① 根据《煤矿安全规程》的规定，矿井相对瓦斯涌出量大于 10 m^3/t 时，为高瓦斯矿井，该矿的相对瓦斯涌出量为 11.5 $m^3/t>10$ m^3/t，故为高瓦斯矿井。

② 由于该矿为高瓦斯矿井，因此，其运输大巷应采用矿用防爆型照明灯具；采区巷道掘进工作面应采用矿用防爆型灯具。

③ 施工企业不能因工程进度问题就放松对车辆安全的管理，其错误之处：不对问题（隐患）车辆进行处理，而要求工人继续使用有安全隐患的车辆，用矿灯替代车前照明和提前刹车的做法都是错误的。

正确的做法是：对问题车辆的隐患全部进行排除，包括更换已损坏的前照明灯、尾灯，确保车辆前有照明，后有红灯。

对刹车有问题的车辆进行修理，确保车辆刹车符合运送材料时刹车距离不得超过 40 m、运送人员时刹车距离不得超过 20 m 的要求，而且列车的制动距离每年至少测定一次。

（六）其他施工安全条款

1. 矿井工程

（1）立井特殊法施工

① 立井井筒穿过流沙、淤泥、卵石、砂砾等含水的不稳定地层，应采取特殊法施工。

② 井筒穿过特殊地层，必须编制专门的施工安全措施。

③ 当采用冻结法施工时，井筒的冻结深度应穿过风化带延深至稳定的基岩 10 m 以上，基岩段涌水量较大时，应加深冻结深度。

④ 地质检查孔不得打在冻结的井筒内。水文观测孔偏斜不得超出井筒，深度不得超过冻结段下部隔水层。

⑤ 井筒在流沙层部位时，注浆孔深度必须小于井壁厚度 200 mm；井筒采用双层井壁支护时，注浆孔应穿过内壁进入外壁 100 mm；当井壁破裂必须采用破壁注浆时，必须制定专门措施。

（2）巷道施工

① 掘进工作面严禁空顶作业。靠近掘进工作面 10 m 以内的支护，在爆破前必须加固。在坚硬和稳定的岩层中确定不设支护时，必须制定安全措施，保证顶板安全。

② 锚喷支护工作必须遵守下列规定：

a. 锚喷支护要编制专门的施工组织设计和安全技术措施。

b. 喷射混凝土和砂浆时，必须采用潮料，并使用除尘机对上料口、余气口除尘。

c. 喷射前必须冲洗岩帮；喷射后应有养护措施。

d. 工作人员必须佩戴专用劳动保护用品。

e. 处理堵塞的喷射管路时，喷枪口前方及附近严禁有其他人员。

f. 锚喷支护作业面必须加强通风，独头掘进巷道应采取抽压混合的通风方式。

2. 土建工程与矿物加工

(1) 土建工程的基本安全要求

① 孔洞和高度超过 0.6 m 的平台，周围应设栏杆或盖板，必要时，其边缘应设安全防护板。平台四周及孔洞周围，应砌筑不低于 100 mm 的挡水围台；地沟应设间隙不大于 20 mm 的铁箅盖板。

② 长度超过 60 m 的厂房应设两个主要楼梯。主要通道的楼梯倾角应不大于 45°；行人不频繁的楼梯倾角可达 60°。楼梯每个踏步上方的净空高度不应小于 2.2 m。楼梯休息平台下的行人通道净宽不应小于 2.0 m。

③ 厂房内主要操作通道宽度应不小于 1.5 m，一般设备维护通道宽度应不小于 1.0 m，通道净空高度应不小于 2.0 m。

④ 通道的坡度达到 6°～12°时，应加防滑条；坡度大于 12°时，应设踏步。经常有水、油脂等易滑物质的地坪，应采取防滑措施。

⑤ 高于 10 m 的建筑物，屋顶如有可燃材料，应在室外安设离地 3 m、宽度不小于 500 mm 的固定式消防钢直梯。

⑥ 屋面须检查或经常清灰的厂房，高度大于 6 m 的，应设置检修用固定式钢直梯；多层厂门房两屋面高差大于 2 m 的，应设直梯；房檐高度大于 10 m 的，应在檐边设置防护栏杆，小于 10 m 的可设安全挂钩，挂钩间距应不大于 6 m。

(2) 矿物加工设备安装工程相关的安全要求

① 设备裸露的转动部分，应设防护罩或防护屏。防护罩、防护屏应符合《机械安全防护装置、固定式和活动式防护装置设计与制造一般要求》的规定。

② 强磁选机运转前应将一切可能被磁力吸引的杂物清除干净，铁棍、手锤等能被磁力吸引的物体不应带到设备周围。

③ 煤气作业区应悬挂醒目的警告标志牌。在煤气作业区人员聚集的值班室和作业场所应装有煤气泄漏自动警报装置。警报装置应处于良好状态，每 10 天应至少校验一次。

④ 选矿厂电力装置，应符合《矿山电力设计规范》(GB 50070—2020)和其他有关规范、规程的要求。所有电气设备和线路，应根据对人的危害程度设置明显的警示标志、防护网和安全遮拦。电气设备可能被人触及的裸露带电部分，应设置安全防护罩或遮拦及警示牌。

⑤ 在带电的导线、设备、变压器、油开关附近，不应有损坏电气绝缘或引起电气火灾的热源。

⑥ 选矿厂的建(构)筑物和大型设备，应按国家有关消防的法律法规及《建筑设计防火规范》(GB 50016—2014)的规定，设置消防设备和器材。应按生产的火灾危险性分类，合理选择建(构)筑物的耐火等级，并采取相应的消防措施。厂房、库房、站房、地下室，应按国家有关规定设置适当数量的安全出口。安全疏散距离和楼梯、走道及门的宽度应符合防火规范要求，安全疏散门应向外开启。厂区及厂房、库房应按规定设置消防水管路系统和消火

栓,消火栓应有足够的水量和水压。

⑦ 放射源的安装、拆卸与使用应由专人负责,其他人不应擅自拆卸、修理、调整放射装置。应保证有连锁装置的射线装置的完好,不应擅自拆除连锁装置。连锁装置有问题的射线装置,修好后方可使用。

⑧ 对于放射性废物,应按照国家有关放射性废物的管理规定处理。受辐射后的防护用品和工作衣物,应按规定妥善保管和处理。

八、矿井工程安全事故预防与灾害控制

(一) 矿山顶板安全事故的预防

顶板事故是矿山施工与生产的主要灾害之一。

1. 巷道顶板事故的控制

(1) 空顶保护

掘进工作面严格禁止空顶作业,距掘进工作面 10 m 内的支护在爆破前应必须加固,爆破崩倒或崩坏的支架必须先行修复;在软弱破碎岩层掘进时应采取前探支护等措施;对于在坚硬岩层中不设支护的情况,必须制定安全措施。

(2) 落实"敲帮问顶"制度

钻眼施工前,必须做到先"敲帮问顶",浮石、危石必须先挑下后面才能作业。钻锚杆眼时以及拆修支架时,都必须执行"敲帮问顶"制度。保证作业人员在安全条件下工作。

(3) 加强支护施工管理,确保支护质量

支护施工前应进行技术交底,施工过程中应严格检查和验收,确保按支护设计的质量标准和要求进行施工,保证施工质量,尤其是采用锚杆、锚索支护的,应使锚杆、锚索的孔位、深度符合设计,锚杆、锚索的预紧力达到设计要求,从而确保支护达到预期的效果。

(4) 严密监视地质地层和围岩压力的变化

揭露老空区前或有危险矿层前,均应编制探查的安全措施,预留安全矿岩柱,并严格按照经批准的规程作业。受采动影响大或顶板离层移动严重的巷道可采用专门的监测手段(如顶板离层观测等)。

(5) 正确的施工程序

① 扩大和维修巷道连续撤换支架时,必须保证有冒顶堵塞巷道时的人员撤退出口。独头巷道维修时必须由外向内逐架进行。

② 架设和撤除支架应连续进行,一架未完工前不得中止,不能连续进行的必须在结束工作前做好接顶封帮。更换巷道支护时,在拆除原有支护前应先加固临近支护;拆除原支护后必须及时排除活矸石,必要时可采取临时支护措施。

2. 巷道交岔点冒顶事故的防治

巷道交岔点冒顶事故往往发生在巷道开岔的时候,如果开岔处正好是掘巷时的冒顶处,则情况更严重。因此,必须重视巷道交岔处的冒顶事故预防。

防治巷道开岔处冒顶的措施如下:

(1) 开岔口应避开原来巷道冒顶的范围。

(2) 必须在开口抬棚支设稳定后再拆除原巷道棚腿,不得早拆除,切忌先拆棚腿后支抬棚。

(3) 注意选用抬棚材料的质量与规格,保证抬棚有足够的强度。

(4) 当开门处围岩尖角被压坏时,应及时采取加强抬棚稳定性的措施。

【案例 4-38】

(1) 工程背景

某施工队伍承包了一矿山 800 m 的石门施工任务,该石门所穿过的岩层主要为页岩和泥岩,遇水后易膨胀,稳定性较差,岩层倾角为 25°。巷道采用锚喷网支护,临时支护现打锚杆,支护紧跟工作面。该施工队为加快进度,将工作面锚杆临时支护改为钢支架支撑,锚喷网永久支护在工作面后方 20 m 处一次完成,监理同意采取该施工方案,但是强调必须在围岩稳定性较好的条件下方可实施,如遇围岩条件差,特别是有涌水时,必须制定相关措施或仍采用原设计方案,否则,出现任何安全或质量问题均由施工单位承担。

施工中,该施工队在工作面无涌水时施工进度正常,在部分岩石稳定地段,施工队长在放炮通风后直接安排凿岩工进行打眼。在通过一个小断层时,由于有水的影响,加之断层带内岩石破碎,工作面在打眼时发生了冒顶事故,所架设的临时钢支撑全部倾倒,造成 2 人重伤、5 人轻伤,装岩设备损坏,影响工期 20 天,施工单位就此事故提出了索赔。

(2) 问题

① 该施工队在施工中哪些做法存在安全隐患?

② 针对该巷道的施工条件,如何预防巷道顶板事故?

③ 根据工程所出现的事故,监理工程师如何处理索赔事件?

(3) 分析与答案

① 由于该石门巷道的围岩不稳定,尤其是当有水或岩石破碎时,更应注意施工安全。但是该石门施工队在施工中放炮通风后不进行安全检测,没有进行“敲帮问顶”,直接进行钻眼作业,特别是在没有进行临时支护的情况下进行作业,存在严重的安全隐患。另外,在穿过断层时,由于有水的影响,加之围岩破碎,应当制定相应的安全措施,不能采用正常情况下的施工方法,这也是施工中存在的隐患之一。

② 针对该巷道的施工条件,要预防巷道顶板事故,必须掌握巷道围岩的稳定状态。爆破后首先应进行“敲帮问顶”,检查危石,同时实施临时支护。当围岩稳定性较差时,应采用超前支护和加强支护。保证工作面的临时支护强度,这样才能保证安全施工。如果工作面涌水对围岩稳定性产生影响,可采取相应的措施,如注浆封水、超前导水或引水等。对已架设的支架要进行稳定性处理,防止倾覆。

③ 根据工程中所出现的事故,由于巷道围岩稳定性较差,施工前已经明确,穿过的断层并非不可预见,主要还是施工单位为了加快进度,对安全重视不够而发生的冒顶事故,因此,该责任应当由施工单位承担,所以,施工单位的索赔不能成立,监理工程师不能签字同意。

(二) 矿山水害预防及其应急处理

1. 矿山水害的水源和涌水通道

(1) 矿山水害的水源

引起矿山水害必然同时存在两个条件,即充沛的有压水源和进入矿井的水流通道。有压水指存在相对于受害地点的水头压力,水流通道可以是原有的,也可以是施工或其他原因造成的。

造成矿山水害的水源有大气降水、地表水、地下水,后者包括含水地层中的或岩溶形成陷落柱积水、老空区积水等。矿山水害分类见表 4-22。

表 4-22 矿井水害类型

矿井水害类型	水 源	受 害 部 位
地表水灌入矿井、工业广场和生活区	地表水、大气降水	施工中的井筒、矿井井下、工业广场或生活区
含水层中的地下水大量涌入矿井	含水层中的地下水	施工中的井筒或矿井井下
老空区积水、淤泥涌入矿井	老空区积水淤泥	矿井井下

(2) 矿井涌水通道

矿体及其周围虽然有水存在,但是只有通过某种通道才能进入井巷形成涌水或突水,这是普遍规律。涌水通道可分为两类:

① 地层的空隙、断裂带等自然形成的通道。

a. 地层的裂隙与断裂带:当岩层中节理裂隙彼此连通,即可形成裂隙涌水通道。根据断裂带贯通情况,可以把断裂带分隔水断裂带和透水断裂带两类。

b. 岩溶通道:岩溶空间可从细小的溶孔直到巨大的溶洞,彼此可以连通,成为沟通各种水源的通道,我国许多金属与非金属矿区都深受其害。大的溶洞本身就是积水水源,而且有的陷落柱容易被钻孔地质勘探遗漏,形成水害的重要隐患。

c. 孔隙通道:主要是指松散地层中的粒间孔隙输水通路。此类通道可输送本含水层水入井巷,也可以成为沟通地表水的通道。

② 由于采掘活动等人为因素诱发的涌水通道。

该类通道是不合理勘探或开采造成的,主要有巷道顶或顶、底板因施工造成破坏而形成的裂隙通道和钻孔通道,施工立井而沟通含水岩层,或者地表塌陷过程中造成裂隙沟通等。

2. 矿井水害预防与应对

(1) 突水征兆

① 岩层变潮、变软,岩帮出现滴水、淋水现象,且淋水由小变大,有时岩帮出现铁锈色水迹,或者淋水中有细砂颗粒。

② 矿压增大,发生片帮、冒顶及底鼓。

③ 工作面气温降低,或出现雾气或硫化氢气味。

④ 有时可闻到水的"嘶嘶"响声。

(2) 矿井水害预防要求

矿井水害预防要求见《煤矿防治水规定》。

(3) 井下水灾事故应急处理原则

① 必须了解突水的地点、性质,估计突水量,静止水位,突水后涌水量,影响范围,补给水源及有影响的地面水体。

② 掌握灾区范围和事故前井下人员分布,矿井中有生存条件的地点及进入该地点的可能通道,以便迅速组织抢救。

③ 按积水量、涌水量组织强排水,同时堵塞地面补给水源。

④ 加强排水和抢救中的通风,防止有害气体从淹水区突然涌出,切断灾区电源,防止采空区积聚的瓦斯引爆。

⑤ 在排水、侦察灾情和抢险过程中，要防止冒顶、掉底伤人和二次突水。

⑥ 搬运和抢救遇险人员时要防止突然改变伤员已适应的环境和生存条件，避免造成不应有的伤亡。

3.《煤矿防治水规定》的相关要求

2009 年国家安全生产监督管理总局发布的《煤矿防治水规定》，是根据矿山水害的新形势和经验，为进一步规范煤矿防治水工作和有效防治矿井水害而提出的。2010 年安全监管总局提出了《关于进一步加强金属非金属矿山防治水工作的意见》（安监总管一〔2010〕75 号）。以下是部分要点：

（1）一般性要求

① 矿山防治水工作应当坚持“预测预报、有疑必探、先探后掘、先治后采”的原则，采取防、堵、疏、排、截的综合治理措施。

② 根据矿井开采受水害影响程度和防治水工作难易程度，矿井水文地质类型划分为简单、中等、复杂、极复杂 4 种。

评价复杂程度的主要依据为影响的水源（岩溶含水、老空水、地表水）的补给条件、老空水分布状况、矿井涌水量、突水现象等。

③ 当矿区或者矿井现有水文地质资料不能满足生产建设的需要时，应当针对存在的问题进行专项水文地质补充调查。矿区或者矿井未进行过水文地质调查或者水文地质工作程度较低的，应当进行补充水文地质调查。补充调查的内容包括当地的气象、水文及钻探情况，地质地貌、地表水和井泉情况，枯井老窑分布和开采，矿区矿井和周边矿井水文情况，地面岩溶情况等。

④ 矿井需要进行水文地质补充勘探工作的情况包括：

a. 原勘探工程量不足，水文地质条件尚未查清的。

b. 矿井经采掘揭露煤岩层后，水文地质条件比原勘探报告复杂的。

c. 矿井开拓延深、开采新煤系（组）或者扩大井田范围设计需要的。

d. 矿井巷道顶板处于特殊地质条件部位或者深部煤层下伏强充水含水层，煤层底板带压，专门防治水工程提出特殊要求的。

e. 各种井巷工程穿越强富水性含水层时施工需要的。

（2）井下水文地质观测

① 对新开凿的井筒、主要穿层石门及开拓巷道，应当及时进行水文地质观测和编录，并绘制井筒、石门、巷道的实测水文地质剖面图或展开图。

对于新凿立井、斜井，垂深每延深 10 m，应当观测 1 次涌水量。掘进至新的含水层时，如果不到规定的距离，也应当在含水层的顶底板各测 1 次涌水量。

② 当井巷穿过含水层时，应当详细描述其产状、厚度、岩性、构造、裂隙或者岩溶的发育与充填情况，揭露点的位置及标高、出水形式、涌水量和水温等，并采取水样进行水质分析。当遇含水层裂隙时，应当测定其产状、形态以及充填状况等，进行一定的测定。

遇岩溶时，应当观测其形态、发育、分布状况、充填和充水状况等，并绘制岩溶图。

遇断裂构造时，应当测定其断距、产状、断层带宽度，观测断裂带充填物成分、胶结程度及导水性等。

遇褶曲时，应当观测其形态、产状及破碎情况等。

遇陷落柱时，应当观测陷落柱内外地层岩性与产状、裂隙与岩溶发育程度及涌水等情况，判定陷落柱发育高度，并编制卡片、附平面图、剖面图和素描图。

③ 遇突水点时，应当详细记录收集突水的时间、确切位置、涌水量、水质和含砂等资料，分析突水原因。

按照突水点每小时突水量将突水点划分为小突水点、中等突水点、大突水点、特大突水点四个等级：

a. 小突水点：$Q \leqslant 60\ m^3/h$。

b. 中等突水点：$60\ m^3/h < Q \leqslant 600\ m^3/h$。

c. 大突水点：$600\ m^3/h < Q \leqslant 1\,800\ m^3/h$。

d. 特大突水点：$Q > 1\,800\ m^3/h$。

④ 对于大中型煤矿发生 $300\ m^3/h$ 以上的突水、小型煤矿发生 $60\ m^3/h$ 以上的突水，或者因突水造成采掘区域和矿井被淹的，应及时上报管理部门。

(3) 钻探安全要求

① 钻孔的各项技术要求、安全措施等钻孔施工设计，经矿井总工程师批准后方可实施。

② 施工并加固钻机硐室，保证正常的工作条件。

③ 钻机安装牢固。钻孔首先下好孔口管，并进行耐压试验。在正式施工前，安装孔口安全闸阀，以保证控制放水。安全闸阀的抗压能力大于最大水压。在揭露含水层前安装好孔口防喷装置。

④ 按照设计进行施工，并严格执行施工安全措施。

⑤ 进行连通试验，不得选用污染水源的示踪剂。

⑥ 对于停用或者报废的钻孔，及时封堵，并提交封孔报告。

(4) 矿井防治水要求

① 地面防治水。

矿井井口和工业场地内建筑物应当避开可能发生泥石流、滑坡的地段；标高应当高于当地历年最高洪水位，否则应修筑堤坝、沟渠或者采取其他防排水措施。

矿井在雨季前应当全面检查防范暴雨洪水引发事故灾难防范措施的落实情况。

② 防隔水煤(岩)柱的留设。

矿井应当根据矿井的地质构造、水文地质条件、煤层赋存条件、围岩物理力学性质、开采方法及岩层移动规律等确定相应的防隔水煤(岩)柱的尺寸；矿井防隔水煤(岩)柱一经确定，不得随意变动。严禁在各类防隔水煤(岩)柱中进行采掘活动。

③ 排水系统和水闸门与水闸墙设置要求。

矿井应当配备与矿井涌水量相匹配的水泵、排水管路、配电设备和水仓等，确保矿井能够正常排水。

水文地质条件复杂、极复杂的矿井，应当在井底车场周围设置防水闸门，或者在正常排水系统基础上再配备排水能力不小于最大涌水量的潜水电泵排水系统；在矿井有突水危险的采掘区域，应当在其附近设置防水闸门；不具备建筑防水闸门的隔离条件的，应当制定严格的其他防治水措施，并经煤矿企业主要负责人审批同意。

④ 井下探放水。

a. 对于采掘工作面受水害影响的矿井，应当坚持预测预报、有疑必探、先探后掘、先治后采的原则。

b. 水文地质条件复杂、极复杂的矿井，在地面无法查明矿井水文地质条件和充水因素时，应当坚持有掘必探的原则，加强探放水工作。

c. 在矿井受水害威胁的区域，进行巷道掘进前，应当采用钻探、物探和化探等方法查清水文地质条件；相关的水害防范措施，应经矿井总工程师组织生产、安监和地测等有关单位审查批准后，方可施工。

d. 采掘工作面遇有下列情况之一的，应当进行探放水：

Ⅰ. 接近水淹或者可能积水的井巷、老空区或者相邻煤矿。

Ⅱ. 接近含水层、导水断层、暗河、溶洞和导水陷落柱。

Ⅲ. 打开防隔水煤(岩)柱进行放水前。

Ⅳ. 接近可能与河流、湖泊、水库、蓄水池、水井等相通的断层破碎带。

Ⅴ. 接近有出水可能的钻孔。

Ⅵ. 接近水文地质条件复杂的区域。

Ⅶ. 采掘破坏影响范围内有承压含水层或者含水构造，煤层与含水层之间的防隔水煤(岩)柱厚度不清楚，可能发生突水。

Ⅷ. 接近有积水的灌浆区。

Ⅸ. 接近其他可能突水的地区。

e. 探水前，应当确定探水线并绘制在采掘工程平面图上，编制探放水设计，并有相应的安全技术措施。探放水设计应经审定批准。

(5) 露天矿防治水

露天矿地表及边坡上的防排水设施，应当避开有滑坡危险的地段。排水沟应当经常检查、清淤，防止渗漏、倒灌或者漫流。当采场内有滑坡区时，应当在滑坡区周围设置截水沟。当水沟经过有变形、裂缝的边坡地段时，应当采取防渗措施。

因地下水水位升高可能造成排土场或者采场滑坡的，应当进行地下水疏干。受地下水影响较大和已经进行疏干排水工程的边坡，应当进行地下水位、水压及涌水量的观测，分析地下水对边坡稳定的影响程度及疏干效果，制定地下水治理措施。

(6) 应急预案及实施

矿井应当根据本单位的主要水害类型和可能发生的水害事故，制定水害应急预案和现场处置方案。处置方案应当包括人员安全撤离的具体措施等内容。

【案例 4-39】

(1) 工程背景

某矿井主要运输大巷布置在开采矿层的底板岩石中，断层比较发育，该矿层下部还有一个承压含水层，距离运输大巷的垂直距离约为 15 m，运输大巷施工单位制定了较为完善的施工技术方案。

(2) 问题

① 针对该矿井的地质构造和水文条件，施工单位应当如何应对？

② 施工中，一旦出现突水问题，应当如何处理？

(3) 分析与答案

① 防治水害应坚持“预测预报、有疑必探、先探后掘、先治后采”的方针。由于该矿井地

质构造上断层较发育，矿层下部又有承压含水层，因此可能出现的水害是地下水通过断层涌入巷道，考虑到是承压水，其危害较大，处理也较困难，因此施工单位应当特别引起注意。针对这个情况，施工单位的应对措施是：

a. 做好应对巷道内可能出现的突水事故的相关准备工作，包括应急设备、封水措施、制定避灾路线等。

b. 施工中应坚持监测预报，及时进行探水，另外要注意突水的征兆(工作面压力增大、底板鼓起、产生裂隙、岩帮有渗水、水量增加、涌水浑浊、底板破裂并有高压水喷出等)。

c. 施工中发现有断层与含水层之间有联系，应尽快采取注浆封水的方法，或其他相应的止水方法，防止大面积水的突出。

② 施工中，一旦出现突水，要根据制定的相关应急预案进行处理。若涌水量小，可立即安装排水设备进行强排，同时进行封水；若涌水量大，应立即撤出施工人员和主要设备，关闭水闸门，密闭涌水，然后根据制定的治水方案对出水处进行处理。工作面恢复工作必须确保涌水对施工已无危害，方可进行安排。

（三）工程施工火灾的预防与控制

1. 火灾的预防措施

(1) 火灾预防制度

① 制定严格的防火制度。

② 加强日常的管理与检查。

③ 加强防备工作，正确选择和按规定配备必要的消防设备。

④ 合理选用建筑材料。

⑤ 制定专门措施。

(2) 防火措施要求

① 矿山工程无论井上还是井下，都必须制定有经批准的防火措施，建筑物、矸石山、料场等地的防火措施和制度，必须遵守国家颁布的有关防火的各项规定，并符合当地消防部门的要求。

② 无论矿山井上还是井下，都必须设置消防系统(包括消防材料库)。地面设有消防水池，井下设置消防管路系统。地面水池如果和生产、生活用水共享，应有专门的措施确保消防用水。

③ 工业场地内的井口房、通风机房附近 20 m 内不得有烟火或用火炉取暖。

④ 井筒、平硐与各水平的连接处及井底车场，主要绞车道与主要运输巷、回风巷的连接处，井下机电设备硐室，主要巷道内带式输送机前后两端各 20 m 范围内，都必须用不燃性材料支护。

⑤ 井下和井口房内不得从事电焊、气焊和喷灯焊接等工作。如果必须在井下主要硐室、主要进风巷或井口房内进行焊接，每次都必须制定安全措施，并应遵守相关规定。

⑥ 井下工作人员必须熟悉灭火器材的使用方法，并熟悉本职工作区域内灭火器材的存放地点。

2. 火灾的处理方法

现阶段用于矿井的灭火技术主要有灌浆灭火(包括泥浆、粉煤灰泥浆)、均压灭火、阻化灭火、惰气压注灭火以及新型的凝胶灭火、泡沫灭火等技术手段。火区密封技术主要是矿井经常采用的技术。

（1）火区密封技术

火区密封技术是在火区尽可能小的范围内设置防火墙。

（2）火区快速封闭技术

采用封闭堵漏材料快速封闭火源和火区。聚氨酯材料具有气密性好、黏结力强、可发泡膨胀、耐高温、防渗水、隔潮等特点，可以在矿井下进行快速密闭的喷涂密封、煤壁喷涂堵漏风时应用。

（3）火区管理技术

火区封闭后，矿井防灭火工作仅是个开始。在火区没有彻底熄灭之前必须加强对火区的管理。火区管理技术包括对火区所进行的资料分析、整理以及对火区的观测检查、火区的启封管理等工作。

【案例 4-40】

（1）工程背景

某矿井共设有主井、副井和中央风井三个井筒。矿井为高瓦斯矿井，煤尘有自燃的危险。某安装单位承担了该矿井的井筒安装和主要运输大巷的胶带运输设备的安装工作。

（2）问题

① 针对该矿井的条件，井筒的安装工作应如何组织？

② 在具体的安装工作中应注意哪些问题才能避免发生火灾？

（3）分析与答案

矿山工程建设过程中，为避免施工中发生火灾，应从施工方案、施工安排、实施操作、管理等各个环节注意消除火灾隐患。

① 针对本矿井高瓦斯、煤尘有自然发火的问题，在井筒的安装过程中，应注意产生火源，具体在施工安排时，要与井筒的通风方式相配合和协调。当井筒到底转入井巷过渡时，井筒的通风方式一般也会改变，我国目前大多数采用副井首先安装，这时应当将副井作为进风井，主井或风井作为回风井。风井安装时，也应当将其作为进风井。待副井安装结束后，进行主井的安装，可采用主、副井同时进风、风井回风的方法，以保证井筒安装在新鲜风流中进行，可避免安装作业时的焊接和明火引燃瓦斯和煤尘。

② 在井筒或巷道设备安装过程中，具体应当注意的问题和操作的要求：

a. 焊接工作地点的前后 10 m 范围内应是不燃性支护，有供水支管，专门负责喷水，并配备两个灭火器。

b. 在井口房、井筒或斜井内焊接，在工作地的下方应有不燃性材料设施接受焊接溅落的火星。

c. 焊接地点的风流中瓦斯浓度不超过 0.5%。

d. 焊接工作结束后，工作地点应再次用水喷洒，并有专人在工作地点检查 1 h。

e. 在有瓦斯与煤（岩）突出的矿井中进行焊接时，在突出危险区内必须停止所有可能引起突出的工作。

（四）预防基坑坍塌的方法

1. 基坑工程事故的原因分析

基坑四周挖或填所形成的倾斜的自由面称为边坡。边坡的稳定主要由土体自身的内摩擦力和黏结力以及支护作用来维持。

(1) 基坑事故的技术因素

造成基坑塌方的技术因素主要有：

① 边坡过陡，尤其是在土质差、开挖深度大的坑槽中。

② 水对基坑稳定的影响是非常严重的。雨水、地下水渗入基坑对土性的严重扰动，降低了土基的抗剪强度，重量增大，土坡失稳。

③ 基坑上边边缘附近违规或过量堆土或停放机具、材料。

④ 由于动荷载的作用，造成超载或降低土体承载能力。

⑤ 开挖或支护措施不当或支护不及时。

(2) 基坑事故的管理因素

基坑事故的管理因素是指施工方案以外的其他因素，根据统计资料，这些因素有：

① 施工管理水平低，对施工的关键技术不敏感，没有注意控制或失去控制。

② 工法不熟悉，规范意识差，施工质量没有保证。

③ 施工设备陈旧，机械化水平低，涉及的机械或劳力操作又不规范，技术把握不到位。

④ 技术不熟悉，施工方案不合理；或者应变能力低，不能及时判断和处理危急状况。

(3) 基坑事故的责任因素

统计资料表明：造成基坑事故的责任方，涉及所有参与单位，包括建设方、设计方、施工方和监理方。有时出现危急状况时责任方相互推诿、拖延或者措施不到位，最终酿成共同承担的责任事故。这说明，基坑事故有技术、管理原因，也有认识问题。

2. 防治基坑塌方的措施

(1) 选择适宜的边坡系数和开挖高度

① 边坡系数。

基坑的边坡系数用边坡的水平投影宽度与其高度的比值来表示。通常永久性挖方边坡应按设计要求放坡。临时性挖方的边坡值应符合表 4-23 的规定。

表 4-23 土质边坡坡度允许值

土的类别		边坡值(高：宽)
砂土(不包括细砂、粉砂)		1∶1.25～1∶1.50
一般性黏土	硬	1∶0.75～1∶1.00
	硬、塑	1∶1.00～1∶1.25
	软	1∶1.50 或更缓
碎石类土	充填坚硬、硬塑黏性土	1∶0.50～1∶1.00
	充填砂土	1∶1.00～1∶1.50

② 施工高度。

基坑的开挖高度应根据土质、土性条件以及施工方法等确定。相关规程规定软土基坑必须分层均衡开挖，层高不宜超过 1 m。一般锚拉式支护也应采用分层开挖分层支护的方法，土钉支护应按设计规定的分层开挖深度和作业顺序施工，在完成上层作业面的土钉和喷射混凝土之前不得进行下一深度的开挖。

开挖深度还应保证裸露的边坡在完成支护(设置土钉和喷射混凝土)的时间段内保持自立的能力,因此,基坑在水平方向上也要考虑分段进行开挖。

(2) 保证勘察质量和正确设计

① 保证勘察质量。

② 土工试验和岩土参数的确定正确。

③ 正确选择设计计算方法。

(3) 基坑支护结构的施工与保护

土壁支撑直接承受地基土的压力,因此其结构形式的确定和施工操作都必须认真对待。应慎重根据开挖深度和宽度、土质和地下水条件以及开挖方法、相邻建筑物等进行选择和设计。

根据规程要求,基坑在开挖过程中应有措施防止碰撞支护结构、工程桩或者扰动基底原状土。基坑倒塌事故大多数是支撑破坏或支撑作用不够所致,因为桩顶变形对周围环境影响非常敏感,所以必须特别注意支撑结构(包括立柱)要保持足够的强度和刚度,要留足够的富裕系数(通常为 1.2～1.4)。控制桩顶水平位移。不允许为了施工方便,对具有隔水作用的封闭式结构进行凿孔打洞;为了提前工期在桩柱等构件的混凝土没有达到足够强度时承受荷载;或者是碰撞、扰动支护结构使结构受损、破坏而降低承载能力。

(4) 水患防护

工程降水是基坑工程的一个难点。特别是软土地区的基坑,失稳事故往往和水的影响有直接或间接的或多或少的关系。规程规定,基坑开挖方案要结合降水要求确定。要求基坑边界周围地面应设排水沟,且应避免漏水、渗水进入坑内。放坡开挖时,应在坡顶、坡面、坡脚采取降排水措施。

(5) 坚持工程监测

工程监测可以直接反映基坑的安全性。规程对基坑开挖、施工监测的项目、内容都有要求,应坚决执行。要特别注意基坑、桩顶面的变形量不能超过允许值,变形速率过快时应及时采取措施。

【案例 4-41】

(1) 工程背景

某矿井提升机房地基基础采用基坑法施工,基坑开挖深度为 10 m,采用土钉墙围护结构,表面加金属网及喷射混凝土。设计要求施工时应将地下水降低到 12.5 m 以下,方可以开挖。若在雨期施工,应制定基坑防水的相关技术措施。由于工程工期要求紧迫,施工单位增大了边坡的坡度,采用大型挖掘机进行挖土施工,边坡及时进行围护施工,但是由于突然下的暴雨使基坑发生了坍塌,严重影响了工程进度。

(2) 问题

① 施工单位的做法是否存在不妥之处?

② 基坑施工时,水导致基坑坍塌一般表现在哪些方面?

(3) 分析与答案

① 施工单位要加快基坑的施工速度,可以采用多种施工技术措施。本案例通过增大边坡的坡度以提高边坡的稳定性,从而加快基坑的开挖速度,方法正确。但是同时应做好围护工作,确保围护结构的强度和稳定性,避免突发事件造成影响。突然的暴雨对围护结构的强

度产生影响，使其支护能力降低，造成整体稳定性下降，以至引起基坑的坍塌，在该方面施工单位仍然要承担一定的责任。

② 水是造成基坑坍塌的主要原因，通常表现在下列几个方面：

a. 降水措施不力。

地基开挖时，造成地下水汇集，或由于雨水、裂隙水涌入，对地基产生影响。地基在水的影响下的软化和膨胀作用是严重的。因此，基坑开挖都要有完善的降排水系统，并做到随挖随封，有效控制土中含水量的变化。

b. 降水措施不妥。

降水措施一般可以提高土体承载能力，有利于施工，但是同时会造成邻近土体的不均匀沉降，甚至使周围土体开裂，导致附近建筑物受力不均，或出现裂缝、倾斜等情况。因此，在采用降水措施前应制定相关的措施。

c. 降水工作安排不当。

降水措施落实的时机也是很重要的。降水措施要作为施工技术措施的一部分，与施工过程、环境条件等配合进行。采用土钉支护要求先处理好地面排水沟或水渠箱，排水设施应该在雨季之前完成，否则不能起到保护基坑的作用。

（五）矿山煤尘及瓦斯爆炸灾害的预防及应急处理

一个矿井只要有一个煤(岩)层发现有瓦斯，则该矿井为瓦斯矿井。

瓦斯矿井中发生瓦斯与煤尘爆炸事故的原因通常是违章作业或者违章指挥。例如，违反瓦斯监测制度或者瓦斯浓度超标，在有瓦斯爆炸可能的危险地区出现不允许有的火源，如焊接火花、电器电缆防爆保护失效、撞击、吸烟和摩擦火花、爆破火焰等。因此，预防矿井瓦斯事故的基本做法是严格遵循相关安全管理规程。

1. 基本知识

(1) 矿井的瓦斯等级

《煤矿安全规程》规定，各矿务局每年必须对矿井进行瓦斯等级和二氧化碳涌出量进行鉴定，报省(自治区、直辖市)负责煤炭行业管理的部门审批，并报省级煤矿安全监察机构备案。

矿井按瓦斯等级分为三类：

① 低瓦斯矿井：矿井相对瓦斯涌出量小于或等于 10 m^3/t 且矿井绝对瓦斯涌出量小于或等于 40 m^3/min。

② 高瓦斯矿井：矿井相对瓦斯涌出量大于 10 m^3/t 或矿井绝对瓦斯涌出量大于40 m^3/min。

③ 煤(岩)与瓦斯(二氧化碳)突出矿井。

(2) 瓦斯爆炸的条件

瓦斯爆炸必须具备三个基本条件，缺一不可。

条件 1：空气中瓦斯浓度达到 5%～16%。

条件 2：要有温度为 650～750 ℃的引爆火源。

条件 3：空气中氧含量不低于 12%。

2. 预防和控制煤矿瓦斯爆炸灾害的技术措施

在瓦斯爆炸必须具备的三个条件中，对于矿井来讲，最后一个条件是始终具备的，所以预防瓦斯爆炸的主要措施是防止瓦斯积聚和杜绝或限制火源、高温热源的出现。

（1）防止瓦斯积聚

瓦斯积聚是指局部空间内的瓦斯浓度达到2%，其体积超过0.5 m^3 的现象。防止瓦斯积聚的方法有：① 加强通风。② 认真进行瓦斯检查和监测。③ 及时处理积聚的瓦斯。

（2）防止瓦斯引燃

防止瓦斯引燃的原则是杜绝一切非生产需要的热源，严格管理和控制生产中可能产生的热源，防止其产生或限制其引燃瓦斯的能力。主要措施有：

① 严禁携带烟草和点火物品下井；入井人员严禁穿化纤衣服；井下严禁使用电炉；严禁拆开矿灯，照明要使用防爆安全灯；井口房、抽瓦斯泵房以及通风机房周围20 m以内禁止出现明火；井下需要进行电焊、气焊和喷灯焊接时，应严格审批手续，并遵守《规程》的有关规定。对井下火区必须加强管理。

② 加强对爆破和火工品的管理，采掘工作面爆破必须使用水炮泥。在有瓦斯和煤尘爆炸危险的煤层进行爆破作业时，采掘工作面都必须使用取得产品许可证的煤矿许用炸药和煤矿许用电雷管。使用煤矿许用毫秒延期电雷管时，最后一段的延期时间不得超过130 ms。炮眼的装药量和封泥量必须遵守《煤矿安全规程》规定；严禁用明火，普通导爆索或非电导爆管放炮和放糊炮时，装药前和放炮前必须检查瓦斯。只有在爆破地点附近20 m以内风流中瓦斯浓度低于1%时才允许装药爆破。

③ 井下电气设备的选用应符合规程规定；井下防爆电气设备的运行、维护和修理，必须符合防爆性能的各项技术要求；井下不得带电检修和搬迁电气设备(包括电缆和电线)。

④ 防止机械摩擦火花引燃瓦斯。

⑤ 避免高速移动的物质产生静放电现象。保持矿井环境温度在40 ℃以下。

（3）瓦斯检查工的工作要求

大量事实表明：几乎所有的瓦斯爆炸事故都与瓦斯检查工的违章、违纪和未能采取有效措施有直接关系。为此，要求瓦斯检查工必须做到：

① 遵章守纪，不准空检、漏检、假检，在井下指定地点交接班，严格执行《规程》关于巡回检查和检查次数的规定。

② 十分清楚地了解和掌握分工区域各处瓦斯涌出状况和变化规律。

③ 对分工区域瓦斯浓度较大，变化异常的重点部位和地点，必须随时和加强检查，密切注视。对可能出现的隐患和险情，要有预防意识。

④ 要能及时发现瓦斯积聚、超限等安全隐患，除立即主动采取具有针对性的有效措施进行妥善处理外，要通知周围作业人员并向区队长、地面调度员汇报。

⑤ 对任何违反《规程》中关于通风、防尘、爆破等有关规定的违章指挥、违章作业的人员，都要敢于坚决抵制和制止。

3. 发生瓦斯爆炸、燃烧及窒息事故后的应急原则和安全注意事项

矿井一旦发生瓦斯爆炸事故，井下人员及财产处于极度危险境地，必须尽快组织抢救，刻不容缓。但是救灾抢险还必须遵守一定的原则和程序，避免盲目指挥、愚昧蛮干而造成不必要的损失和人员伤亡。

救灾的基本原则："沉着指挥，科学决策，协调行动，安全快速"。

具体的处理程序：首先应设法撤离灾区人员，抢救遇难人员；视情况切断灾区电源；通知

救护队；迅速成立救灾指挥部，启动应急救援预案，设立若干抢救组各负其责；尽快恢复通风系统，排出爆炸产生的有毒有害气体，寻找遇难人员。

在处理瓦斯爆炸事故的过程中，必须注意：

(1) 切断灾区电源时，应防止切断电源可能产生的电火花引起再次爆炸。

(2) 正确调度通风系统，尽快排出灾区的有害气体，控制事故范围，这是处理瓦斯爆炸事故的关键。

(3) 安全快速地恢复掘进巷道或无风区域的通风，避免再次爆炸。

【案例 4-42】

(1) 工程背景

某矿井 1231 采区顺槽布置在煤层中，其施工采用掘进机掘进。一天早班工作面发生了停电事故，该班工人进行了撤离，并在该巷道的入口处悬挂了标志，但是工作面在工人撤出后 4 h 发生了瓦斯爆炸事故，没有人员伤亡。经事故调查发现，瓦斯爆炸的原因是工作面工人在撤离时未关闭风机电源，使得掘进头的抽出式风机在来电时自动启动运行，因为瓦斯浓度太高，达到爆炸浓度范围而引起爆炸事故。

(2) 问题

① 如何预防该类事故的发生？

② 针对本巷道情况，瓦斯浓度应该如何限制？

(3) 分析与答案

① 因瓦斯浓度超标引发的瓦斯爆炸事故是目前矿山事故中比较常见的情况，其主要原因是它具备了瓦斯爆炸的必要条件，一旦有明火，必定引起爆炸。要预防该类事故，必须从两个方面加以控制：

a. 加强通风和瓦斯监测管理，保证通风设备的正常运转和工作面有足够的新鲜风量。

b. 杜绝一切明火，包括机电设备所产生的明火。本案例中因为工人忘记关闭电源，风机启动时产生了火花，继而引发瓦斯爆炸。

② 由于控制工作面瓦斯浓度是预防瓦斯爆炸的必要条件，因此应对采掘工作面的瓦斯浓度进行控制，巷道瓦斯浓度的控制标准是：

a. 工作面回风巷风流中瓦斯浓度超过 1%或者二氧化碳浓度超过 1.5%时，必须停止工作，撤出人员，并由总工程师负责采取措施，进行处理。

b. 工作面放炮地点附近 20 m 以内风流中瓦斯浓度达到 1%时严禁放炮；回风流中瓦斯浓度达到 1.5%时，必须停止工作，撤出人员，切断电源，进行处理；电动机或其开关附近 20 m 以内风流中瓦斯浓度达到 1.5%时，必须停止运转，撤出人员，切断电源，进行处理。

c. 工作面内体积大于 0.5 m^3 的空间和局部积聚瓦斯浓度达到 2%时，附近 20 m 内必须停止工作，撤出人员，切断电源，进行处理。

d. 因瓦斯浓度超限而切断电源的电气设备，都必须在瓦斯浓度降到 1%以下时方可复电启动机器。

e. 因停电主通风机或局部通风机停止运转后，在恢复通风前必须有恢复通风、排除瓦斯和送电的安全措施，必须首先检查瓦斯，证实瓦斯浓度不超过 1%、二氧化碳浓度不超过 1.5%时，以及局部通风机及其开关地点附近 10 m 以内风流瓦斯浓度都不超过 0.5%时，方可开动机器，恢复正常通风。

（六）机电安全事故的预防与控制方法

1. 机械与电气设备使用

（1）机械使用必须按照出厂说明书规定的性能、承载能力和使用条件，正确操作，合理使用，严禁超载或者任意扩大使用范围。

（2）电气设备的每个保护接地或者保护接零点必须用单独的接地（零）线与接地干线（或者保护零线）相连接，严禁中串。严禁利用大地作为工作零线，不得借用机械本身作为工作零线。

（3）严禁带电作业或采用预约停送电的方式进行电气检修。检修前必须先切断电源并在电源开关上挂“禁止合闸，有人工作”的警告牌。警告牌的挂、取应有专人负责。

（4）机械运行中严禁接触转动部位和进行检修。

（5）设备运行或者作业过程中，除驾驶室外，机械设备外部上面任何地方，不得乘坐或站立人员。

（6）禁止人员在起重设备下方停留、工作或通过。严禁起重物长期悬挂在空中。起重作业中遇到突然停电，应将所有控制器拨到零位，断开电源总开关，采取措施将重物降到地面。

2. 电气设备运行

（1）爆炸危险场所的电气线路与防爆电气设备

① 电气线路

爆炸危险场所的电气线路应敷设在危险性较小的区域，并避开各种可能的伤害。所敷设的低压电缆和绝缘导线之额定电压不得低于 500 V，且应有足够充裕的载流量，导线截面符合最小允许值。线路不应在爆炸危险场所中有中间接头；架空线路不得在爆炸危险场所中跨越，且应与其边界保持相当的距离；爆炸场所内的配线应严格遵守相应的各项要求。

在爆炸危险场所内的线路与设备之接地保护应选用高灵敏度的漏电继电器或漏电开关。接地电阻要严格按要求予以保证，对防雷接地和防静电接地都应有严格实施。

② 防爆电气设备

在爆炸危险场所使用的防爆电气设备，必须有经国家有关部门指定的鉴定单位检验合格证，并有明显的永久性防爆标志。防爆电气设备等级应当与爆炸性危险场所等级划分相符。

防爆电气设备分为两类：Ⅰ类是矿用的电气设备，适用于含甲烷混合物的爆炸环境；Ⅱ类是工厂用防爆电气设备，适用于含有除甲烷外的其他各种爆炸性混合物的爆炸环境。煤矿井下常用的防爆电气设备有隔爆型、增安型、本质安全型。蓄电池机车通常用防爆特殊型。防爆电气设备各种类型标志见表 4-24。

表 4-24 防爆电气设备类型标志

类型	标志	类型	标志	类型	标志
隔爆型	d	充油型	o	气密型	h
增安型	e	充砂型	q	特殊型	s
本质安全型	i	浇封型	m		
正压型	p	无火花型	n		

防爆电气设备应根据制造所规定的产品使用技术条件，专人操作、使用运行和维护保养。设备上的保护装置、闭锁装置、监视、指示装置等不得任意拆除。

检查设备时，禁止解除保护、连锁和信号；禁止在故障停电后强行送电；禁止在防爆设备外带电对接电线；禁止使用能产生火花的工具，清理设备内部时应断电，在确认设备内部符合动火条件时方可送电。

防爆电气设备应当有日常的运行维护检查、定期检查、检修。通过日常运行维护检查及时发现设备可能出现的异常现象；定期检查着重于保证设备的防爆性能。防爆电气设备的检修应该在指定的专业修理单位进行。

上一级安全技术部门和本单位的安全技术部门，应组织与爆炸危险场所电气安全有关的各级领导干部和职工进行电气安全法规与管理基本知识的培训，合格后方可上岗操作。

（2）电气安全标志

电气安全标志是保证用电安全的一个重要因素。例如，由于导线颜色标志不明，误将火线接至设备外壳，引起操作者触电，甚至死亡等事故。

电气安全标志分颜色标志和图形标志。颜色标志用以标示不同性质或用途的电器材料，或标示地域的安全程度；图形标志用以告诫。

① 禁止标志。用于制止某种危险行动，如“禁止启动”“禁止入内”“禁止合闸，有人工作”等。

② 警告标志。用于提醒注意避免发生危险，如“当心触电”“当心高压”“当心电缆”等。

③ 指令标志。用于指示人们必须遵守的规则，如“必须穿绝缘鞋”“必须穿防静电服”等。

④ 提示标志。表示安全目标方向及安全措施，如“安全通道方向”“已接地”等。

3. 机电安全事故预防措施

① 检查、检修、安装、挪移机电设备时，禁止带电作业，必须遵循验电、放电、封线（装设短路地线）的顺序进行工作。

② 从事高压电气作业时，必须有 2 人以上工作，操作高压设备时一人监护，一人操作，严格执行停送电制度。

③ 采掘工作面电缆、照明信号线、管路应按《煤矿安全规程》相关规定悬挂整齐。使用中的电缆不准有“鸡爪子”“羊尾巴”及明接头。加强对采掘设备用移动电缆的防护和检查，避免受到挤压、撞击和炮崩，发现损伤后应及时处理。

④ 在有架线的地点施工或从矿车装卸物料时，应先停电。不能停电时，长柄工具要平拿、平放，操作时不准碰到架线，以防触电。

4. 维修电气设备时的注意事项

① 电气维修工作业前应检查、清点应带的工具、仪表、零部件、材料，检查验电笔是否灵敏可靠。

② 检查、检修、安装、挪移机电设备时，禁止带电作业，必须遵循验电、放电、封线（装设短路地线）的顺序。

③ 高压电气作业时，必须有 2 人以上同时工作，操作高压设备时一人监护，一人操作，严格执行停送电制度。

④ 同一供电系统和同一控制系统有多人同时工作时，必须注意互相之间的影响和安

全。凡因停送电影响他人安全的地点应按下列规定执行：

a. 一般不准同时作业，需要在停电的线路上进行多项作业时，应分别办理停电手续。

b. 必须同时作业时，要分别挂停电牌，并指定专门联系人负责联系各相关工作环节的进度，各环节均结束且人员撤离后方可送电。

⑤ 检漏继电器跳闸后，应查明跳闸原因和故障性质，及时排除后才能送电，禁止在甩掉检漏继电器的情况下对供电系统强行送电。

⑥ 凡是有可能反送电的开关必须加锁，开关上悬挂"小心反电"警示牌。如需反送电时，应采取可靠的安全措施，防止发生触电事故和损坏设备。

九、安全与质量、工期、投资的关系

（一）安全与质量的关系

安全与质量的关系为：

(1) 质量是针对"实物"而言的，是建设工程的主体；安全是指建造"实物"的人在建造过程中的生命安全与身体健康状态。

(2) 安全与质量是任何建设工程项目施工中永恒的主题，也就是说，质量是管物的，而安全是管人的。安全工作做好了，施工人员能在安全舒适的环境中作业，就会生产出优质产品。如果不能保证施工人员的安全，也就难以保证工程质量，更谈不上生产出优质的产品了。

所以，安全是质量的前提条件，要把施工安全与工程质量结合起来，以质量保安全，以安全促建设。

（二）安全与工期的关系

安全生产是保证施工工期的基本条件。施工组织设计确定的工期是一个合理且科学的工期，但无论是施工单位还是建设单位，都希望能够尽可能缩短建设工期，提高双方的经济效益。只有在安全的条件下施工，缩短建设工期才有可能。

如果在施工中发生伤亡事故，毫无疑问会给施工带来多方面影响。如果是重大或特别重大的安全事故，对工期的影响就更大。因此，施工过程中必须保证安全生产，以安全生产保证施工工期。

（三）安全与投资的关系

工程投资中，有保证安全生产所必需的费用。工程投资中的安全生产费用主要包括两个部分：一是安全技术措施费，包括在工程预算定额中；二是安全管理费，还列有劳动保护措施费。

发生了安全事故，如造成人员伤亡，势必会给施工企业、建设单位造成很大的经济损失。因此，建设安全的劳动作业环境同样有利于节约资金。

十一、矿井建设施工中安全管理的特点、任务和要求

（一）矿井建设施工中安全管理的特点

与地面工程施工的安全管理相比，矿井建设施工中安全管理有其自身特点，具体表现在：

(1) 矿井建设的主要施工场所在地下,作业场所狭窄、黑暗、潮湿。随着掘进工作面的不断延伸和增加,巷道岩石及水文地质条件也经常发生变化。

(2) 新井建设属于首次揭开地层,对各种自然规律的探索处于初级阶段,加之建井的深度不断增加,地热和地压也随之增加,各种自然灾害对施工安全的威胁更大。

(3) 井巷工程施工过程中,要同时进行掘进、支护、提升、运输、排水、供电等多项工作,增加了安全管理的复杂程度和难度。

(4) 井下施工各个工序会产生大量粉尘,从而危及生产人员的健康。

(二) 矿井建设中安全管理的任务

在矿井建设施工过程中,对项目实施中的人的不安全行为、物的不安全状态的控制和作业环境的防护,是安全管理的重点,具体任务包括:

(1) 对施工的管理和操作人员的安全思想和行为进行有效控制。

(2) 对施工设备、工器具等生产手段进行有效控制。

(3) 对施工中的瓦斯涌出量、粉尘浓度、风速、空气湿度和温度、地下水及围岩状况等作业环境进行有效控制,减少其对人体的危害。

(4) 对事故的涉及范围和危害程度进行有效控制,将其危害降低到最低程度。

(三) 矿井建设中安全管理的原则和要求

(1) 认真贯彻《煤矿安全规程》及上级有关安全生产的指令文件,坚持安全第一、预防为主的方针。

(2) 施工单位应建立安全施工岗位责任制,做到层层落实,职责明确,奖惩严明。

(3) 实行安全监察、行政管理、群众监督相结合的全方位管理制度。

(4) 坚持"四全"动态管理,实行定期安全检查和安全活动日制度。

(5) 实行科学管理。一是施工单位要配备比较先进的安全监控仪器,提高装备水平;二是采用先进的管理方法,提高预见性,尽量做到防患于未然。

(6) 不断完善提高。安全管理是一种动态管理,就是要不断适应变化的条件,消除新的危险因素,不断摸索新的规律,总结管理、控制的方法和经验,指导新的变化后的管理,从而使安全工作不断上升到新的高度。

十二、矿井建设的安全系统

(一) 煤矿井下施工发生的主要事故

矿井建设期间,主要受到以下安全事故的威胁:

(1) 由瓦斯聚集引起的煤尘与瓦斯爆炸事故。

(2) 有害气体造成的窒息事故。

(3) 煤与瓦斯突出事故。

(4) 井巷围岩冒落与塌方事故。

(5) 高空坠落事故。

(6) 井下火灾和突水事故、失爆事故。

(7) 井下机电、运输事故。

（二）安全管理系统

针对上述安全问题的管理，涉及建设活动的各个方面，涉及全部时间、一切变化因素，涉及从开工建设到竣工验收交付使用的全部建设过程，涉及参与建设的全体人员；安全管理不是处理事故，参与建设的各方主体都应积极采取措施，把可能发生的安全隐患消灭在萌芽状态。

由此可见：矿井建设的安全管理不是一个人、一个单位能办好的事情，它是一个系统工程，需要用系统的思想，建立安全管理系统，对矿井建设的安全进行控制和管理。安全管理系统由以下系统组成：

1. 安全目标系统

安全管理目标是目标管理理论在矿井建设安全管理中的应用，是将企业安全工作的目的和任务转化为目标，各级管理人员根据分目标进行考核，以保证企业安全生产总目标的实现。

2. 安全管理的组织系统

根据安全管理的目标体系，建立相应的管理体系，有组织、有领导地开展安全管理活动。

3. 安全控制责任系统

《建设工程安全生产管理条例》规定：建设工程实行施工总承包的，由总承包单位对施工安全负总责。施工单位主要负责人依法对本单位的安全生产工作全面负责。

根据该规定，需要明确管理组织系统内各部门、各级人员的安全责任，形成安全控制责任系统。

4. 安全控制要素系统

为了保证安全施工和生产，需要配备必要的安全设施以及安全监控设备，如安全帽、安全带、瓦斯报警仪、瓦斯遥控遥测断电仪、矿井监控系统等，形成安全控制的要素。

5. 安全教育体系

建立安全教育体系，包括岗前培训、业余普及教育及现场操作技术的实地训练等多种形式的安全教育培训，也可以选送有培养前途的技师和初、中级技术人员进入中高等学校学习，以提高职工的安全意识和安全生产的科学技术知识、技能。

6. 安全管理信息系统

安全管理信息系统是应用电子计算机处理安全信息，可以进行矿井通风分析、事故危险辨识分析、安全状况综合分析等，是煤矿安全管理辅助决策的有力工具。

（三）安全管理制度

《建设工程安全生产管理条例》规定建设工程安全生产管理的基本制度包括：

1. 安全生产责任制度

在矿井建设过程中，项目经理是施工安全的第一责任者，主管工程师对安全技术工作负责，工区主任及队长对所管辖范围内的安全工作负责，每个工种岗位的作业工人对所在岗位的安全负责。

2. 群防群治制度

该制度要求施工企业职工在施工中应当遵守有关生产的法律、法规和建筑行业安全规章、规程，不得违章作业。对于危及生命安全和身体健康的行为有权提出批评、检举和控告。

3. 安全生产教育培训制度

安全生产，人人有责。只有通过对广大职工进行安全教育、培训，才能使广大职工真正认识到安全生产的重要性、必要性，才能使广大职工掌握更多更有效的安全生产的科学技术知识，牢固树立安全第一的思想，自觉遵守各项安全生产规章制度。分析许多建筑安全事故，一个重要的原因是有关人员安全意识不强，安全技能不够，这些都是没有搞好安全教育培训工作的后果。

4. 安全生产检查制度

安全生产检查制度是上级管理部门或企业自身对安全生产状况进行定期或不定期检查的制度。通过检查可以发现问题，查出隐患，从而采取有效措施，堵塞漏洞，把事故消灭在发生之前，做到防患于未然，是"预防为主"管理理念的具体体现。通过检查，还可以总结出好的经验加以推广，为进一步搞好安全工作打下基础。安全检查制度是安全生产的保障。

5. 伤亡事故处理报告制度

伤亡事故处理报告制度是施工中发生事故时，建筑施工企业应当采取紧急措施减少人员伤亡和事故损失，并按照国家有关规定及时向有关部门报告的制度。事故处理必须遵循一定的程序，做到"三不放过"：事故原因不清不放过、事故责任者和群众没有受到教育不放过、没有防范措施不放过。同时制定改进措施，防止事故再次发生。

6. 安全责任追究制度

法律责任中，规定建设单位、设计单位、施工单位、监理单位，由于没有履行职责造成人员伤亡和事故损失的，视情节给予相应处理结果；情节严重的，责令停业整顿，降低资质等级或吊销资质证书；构成犯罪的，依法追究刑事责任。

十三、建井工程安全管理要点

(1) 火灾及水灾的预防和应对。

(2) 瓦斯煤尘灾害的预防和应对。

第六节　施工技术管理

一、施工技术管理工作内容

施工技术管理工作内容主要包括图纸会审、施工组织设计(方案)的编制与管理、技术核定与设计变更、技术交底和技术复核制度、科技推广应用、施工技术总结、技术标准化。

二、图纸会审

(一) 图纸会审的目的

图纸会审由建设单位负责组织，其主要目的是了解设计意图，明确质量要求，将图纸上存在的问题和错误、专业之间的矛盾等尽最大可能地在工程开工前解决。

(二) 图纸会审的参加人员

图纸会审的参加人员包括建设单位负责人、监理工程师、项目经理、项目技术负责人、各专业施工员、质检员及其他相关人员。

（三）图纸会审前的准备

由项目技术负责人组织各专业施工员全面熟悉图纸并自审，对图纸上存在的问题、错误、矛盾等进行汇总，提交建设单位，由建设单位在会审前提交设计方，以便会审时各专业设计人员在现场解答所提出的各种问题。

（四）图纸会审内容

(1) 图纸会审时，一般先由设计单位进行设计交底，交代设计意图，关键部位的做法和要求以及要达到的质量标准，新技术、新结构、新材料等情况。

(2) 核对施工图设计是否符合国家有关技术、经济政策和有关规定。

(3) 核对建设项目坐标、标高与总平面图中标注是否一致，与相关建设项目之间的几何尺寸关系以及轴线关系和方向等有无矛盾和差错。

(4) 核对图纸及说明是否齐全、清楚明确，核对建筑、结构、上下水、暖卫、通风、电气、设备安装等与图纸是否相符，相互间的关系尺寸、标高是否一致。

(5) 核对建筑平面图、立面图、剖面图之间关系是否矛盾或者标注是否遗漏，建筑图平面尺寸是否有差错，各种标高是否符合要求，与结构图的平面尺寸及标高是否一致。

(6) 核对地下构筑物、管线等之间有无矛盾。

(7) 核对结构图是否有差错及矛盾。

(8) 核对施工图中特殊部位及难点、特殊材料的采用、构件与配件的采用、货源的组织形式。

(9) 对设计采用的新技术、新结构、新材料、新工艺和新设备的可能性、应采用的必要措施等进行商讨。

(10) 设计的新技术、新结构限于施工条件和施工机械设备能力以及安全施工等因素，要求设计单位予以改变部分设计的，审查时必须提出，共同研讨，求得圆满的解决方案。

（五）图纸会审记录的发放

(1) 盖章生效的图纸会审记录由内业技术人员移交项目资料员，由资料员发放。

(2) 图纸会审发放对象：

① 建设单位、设计单位、监理单位。

② 企业工程技术部、质量管理部、造价管理部。

③ 项目经理部有关人员及自存三份作为交工资料用。

三、施工作业设计的编制

(1) 针对施工难度较大、技术复杂的分项工程或新技术，以组织设计中所确定的施工方案和施工方法作为编制依据，在施工过程中要进一步细化，编制施工作业设计。

(2) 分项工程作业设计由项目技术负责人审核，经项目经理批准后执行。

(3) 分项工程作业设计的编制内容主要包括以下几个方面：

① 施工方案和施工方法。

② 施工进度计划。

③ 劳动力计划及劳动组织。

④ 机具设备计划，特别是主要施工机具。

⑤ 主要材料需用量计划。

⑥ 技术管理措施，保证工程质量、安全生产、雨季及防台风施工技术措施及降低成本的技术措施。

(4) 施工作业设计的发放范围包括质量管理部、项目技术负责人和有关施工员，资料员自留三份存档。

四、技术交底

(1) 在分项或分部工程正式施工前，必须进行技术交底，使参与施工的施工员和工人了解所承担工程任务的特点、技术要求、施工工艺、工程难点、施工操作要点以及工程质量标准，做到心中有数。

(2) 项目技术交底分为三级：项目技术负责人向项目经理部专业施工员进行施工组织设计交底(必要时扩大到班组长)；专业施工员向班组长进行分部分项工程交底；班组长向工人交底。

(3) 技术交底的主要内容

① 设计意图，施工图要求，构造特点，施工工艺，施工方法，技术安全措施，执行的规范、规程和标准，质量标准和材料要求等。

② 对于工程某些特殊部位、新结构、施工难度大的分项工程以及推广应用的新技术、新工艺、新材料，在交底时更应全面、明确、具体、详细。

(4) 技术交底的要求

① 除领会设计意图外，必须满足设计图纸和变更的要求，执行和满足施工规范、规程、工艺标准、质量评定标准和建设单位的合理要求。

② 整个工程施工和各分项工程施工均必须技术交底，对一些特殊的关键部位和技术难度大、隐蔽的工程，更应认真技术交底。

③ 对易发生质量事故和工伤事故的工种及工程部位，在技术交底时应着重强调各种事故的预防措施。

④ 技术交底必须以书面形式为准，交底内容必须经过检查和审核，字迹要清楚，内容要完整，要有交底人、签发审核人、接收人签字。

⑤ 技术交底必须在工程施工前进行，作为整个工程和分项工程施工前准备工作的一部分。

⑥ 施工员对班组技术交底是各级技术交底的关键，必须对班组长及全体人员和有关人员反复细致地进行，各专业施工员负责分项工程的技术交底。

⑦ 班组长向工人技术交底。班组长应结合承担的具体任务，组织班组人员讨论，同时交代清楚施工任务、关键部位、质量要求、操作要点、分工及配合、安全等事项。

(5) 技术交底记录的归档，实行谁负责交底，谁就负责填写《交底记录》，并负责将记录移交项目资料员存档。

五、技术复核

(1) 在施工过程中，对重要的和影响全局的技术工作，必须在分项工程正式施工前进行复核，以免产生重大差错，影响工程质量和使用。当复核发现差错时应及时纠正，然后才能施工。

（2）技术复核的主要内容

① 建筑物的位置和高程：四角定位轴线桩的坐标位置，测量定位的标准轴线桩位置及其间距、水准点、轴线、标高等。

② 地基与基础工程设备基础：基坑（槽）底的土质、基础中心线的位置、基础底标高、基础各部尺寸。

③ 混凝土及钢筋混凝土工程：模板的位置、标高及各部分尺寸，预埋件、预留孔的位置、标高、型号和牢固程度；现浇混凝土的配合比、组成材料的质量状况、钢筋搭接长度、焊缝长度；预制构件安装位置及标高、接头情况、构件强度等。

④ 砖石工程：墙身中心线、皮数杆、砂浆配合比等。

⑤ 屋面工程：防水材料的质量及施工工艺要求等。

⑥ 钢筋混凝土柱、屋架、转换层以及特殊屋面的形状、尺寸等。

⑦ 管道工程：各种管道的标高及其坡度；化粪池、检查井的底标高及各部分尺寸。

⑧ 电气工程：变、配电位置，高低压进出口方向，电缆沟的位置和方向，送电方向。

⑨ 工业设备、仪器仪表的完好程度、数量及规格，以及根据工程需要指定的复核项目。

（3）《技术复核记录》由复核工程内容的施工员负责填写。《技术复核记录》应有施工员记录，并经质检人员和项目技术负责人签署复查意见及签字。

（4）《技术复核记录》必须在下一道工序施工前办理。

（5）《技术复核记录》由施工员负责交项目资料员，项目资料员收到后应进行造册登记后归档。

六、科技推广应用

（1）项目科技推广应用“四新”成果，由项目技术负责人主持并组织实施，负责编制推广应用计划，明确推广应用项目的责任人及要求完成时间，并负责解决科技推广项目所需的经费和人员。

（2）项目经理对科技推广应用项目根据工程特点和本单位的具体情况进行决策，并负责解决科技推广项目所需的经费和人员。

（3）项目技术人员协助项目技术负责人编制科技推广应用计划，并参与实施工作，协助项目技术负责人、工长解决实施过程中出现的技术、质量问题，负责收集和整理实施中的有关技术资料，并总结和上报。

七、技术标准管理规定

（1）管理工作由项目技术负责人主持，由项目资料员具体负责。

（2）在工程项目施工过程中，工程施工所需的各种规范、标准、规程、规定要配备齐全，以供施工中严格执行。

（3）在工程项目施工过程中，要建立项目技术标准体系，编制采集技术标准目录，本项工作在项目技术负责人的指导下完成。

（4）当项目配置的技术标准不能满足工程需要时，应与技术部、业主、设计单位联系，仍不能满足时，向企业反映，以求标准配备齐全，满足工程需要。

(5) 当上级通知某标准作废时，应及时通知有关人员，防止作废标准继续使用，并及时采购新标准和修订技术标准目录。

第七节　设备和材料管理

一、矿山工程供电与电气设备选型

(一) 供电

(1) 每一座矿井施工，应有两个回路电源线路，保证任何一个回路发生故障时仍可能担负矿井的供电负荷。矿井电源线路上严禁装设负荷定量器。

(2) 井下中央变电所、主排水泵房的供电线路，不得少于两个回路。立井绞车、通风机等重要设施，应各有两个直接由变电所馈出的供电线路回路。

(3) 井下敷设电缆必须悬挂。倾角 30°以下巷道用吊钩，间距不超过 3 m；30°以上巷道用夹子、卡箍等方法，间距不超过 6 m；电缆不应挂在压风管或水管上，如果在巷道同侧布置，则应布置在其上方。水平巷道或倾斜巷道中的电缆应适当松弛，并在遭受意外重力时能自由坠落。

(二) 矿山井下施工的电气设备选型

矿山井下施工的电气设备选型要求见表 4-25。

表 4-25　有爆炸危险矿井电气设备选择

类别	煤岩与瓦斯、二氧化碳突出矿井和瓦斯喷出区域	瓦斯矿井				
		井底车场、总进风巷道或主要进风巷道		翻罐笼硐室	采区进风道	总回风巷道、主要回风巷道、采区回风巷道、工作面及其进风巷道、回风巷道
		低瓦斯矿井	高瓦斯矿井			
高低压电机和电气设备	矿用防爆型（矿用增安型除外）	矿用一般型	矿用一般型	矿用防爆型	矿用防爆型	矿用防爆型（矿用增安型除外）
照明灯具	矿用防爆型（矿用增安型除外）	矿用一般型	矿用防爆型	矿用防爆型	矿用防爆型	矿用防爆型（矿用增安型除外）
通信、自动化装置和仪器仪表	矿用防爆型（矿用增安型除外）	矿用一般型	矿用防爆型	矿用防爆型	矿用防爆型	矿用防爆型（矿用增安型除外）

注：1. 表中高瓦斯矿井的井底车场、总进风巷道或主要进风巷道一栏，采用架线电机车运输的巷道和沿该巷道的机电硐室内各设备类型的选择均采用矿用一般型电气设备，包括照明灯具、通信、自动化装置和仪表、仪器。

2. 表中煤(岩)与瓦斯、二氧化碳突出矿井的井底车场，在其主要泵房内可采用矿用增安型电动机。

二、安全用电和设备运行

(一) 电气保护

1. 提升机应设置电气保护系统

控制系统中应配置下列安全保护装置：限速与超速保护；短路及欠压保护；过卷保护；错

向闭锁；松绳保护；闸瓦磨损保护；测速回路断电保护；直流主电机的失磁保护；制动油及润滑回路故障保护；电气制动电流消失保护；操纵手柄不在“0”位、工作制动不在安全抱闸位置，不能解除安全制动连锁；未接到工作信号不能启动的连锁。

2. 胶带输送机的电气控制系统

控制系统中应配置下列安全保护装置：沿胶带输送机人行道侧设置事故紧急停车装置；胶带跑偏保护或信号；胶带断带保护；胶带打滑保护；漏斗溜槽堵塞连锁；启动停车的预报及警告信号。

3. 提升机传动系统的保护

由交流变频器供电的提升机，其交流同步电动机传动系统应设置连锁保护，当出现下列情况之一时，安全制动回路必须断开：高压或低压电源断电；直流快速开关跳闸；主回路过电压或接地；电枢过电流；励磁回路失电源、过电流、磁场失磁；位置控制器故障；调节位置电源故障；变频继电器断电；零位继电器断电；错位操作；制动油路系统故障；监控器或深度指示器与主轴失联；同步电动机欠电压；微机故障。

（二）设备运行

（1）井下高压电动机、动力变压器的高压控制设备，应具有短路、过负荷、接地和欠压释放保护。低压电动机的控制设备，应具备短路、过负荷、单相断线、漏电闭锁保护装置及远程控制装置。

（2）采用机车运输时应遵守下列规定：

① 列车或单独机车都必须前有照明，后有红灯。

② 正常运行时，机车必须在列车前端。

③ 列车通过的风门，必须设有列车通过时能够发出在风门两侧都能接收到声光信号的装置。

④ 同一段轨道上不得行驶非机动车辆。如果需要行驶，必须经井下调度站同意。

⑤ 巷道内应装设路标和警标。机车行近巷道口、硐室口、弯道、道岔、坡度较大或噪声大等地段，以及前面有车辆或视线有障碍时，都必须降低速度，并发出警号。

⑥ 必须有用矿灯发送紧急停车信号的规定。非危险情况，任何人不得使用紧急停车信号。

⑦ 两机车或两列车在同一轨道同一方向行驶时，必须保持不少于 100 m 的距离。

⑧ 列车的制动距离每年至少测定 1 次。运送材料时不得超过 40 m；运送人员时不得超过 20 m。

第八节　环境保护管理

随着中国工业化、城市化建设的快速推进，国民经济建设对矿产资源，尤其是煤炭资源的需求正在迅速增长，资源开发与环境保护的矛盾日益突出。“掠夺式”的乱采滥挖使宝贵的煤炭资源遭到严重浪费，并且造成了当地的生态破坏和环境污染。采空塌陷加剧了生态恶化，水位下降造成供水紧张，废气排放危害大气环境，植被破坏加剧水土流失，从而严重威胁人类的生存环境，并制约我国经济社会的可持续发展。

因此，必须提高对煤矿建设项目环境管理的认识，防止煤矿建设造成新的环境污染和生态破坏。煤矿建设环境保护应做到：

(1) 坚持开发建设与环境保护协调发展的原则。煤矿建设项目的环境保护设施必须与主体工程同时设计、同时施工、同时验收、同时投入使用，确保经济效益、环境效益和社会效益三者统一。

(2) 坚持预防为主，防治结合的原则。长期以来我们的做法是在造成环境破坏后才去治理，而不是预防环境侵害的发生。我们不能延续过去"环境无价，矿产品低价，制成品高价"的传统思路，否则将给我国的生态环境和经济发展带来不可估量的损失。

(3) 树立循环经济理念，积极推行清洁生产，建设绿色矿山，促进资源的循环利用和永久利用。

一、矿井工程对环境的影响的主要内容

(一) 施工过程对环境的影响

(1) 矿井建设过程中由于部分地层挖空，地层压力和地下生态环境失衡，造成地层变形破坏，水位下降，这种影响一直会延展到地面。局部地面沉降使耕地沉陷，并危及地面原有建(构)筑物，导致村庄道路搬迁、房屋破坏。施工中还由于疏干排水及地下水失衡，引起区域性地下水位大幅度下降，造成地面水资源短缺、生活困难、耕地荒漠化。

(2) 开挖形成的地表沉陷，不仅会使建筑物产生开裂、倒塌，还会导致山体开裂、崩塌、滑坡，大范围对地面生态环境的破坏威胁着矿区地面建筑物和人员安全。

(3) 施工噪声以及大量施工泥浆等废水、废渣和废气的排放，直接有害于施工人员。矿井工程施工人员在狭小的工作面内直接面对岩尘、矿尘、放射性毒害以及带有腐蚀性的地下水等，其身心健康会受到非常严重的危害。

(二) 施工废弃物的影响

由开挖出来的矿山固体废弃物(矸石等矿山废渣和工业垃圾)的排放，不仅侵占场地和农田，还造成矿区周围的大气、水质、土壤的恶化，破坏植被和生态景观。有的废弃物还带有放射性，危害更严重。因此矿山废渣和工业垃圾的处理也是矿井工程环境保护及避免生活水源污染和生存环境破坏的重要内容。

二、环境保护措施

(一) 前期工作要求

(1) 优化工程设计。新开发矿区、矿井，应在充分做好环境影响评价的前提下，力求对一切与环境相关的工程进行优化设计。

(2) 矿井主体工程设计。应在矿井地面工业场地布置上进行改革，按照建立生产、生产服务和生活服务三条线的设想，将矿区生产组织按功能划分为若干系统。根据专业化、集中化、企业化和系统化的原则进行全面规划。

(3) 做好环境保护工程的设计，环境保护工程应在环境影响评价基础上满足环境保护要求，并应有环境保护部门审查同意。

(4) 坚持环境工程项目的施工及其验收的正规程序，确保环保工程如期建成投产，严格执行"三同时"政策。凡是排放"三废"和污染环境的建设项目，必须严格保证环境保护工程与主体工程同时设计、同时施工、同时投产和使用。

（二）施工过程中的防护

（1）施工环境保护，包括采用先进的施工技术，严格遵循施工中的卫生、环保要求，加强施工地点通风、洒水和其他井下的环境控制措施和环境保护。施工中严格执行有关卫生防护的规定。

（2）加强个人防护，包括对粉尘、放射性辐射、噪声等的防护。搞好个人卫生。

三、施工作业场地健康与环境保护的相关规定

（一）一般性规定的主要内容

1．施工环境的要求

（1）施工现场必须采用封闭围挡，高度不得小于1．8 m。施工现场的施工区域应与办公区、生活区划分清晰，并有隔离措施。

（2）施工现场的临时用房选址合理，并符合安全、消防等要求。

（3）施工组织设计中应有防治大气、水土、噪声污染和改善环境卫生的有效措施；施工企业应采取有效的职业病防护措施，为作业人员提供必备的防护用品，对从事有职业病危害作业的人员应定期进行体检和培训。

2．卫生工作要求

（1）施工企业应做好作业人员的饮食卫生防寒、防暑、防煤气中毒、防疫等工作。

（2）施工企业应制定施工现场公共卫生突发事件的应急预案。

（二）环境保护工作要点

1．防尘

（1）施工现场土方作业应采取防止扬尘措施。施工现场的土方应集中堆放，主要道路必须进行硬化处理。

（2）拆除建（构）筑物时应采用隔离、洒水等措施，并定期清理废弃物。施工现场严禁焚烧各类废弃物。

（3）施工现场的水泥和其他易飞扬的细颗粒建筑材料应密闭存放或采取覆盖措施；混凝土搅拌场所应采取封闭、降尘措施。

2．防止水土污染

（1）施工污水应经现场设置的排水沟、沉淀池沉淀后方可排入污水管网或河流。

（2）施工的油料和化学溶剂等物品应存放在现场专门设置的库房。废弃的油料和化学溶剂应集中处理，不得随意倾倒。

3．防治施工噪声污染

（1）施工现场应按照国家标准制定降噪措施。强噪声施工设备宜设置在远离居民区的一侧，并有降低噪声措施。

（2）确需夜间进行超过噪声标准施工的，建设单位在施工前应经有关部门批准。

4．环境卫生

（1）施工现场的临时设施所用建筑材料应符合环保、消防要求。

（2）施工现场宿舍应保证有必要的生活空间、卫生设施和生活条件。食堂必须有卫生许可证，炊事人员必须持身体健康证上岗。

(3) 施工现场作业人员发生法定传染病、食物中毒或急性职业中毒时，必须在 2 h 内向现场所在地相关部门报告。对传染病应及时采取隔离措施，之后由卫生防疫部门进行处置。

(三) 矿山工程施工作业场地的健康与环境保护

1. 地面施工

(1) 场地布置

① 场地临时设施应尽量满足生产区与生活办公区分离的要求，布局合理。

② 有污染的设施应尽量远离其他工作区域并处于主导方向的下风位置。

(2) 现场管理

① 矿山工程项目现场要重点关注可能造成污染大、扬尘的工种和工作，注意对化学物、易爆物品和有害物质的输运防护和加工处理工作。

② 及时清除建筑垃圾，防止废矿石和矸石对环境的污染，严格防止有害物和有害气体、灰尘的扩散，做好施工噪声的防护工作。

③ 炸药库、油脂库的设置符合安全要求，严格进行爆破施工的安全警卫工作。

2. 井下施工

(1) 井下环境保护：

① 确保井下通风系统安全运行，保证工作面的风量、风质要求。严格风门关启规定，维持风筒完好，并有专人检查和维修。

② 井下应设置专门的洒水装置，定时、定点洒水。

③ 坚持井下清洁工作。

(2) 坚决落实工作面降尘防尘措施，做好井下高温的降温措施。

(3) 做好个人劳动卫生保护，做好职业病防护工作。

四、矿井工程的职业病和防治方法

(一) 矿井工程常见职业病种类

1. 常见职业病种类

常见职业病有尘肺病类、职业性放射性疾病、职业中毒、物理因素所致职业病、职业性皮肤病、职业性眼病、职业性耳鼻喉口腔疾病、职业性肿瘤、生物因素职业病和其他类。

2. 矿山工程常见职业病

矿山工程施工所致职业病几乎包含所有职业病类。常见的矿山工程职业病如下：

(1) 职业中毒类

职业中毒类主要包括一氧化碳中毒、二氧化硫中毒等。

(2) 尘肺病

尘肺病主要包括煤工尘肺(硅肺等)、各种矿尘肺(石棉、滑石、云母)、水泥尘肺、电焊尘肺、铸工尘肺等。

(3) 物理因素职业病

物理因素职业病主要包括高温中暑、中毒。

(4) 其他

如职业放射性疾病、职业性眼病和职业性噪声聋等。

（二）常见职业病的防治方法

1. 高温作业环境的改善

在矿山井下施工中，目前以采用通风降温措施为主。首先应根据工作面数量合理确定通风方式及有关参数；当环境温度偏高时，可以通过加大通风量、提高风速等方法。在通风达不到降温要求时，可采取局部机械制冷的措施降温。对于有热害或热辐射的工作，应合理设计施工工艺流程，尽量采取自动化、机械化施工作业方式，避免或减少与火及热源的接触，以及高温与热辐射对作业人员的影响。

2. 严格有害气体检测制度和防辐射措施

制定排放、稀释有害气体的技术措施，严格有害气体检测工作，将施工场所内的二氧化硫、一氧化碳等有害气体含量限制在规定范围内。对有辐射危害的工作要严格采取屏蔽、稀释等专门的防护措施。

3. 尘肺病、硅肺病的综合预防措施

主要通过风、水、密、净和护五个方面进行综合防尘，并以风、水为主。风是指通风除尘；水是指湿式作业；密是密闭抽尘；净是净化风流；护是针对接触粉尘作业的工人采取个人防护措施。

4. 个人防护措施

个人防护措施包括自觉遵守安全规程、坚持个人防护工作，同时掌握个人应急处理方法。

五、矸石、废石的处理方法及管理规定

（一）场地与设施规定

1. 场地与排放要求的主要内容

（1）矿山的剥离物、废石、表土及尾矿等，必须运往废石场堆置排弃或采取综合利用措施，不得向江河、湖泊、水库和废石场以外的沟渠倾倒。

（2）对可能形成矿山泥石流等整体稳定性差的废石场，严禁布置在可能危及露天采矿场、井（硐）口等工业场地和居住区、交通干线等要地的上方；当需布置在一般性建（构）筑物的上方时，应征得有关部门同意。

（3）凡具有利用价值的固（液）体废物必须进行处理，最大程度地予以回收利用。对于有毒固（液）体废物的堆放，必须采取防水、防渗、防流失等防止危害的措施，并设置有害废物的标志。

（4）严禁在城市（或规划的）生活居住区、文教区等界区内建设排放有毒有害的废气、废水、废渣（液）、恶臭、噪声、放射性元素等物质（因子）的工程项目。

（5）排土场必须覆土植被。如果排土场有发生滑坡和泥石流等灾害的，必须进行稳定处理。

2. 设施规定的主要内容

（1）防治污染和其他公害的设施必须与主体工程同时设计、同时施工、同时投产使用。

（2）废石场应设置截水、导水沟，防止外部水流入废石场，防止泥石流危及下游环境。

（3）输送含有毒有害或有腐蚀性物质的废水沟渠、管道，必须采取防止渗漏和腐蚀的措施。

（4）露天采矿场和排土场的废水含有害物质时，应设置集水沟（管）进行收集和处理。

(5) 散尘设备必须配置密封抽风除尘系统。

(二) 处理方法的规定

1. 堆积和排弃

(1) 对有利用价值的矸石、矿石,应因地制宜地加以综合利用,加工利用实施应与主体工程同时设计、协调投产。

(2) 对含硫成分高和其他有害成分的矸石应经处理后排弃。

(3) 粗粒干尾矿(煤矸石)的输送和堆积方法有:采用箕斗或矿车倒卸在锥形尾矿堆上;用铁路自动翻车运输尾矿向尾矿场倾卸;用架空索道将尾矿运至索道下方的尾矿场;用移动胶带运输机输送尾矿至露天扇形底的尾矿堆场等。

2. 尾矿和矸石的利用

(1) 煤矸石可用于发电,生产水泥、矸石砖、免烧砖、空心砌块、建筑陶瓷、轻骨料、充填材料、岩棉、农用肥料及回收高岭土和黄铁矿等。具体利用情况见表 4-26。

表 4-26 可回收利用制作建筑材料的固体废物一览表

建材品种	主要可利用的废石和矸石类型
水泥:用于和料配料、混合材料、外掺剂等	相当于石灰成分的废石,铁或铜的尾矿粉,煤矸石、粉煤灰、锅炉渣、油母页岩渣、废石膏等
砖瓦:烧制、蒸制或高压蒸制砖瓦	铁和铜尾矿粉、煤矸石、粉煤灰、锅炉渣、油母页岩渣等只能供烧制砖瓦
砌块、墙板及混凝土制品	煤矸石、粉煤灰、锅炉废渣等
混凝土骨料:普通混凝土及轻质混凝土骨料	化学成分及体积固定的各种废石、自然或焙烧的煤矸石、粉煤灰陶粒、膨胀矿渣、膨珠、水渣、锅炉渣、碎砖等
道路材料:用于垫层、路基、结构层、面层	化学成分及体积固定的废石、自燃后的煤矸石、锅炉渣、粉煤灰、废石膏等
铸石及微晶玻璃	类似玄武岩、辉绿岩的废石,粉煤灰,煤矸石等
保温材料	粉煤灰及其微珠等
其他材料	粉煤灰作塑料填料等

(2) 回收能源。煤矸石的热值为 800~8 000 kJ/kg,在粉煤灰和锅炉渣中也常含有10%以上的未燃尽碳,可从中直接回收碳或用以烧制砖瓦。某些有机废物可通过一定的配料制取沼气回收能源。

(3) 固体废物常含有一定量植物生长的肥分和微量元素,并具有改良土壤结构的作用。例如,自燃后的煤矸石所含的硅、钙等成分,可增强植物的抗倒伏能力,起硅钙肥的作用;粉煤灰形似土壤,透气性好,不仅对酸性或黏性土壤以及盐碱地有改良作用,还可以提高土壤上层的表面湿度,以及促熟和保肥。

六、尾矿固体废弃物的管理规定及处理方法

(一) 尾矿处理的管理规定及处理方法

1. 管理规定

(1) 必须执行防治污染和其他公害的设施与主体工程同时设计、同时施工、同时投产使

用的规定。

(2) 选矿厂必须有完善的尾矿处理设施，严禁尾矿排入江、河、湖、海。

(3) 尾矿设施设计应符合下列要求：对有现实利用价值的尾矿要考虑综合利用的要求；充分回收利用尾矿澄清水，少向下游排放；尾矿贮存设施必须有防止尾矿流失和尾矿尘飞扬的措施。

(4) 输送含有毒有害或有腐蚀性物质的废水沟渠、管道，必须采取防止渗漏和腐蚀的措施。

(5) 尾矿库失事可能使下游重要城镇、工矿企业或铁路干线遭受严重灾害的，其设计等级可以提高一级。

(6) 贮存铀矿等有放射性或有害尾矿，失事后可能对下游环境造成极其严重危害的尾矿库，其防洪标准应予以提高，必要时其后期防洪可按可能最大洪水进行设计。

(7) 尾矿坝渗出水中有害成分超标时，应在坝下游设截渗坝和渗水回收泵站，将渗漏水返回使用或达标后排放。

(8) 向下游排放的尾矿水，其水质如达不到国家工业“三废”排放标准时，应设计尾矿水处理系统。

2. 处理方法

(1) 凡具有利用价值的固(液)体废物必须进行处理，最大程度地予以回收利用。对有毒固(液)体废物的堆放，必须采取防水、防渗、防流失等防止危害的措施，并设置有害废物的标志。

(2) 选金工艺流程的选择，除其工艺本身的技术经济合理外，还应考虑“三废”处理技术的可能性和可靠性。选金工艺中应优先选用易进行“三废”处理，且有成熟的处理经验的选金工艺，新建选矿厂不得采用混汞法选金工艺。

(3) 处理细粒含水尾矿的设施，一般由尾矿水力输送、尾矿库和排水(包括回水)三个系统组成。水力输送系统可选择确定自流、压力输送或两者联合输送，将尾矿送至尾矿库，也可以将尾矿先浓缩回水，再用砂泵-管道送至尾矿库。

(二) 尾矿的综合利用

选矿尾矿可对共生、伴生有价矿物再选综合回收，实现尾矿污染“减量化”，也可以整体深加工实现“资源化”开发利用，包括作非金属矿利用、尾矿制砖、制作尾矿砂加气混凝土、作井下充填料、作建筑用砂等。

七、放射性防护标准与防护方法

(一) 辐射防护标准和防护主要方法

1. 辐射防护标准

由原国家环保总局批准发布的《辐射防护规定》(GB 8703—1988)是我国关于放射性防护的国家规范。该规定制定了辐射剂量限制体系，并对辐射照射的控制措施(包括管理和技术两个方面的措施)、放射性废物的管理(包括分类、管理原则、低放气体或气溶胶及废液的排放、固体放射性废物管理)、放射性物质安全运输、伴有辐射照射设施的选择要求、辐射监测、辐射事故管理、辐射防护评价以及辐射工作人员的健康管理等都作出了详细的规定。

2. 辐射防护的主要方法

人体受到辐射照射的途径有两种，一种是人体处于空间辐射场的外照射，如封闭源的γ、β射线和医疗透视的X光照射等；另一种是摄入放射性物质，对人体或对某些器官或组织造成的内照射，如铀矿工人吸入氡及其离子体等。辐射的防护方法，因辐照方式的不同而有区别。

(1) 外照射的防护方法

可采取缩短受辐照时间、增大与辐射源间的距离、根据受照时间和距离采用对辐射源进行屏蔽或者对受照者进行屏蔽，如佩戴橡胶或铅质手套、围裙和防护眼罩等。

(2) 内照射的防护方法

① 稀释、分散法：对气态或液态放射性污染物，可以采用稀释、分散法（如大容量通风换气等）降低其活度水平，减少其可能进入人体的剂量。

② 包容、集中法：将分散的放射性物质贮存于具有工程防护设施的专门结构内，尽量减少其向外释放。

（二）放射性污染防治技术对策

国家科学技术委员会曾发布《中国技术政策：环境保护》，提出的有关矿山工程的放射性废物处理的技术对策要点如下。

1. 政策与一般措施

(1) 提高设计质量，减少"核三废"的产量。

(2) 加强科学管理，提高操作水平；减少废液产量，并减小其体积，扩大复用范围。

(3) 积极革新和改造工艺生产线，尽可能采用固化"三废"处理方法，把"三废"消灭在工艺流程中。

2. 废气、废水、放射性废物处理

(1) 核设施排出的放射性气溶胶和固体粒子，必须经过滤净化处理，达到国家排放标准。

(2) 铀矿外排水必须经回收铀后复用或净化后排放；废水应适当处理后送尾矿库澄清，上清液返回复用或达标排放。放射性废水的排放应不超过单位治理设施的核定限值和年排放限值。

(3) 采用填埋废矿石、覆土、植被作无害化处理等方法妥善处理固体放射性废物。

八、矿井工程的环境影响评价要求

环境影响评价，是指对规划和建设项目实施后可能造成的环境影响进行分析、预测和评估，提出预防或者减轻不良环境影响的对策和措施，进行跟踪监测的方法和制度，是法律规定在项目规划和建设前必须要完成的工作。

（一）环境影响评价管理和报告书

1. 环境影响评价工作类型

环境影响评价有以下三种形式：

① 可能造成重大环境影响的，应当编制环境影响报告书，对产生的环境影响有全面评价。

② 可能造成轻度环境影响的，应当编制环境影响报告表，对产生的环境影响应有分析或者专项评价。

③ 对环境影响很小且不需要进行环境影响评价的，应当填报环境影响登记表。

2. 环境影响报告书基本内容

建设项目的环境影响报告书应当包括建设项目概况、建设项目周围环境现状，建设项目对环境可能造成影响的分析及预测和评估；建设项目环境保护措施及其技术、经济论证，建设项目对环境影响的经济损益分析；对建设项目实施环境监测的建议；环境影响评价的结论等。

涉及水土保持的建设项目，还必须有经水行政主管部门审查同意的水土保持方案。

（二）建设项目环境影响评价管理要求

1. 评价机构

（1）进行环境影响评价的机构，应当经国务院环境保护行政主管部门考核审查合格，具有一定的资质证书。

（2）评价机构应按照其资质等级和评价范围，从事环境影响评价服务；评价机构应对其评价结论负责。

（3）为项目进行环境影响评价提供技术服务的机构，不得与负责审批建设项目环境影响评价文件的环境保护行政主管部门或者其他有关审批部门存在任何利益关系。

（4）项目的环境影响报告书或者环境影响报告表，应当由具有相应资质的机构编制，评价机构不得受人指定。

2. 建设环境影响评价文件的审批管理

（1）建设项目的环境影响评价文件，由建设单位报环境保护行政主管部门审批；建设项目有行业主管部门的，其环境影响报告文件应经行业主管部门预审后，报环境保护行政主管部门审批。

（2）建设项目的环境影响评价文件经批准后，建设项目的性质、规模、地点、采用的生产工艺或者防治污染、防止生态破坏的措施发生重大变动的，建设单位应当重新报批建设项目的环境影响评价文件。

（3）建设项目的环境影响评价文件自批准之日起超过 5 年，才决定该项目开工建设的，其环境影响评价文件应当报原审批部门重新审核。

（4）建设项目的环境影响评价文件未经审查或者审查后未予批准的，该项目审批部门不得批准其建设，建设单位不得开工建设。

3. 环境影响的后评价与管理要求

（1）在项目建设、运行过程中产生不符合经审批的环境影响评价文件的情形的，建设单位应当组织环境影响的后评价，采取改进措施，并报原环境影响评价文件审批部门和建设项目审批部门备案；原环境影响评价文件审批部门也可以责成建设单位进行环境影响的后评价，采取改进措施。

（2）环境保护行政主管部门应当对建设项目投入生产或者使用后所产生的环境影响进行跟踪检查，对造成严重环境污染或者生态破坏的，应当查清原因、查明责任。对属于为建设项目环境影响评价提供技术服务的机构编制不实的环境影响评价文件的，或者属于审批部门工作人员失职、渎职，对依法不应批准的建设项目环境影响评价文件予以批准的，依法追究其法律责任。

第九节　建设工程监理

建设工程监理是20世纪80年代中后期，随着我国建设管理体制改革的深化和参照国际惯例组织工程建设的需要，在我国建设领域推行的一项科学管理制度。它的出现，目的是改进我国工程建设项目管理体制，提高建设水平和投资效益。建设工程监理与我国工程建设领域改革中的诸项成功且有效的措施有机地融为一体，更加完善配套。我国的建设监理工作已经经过了试点阶段和稳步发展阶段。目前我国建设监理正在向国际监理水准迈进。

一、建设工程监理的概念

（一）监理的概念

“监理”一词，可以理解为名词，也可以是指一项具体行为的动词。其英文名词是supervision，动词是supervise。监理的字面含义十分丰富。“监”在我国古代汉语中作为名词使用时，当作可以照影的明亮铜镜，而作为动词使用时，则含有对镜审视察看之意。“理”通常是指规律、条理、准则。“监理”一词正式用于工程只有百十年历史，即有监督、管理之意，其内涵是咨询、顾问、监督等。

监理的具体含义可以表述为执行者依据某一项准则对某一行为的有关主体进行督察、监控和评价；守“理”者不问，违“理”者必究。同时，这个执行者还要采取组织、协调、疏导等措施，协助有关人员更准确、更完整、更合理地达到预期目标。

（二）建设工程监理的概念

建设工程监理是指针对工程项目建设，具有相应资质的建设工程监理企业接受建设单位的委托和授权，承担其项目管理工作，根据有关工程建设的法律、法规、国家批准的工程项目建设文件和建设工程监理合同以及其他工程建设合同，代表建设单位对承包单位所进行监督管理的专业化服务活动。

建设工程监理行为主体是工程监理企业；建设工程监理的实施需要业主的委托和授权；实施建设工程监理必须有明确的前提和依据，严格按照有关法律、法规和合同的规定进行监督管理。目前我国建设工程监理主要发生在项目建设的实施阶段，主要工作内容是进行投资、进度、质量控制、合同管理、安全管理、组织协调等。建设工程监理活动是针对一个具体工程项目展开的，是一种监督管理的专业化服务活动。

（三）建设工程监理的主要范围

建设工程监理是针对工程项目建设所实施的监督管理活动，建设工程监理的范围可以分为监理的工程范围和监理的建设阶段范围。

1. 工程范围

为了有效发挥建设工程监理的作用，加大推行监理的力度，根据《中华人民共和国建筑法》，国务院公布的《建设工程质量管理条例》对实行强制性监理的工程范围做了原则性的规定，2001年建设部颁布了《建设工程监理范围和规模标准规定》（中华人民共和国建设部令第86号），规定了必须实行监理的建设工程项目的具体范围和规模标准。

下列建设工程必须实行监理：

(1) 国家重点建设工程：依据《国家重点建设项目管理办法》所确定的对国民经济和社会发展有重大影响的骨干项目。

(2) 大中型公用事业工程：项目总投资额在 3 000 万元以上的供水、供电、供气、供热等市政工程项目；科技、教育、文化等项目；体育、旅游、商业等项目；卫生、社会福利等项目；其他公用事业项目。

(3) 成片开发建设的住宅小区工程：建筑面积在 5 万 m^2 以上的住宅建设工程。

(4) 利用外国政府或者国际组织贷款、援助资金的工程：包括使用世界银行、亚洲开发银行等国际组织贷款资金的项目；使用国外政府及其机构贷款资金的项目；使用国际组织或者国外政府援助资金的项目。

(5) 国家规定必须实行监理的其他工程：项目总投资额在 3 000 万元以上关系社会公共利益、公众安全的交通运输、水利建设、城市基础设施、生态环境保护、信息产业、能源等基础设施项目；学校、影剧院、体育场馆项目。

建设工程监理范围不宜无限扩大，否则会造成监理力量与监理任务严重失衡，使得监理工作难以到位，保证不了建设工程监理的质量和效果。从长远来看，随着投资体制的不断深化改革，投资主体日益多元化，对所有建设工程都实行强制监理的做法，既与市场经济的要求不相适应，也不利于建设工程监理行业的健康发展。

2. 阶段范围

建设工程监理可以适用于工程建设投资决策阶段和实施阶段，但是目前主要是建设工程施工阶段。在建设工程施工阶段，建设单位、勘察单位、设计单位、施工单位和工程监理企业等工程建设的各类行为主体均出现在建设工程中，形成了一个完整的建设工程组织体系。

(四) 建设工程监理的主要内容

建设工程监理的主要内容是控制工程建设的投资、建设工期和工程质量；进行工程建设合同管理、信息管理和安全管理，协调有关单位间的工作关系。因此，建设工程监理的主要内容可以理解为“三控制”“三管理”“一协调”。

1. 投资控制

投资控制主要是在建设前期对可行性研究进行监理，协助业主正确地进行投资决策，控制好估算投资总额；在设计阶段对设计方案、设计标准、总概算(或修正总概算)和概(预)算进行审查；在建设准备阶段协助确定标底和合同造价；在施工阶段审核设计变更，核实已完成工程量，进行工程进度款签证和控制索赔；在工程竣工阶段审核工程结算。

2. 进度控制

进度控制首先要在建设前期通过周密分析研究确定合理的工期目标，并在实施阶段将工期要求纳入设计合同和施工合同；在建设实施期间通过运筹学、网络计划技术等科学手段，审查、修改施工组织设计和进度计划，并在计划实施过程中紧密跟踪，做好协调与监督，排除干扰，使单项工程及其分阶段目标工期逐步实现，最终保证建设项目总工期的实现。

3. 质量控制

质量控制要贯穿项目建设从可行性研究、设计、建设准备、施工、竣工动用到用后维修全过程。主要包括：组织设计方案竞赛与评比，进行设计方案磋商及图纸审核，控制设计变更；在施工前通过审查承包单位资质，检查建筑物所用材料、构配件、设备质量和审查施工组织设计等，实施质量预控；在施工中通过重要技术复核、工序操作检查、隐蔽工程验收和工序成果检查，认证并监督标准、规范的贯彻，以及阶段验收和竣工验收；把好质量关。

4. 合同管理

合同管理是进行投资控制、工期控制和质量控制的手段。合同既是工程监理企业站在公正的立场上，采取各种控制、协调与监督措施，履行纠纷调解职责的依据，也是实施三大目标控制的出发点和归宿。

5. 信息管理

信息管理是指对信息的收集、加工整理、储存、传递与应用等一系列工作的总称。信息管理的目的是通过有组织的信息流通，使决策者能及时、准确地获得相应的信息。监理工程师作为项目管理者，承担着项目信息管理的任务，负责收集项目实施情况的信息，做各种信息处理工作，并向上级、向外界提供各种信息。

6. 安全管理

安全管理是指对工程建设中的人、机、环境及施工全过程进行安全评价、监控和督察，并采取法律、经济、行政和技术手段，保证建设行为符合国家安全生产、劳动保护的法律、法规和有关政策，制止建设行为中的冒险性、盲目性和随意性，有效地将建设工程安全控制在允许的风险度范围内，以确保安全性。而安全监理是对建筑施工过程中安全生产状况所实施的监督管理。

7. 组织协调

组织协调是指工程监理企业在监理过程中，对相关单位的协作关系进行协调，使相互之间加强合作、减少矛盾、避免纠纷，共同完成项目目标。相关单位主要包括建设单位、设计单位、施工单位、供应单位，此外，还有政府部门、金融部门、有关管理部门等。

（五）建设工程监理与政府工程质量监督

建设工程监理与政府工程质量监督都属于工程建设领域的监督管理活动。但是，前者属于社会的、民间的行为，后者属于政府行为。建设工程监理是发生在项目组织系统范围内的平等主体之间的横向监督管理，而政府工程质量监督是项目组织系统外的监督管理主体对项目系统内的建设行为主体进行的一种纵向监督管理行为。因此，两者在性质、执行者、任务、范围、工作依据、深度和广度，以及权限、方法等方面存在明显差异。

建设工程监理与政府工程质量监督在性质上是不同的。建设工程监理是一种委托性的服务活动，而政府工程质量监督是一种强制性的政府监督行为。

建设工程监理的实施者是社会化、专业化的工程监理企业，而政府工程质量监督的执行者是政府建设主管部门委托的专业执行机构——工程质量监督机构。

建设工程监理是工程监理企业接受业主的委托和授权为其提供工程技术服务，而政府工程质量监督则是质量监督机构代表政府行使工程质量监督职能。

就工作范围而言，建设工程监理的工作范围伸缩性较大，根据业主委托范围而变化。如果是全过程、全方位的监理，则其范围远大于政府工程质量监督的范围。此时，建设工程监理包括整个建设项目的目标规划、动态控制、组织协调、合同管理、信息管理等一系列活动。而政府质量监督则只限于施工阶段的工程质量监督，且工作范围变化较小，相对稳定。

对于工程质量控制方面的工作，建设工程监理与政府工程质量监督也存在较大的差别。首先，工作依据不相同。政府工程质量监督以国家、地方颁发的有关法律和工程质量条例、规定、规范等法规为基本依据，维护法规的严肃性。而建设工程监理不仅以法律、法规为依据，还要以工程建设合同为依据；不仅维护法律、法规的严肃性，还要维护合同的严肃性。其次，工作的深度、广度不相同。建设工程监理所进行的质量控制工作包括对项目质量目标详细规划，实施一系列主动控制措施，在控制过程中既要做到全面控制又要做到事前、事中、事后控制，并需要在整个项目建设的过程中持续；而政府工程质量监督主要在项目建设的施工阶段对工程质量进行阶段性的监督、检查、确认。此外，建设工程监理与政府工程质量监督的工作权限不同。未经监理工程师签字同意，建筑材料、建筑构配件和设备不得在工程中使用或者安装，施工单位不得进行下一道工序的施工。未经总监理工程师签字，建设单位不拨付工程款，不进行竣工验收。而政府工程质量监督对工程项目有强制性检查、监督权，包括对工程竣工验收形式、程序、执行验收标准等现场监督等。还有，二者的工作方法不完全相同。建设工程监理主要采用组织管理的方法，从多方面采取措施进行项目质量控制；政府工程质量监督更侧重行政管理方法。

二、建设工程监理的性质

建设工程监理是一种特殊的工程建设活动，与其他工程建设活动有着明显的区别和差异。这些区别和差异使得建设工程监理与其他工程建设活动之间划出了清楚的界线。也正是这个原因，建设工程监理在建设领域成为我国一种新的独立行业。

建设工程监理具有以下性质：

（一）服务性

建设工程监理既不同于承建商的直接生产活动，也不同于业主的直接投资活动。它既不是工程承包活动，也不是工程发包活动。它不需要投入大量资金、材料、设备、劳动力。工程监理企业既不向业主承包工程造价，也不参与承包单位的盈利分成。工程监理企业既不需要拥有大量的机具、设备和劳务力量，一般也不必拥有雄厚的注册资金。它只是在工程项目建设过程中，利用自己在工程建设方面的知识、技能和经验为客户提供高智能监督管理服务，以满足项目业主对项目管理的需要。它所获得的报酬也是技术服务性的报酬，是脑力劳动的报酬。

需要明确指出，建设工程监理是工程监理企业接受项目业主的委托而开展的技术服务性活动。因此，它的直接服务对象是客户，是委托方，也就是项目业主，这是明确的。这种服务性的活动是按照建设工程监理合同来进行的，是受法律约束和保护的。在监理合同中明确地对各种服务工作进行了分类和界定：哪些是“正常服务（工作）”，哪些是“附加服务（工作）”，哪些是“额外服务（工作）”。因此，“服务”在这里绝不是一个笼统的概念。要不要为被监理方提供服务？在市场经济条件下，工程监理企业没有任何合同责任和义务为其提供直接的服务。但是，在实现项目总目标上，参与项目建设的三方是一致的，要携起手来共同建设完成工程项目。因此，有许多工作需要监理工程师进行协调、指导、纠正，以便使工程能够顺利进行。

建设工程监理的服务性使它与政府对工程建设的行政性监督管理活动区别开来，也使它与承建商在工程项目建设中的活动区别开来。

（二）独立性

从事建设工程监理活动的工程监理企业是直接参与工程项目建设的“三方当事人”之

一，与项目业主、承建商之间的关系是平等的、横向的。在工程项目建设中，工程监理企业是独立的一方。我国的有关法规明确指出：工程监理企业应按照独立、自主的原则开展建设工程监理工作。国际咨询工程师联合会在其出版物《业主/咨询工程师标准服务协议书条件》中明确指出：工程监理企业是“作为一个独立的专业公司受聘于业主去履行服务的一方”，应当“根据合同进行工作”，它的监理工程师应当“作为一名独立的专业人员进行工作”。同时，国际咨询工程师联合会要求其会员“相对于承包商、制造商、供应商，必须保持其行为的绝对独立性，不得从他们那里接受任何形式的好处，而使他的决定的公正性受到影响或者不利于他行使委托人赋予他的职责”“不得与任何可能妨碍他作为一个独立的咨询工程师工作的商业活动有关”“咨询工程师仅为委托人的合法利益行使其职责，他必须以绝对的忠诚履行自己的义务并且忠诚地服务于社会的最高利益以及维护职业荣誉和名望”。因此，工程监理企业在履行监理合同义务和开展监理活动的过程中，要建立自己的组织，要确定自己的工作准则，要运用自己掌握的方法和手段，根据自己的判断独立地开展工作。工程监理企业既要认真、勤奋、竭诚地为委托方服务，协助业主实现预定目标，也要按照公正、独立、自主的原则开展监理工作。

建设工程监理的独立性与工程监理企业是建筑市场上的独立主体分不开，与它的独立的行业性质分不开。工程监理企业是具有独立性、社会化、专业化特点的单位，它们专门为项目业主提供工程技术服务，所运用的思想、理论、方法、手段及开展工作的内容都与工程建设领域其他行业有所不同。同时，由于它在工程建设中的特殊地位以及因此而构成的与其他建设行为主体之间的特殊关系，使它与设计、施工、材料和设备供应等行业有着明显的界线。因此，为了保证建设工程监理行业的独立性，从事这个行业的工程监理企业和监理工程师必须与某些行业或单位断绝人事上的依附关系以及经济上的隶属或经营关系，也不能从事某些行业的工作。

建设工程监理的这种独立性是建设监理制的要求，是工程监理企业在工程项目建设中的第三方地位所决定的，是它所承担的建设工程监理的基本任务所决定的。因此，独立性是工程监理企业开展建设工程监理工作的重要原则。

（三）公正性

在工程项目建设中，工程监理企业和监理工程师应当担任什么角色和如何担任这些角色是从事建设工程监理工作的人们应当认真对待的一个重要问题。工程监理企业和监理工程师在工程建设过程中，一方面应当作为能够严格履行监理合同各项义务，能够竭诚地为客户服务的“服务方”，同时，应当成为“公正的第三方”。也就是在提供监理服务的过程中，工程监理企业和监理工程师应当排除各种干扰，以公正的态度对待委托方和被监理方，特别是当业主和被监理方发生利益冲突或矛盾时能够以事实为依据，以有关法律、法规和双方所签订的工程建设合同为准绳，站在第三方立场上公正地加以解决和处理，做到“公正地证明、决定或行使自己的处理权”。

对建设工程监理和工程监理企业公正性的要求，首先是建设监理制对建设工程监理进行约束的条件。因为实施建设监理制的基本宗旨是建立适合社会主义市场经济的工程建设新秩序，为开展工程建设创造安定、协调的环境，为投资者和承包商提供公平竞争的条件。建设监理制的实施，使工程监理企业和监理工程师在工程项目建设中具有重要地位。一方面，使项目法人可以摆脱具体项目管理的困扰；另一方面，由于得到专业化的监理公司的有力支持，使业主与承建商在业务能力上达到一种制衡。为了保持这种状态，首先要对工程监理企业和其监理工程师制定约束条件。公正性要求就是重要约束条件之一。

公正性还是建设工程监理正常和顺利开展的基本条件。监理工程师进行目标规划、动态控制、组织协调、合同管理、信息管理等工作都是为了力争在预定目标内实现工程项目建设任务这个总目标服务。但是，仅依靠工程监理企业而没有设计、施工、材料和设备供应单位的配合是不可能完成这个任务的。监理成败在很大程度上取决于能否与承建单位以及与项目业主进行良好合作、相互支持、互相配合。而这一切都需要以监理能否具有公正性作为基础。

建设工程监理的公正性是承建商的共同要求。由于建设监理制赋予工程监理企业在项目建设中拥有监督管理的权力，被监理方必须接受监理方的监督管理，所以，工程监理企业要能够办事公道，公正地开展建设工程监理活动。

公正性是监理行业的必然要求，是社会公认的职业准则，也是工程监理企业和监理工程师的基本职业道德准则。因此，我国建设监理制把“公正”作为从事建设工程监理活动应当遵循的重要准则。

（四）科学性

我国《建设工程监理规定》指出：建设工程监理是一种高智能的技术服务，要求从事建设工程监理活动应当遵循科学准则。

建设工程监理的科学性是由其任务所决定的。建设工程监理以协助业主实现其投资目的为己任，力求在预定的投资、进度、质量目标内实现工程项目。而当今工程规模日趋庞大，功能、标准要求越来越高，新技术、新工艺、新材料不断涌现，参加组织和建设的单位越来越多，市场竞争日益激烈，风险日渐增加，所以，只有不断地采用新的更加科学的思想、理论、方法、手段才能驾驭工程项目建设。

建设工程监理的科学性是由工程监理企业的社会化、专业化特点决定的。承担设计、施工、材料和设备供应的都是社会化、专业化的单位，它们在技术、管理方面已经达到了一定水平。这就要求工程监理企业和监理工程师应当具有更高的素质和水平。只有如此，他们才能实施有效的监督管理。所以，工程监理企业应当按照高智能、智力密集型原则组建。

建设工程监理的科学性是由它的技术服务性质决定的。它是专门通过对科学知识的应用来实现其价值的。因此，要求工程监理企业和监理工程师在开展监理服务时能够提供科学含量高的服务，以创造更大的价值。

建设工程监理的科学性是由工程项目所处外部环境特点决定的。工程项目总是处于动态的外部环境包围之中，时时刻刻都有被干扰的可能。因此，建设工程监理要适应千变万化的项目外部环境，抵御来自它的干扰，这就要求监理工程师既要富有工程经验，又要具有应变能力，要进行创造性的工作。

建设工程监理的科学性是由它的维护社会公共利益和国家利益的特殊使命决定的。在开展监理活动的过程中，监理工程师要把维护社会最高利益当作自己的天职。这是因为，工程项目建设牵扯到国计民生，维系人民的生命和财产的安全，涉及公众利益。因此，工程监理企业和监理工程师需要以科学的态度，用科学方法来完成这项工作。

按照建设工程监理科学性的要求，工程监理企业应当有足够数量的业务素质合格的监理工程师；要有一套科学的管理制度；要配备计算机辅助监理的软件和硬件；要掌握先进的监理理论、方法，积累足够的技术、经济资料和数据；要拥有现代化的监理手段。

三、建设工程监理的特点

我国的建设工程监理无论在管理理论和方法上，还是在业务内容和工作程序上，与国外的建设项目管理都是相同的。但是在现阶段，由于发展条件不尽相同，主要是需求方对监理的认知度较低，市场体系发育不够成熟，市场运行规则不够健全，因此我国的建设工程监理和国外的项目建设管理还有一些差异，呈现出某些特点。

（一）建设工程监理的服务对象具有单一性

在国际上，建设项目管理按服务对象主要可以分为为建设单位服务的项目管理和为承建单位服务的项目管理。而我国的建设工程监理制规定工程监理企业只接受建设单位的委托。

（二）建设工程监理属于强制推行的制度

建设项目管理是适应建筑市场中建设单位新的需求的产物，其发展过程也是整个建筑市场发展的一个方面，没有来自政府部门的行政指导或干预。而我国的建设工程监理从一开始就是作为对计划经济条件下所形成的建设工程管理体制改革的一项新制度提出来的，也是依靠行政手段和法律手段在全国推行的。为此，我国不仅在各级政府部门中设立了主管建设工程监理有关工作的专门机构，还制定了有关的法律、法规、规章，明确提出国家推行建设工程监理制度，并明确规定了必须实行建设工程监理的工程范围。

（三）建设工程监理具有监督功能

我国的工程监理企业有一定的特殊地位，与建设单位构成委托与被委托关系，与承建单位虽然无任何经济关系，但是根据建设单位授权，有权对其不当建设行为进行监督，或者预先防范，或者指令及时改正，或者向有关部门反映，请求纠正。不仅如此，在我国的建设工程监理中还强调对承建单位施工过程和施工工序的监督、检查和验收，而且在实践中又进一步提出了旁站监理的规定。我国监理工程师在质量控制方面的工作所达到的深度和细度，应当说远超过国际上建设项目管理人员的工作深度和细度，这对保证工程质量起到了很好的作用。

（四）市场准入的双重控制

在建设项目管理方面，一些发达国家只对专业人士的执业资格提出要求，而没有对企业的资质管理作出规定。而我国对建设工程监理的市场准入采取了企业资质和人员资格的双重控制，要求专业监理工程师以上的监理人员要取得监理工程师资格证书，不同资质等级的工程监理企业至少要有一定数量的取得监理工程师资格证书并注册的人员。应当说，这种市场准入的双重控制对于保证我国建设工程监理队伍的基本素质，规范我国建设工程监理市场起到了积极作用。

四、建设工程监理的作用

建设单位的工程项目实行专业化、社会化管理在外国已有多年历史，现在越来越显现出强劲的生命力，在提高投资的经济效益方面发挥了重要作用。我国实施建设工程监理的时间虽然不长，但是已经发挥出明显的作用，为政府和社会所承认。建设工程监理的作用主要表现在以下几个方面：

（一）有利于提高建设工程投资决策科学化水平

在建设单位委托工程监理企业实施全方位全过程监理的条件下，在建设单位有了初步的项目投资意向之后，工程监理企业可协助建设单位选择适当的工程咨询机构。管理工程咨询合同的实施，并对咨询结果（如项目建议书、可行性研究报告）进行评估，提出有价值的修改意见和建议；或者直接从事工程咨询工作，为建设单位提供建设方案。这样，不但可以使项目投资符合国家经济发展规划、产业政策、投资方向，而且可以使项目投资更加符合市场需求。工程监理企业参与或承担项目决策阶段的监理工作，有利于提高项目投资决策的科学化水平，避免项目投资决策失误，也为实现建设工程投资综合效益最大化打下了良好的基础。

（二）有利于规范工程建设各参与方的建设行为

工程建设各参与方的建设行为都应当符合法律、法规、规章和市场准则。要做到这一点，仅依靠自律机制是远不够的，还需要建立有效的约束机制。为此，首先需要政府对工程建设各参与方的建设行为进行全面的监督管理，这是最基本的约束，也是政府的主要职能之一。但是，由于受客观条件所限，政府的监督管理不可能深入每一项建设工程的实施过程中，因而，还需要建立另一种约束机制，能在建设工程实施过程中对工程建设各参与方的建设行为进行约束。建设工程监理制就是这样一种约束机制。

在建设工程实施过程中，工程监理企业可以依据委托监理合同和有关的建设工程合同对承建单位的建设行为进行监督管理。由于这种约束机制贯穿工程建设全过程，采用事前、事中和事后控制相结合的方式，因此可以有效地规范各承建单位的建设行为，最大程度地避免不当建设行为的发生。即使出现不当建设行为，也可以及时加以制止，最大程度地减少其不良后果。应当说，这是约束机制的根本目的。另外，由于建设单位不了解建设工程有关的法律、法规、规章、管理程序和市场行为准则，也可能发生不当建设行为。在这种情况下，工程监理企业可以向建设单位提出适当建议，从而避免发生建设单位的不当建设行为，这对规范建设单位的建设行为也可以起到一定的约束作用。

当然，要发挥上述约束作用，工程监理企业首先必须规范自身行为，并接受政府的监督管理。

（三）有利于促使承建单位保证建设工程质量和使用安全

建设工程是一种特殊产品，不仅价值大、使用寿命长，还关系人民的生命财产安全、健康和环境。因此，保证建设工程质量和使用安全就显得尤为重要，在这方面不允许有丝毫的懈怠和疏忽。

工程监理企业对承建单位建设行为的监督管理，实际上是从产品需求者的角度对建设工程生产过程的管理，这与产品生产者自身的管理有很大的不同。而工程监理企业又不同于建设工程的实际需求者，其监理人员都是既懂工程技术又懂经济管理的专业人士，他们有能力及时发现建设工程实施过程中出现的问题，发现工程材料、设备以及阶段性产品存在的问题，从而避免留下工程质量隐患。因此，实行建设工程监理制之后，在加强承建单位自身对工程质量管理的基础上，由工程监理企业介入建设工程管理，对保证建设工程质量和使用安全有着重要作用。

(四) 有利于实现建设工程投资效益最大化

建设工程投资效益最大化有以下三种不同表现：

(1) 在满足建设工程预定功能和质量标准的前提下，建设投资额最少。

(2) 在满足建设工程预定功能和质量标准的前提下，建设工程寿命周期费用(或全寿命费用)最少。

(3) 建设工程自身的投资效益与环境、社会效益的综合效益最大化。

我国实行建设工程监理制之后，工程监理企业一般都能协助建设单位实现上述建设工程投资效益最大化的第一种表现，也能在一定程度上实现上述第二种和第三种表现。随着建设工程寿命周期费用思想和综合效益理念被越来越多的建设单位所接受，建设工程投资效益最大化的第二种和第三种表现的比例越来越大，从而大幅度提高我国全社会的投资效益，促进国民经济的发展。

五、国外建设监理的产生与发展

工程项目建设监理起源于16世纪前的欧洲。随着商品经济与市场经济的发展，以及建设领域的专业化分工和生产的社会化，工程项目建设监理模式不断得到发展和完善。

16世纪前的欧洲，建筑师实质上就是总营造师，他们受雇于业主，帮助业主做设计、采购材料、雇用工匠，并组织、管理工程的施工。

16世纪之后，欧洲出现了华丽的花型建筑，立面设计比较讲究，社会上对建筑技术的要求越来越高，因而传统的建筑业做法开始发生变化，设计与施工分离。建筑师队伍也发生了分离，一部分建筑师联合起来专门从事设计，一部分建筑师专门负责施工，还有一部分建筑师便专门向社会传授技艺，为业主提供建筑咨询，或接受业主的聘请，专门监督、管理施工，这就是监理行业的萌芽。但是这时的监理业务仅局限于施工过程中的质量监督和替业主计算工程量、验方(丈量、核验实际完成的工程量)。此时设计和施工仍属于业主，项目建设属于自营方式。

18世纪60年代英国产业革命大大促进了欧洲城市化和工业化的发展进程。于是出现了设计、施工与业主的分离，业主也产生了对设计和施工进行监督的新的需求。

19世纪初，为了维护参与工程建设各方的利益，并明确业主、设计、施工三者的责任界限，英国于1830年以法律手段推出了总包合同制，导致了招标投标交易方式出现，也促进了建设监理制度的发展(建设监理制的“制”是指一定的组织结构、权责配置、运行方式与规则，在长时间内普遍实行，而不能轻易作变更，因此也可以称为建设监理“制度”)。此时，建设监理内容进一步扩充。其主要任务是帮助业主编制标底，协助组织招标，优选承包单位，签订合同，对三大目标(费用、进度、质量)进行控制，进行合同管理、项目的组织协调等。

英国于1903年成立咨询工程师协会，美国于1910年也成立咨询工程师协会。第二次世界大战之后，欧美各国在恢复建设中加快了向现代化发展的速度。自20世纪50年代末至60年代初，为满足科技发展、工业和国防建设需要以及人民生活水平不断提高的要求，出现大量大型、巨型工程和新型城市开发，投资多、风险大。因此，需要咨询工程师在工程建设前期决策阶段为业主进行投资研究，提供建设方案及其实施建议；进入设计阶段，代表业主向设计师提出设计要求，提供优化设计建议；在施工阶段协助业主进行“三控三管一协调”，从而使建设监理贯穿工程建设活动全过程。

1957 年,国际咨询工程师联合会编写的国际通用的《土木工程施工合同条件》,较集中地反映了国际上实施建设监理的情况。把测量师、咨询工程师、建筑师这种职业的不同称呼统一简称为"工程师",把"工程师"所进行的工作内容称为"建设监理",可见建设监理逐渐成为通用的国际惯例。

英、美工程咨询与项目管理模式(各国推行建设监制称谓不同):

(1) 英联邦国家的 QS。Q 是数量,即工程量;S 是测量,即丈量。最早为业主测量土方,之后用以协助业主编标底和招标,目前发展到为业主投资和合同管理。QS 的国际组织是英国皇家特许测量师学会(RICS)。

(2) 美国的 CM 是咨询公司开展的一种建筑工程管理服务模式,源自美国 Thomsen 等人 1968 年提出的"Fast Track"报告,全称"Fast-Track-Construction Management",简称 CM。CM 服务的基本模式以 CM 经理为核心,由业主、设计师、CM 经理组成班子,从计划到竣工实施全过程管理,以达到质量优、造价低、工期短的目标。CM 实际上是一种边设计边施工的模式。它改变了以往待设计图纸全部完成后才能进行工程招标的做法,而采用分阶段发包的方式,即工程的一部分设计完成后就发包一部分。此方式可以缩短工期、节省投资、提高投资效益,1973 年之后得到广泛应用。

(3) 项目管理 PM (project management)。20 世纪 50 年代末 60 年代初逐渐在美、德、法、日广泛采用。此种项目管理模式,是由监理工程师向设计、施工和工程业主提供费用、进度、质量三大控制、三管理、一协调等服务,服务范围比 QS 广得多。

欧、美、日等工业发达国家的建设监理制度正向法律化、程序化发展,监理制度逐步成为工程建设组织管理体系中的一个重要组成部分。进入 20 世纪 80 年代以后,一些发展中国家也开始仿效,我国的建设工程监理制就是从 1988 年开始试点发展起来的。此外,世界银行、亚洲开发银行、非洲开发银行等国际金融机构,都把实行建设监理作为提供建设贷款的条件之一。如我国 1984 年开工的鲁布革水电站引水隧道工程、1986 年开工的西安三原高速公路以及 1987 年开工的京津塘高速公路等工程是我国最早推行建设监理的工程。

六、我国建设工程监理的由来、现状与发展

(一) 由来

我国历史上的监工制度可以说是早期的监理形式。

(1) 在漫长的封建社会中,建设活动分为两种类型:一种是官府主持的,大多数为建设宫殿与防御工程。如万里长城,实行了强制奴役式监督,施工不计成本,不讲核算,可以保证质量。另一种是民间的建设活动,大多数为个人建房。到封建社会后期,资本主义生产方式开始萌芽,建设活动中出现了具有商品经济色彩的包工制度。

(2) 1840 年鸦片战争之后,我国建设活动的经营与管理体制发生了很大变化。19 世纪末,上海"杨瑞记"营造厂承揽建设工程业务。之后,中国人自营与外国人合营的营造厂相继成立。设计与施工进一步分离,出现专营设计的建筑师事务所(俗称"打样间")。业主先请"打样间"进行设计,设计完成后刊登招标启事,凡愿承包的营造者均可以向"打样间"领取图纸,然后各自开出包造价格,封还"打样间",称作"投标"。"打样间"帮助业主进行比选营造厂,选定后业主与营造厂签订工程承包合同。

进入施工后，业主派监工进驻现场，监督进度与质量，俗称“东家看工”。建筑师事务所派往现场监工，俗称“打样间看工”。管理城市建设的政府部门也派出监工员，称“马路官”。营造厂不仅厂部有总看工，工地也派出看工。所以，在施工期间各方看工都对施工过程行使监督权，但其中“打样间看工”权力很大，如具有工程款签发证书权。

(3) 中华人民共和国成立前，我国工程营造中的这套监工制度对监督工程进度、质量和造价起到一定作用。但由于唯利是图的资本主义经营性质作怪，后来貌似严格的监工制度变得徒有虚名。如 1929 年建成的华摄公寓，设计师从王苏记营造厂捞得 2 万两银子，对桩基施工中的偷工减料佯装不知，后来这幢大楼下沉 2 m。

从中华人民共和国成立直至 20 世纪 80 年代，我国固定资产投资基本上是由国家统一安排计划(包括具体的项目计划)，由国家统一财政拨款。在我国当时经济基础薄弱、建设投资和物资短缺的条件下，这种方式对于国家集中有限的财力、物力、人力进行经济建设，迅速建立我国的工业体系和国民经济体系起到了积极作用。

当时，我国建设工程的管理基本上采用两种形式：对于一般建设工程，由建设单位自己组成筹建机构，自行管理；对于重大建设工程，则从与该工程相关的单位抽调人员组成工程建设指挥部，由指挥部管理。因为建设单位无须承担经济风险，这两种管理形式得以长期存在，但存在诸如政企不分，管理人员缺乏项目管理经验，管理机构只对建设期负责，对经营期不负责，对投资控制责任不明确，也无还贷压力等问题。因此，很多工程项目，投资无底洞，工期马拉松，质量无保证。由于这两种形式都是针对一个特定的建设工程临时组建的管理机构，相当一部分人员不具有建设工程管理的知识和经验，因此，他们只能在实践中摸索。而一旦工程建成投入使用，原有的工程管理机构和人员就解散，当有新的建设工程时再重新组建。这样，建设工程管理的经验不能承袭升华，用来指导今后的工程建设，而教训却不断重复发生，使我国建设工程管理水平长期在低水平徘徊，难以提高。投资“三超”(概算超估算、预算超概算、结算超预算)和工期延长的现象较普遍。工程建设领域存在的上述问题受到政府和有关单位的关注。

20 世纪 80 年代我国进入改革开放新时期，经济体制一步一步地向市场经济转换，国务院决定在基本建设和建筑业领域采取一些重大的改革措施。例如，投资有偿使用(“拨改贷”)、投资包干责任制、投资主体多元化、可行性研究、总承包制、工程招标投标制等。在这种情况下，改革传统的建设工程管理形式势在必行，否则难以适应我国经济发展和改革开放新形势的要求。

通过对我国几十年建设工程管理实践的反思和总结，并对国外工程管理制度与管理方法进行了考察，我国政府认识到建设单位的工程项目管理是一项专门的学问，需要一大批专门的机构和人才，建设单位的工程项目管理应当走专业化、社会化道路。在此基础上，建设部于 1988 年发布了《关于开展建设监理工作的通知》，明确提出要建立建设监理制度。建设监理制作为工程建设领域的一项改革举措，旨在改变陈旧的工程管理模式，建立专业化、社会化的建设监理机构，协助建设单位做好项目管理工作，以提高建设水平和投资效益。

建设工程监理制于 1988 年开始试点，随后，制订了“试点起步，法规先导，形式多样，讲究实效，逐步提高，健康发展”的指导思想。我国建设监理制已经过 1988—1992 年的试点阶段，1993—1995 年的稳步发展阶段，1996 年已开始进入全面推广阶段，1997 年《中华人民共和国建筑法》以法律制度的形式作出规定，国家推行建设工程监理制度，从而使建设工程监理制在全国范围内进入全面推行阶段。

（二）现状

建设工程监理作为一个行业，现已步入成熟期。我国建设监理取得的成绩主要体现在以下几个方面：

(1) 建立了一套较为完善的社会主义建设工程监理制度。

建设工程监理制度为我国建设领域的四项重要制度之一。要求按照社会主义市场经济原则和现代企业制度进行工程管理，并与项目法人（业主）责任制、招标投标制、合同管理制共同推行。业主、监理、设计、施工、供货商等市场主体必须改造成为独立的法人实体。业主用招标方式选择监理、设计、施工、供货商等单位。这些被选定的单位，以合同为纽带，构成业主、监理和施工承包单位三元制的工程项目管理体制。目前，此项管理制度经过探索、实践、推广、发展，已日臻完善，全国范围内除台湾、香港、澳门外，基本建设领域均建立了建设工程监理制度。

(2) 建设监理法规体系已基本形成，建设监理制逐渐成为市场经济体系中新型建设项目管理体制的三方主体之一。

《中华人民共和国建筑法》第四章，国务院《建设工程质量管理条例》第五章，《中华人民共和国招标投标法》第一章及相关章节均对建设监理制度的实施作出了明确规定。《中华人民共和国刑法》第 137 条明确了对监理行业不负责任者的刑事处罚。据以上国家法律条款，建设部、交通部等部委和各省、市、自治区人民政府先后颁布了一系列与之配套的部门和地方法规。例如《建设工程监理规定》《工程监理企业资质管理规定》《监理工程师资格考试与注册试行办法》等，从而为建设监理事业的发展起到了指导和约束管理作用，标志着我国建设监理法律法规的初步框架已基本形成。

(3) 形成了一支不可或缺的建设监理工程师队伍。

这支队伍的建立和发展，有效地保证了由计划经济向市场经济转轨时期导致的建设领域中出现的诸如真业主缺位、施工单位农民工操作水平低、假冒伪劣材料多等不良条件下的工程建设整体水平，并大幅度提高了投资效益。比较建设领域其他执业资格注册，应该说，就独立行业的执业影响和发展而言，监理工程师队伍受国家重视的程度是有目共睹的。

(4) 监理行业的社会认知度大幅度提高，初步得到了社会认可。

监理行业是市场经济的产物，随着社会主义市场经济的发展而发展，显示出自身的顽强生命力。监理制度的实施，对促进建设体制改革、改善工程建设管理，克服建设中的无序状态，控制工程质量、工期和造价，发挥了显著作用，得到了社会的广泛认可。监理和监理工程师已为国家最高领导和普通老百姓共同认可。继国务院颁布的五大类强制监理范围，国家发改委、原建设部等又联合颁发了《建设工程监理范围和规模标准规定》，使监理成为绝大多数工程项目管理的必要主体，充分显示了其行业的社会认知度。

(5) 初步建立了监理培训体系。

鉴于我国原来的计划经济模式，高等院校没有针对这一行业的本科设置。自 1988 年起，国家监理工程师上岗培训工作一直在持续进行，培训院校由同济大学等几所发展到数十所，与此同时一些院校增设了本、专科建设工程监理专业，由培养“专才”向“通才”转化。这些培训为监理行业解了燃眉之急，使很多从事设计、施工、科研工作的纯技术人才掌握了一定的法律、经济和管理知识，成功转型为管理型人才。

我国的建设工程监理，是工程监理企业受业主的委托，对工程建设实施的管理，其主要内容是项目管理和合同管理。

（三）发展

新世纪已经开始，随着我国改革开放的深入，特别是加入 WTO 后，中国的建筑市场国际化是我国经济对外开放的必然趋势。面对国际挑战，监理行业必须全面调整自己，向国际工程项目管理过渡，尽快实现与国际接轨。其发展的主要趋势为：

(1) 业主对监理行业的需求将发生变化。

随着业主责任制的不断完善，以及民营企业和私人投资项目的大量增加，业主将对工程投资效益越加重视，工程前期的决策阶段监理将大量增加。另外由于市场国际化程度的提高，外资项目将会大幅度增加，这些工程项目一般都要委托进行项目管理。业主的需求将从单一的质量管理向多方位、多层次、深入化程度发展，形成小业主、大监理模式。

(2) 建设监理将全过程、全方位发展。

随着业主需求的变化和国际工程项目管理公司竞争的加剧，以及走出国门参与国际市场的竞争，代表业主进行全方位、全过程的工程项目管理将是中国建设监理行业发展的必然趋势。

(3) 监理企业自身全面改革。

为适应市场需求的变化和迎接国际竞争的挑战，国内的监理公司，尤其是有实力的监理公司，必然要对自身进行多方面的调整：

① 首先要解决体制问题。只有建立完善的现代企业制度，才能使企业获得向国际化企业发展的生机。

② 建立科学化、现代化管理体系。监理公司的产品是监理服务，要创出有特色的名牌产品，必须在企业内部建立现代化管理体系，使企业的每一个行为都基于自身明确的发展目标，通过系统管理得以顺利实施。

③ 实施监理服务标准化战略。监理公司的品牌体现在监理服务上，所以必须对监理服务的内容、深度、原则等方面实施标准化。基于此，可以预计一批行业性的、有公信力的名牌监理企业能够脱颖而出。

(4) 随着建筑市场规范化，市场竞争环境将大为改观。

不规范的建筑市场是当前造成工程质量问题的主要根源，这就要求建筑市场中的五大主体——建设单位、施工单位、监理单位、设计单位、勘察单位各自规范其市场行为，其中业主行为的规范对监理尤其重要。随着业主对监理认识的提高以及业主负责制的进一步贯彻落实，市场竞争环境将会得到大幅度改善。

(5) 政府对建设监理市场的管理将更加规范。

在对建设监理市场的管理上，政府将进一步完善法规，加强宏观监督管理，分离出社会服务职能，实现小政府大社会，以适应市场经济体制要求的高透明度的规范化管理。

(6) 行业协会的作用将逐渐与国际接轨。

随着社会主义市场经济的完善和政府职能的转变，监理行业协会的作用将越显重要。它将担负起从业人员培养、资质认可、企业资质同行评议、争议仲裁、特别是行业自律等诸多角色，并将逐渐影响政府行业决策，从而真正成为政府与企业、企业与社会之间的桥梁。

(7) 监理工程师队伍素质、监理手段和水平将逐渐与国际工程项目管理工程师融合。

面对我国入世后建筑市场的蓬勃兴旺，市场经济体制改革的纵深发展，监理行业将进入稳定发展期。同时随着国际远程教育体系的完善和职业资格互认等制度的启动，将使监理工程师队伍素质、监理手段和水平大幅度提高。如目前英国主要有四个协会的正式会员有资格从事工程项目管理，即皇家特许测量师协会、皇家特许建造师协会、皇家建筑师协会和英国工程师协会，但这些会员均需通过国家五级执业资格标准的评估认可，才能从事工程项目管理。其发展趋势是将各类专业技术人员补充相应所缺知识，满足代表业主进行工程项目管理的需要。我国建设监理要适应项目管理工作的需要，必须补充如下课程或知识内容：建筑相关法律、会计学管理、成本效益分析、合同谈判技巧、管理会计、组织管理和市场分析、管理学、开发程序及策略、人力资源管理、质量控制管理、财务与评估管理、市场战略与信息管理等。这就是说，要使一般工程师、建筑师、咨询师、造价师和其他人员成为项目管理者，需要经过不同的特殊教育，以达到项目管理工程师应有的执业资格标准。

建设工程监理规划是工程监理企业接受业主委托后，在总监理工程师的主持下编制并经工程监理企业技术负责人批准，用来指导项目监理机构全面开展监理工作的指导性文件。

七、建设工程监理规划的作用

（一）指导工程监理企业的项目监理组织全面开展监理工作

监理规划的基本作用是指导工程监理企业的项目监理组织全面开展监理工作。建设工程监理的中心任务是协助业主实现项目总目标。实现项目总目标是一个系统的过程，需要制订计划，建立组织，配备监理人员，进行有效领导，实施目标控制。为了全面安排和指导项目监理组织有效地开展各项工作，监理规划应当明确地规定项目监理组织在工程实施过程中应当做哪些工作，由谁来做这些工作，在什么地点做这些工作，如何做好这些工作。只有为这些问题确定了全面、正确的答案，项目监理组织的各项工作才有了依据。

（二）监理规划是建设工程监理主管机构对工程监理企业实施监督管理的重要依据

建设工程监理主管机构对社会上所有工程监理企业都要实施监督、管理和指导，对其管理水平、人员素质、专业配套和监理业绩要进行核查和考评以确认它的资质和资质等级，以使我国整个建设工程监理能够达到应有的水平。要做到这一点，除了进行一般性的资质管理工作之外，更为重要的是通过工程监理企业的实际监理工作来认定它的水平。而工程监理企业的实际水平可以从监理规划和它的实施中充分地表现出来。

（三）监理规划是业主确认工程监理企业是否全面、认真履行建设工程监理合同的主要依据

工程监理企业如何履行建设工程监理合同？如何落实业主委托工程监理企业所承担的各项监理服务工作？作为监理的委托方，业主不但需要而且应当加以了解和确认。同时，业主有权监督工程监理企业执行监理合同。而监理规划正是业主了解和确认这些问题的最好资料，是业主确认工程监理企业是否履行监理合同的主要说明性文件。

（四）监理规划是工程监理企业重要的存档资料

项目监理规划的内容随着工程的进展而逐步调整、补充和完善，在一定程度上真实地反

映了一个工程项目监理的全貌，是最好的监理过程记录。因此，它是每一家工程监理企业的重要存档资料。

八、建设工程监理大纲、监理规划和监理细则的关系和区别

建设工程监理大纲和监理细则是与监理规划相互关联的两个重要监理文件，共同构成监理规划系列性文件。

（一）监理大纲

监理大纲又称为监理方案，是工程监理企业在业主委托监理的过程中为承揽监理业务而编写的监理方案性文件。它的主要作用有两个：一是使业主认可大纲中的监理方案，从而承揽到监理业务；二是为今后开展监理工作制定方案。其内容应当根据监理招标文件的要求制定，通常包括：工程监理企业拟派往项目上的主要监理人员，并对他们的资质情况进行介绍，工程监理企业应根据业主所提供的和自己初步掌握的工程信息制定准备采用的监理方案（监理组织方案、各目标控制方案、合同管理方案、组织协调方案等）；明确说明将提供给业主的反映监理阶段性成果的文件。项目监理大纲是项目监理规划编写的直接依据。

（二）监理规划

监理规划是工程监理企业接受业主委托并签订建设工程监理合同之后，由项目总监理工程师主持，根据监理合同，在监理大纲的基础上，结合项目的具体情况，广泛收集工程信息和资料的情况下制定的指导整个项日监理组织丌展监理工作的技术组织文件。

显然，项目监理规划制定的时间是在监理大纲之后。而且，编写项目监理大纲的单位并不一定有再继续编写项目监理规划的机会。虽然从内容范围上讲，监理大纲与监理规划都是围绕着整个项目监理组织所开展的监理工作来编写的，但是监理规划的内容比监理大纲更翔实、全面。监理规划的编写主持人是项目总监理工程师，而制定监理大纲的人员确切地说应当是工程监理企业指定人员或单位的技术管理部门，虽然未来的项目总监理工程师有可能参加，甚至主持这项工作。

（三）监理细则

项目监理细则又称为项目监理（工作）实施细则。如果把建设工程监理看作一项系统工程，那么项目监理细则就好比这项工程的施工图设计，它与项目监理规划的关系可以比作施工图与初步设计的关系。也就是说，监理细则是在项目监理规划的基础上，由项目监理组织的各有关部门，根据监理规划的要求，在部门负责人主持下，针对所分担的具体监理任务和工作，结合项目具体情况和掌握的工程信息制定的指导具体监理业务实施的文件。

项目监理细则在编写时间上总是滞后于项目监理规划。编写主持人一般是项目监理组织的某个部门的负责人。其内容具有局部性，是围绕着自己部门的主要工作来编写的。它的作用是指导具体监理业务的开展。

项目监理大纲、监理规划、监理细则是相互关联的，它们都是项目监理规划系列文件的组成部分，相互之间存在着明显的依据性关系：在编写项目监理规划时，一定要严格根据监理大纲的有关内容来编写；在制定项目监理细则时，一定要在监理规划的指导下进行。通常

工程监理企业开展监理活动应当编制以上系列监理规划文件。但这也不是一成不变的，就像工程设计一样。简单的监理活动只编写监理细则就可以了，而有些项目也可以制订较详细的监理规划，而不再编写监理细则。

九、建设工程监理规划编写的有关要求

（1）监理规划的基本内容应当力求统一。

监理规划作为指导项目监理组织全面开展监理工作的指导性文件，在总体内容组成上应力求做到统一。这是监理规范、统一的要求，是监理制度化的要求，是监理科学性的要求。在我国建设监理制逐步完善并开始进入全面推行阶段的今天，统一监理规划基本内容的时机已经到来，并将在不长的时间内得以解决。

监理规划的基本构成内容的确定，首先应考虑整个建设监理制度对建设工程监理的内容的要求。《建设工程监理规定》第九条明确指出：建设工程监理的主要内容是控制工程建设的投资、建设工期和工程质量，进行工程建设合同管理，协调有关单位之间的工作关系。《建设工程监理规定》的上述要求，无疑成为项目监理规划的基本内容，同时应当考虑监理规划的基本作用。监理规划的基本作用是指导项目监理组织全面开展监理工作。所以，对整个监理工作的计划、组织、控制将成为监理规划必不可少的内容。根据建设工程监理的指导思想，目标控制将成为规划的主要内容。这样监理规划构成的基本内容就应当包括目标规划、项目组织、监理组织、合同管理、信息管理和目标控制。

（2）监理规划的具体内容应具有针对性。

监理规划基本构成内容应当统一，但各项内容要有针对性。因为监理规划是指导一个特定工程项目监理工作的技术组织文件，其具体内容要适用于这个工程项目。而所有工程项目都具有单件性和一次性特点，也就是说每个项目都不相同。而且，每一个工程监理企业和每一位项目总监理工程师对一个具体项目在监理思想、方法和手段上都有独到之处。因此在编写监理规划具体内容时必然是“百花齐放”。只要能够对本项目有效地实施监理，圆满地完成所承揽的监理业务就是一个合格的监理规划。

所以针对一个具体工程项目的监理规划，有它自己的投资中进度、质量目标；有它自己的项目组织形式；有它自己的监理组织机构；有它自己的信息管理的制度；有它自己的合同管理措施；有它自己的目标控制措施、方法和手段。只有具有针对性，监理规划才能真正起到指导监理工作的作用。

（3）监理规划的表达方式应当格式化、标准化。

现代的科学管理应当讲究效率、效能和效益。仅就监理规划的内容表达来谈这个问题就应当考虑采用哪一种方式、方法才能使监理规划表现得更明确、更简洁、更直观，使它便于记忆且一目了然。因此需要选择最有效方式和方法表示出规划的各项内容。比较而言，图、表和简单的文字说明应当是采用的基本方法。所以，编写监理规划各项内容时应当采用什么表格、图示以及哪些内容需要采用简单的文字说明应当做出统一规定。

（4）项目总监理工程师是监理规划编写的主持人。

监理规划应当在项目总监理工程师主持下编写，这是建设工程监理实行项目总监理工程师负责制的要求。同时，要广泛征求各专业和各子项目监理工程师的意见并吸收他们中

的一部分共同参与编写。编写之前要搜集有关工程项目的状况资料和环境资料作为规划的依据。

监理规划在编写过程中应当听取项目业主的意见,最大程度地满足他们的合理要求,为进一步搞好服务奠定基础。

监理规划编写过程中还要听取被监理方的意见,这不仅包括承建本工程项目的单位(当然他们是重要的和主要的),还应当向富有经验的承包商广泛地征求意见,这样做会带来意想不到的好处。

作为工程监理企业的业务工作,在编写监理规划时还应当按照本单位的要求进行编写。

(5) 监理规划应当把握住工程项目运行的脉搏。

监理规划是针对一个具体工程项目来编写的,而工程的动态性很强。项目的动态性决定了监理规划具有可变性。所以,必须把握工程项目运行的脉搏,只有这样才能对这项工程进行有效监理。

监理规划要把握工程项目运行的脉搏,是指它要随着工程项目展开不断地补充、修改和完善。同时,监理规划随着工程的进行必然要调整。工程项目在运行过程中,内外因素和条件不可避免地要发生变化,造成项目不断地发生着运动"轨迹"的改变。因此,需要对它的偏离进行反复调整,这就必然造成监理规划自身在内容上要相应调整。这种调整的目的是使工程项目能够在规划的有效控制之下,不能让它成为脱缰的野马,变得无法驾驭。

监理规划要把握工程项目运行的脉搏,还由于它所需要的编写信息是逐步提供的。当只知道关于项目很少的信息时,不可能对项目进行详尽规划。随着设计的不断进展,随着工程招标方案的出台和实施,工程信息量越来越多,于是规划也就越趋于完整。

(6) 监理规划分阶段编写。

如前所述,监理规划的内容与工程进展密切相关,没有规划信息也就没有规划内容。因此,监理规划的编写需要一个过程。我们可以将编写的整个过程划分为若干个阶段,每个编写阶段都可以与工程实施各阶段相对应。这样项目实施各阶段所输出的工程信息成为相应的规划信息,从而使监理规划编写能够遵循管理规律,变得有的放矢。

监理规划编写阶段可按项目实施的各阶段来划分。例如,可划分为设计阶段、施工招标阶段和施工阶段。设计的前期阶段,即设计准备阶段,应完成规划的总框架并将设计阶段的监理工作进行"近细远粗"规划,使规划内容与已经把握住的工程信息紧密结合,既能有效地指导下一阶段的监理工作,又为未来的工程实施进行筹划;设计阶段结束,大量的工程信息能够提供出来,所以施工招标阶段监理规划的大部分内容都能够落实;随着施工招标的进展,各承包单位逐步确定下来,工程承包合同逐步签订,施工阶段监理规划所需工程信息基本备齐,足以编写出完整的施工阶段监理规划。在施工阶段,有关监理规划工作主要是根据工程进展情况进行调整、修改,使它能够动态地控制整个工程项目的正常进行。

无论监理规划的编写如何进行阶段划分,但它必须起到指导监理工作的作用。同时还要留出审查、修改的时间。所以,监理规划编写要事先规定时间。

(7) 监理规划的审核。

项目监理规划在编写完成后需要进行审核并经批准。工程监理企业的技术主管部门是内部审核单位,其负责人应当签认。同时应当提交业主,由业主确认,并监督实施。

从以上监理规划编写情况来看,它的编写既要有主要负责人(项目总监理工程师),又要形成编写班子。同时，项目监理组织的各部门负责人也有相关的任务和责任。监理规划牵扯到监理工作的各个方面，所以，凡是有关的部门和人员都应当关注它，使监理规划编制得科学、完备，真正发挥全面指导监理工作的作用。

十、建设工程监理规划编写的依据

（一）工程项目外部环境调查研究资料

1. 自然条件

自然条件包括工程地质、工程水文、气象、区域地形、自然灾害情况等。

2. 社会和经济条件

社会和经济条件包括政治局势、社会治安、建筑市场状况、材料和设备厂家、勘察和设计单位、施工单位、工程咨询和工程监理企业、交通设施、通信设施、公用设施、能源和后勤供应、金融市场情况等。

（二）工程建设方面的法律、法规

（1）中央、地方和部门政策、法律、法规；

（2）工程所在地的法律、法规、规定及有关政策等；

（3）工程建设的各种规范、标准。

（三）政府批准的工程建设文件

（1）可行性研究报告、立项批文；

（2）规划部门确定的规划条件、土地使用条件、环境保护要求、市政管理规定等。

（四）建设工程监理合同

（1）工程监理企业和监理工程师的权利和义务；

（2）监理工作范围和内容；

（3）有关监理规划方面的要求。

（五）其他工程建设合同

（1）项目业主的权利和义务；

（2）工程承建商的权利和义务。

（六）项目业主的正当要求

根据工程监理企业应竭诚为客户服务的宗旨，在不超出合同职责范围的前提下，工程监理企业应最大程度地满足业主的正当要求。

（七）工程实施过程中输出的有关工程信息

（1）方案设计、初步设计、施工图设计；

（2）工程实施状况；

（3）工程招标投标情况；

（4）重大工程变更；

（5）外部环境变化等。

（八）项目监理大纲

（1）项目监理组织计划；

(2) 拟投入主要监理成员；
(3) 投资、进度、质量控制方案；
(4) 信息管理方案；
(5) 合同管理方案；
(6) 定期提交给业主的监理工作阶段性成果。

十一、建设工程监理规划的内容与审核

(一) 建设工程监理规划的内容

建设工程监理规划是在建设工程监理合同签订后制订的指导监理工作开展的纲领性文件，起着对建设工程监理工作全面规划和进行监督指导的重要作用。由于它是在明确监理委托关系以及确定项目总监理工程师以后，在更详细掌握有关资料的基础上编制的，所以其包括的内容与深度比建设工程监理大纲更详细和具体。

建设工程监理规划应在项目总监理工程师的主持下，根据工程项目建设监理合同和业主的要求，在充分收集和详细分析研究建设工程监理项目有关资料的基础上，结合工程监理企业的具体条件编制。

建设工程监理企业在与业主进行工程项目建设监理委托谈判期间，就应确定项目建设监理的总监理工程师人选，该人选应参与项目建设监理合同的谈判工作；在工程项目建设监理合同签订以后，项目总监理工程师应组织监理人员详细研究建设监理合同内容和工程项目建设条件，主持编制项目的监理规划。建设工程监理规划应将监理合同中规定的工程监理企业承担的责任及任务具体化，并在此基础上制定实施监理的具体措施。编制的建设工程监理规划，是编制建设监理细则的依据，是科学、有序地开展工程项目建设监理工作的基础。

建设工程监理是一项系统工程，既然是一项“工程”，就要进行事前的系统策划和设计。监理规划就是进行此项工程的“初步设计”。各专业监理的实施细则是此项工程的“施工图设计”。

工程项目建设监理规划通常包括以下内容。

1. 工程项目概况

工程项目的概况主要编写如下内容：

(1) 工程项目名称。

(2) 工程项目地点。

(3) 工程项目组成及建筑规模。

(4) 主要建筑结构类型。

(5) 预计工程投资总额。预计工程投资总额可以按工程项目投资总额或工程项目投资组成说明。

(6) 工程项目计划工期。工程项目计划工期可以以工程项目的计划持续时间或以工程项目的具体日历时间表示。

(7) 工程质量等级。应具体提出工程项目的质量目标要求。

(8) 工程项目设计单位及施工单位名称。

(9) 工程项目结构图与编码系统。

2. 工程项目建设监理阶段、范围和目标

(1) 工程项目建设监理阶段

工程项目建设监理阶段是指工程监理企业所承担监理任务的工程项目建设阶段，可以按监理合同中确定的监理阶段进行划分，通常可以划分为立项阶段、设计阶段、招标阶段、施工阶段、保修阶段。

(2) 工程项目建设监理范围

工程项目建设监理范围是指工程监理企业所承担任务的工程项目建设监理的范围。如果工程监理企业承担全部工程项目的建设工程监理任务，监理的范围为全部工程项目，否则应按工程监理企业所承担的工程项目的建设标段或子项目划分确定工程项目建设监理范围。

(3) 工程项目建设监理目标

工程项目建设监理目标是指工程监理企业所承担的工程项目的监理目标，通常以工程项目的建设投资、进度、质量三大控制目标来表示。

3. 工程项目建设监理工作内容

(1) 工程项目立项阶段监理主要内容

立项阶段监理主要内容是协助业主准备项目报建手续；对项目可行性进行研究、咨询和技术经济论证；编制工程建设匡算；组织设计任务书的编制。

(2) 设计阶段监理工作的主要内容

收集设计所需资料编写设计要求，组织项目设计方案竞赛或设计招标，协助业主选择勘测设计单位；配合设计单位开展设计，组织协调各设计单位之间的工作；审核设计文件，组织设计文件的报批。

(3) 施工招标阶段监理工作的主要内容

拟订施工招标方案并征得业主同意；准备项目招标工作，组织项目招标、评标、决标；协助业主与中标单位商签承包合同。

(4) 材料物资采购供应的监理工作内容

对于由业主负责采购供应的材料、设备等物资，监理工程师应负责进行制订计划、监督合同执行和供应工作。

(5) 施工阶段监理工作内容

施工阶段监理工作内容是进行质量控制、进度控制和投资控制。

(6) 合同管理

拟订本工程项目合同体系及合同管理制度；协助业主拟订项目的各类合同条款，并参与各类合同的商谈；对合同执行情况进行分析和跟踪管理；协助业主处理与项目有关的索赔事宜及合同纠纷事宜。

(7) 委托的其他服务

监理工程师受业主委托，承担技术服务其他方面的相关内容，包括协助业主准备项目，为业主培训技术人员等。

4. 工程项目建设监理控制目标与措施

工程项目的建设监理控制目标与措施应重点围绕投资控制、进度控制、质量控制三大目标制定。

（1）投资控制

对工程项目的投资目标进行分解，编制投资使用计划，制定投资控制的工作流程，制定投资控制的组织、技术、经济和合同措施，对投资目标进行风险分析。

（2）进度控制

编制项目总进度计划，对项目总进度目标进行分解，制定进度控制的工作流程与措施，落实进度控制的责任，建立进度控制协调制度及进度控制的技术措施、组织措施、经济措施、合同措施，对进度目标的实现进行风险分析。

（3）质量控制

对质量控制目标进行描述，从设计、材料、设备、土建施工、设备安装等方面进行质量目标控制；制定质量控制的工作流程和措施，从组织、技术、经济及合同等方面具体进行质量控制。

（4）合同管理

编制合同结构图；制定合同管理的工作流程与措施，对合同执行的状况进行动态分析，制定合同争议调解与索赔程序。

（5）信息管理

编制信息流程图，对信息进行分类，制定信息管理的工作流程与措施。

（6）组织协调

与工程项目建设有关的单位主要有业主、设计、施工、材料和设备供应单位，资金提供单位以及政府管理机构等，分析工程建设的相关单位对工程建设的影响，并制定协调工作程序。

5．工程项目监理组织

（1）监理组织机构。项目监理组织机构可以用组织机构图表示。

（2）监理人员名单。

（3）职责分工，包括项目监理组织职能部门的职责分工，各类监理人员的职责分工。

6．工程项目监理工作制度

工程项目监理的工作制度根据各监理阶段主要分为以下几个方面：

（1）项目立项阶段的工程项目监理工作制度，主要包括：可行性研究报告评审制度；工程匡算审核制度；技术咨询制度。

（2）设计阶段的工程项目监理工作制度，主要包括：设计大纲、设计要求编写及审核制度；设计咨询制度；设计方案评审制度；工程估算、概算审核制度；施工图纸审核制度；设计协调会及会议纪要制度等。

（3）施工招标阶段的工程项目监理工作制度，主要包括：招标准备工作有关制度；编制招标文件有关制度；标底编制及审核制度；合同条件拟订及审核制度；组织招标实务有关制度等。

（4）施工阶段的工程项目监理工作制度，主要包括：施工图纸会审及设计交底制度；施工组织设计审核制度；工程开工申请制度；工程材料、半成品质量检验制度；隐蔽工程分项（部）工程质量验收制度；技术复核制度；单位工程、单项工程中间验收制度；技术经济签证制度；设计变更处理制度；现场协调会及会议纪要签发制度；施工备忘录签发制度；施工现场紧急情况处理制度；工程款支付签审制度；工程索赔签审制度等。

（5）项目监理组织内部工作制度，主要包括：监理组织工作会议制度；对外行文审批制度；建立监理工作日志制度；监理周报、月报制度；技术、经济资料及档案管理制度；监理费用预算制度等。

7. 工程项目监理设施

为保证工程项目监理工作的进行，工程监理企业应配备必要的监理相关设施，通常包括办公设备、监理工作中信息管理设备、工程质量检测的常用设施等。

（二）建设工程监理规划的审核

建设工程监理规划在编写完成后需要进行审核并经批准。监理单位的技术主管部门是内部审核单位，其负责人应当签认。监理规划审核的内容主要包括以下几个方面：

1. 监理范围、工作内容及监理目标的审核

根据监理招标文件和委托监理合同，看其是否理解业主对该工程的建设意图，监理范围、监理工作内容是否包括全部委托的工作任务，监理目标是否与合同要求和建设意图一致。

2. 项目监理机构结构的审核

（1）组织机构

在组织形式、管理模式等方面是否合理，是否结合了工程实施的具体特点，是否能够与业主的组织关系和承包方的组织关系相协调等。

（2）人员配备

人员配备方案应从以下几个方面审查：

① 派驻监理人员的专业满足程度。应根据工程特点和委托监理任务的工作范围审查，不但考虑专业监理工程师（如土建监理工程师、机械监理工程师等）能否满足开展监理工作的需要，而且还要看其专业监理人员是否覆盖了工程实施过程中的各种专业要求，以及高、中级职称和年龄结构的组成。

② 人员数量的满足程度。主要审核从事监理工作人员数量和结构的合理性。

③ 专业人员不足时采取的措施是否恰当。大中型建设工程由于技术复杂、涉及的专业面宽，当监理单位的技术人员不足以满足全部监理工作要求时，对拟临时聘用的监理人员的综合素质应认真审核。

④ 派驻现场人员计划表。对于大中型建设工程，不同阶段对监理人员数量和专业等方面的要求不同，应对各阶段所派驻现场监理人员的专业、数量计划是否与建设工程的进度计划相适应进行审核。还应平衡正在其他工程中执行监理业务的人员，是否能够按照预定计划进入本工程参加监理工作。

3. 工作计划审核

在工程进展中各个阶段的工作实施计划是否合理、可行，审查其在每个阶段中如何控制建设工程目标以及组织协调的方法。

4. 投资、进度、质量控制方法和措施的审核

对三大目标的控制方法和措施应重点审查，看其如何应用组织、技术、经济、合同措施保证目标的实现，方法是否科学、合理、有效。

5. 监理工作制度审核

监理工作制度审核主要审查监理的内、外工作制度是否健全。

第十节　管理软件应用

一、信息技术对建设工程的影响

随着信息技术的高速发展和不断应用，其影响已波及传统建筑业的各个方面。随着信息技术（尤其是计算机软硬件技术、数据存储与处理技术及计算机网络技术）在建筑业中的应用，建设工程的手段不断更新和发展。建设工程的手段与建设工程思想、方法和组织不断互动，产生了许多新的管理理论，并对建设工程的实践产生十分深远的影响。项目控制（project controlling）、集成化管理（integrated management）、虚拟建筑（virtual construction）、建筑信息模型（building information modeling）都是在此背景下产生和发展的。具体而言，信息技术对工程项目管理的影响在于：

(1) 建设工程系统的集成化，包括各方建设工程系统的集成以及建设工程系统与其他管理系统（项目开发管理、物业管理）在时间上的集成。

(2) 建设工程组织的虚拟化。在大型项目中，建设工程组织在地理上分散，但是在工作上协同。

(3) 在建设工程方法上，由于信息沟通技术的应用，项目实施中有效的信息沟通与组织协调使工程建设各方可以更多地采用主动控制，避免了许多不必要的工期延迟和费用损失，目标控制更有效。

建设工程任务的变化，信息管理更为重要，甚至产生了以信息处理和项目战略规划为主要任务的新型管理模式——项目控制（project controlling）。

二、建设工程项目管理中的信息

（一）建设工程项目信息的构成

由于建设工程信息管理工作涉及多部门、多环节、多专业、多渠道，工程信息量大，来源广泛，形式多样，主要有如下形式：

1. 文字图形信息

文字图形信息包括勘察、测绘、设计图纸及说明书、计算书、合同，工作条例及规定，施工组织设计，情况报告，原始记录，统计图表、报表，信函等信息。

2. 语言信息

语言信息包括口头分配任务、指示、汇报、工作检查、介绍情况、谈判交涉、建议、批评、工作讨论和研究、会议等信息。

3. 新技术信息

新技术信息包括通过网络、电话、电报、计算机、电视、录像、录音、广播等现代化手段收集及处理的一部分信息。

监理工作者应当捕捉各种信息并加工处理和运用。

（二）建设工程项目信息的分类

建设工程项目监理过程中涉及大量的信息，这些信息根据不同标准可划分如下：

1. 按照建设工程的目标划分

(1) 投资控制信息

投资控制信息是指与投资控制直接相关的信息。如各种估算指标、类似工程造价、物价指数;设计概算、概算定额;施工图预算、预算定额;工程项目投资估算;合同价组成;投资目标体系;计划工程量、已完工程量、单位时间付款报表、工程量变化表、人工及材料调差表;索赔费用表;投资偏差、已完工程结算;竣工决算、施工阶段的支付账单;原材料价格、机械设备台班费、人工费、运杂费等。

(2) 质量控制信息

质量控制信息是指与建设工程项目质量有关的信息,如国家有关的质量法规、政策及质量标准、项目建设标准;质量目标体系和质量目标的分解;质量控制工作流程、质量控制的工作制度、质量控制的方法;质量控制的风险分析;质量抽样检查的数据;各个环节工作的质量(工程项目决策的质量、设计的质量、施工的质量);质量事故记录和处理报告等。

(3) 进度控制信息

进度控制信息是指与进度相关的信息,如施工定额;项目总进度计划、进度目标分解、项目年度计划、工程总网络计划和子网络计划、计划进度与实际进度偏差;网络计划的优化、网络计划的调整情况;进度控制的工作流程、工作制度、风险分析等。

(4) 合同管理信息

合同管理信息是指与建设工程相关的各种合同信息,如工程招投标文件;工程建设施工承包合同,物资设备供应合同,咨询、监理合同;合同的指标分解体系;合同签订、变更、执行情况;合同的索赔等。

2. 按照建设工程项目信息的来源划分

(1) 项目内部信息

项目内部信息是指建设工程项目各个阶段、各个环节、各有关单位发生的信息总体。内部信息取自建设项目本身,如工程概况、设计文件、施工方案、合同结构、合同管理制度,信息资料的编码系统、信息目录表,会议制度,监理班子的组织,项目的投资目标、质量目标、进度目标等。

(2) 项目外部信息

项目外部信息是指来自项目外部环境的信息。如国家有关的政策及法规;国内及国际市场的原材料及设备价格、市场变化;物价指数;类似工程造价、进度;投标单位的实力、投标单位的信誉、毗邻单位情况;新技术、新材料、新方法;国际环境的变化;资金市场变化等。

3. 按照信息的稳定程度划分

(1) 固定信息

固定信息是指在一定时间内相对稳定不变的信息,包括标准信息、计划信息和查询信息。标准信息主要是指各种定额和标准,如施工定额、原材料消耗定额、生产作业计划标准、设备和工具的耗损程度等。计划信息反映计划期内已定任务的各项指标情况。查询信息主要是指国家和行业颁发的技术标准、不变价格、监理工作制度、监理工程师的人事卡片等。

(2) 流动信息

流动信息是指不断变化的动态信息。如项目实施阶段的质量、投资及进度的统计信息;反映在某一时刻,项目建设的实际进程及计划完成情况;项目实施阶段的原材料实际消耗量、机械台班数、人工工日数等。

三、建设工程项目信息管理

(一) 信息管理的概念

信息管理是指对信息的收集、加工整理、储存、传递与应用等一系列工作的总称。信息管理的目的是通过有组织的信息流通,使决策者能及时、准确地获得相应的信息。为了达到信息管理的目的,就要把握好信息管理的各个环节,并要做到:

(1) 了解和掌握信息来源,对信息进行分类;

(2) 掌握和正确运用信息管理的手段(如计算机);

(3) 掌握信息流程的不同环节,建立信息管理系统。

(二) 建设工程项目信息管理的基本任务

监理工程师作为项目管理者,承担着项目信息管理的任务,负责收集项目实施情况的信息,做各种信息处理工作,并向上级、外界提供各种信息,信息管理任务主要包括:

(1) 组织项目基本情况信息的收集并系统化,编制项目手册。项目管理的任务之一是按照项目的任务和实施要求,设计项目实施和项目管理中的信息和信息流,确定它们的基本要求和特征,并保证在实施过程中信息顺利流通。

(2) 项目报告及各种资料的规定,例如资料的格式、内容、数据结构要求。

(3) 按照项目实施、项目组织、项目管理工作过程建立项目管理信息系统流程,在实际工作中保证该系统正常运行,并控制信息流。

(4) 文件档案管理工作。

有效的项目管理需要更多地依靠信息系统的结构和维护。信息管理影响组织和整个项目管理系统的运行效率,是人们沟通的桥梁,监理工程师应对它给予足够的重视。

(三) 建设工程信息管理工作的原则

对于大型项目,建设工程产生的信息数量巨大,种类繁多。为便于信息的搜集、处理、储存、传递和利用,监理工程师在进行建设工程信息管理实践中逐步形成了以下基本原则。

1. 标准化原则

要求在项目的实施过程中对有关信息的分类进行统一,对信息流程进行规范,产生控制报表则力求做到格式化和标准化,通过建立健全的信息管理制度,从组织上保证信息生产过程的效率。

2. 有效性原则

监理工程师所提供的信息应针对不同层次管理者的要求进行适当加工,针对不同管理层提供不同要求和浓缩程度的信息。例如,对于项目的高层管理者而言,提供的决策信息应力求精练、直观,尽量采用形象的图表表达,以满足其战略决策的信息需要。这个原则是为了保证信息产品对于决策支持的有效性。

3. 定量化原则

建设工程产生的信息不应是项目实施过程中产生数据的简单记录,而应该是经过信息处理人员的比较与分析。采用定量工具对有关数据进行分析和比较是十分必要的。

4. 时效性原则

考虑工程项目决策过程的时效性，建设工程的成果也应具有相应的时效性。建设工程的信息都有一定的生产周期，如月报表、季度报表、年度报表等，这都是为了保证信息产品能够及时服务于决策。

5. 高效处理原则

通过采用高性能的信息处理工具（建设工程信息管理系统），尽量缩短信息在处理过程中的延迟，监理工程师的主要精力应放在对处理结果的分析和控制措施的制定上。

6. 可预见原则

建设工程产生的信息作为项目实施的历史数据，可以用于预测未来的情况，监理工程师应通过采用先进的方法和工具为决策者制定未来目标和行动规划提供必要的信息。如通过对以往投资执行情况的分析，对未来可能发生的投资进行预测，作为采取事先控制措施的依据，在工程项目管理中也是十分重要的。

第五章　综合案例:建井工程施工管理实践

第一节　建井工程施工管理实践研究

一、案例 5-1

1. 工程背景

某施工单位承担了一长度为 2 500 m、净断面面积为 18.0 m^2的运输大巷施工任务。该大巷采用锚喷支护,要求工期为 30 个月。合同约定工程结算采用综合单价,结算单价为 6 000 元/m,巷道围岩变化支护材料增加在 20%以内,只计算材料消耗;超过 20%,综合单价增加 10%。施工中发生了下面几个事件:

(1) 由于建设单位的原因,工程推迟了 2 个月才开工,经建设单位同意增开措施巷 30 m,结算单价 4 500 元/m,可使总工期缩短 4 个月;

(2) 由于巷道围岩性质变化,有 800 m 巷道需要增加锚杆数量,材料增加 8%,成本增加为 200 元/m;

(3) 由于施工单位疏忽,工程施工中发生了冒顶事故,造成 1 人死亡、2 人重伤,处理事故工期延长了 1 个月;

(4) 施工结束验收时发现,有 150 m 巷道净宽度比设计值大 100 mm,同时混凝土喷层局部比设计值 150 mm 小,实际为 140 mm。

2. 问题

(1) 根据合同和发生的事件,施工单位可结算到的工程款是多少?工程实际工期是多少?

(2) 施工中发生的冒顶事故按严重程度属于哪一类?工程安全事故的处理程序是什么?

(3) 该巷道的施工质量是否满足要求?

(4) 巷道工程验收应提供哪些资料?

3. 参考解答

(1) 施工单位可结算到的工程款是:

$$2\ 500\times6\ 000+30\times4\ 500+800\times200=15\ 295\ 000(\text{元})$$

工程实际工期为:

$$30+1-4=27(\text{月})$$

(2) 工程发生的事故造成 1 人死亡、2 人重伤,按事故的严重程度,属于一般伤亡事故。

工程发生安全事故的处理程序是:抢救伤员和现场保护;组织调查组;进行现场勘察;分析事故原因,确定事故性质;写出事故调查报告;事故的审理和结案。

(3) 该巷道的施工质量满足质量要求。巷道净宽度比设计值大 100 mm,但小于规定的

150 mm;混凝土喷层厚度 140 mm,大于设计值 150 mm 的 90%。

(4) 巷道工程验收应提供的主要资料包括:实测平面图,纵、横断面图,井上下对照图;井下导线点、水准点图及有关测量记录成果表;地质素描图、柱状图和断层断面图;主要岩石和矿石标本、水文记录和水样、气样、矿石化验记录;隐蔽工程验收记录、材料和试块试验报告。

二、案例 5-2

1. 工程背景

某矿井主井井筒设计深度 560 m,净直径 6.0 m。建设单位通过招标确定一施工单位承包工程施工任务,合同专用条款规定,工程造价和工期确定的基础井筒涌水量为 20 m^3/h。井筒掘进到 368 m 位置时,放炮后井筒涌水量达到 23 m^3/h,施工单位在没有采取措施的情况下进行了井壁混凝土的浇筑工作。脱模后发现井壁出现严重的蜂窝麻面现象,且井筒一侧的半径偏差达到−20 mm。建设单位提出返工处理,施工单位为此额外支出 3 万元,影响工期 2 天。

2. 问题

(1) 建设单位要求返工的依据是什么?应该如何应对施工单位的索赔?

(2) 案例中,影响井筒净半径误差的原因主要有哪些?

(3) 案例中,造成井壁蜂窝麻面严重的主要因素有哪些?

(4) 施工过程中如何处理井壁淋水?

3. 参考解答

(1) 建设单位要求返工的依据是井筒净半径偏差不合格。规范规定,当井筒采用现浇混凝土支护,由提升设备的井筒的净半径误差不超过+50 mm。

否决施工单位的索赔要求。井筒涌水量达到 23 m^3/h,与基础涌水量 20 m^3/h 相比没有实质性改变,且涌水量增大也不会造成井筒半径偏差不合格,不是影响工期延误和费用增加的原因。

(2) 本案例主要原因是施工单位没有专门措施保障井壁质量。影响井筒半径偏差的主要原因是模板尺寸误差、测量误差和施工失误等,主要表现为模板变形后造成的井筒变形、立模时没有校核测量偏差致使模板偏斜、混凝土未对称浇筑致使模板跑偏等。

(3) 造成井壁蜂窝麻面的主要原因:涌水直接进入混凝土拌合料冲走水泥浆,混凝土振捣操作不规范,没有刷脱模剂致使混凝土粘模且没有及时处理。

(4) 在井筒施工时,为了防止井筒淋水将灰浆冲洗流失,保证混凝土井壁施工质量和减少掘进工作面淋水,根据岩层涌水情况和砌壁工序不同,对淋水采用导或截的方法处理。

第二节 建井工程施工管理案例分析

一、案例 5-3

1. 工程背景

某施工单位承揽了一矿井的主井、副井井筒的掘砌施工任务,井筒采用冻结法施工,基岩段进行地面预注浆堵水。井筒冻结工程已经由另外的施工单位承包,基岩段注浆由井筒掘砌单位自己承担。在施工中发生以下事件：

(1) 在施工准备期间，地面预注浆时注浆孔的钻进与冻结孔的钻进产生了矛盾，都要占用井口位置，经业主协调，先进行冻结孔钻进。

(2) 由于冻结单位采用主、副井共用一套制冷系统，但是井筒掘砌单位确定的主副井开工顺序仅差 1 个月，冻结单位不能保证两个井筒都能按预定时间开工。

(3) 在井筒冻结段掘砌时，井筒掘砌单位为加快施工进度，在井帮温度未能达到规定的情况下提前进行开挖，以加快冻土的挖掘速度。结果造成冻结壁变形严重，副井井筒有 2 根冻结管发生断裂，但未发生安全事故。

(4) 在井筒井壁质量的验收工作中，监理工程师发现冻结段井壁有两处环形裂缝，施工单位解释是温度应力造成时，对井壁质量没有影响。

2. 问题

(1) 矿山建设工程的基本特点是什么？

(2) 针对事件(1)，业主的处理方法是否正确？有没有更好的处理方法？

(3) 针对事件(2)，哪些单位应当承担相应的责任？

(4) 针对事件(3)，井筒掘砌单位是否有过失？为什么？

(5) 针对事件(4)，施工单位的解释有没有依据？监理工程师应当如何处理？

3. 参考解答

(1) 矿山建设工程项目是综合性建设项目，具有投资大、周期长、组织关系复杂的特点。矿井工程的施工条件十分复杂，矿井工程的主体工程在地下，环境条件的复杂和不确定性还对项目建设带来大量安全问题甚至灾难。另外，施工单位多，协调工作量大，矿井工程的各个系统相互联系和制约。当然，矿井工程的建设还与生产联系紧密。

(2) 针对事件(1)，注浆孔的钻进与冻结孔的钻进产生了矛盾，由于一般冻结孔钻进属于关键线路上的工作，其进度拖延会影响工期，因此应当保证其进度不受影响，所以业主的处理方法是正确的。更好的处理方法是改进地面预注浆工艺，采用定向钻进方法，从井口外围进行注浆孔的钻进，这样二者可同时组织施工，不会影响工期。从该事件也可以发现：业主应当认真审核施工进度计划，避免出现该类问题。

(3) 针对事件(2)，由于两个井筒由一家单位负责冻结，冻结井筒积极冻结必须错开 2～3 个月，因此两个井筒错开 1 个月开工不能保证冻结效果。作为冻结单位，如果中标方案是两个井筒联合冻结，那么不用承担责任；如果是分别冻结，应当承担相应的责任。作为掘砌施工单位，进度安排应当考虑冻结井筒施工的特点，所以应承担相应的责任。作为业主或监理单位，施工方案安排存在一定的问题，没有预先妥善解决，应承担相应的责任。

(4) 针对事件(3)，井筒掘砌单位存在过失。因为井帮温度未达到规定要求，冻结壁强度不足，提前开挖会使冻结壁变形严重，甚至会发生断管坍塌事故，给施工带来灾害。尽管提前开挖可方便掘进出土工作，但由于存在安全隐患，属于违规行为。

(5) 针对事件(4)，施工单位的解释有一定的依据，但同时还应看到，引起这一现象的原因还有很多，其中混凝土脱模过早也会出现该现象，这样井壁质量没有保障，容易发生渗漏水问题。作为监理单位，应当对出现的问题进行分析，必要时进行检测，然后制定相应的处理方案。

二、案例 5-4

1. 工程背景

某矿山建设工程公司总承包了一矿井的施工工作。矿井主井井筒净直径为 5.0 m,井深为 750 m;副井井筒直径为 6.5 m,井深为 726 m。风井井筒净直径为 4.5 m,井深为 715 m。矿井开工前,建设单位提交了矿井的地质报告、井筒检查孔地质柱状图、地面工业广场布置图,修建了进矿道路及供电线路等。该施工单位依据上述条件编制了矿井的施工组织设计,其主要内容如下:

(1) 矿井开工前完成供水、供电、运输、通信以及工业广场平垫的前期工作,以及主要污水排放管道的敷设工作。

(2) 由于矿井无边界风井,确定矿井采用单向掘进施工方案。副井井筒利用永久井架凿井,井筒的开工顺序依次为主井、副井、风井,井筒到底后进行主井与副井的贯通,再与风井贯通。

(3) 主副井井筒到底后,井筒装备交替方案是主井临时改绞,副井永久装备,副井交付使用后进行主井的永久装备。

(4) 在主副井与风井贯通后,风井进行永久装备,工程结束后交付使用,然后安排采区巷道的施工,同时进行井下生产系统安装和试生产。

(5) 矿井建设的施工组织由该公司负责,劳动力统一调配,特殊工程经建设单位同意后可分包。

但是在矿井建设过程中,由于主井冻结施工发生淹井事故,工程拖延了 8 个月。副井先到底,且副井与风井施工进度正常,矿井整个施工组织被打乱。

2. 问题

(1) 矿井施工方案的确定中,井筒的开工顺序是否合理?

(2) 井筒装备方案有何不妥?

(3) 主井发生淹井事故后如何正确调整施工组织?

3. 参考解答

(1) 矿井施工方案的确定中,井筒开工的顺序不合理,风井最后开工不妥。因为副井利用永久井架凿井,不具备首先开工的条件;风井与主井相比,直径较小,深度较浅,施工要求稍低,而主井通常装载硐室还要与井筒同时施工,工期长,还要保证主井与风井同时到底后短路贯通。因此应当充分考虑可能出现的问题进行工程排队,在风井与主井同时到底的基础上合理确定出主井和风井的开工顺序,一般情况下应当是主井先开工,然后是风井,最后是副井。

(2) 井筒装备方案应首先考虑主井和风井进行临时改绞,以满足井底车场巷道与硐室的施工。因为风井永久安装设备少,安装速度快,而主井安装复杂,时间长,同时主井安装又制约着矿井建设的总工期。因此拟采用风井首先改绞,如果临时提升能力不足,再考虑主井临时改绞,一旦副井永久装备完成,风井立即进行永久装备,这样安排不会对矿井建设的总工期产生影啊。

(3) 由于主井发生了淹井事故,不能保证按预定的时间到底与风井贯通,只能考虑风井与副井进行贯通,然后进行井底车场巷道与硐室的施工。这时风井进行改绞,副井进行永久装备，不再考虑主井的改绞。由于只能进行风井改绞，提升能力要能满足井底车场掘进要求，必要时可增加改绞提升罐笼的规格和能力。主井到底后，可直接进行永久装备。当然，由于风井改绞提升能力紧张，副井应加快永久装备的速度，早日投入运营，也可以为风井提前装备及矿井早日投产创造条件。

三、案例 5-5

1. 工程背景

一立井井筒直径为 6.5 m，深度为 600 m，其中表土部分深度为 135 m，基岩段共穿过 2 个含水层，井深 350 m 处含水层预计涌水量为 20 m^3/h，井深 500 m 处含水层预计涌水量为 45 m^3/h，在井深 500 m 处通过一厚度 6.5 m 的煤层，该煤层有突出危险。施工单位对该井筒施工时，表土部分采用冻结法通过，基岩部分采用短段掘砌混合作业施工方式，主要施工设备为 FJD-6 伞钻打眼，HZ-4 中心回转抓岩机出矸，采用 2.0 m 高伸缩模板砌壁，炮眼深度为 3.5 m，预计井筒施工工期为 12 个月。施工中发生下列几个事件：

(1) 建设单位提供的水泥出现质量问题，使得两个段高的井壁出现开裂，强度不够，监理要求拆除重新砌壁，处理该段井壁延长工期 0.5 个月；

(2) 在通过第 2 个含水层时，经探水发现涌水量实际为 40 m^3/h，施工单位采用了强行通过的办法，但效果不好，最后耽误工期 0.5 个月；

(3) 在通过煤层时，施工单位凭经验进行施工，结果发生突发事故，虽未造成人员伤亡，但是处理工作使工期延长了 1 个月；

(4) 当井筒施工到井底车场水平时，发现车场巷道围岩不稳定，经与设计单位协商，井底车场水平向下延深 10 m，业主同意，井筒同时延深 10 m，使工期增加 0.5 个月；

(5) 井筒施工结束验收发现，井壁漏水量达 12.5 m^3/h，不符合验收要求，施工单位进行了注浆处理，时间为 2 个月。

2. 问题

(1) 该井筒施工的实际工期是多少？

(2) 施工单位的施工设备选择方案是否有不妥之处？为什么？

(3) 针对发生的 5 个事件，哪些施工单位可以进行索赔，哪些不能？为什么？

(4) 井筒延深费用索赔应当如何考虑？

3. 参考解答

(1) 该井筒的实际工期为：12＋0.5＋0.5＋1.0＋0.5＋2.0＝16.5(月)。

(2) 施工单位的掘进设备采用的是综合机械化配套，但所选用的模板高度与炮眼深度不匹配，不利于发挥机械设备的优势。模板高度应选择 3.0 m 左右才能与炮眼深 3.5 m 配套。

(3) 事件(1)(4)施工单位可以进行索赔。因为发生延误的原因不是施工单位的责任。事件(2)、(3)、(5)施工单位得不到索赔，因为出现问题的原因与施工单位自身有关，施工单位应承担相应的责任。

(4) 井筒延深费用索赔计算应考虑施工单位凿井设备能力及相关措施费用的增加等内容，因为井筒延深后施工单位的施工设备如果不能满足该深度的施工要求，必须增加辅助的设施，这些费用也应当能够获得赔偿。

四、案例 5-6

1. 工程背景

某施工单位中标了一井筒冻结及掘砌工程，确定采用总价合同，订立合同时建设单位提出五条意见：

(1) 在施工井筒位置 1.5 km 处有一报废井筒，其地质资料完整，因此施工井筒不必再进行井筒检查孔的施工，该部分费用扣除；

(2) 井筒砌壁混凝土材料消耗超过 15%，价格不予调整；

(3) 井筒的开工时间暂不确定，工期以实际开工时间开始计算，但总工期不变；

(4) 井筒验收时，涌水量小于 10.0 m^3/h 即可；

(5) 建设单位可以无条件拖延半年时间支付工程款。

施工单位对这五条意见都予以拒绝。

2. 问题

(1) 建设单位与施工单位的合同签订操作程序是否有问题？

(2) 建设单位提出的五条意见存在哪些不合理的地方？

(3) 你认为建设单位与施工单位之间应当采用哪种合同更为合适？

3. 参考解答

(1) 合同签订的操作程序存在问题。由于已经确定采用总价合同，因此就不应该再涉及具体的费用内容。

(2) 建设单位提出的五条意见均存在有不合理的地方：

第一条意见违反工程建设强制性标准或相关规范，距离该井筒 1.5 km 处的报废井筒的地质资料不能作为本井筒施工的依据，必须施工井筒检查孔；

第二条意见不必考虑，总价合同不应再涉及具体的费用内容；

第三条意见不合理，开工时间不确定可能会影响工期，如冻结与季节有关，雨季进场会受影响等；

第四条意见违反工程建设强制性标准或相关规范，井筒验收涌水量必须小于 6.0 m^3/h；

第五条意见对施工单位不公平，因为会造成施工单位相应的银行利息损失。

(3) 针对本项目工程的情况，应当采用可调总价合同更合适。

参考文献

[1] 崔云龙.简明建井工程手册[M].北京:煤炭工业出版社,2003.
[2] 国家能源局.煤炭工业矿井施工组织设计规范[M].北京:煤炭工业出版社,2015.
[3] 中华人民共和国住房和城乡建设部,国家市场监督管理总局.煤矿井巷工程质量验收规范[M].北京:中国计划出版社,2022.
[4] 中华人民共和国住房和城乡建设部.煤矿井巷工程施工标准[M].北京:中国计划出版社,2022.
[5] 东兆星.井巷工程[M].徐州:中国矿业大学出版社,2012.
[6] 崔云龙.矿井施工准备工作指南[M].徐州:中国矿业大学出版社,1998.
[7] 路耀华,崔增祁.中国煤矿建井技术[M].徐州:中国矿业大学出版社,1993.
[8] 中华人民共和国应急管理部,国家矿山安全监察局.煤矿安全规程[M].北京:应急管理出版社,2022.
[9] 全国一级建造师执业资格考试用书编写委员会,矿业工程管理与实务[M]北京:中国建筑工业出版社,2022.
[10] 全国二级建造师执业资格考试用书编写委员会,矿业工程管理与实务[M]北京:中国建筑工业出版社,2022.
[11] 中华人民共和国国家质量监督检验检疫总局.爆破安全规程:GB 6722—2014[M].北京:中国标准出版社,2014.